I0069591

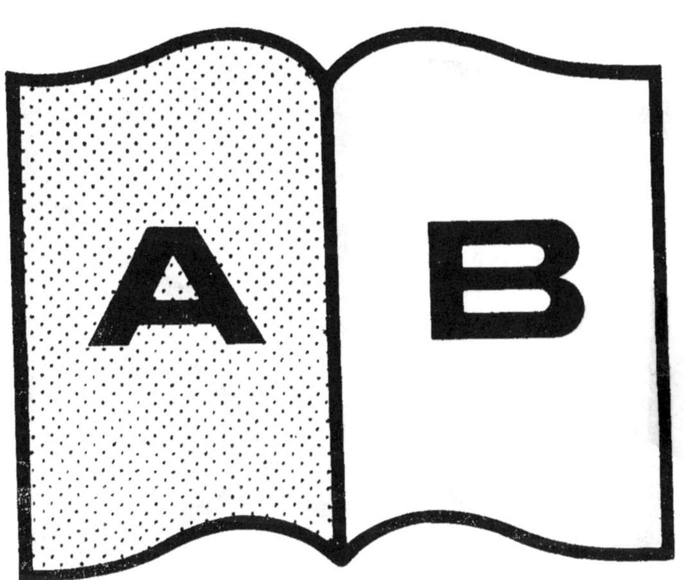
A
B

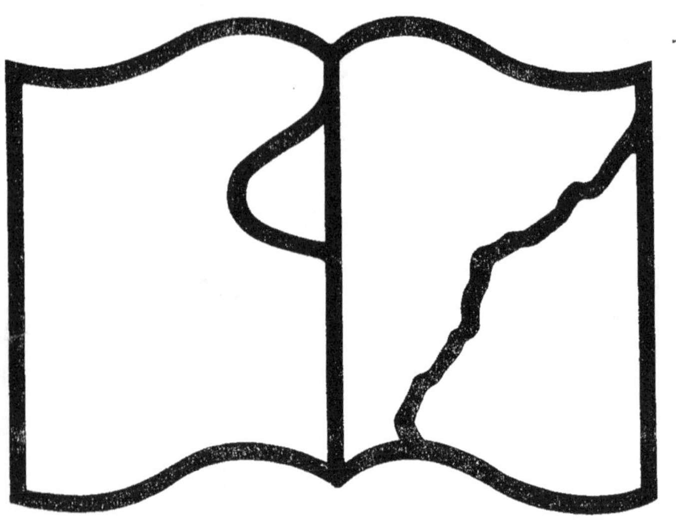

Texte détérioré — reliure défectueuse

NF Z 43-120-11

TRAITÉ

DE

ZOOLOGIE CONCRÈTE

TABLE DES MATIÈRES

AVERTISSEMENT

Nous avons fait dans ce volume une innovation qui, nous l'espérons, sera agréable aux lecteurs. Au lieu d'indiquer les familles en note, à la fin des séries de genres qu'elles comprennent (ce qui, en raison de l'emploi alternatif de deux textes différents, risquait parfois d'entraîner quelque confusion), nous avons placé l'indication des familles en vedette, avant les genres qu'elles comprennent, en faisant précéder leur nom d'un double trait ═══ destiné à attirer l'attention. Dans les volumes suivants, non seulement nous continuerons à faire ainsi, mais nous ajouterons à l'indication de la famille et de sa synonymie, une courte caractéristique.

MÉSOZOAIRES — *MESOZOA*

La structure des Métazoaires peut toujours se ramener aux deux feuillets qui, à un moment de leur développement, se montrent dans leur embryon, l'ectoderme et l'endoderme. Ces deux feuillets emboîtés l'un dans l'autre constituent, le premier, le revêtement extérieur de leur corps, leur épiderme, souvent à une, parfois à plusieurs assises de cellules; le second, le revêtement de la partie moyenne de leur cavité digestive. Entre ces deux feuillets se trouve une masse plus ou moins considérable de tissus de nature fort variable, substance conjonctive, pièces squelettiques, muscles, vaisseaux, sang, endothelium cœlomique, etc., etc., qui dérive toujours des feuillets primordiaux, mais d'ordinaire à un stade très précoce du développement, en sorte que l'on peut la considérer comme constituant un troisième feuillet intermédiaire aux deux autres, le mésoderme [1].

Chez les Protozoaires, le corps est, le plus souvent, sculpté dans une seule cellule et, quand plusieurs cellules s'associent pour le former, jamais celles-ci ne montrent l'arrangement caractéristique des Métazoaires.

Il existe cependant un groupe d'êtres chez lesquels le corps est pluricellulaire, où les cellules sont manifestement disposées à la manière de celles qui dérivent des feuillets des Métazoaires et où cependant on ne peut retrouver les éléments de ces trois feuillets. L'épiderme est toujours présent, mais sous cette couche, ou bien il n'y a point de feuillet épithélial délimitant une cavité digestive, ou bien, si par exception ce dernier existe, il n'y a point trace de mésoderme entre ces deux feuillets.

Par ces caractères, ces êtres se montrent nettement intermédiaires aux Protozoaires et aux Métazoaires, inférieurs à ceux-ci, supérieurs à ceux-là, représentants d'un degré intermédiaire de perfection organique. Nous leur donnerons pour marquer cette situation intermédiaire le nom

[1] Chez des formes très inférieures ou dégradées par le parasitisme, l'endoderme peut manquer, mais alors il existe chez l'embryon et, lorsqu'il manque même chez celle-ci, les autres traits d'organisation sont tellement conformes à ceux des autres Métazoaires, qu'il est impossible de les séparer de ceux-ci.

sion (fig. 14). Pour cela, les cellules de la région moyenne du corps se multiplient, une bouche se forme à la face ventrale, un peu au-dessous du milieu, par simple écartement des cellules de la région; une constriction s'opère, la séparation s'achève, l'individu inférieur s'approprie la nouvelle bouche et l'ancien anus, et le supérieur garde l'ancienne bouche, tandis qu'un nouvel anus résulte pour lui du fait que, de son côté, la solution de continuité produite par la séparation ne se ferme pas tout à fait.

Fig. 13.

Noyau de *Salinella* en voie de division (d'ap. Frenzel).

Fig. 14.

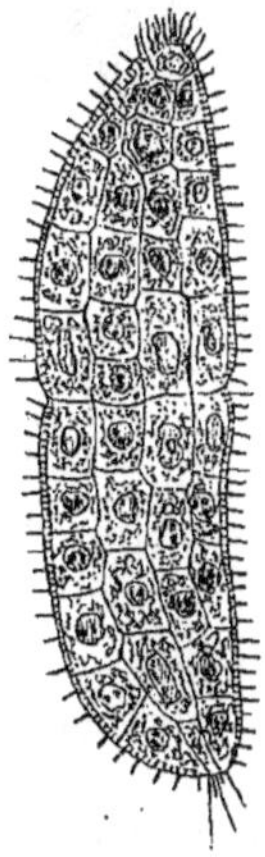

Salinella salve en train de se diviser transversalement (d'ap. Frenzel).

Il y a, en outre, un mode de reproduction sexuel ou plutôt, car il n'y a pas de distinction de sexes, une sorte de *sporulation* consécutive à une *conjugaison*. Deux individus s'accolent par leurs faces ventrales dont les cils cessent de se mouvoir, leur ensemble s'arrondit en sphère et, autour d'eux ils sécrètent une enveloppe kystique (fig. 15). L'évolution de ces kystes n'a pu être suivie, mais certains faits observés permettent de se faire une idée de ce qui très probablement a lieu. Dans le kyste jeune, on reconnaît encore la forme des deux individus accolés et leurs deux cavités indépendantes; mais plus tard, on ne trouve plus (fig. 16) qu'une masse morulaire de cellules sphériques d'un volume à peu près double de celui des cellules des kystes jeunes, ce qui porte à supposer que les cellules des deux conjoints se sont fusionnées deux à deux. Sans doute, à maturité, les kystes s'ouvrent et les cellules conjuguées, mises en liberté, évoluent chacune en une petite Salinelle.

Fig. 15.

Salinella salve. Kyste de deux individus conjugués (d'ap. Frenzel).

Fig. 16.

Kyste de *Salinella salve* (d'ap. Frenzel).

On est porté à penser qu'il en est ainsi, par le fait qu'on a trouvé dans l'eau où se trouvaient ces kystes de petits organismes unicellulaires un peu plus gros seulement que les cellules des kystes et reproduisant d'une manière frappante la forme de l'adulte. Ces larves (fig. 17)

Fig. 17.

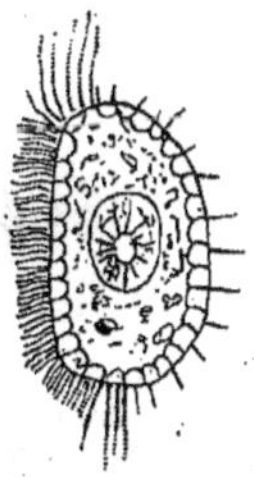

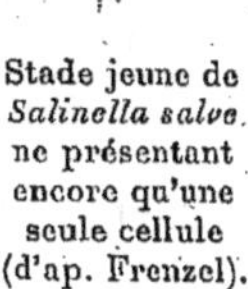

Stade jeune de *Salinella salve*, ne présentant encore qu'une seule cellule (d'ap. Frenzel).

A l'intérieur (fig. 5 et 6, *t. d.*) est une cavité axiale, entièrement ciliée, allant de la bouche à l'anus et remplie de détritus alimentaires (sable, Diatomées, Bactéries, etc.).

La structure est la plus simple qui se puisse imaginer. L'animal est formé d'une unique couche de grandes cellules (fig. 7), de forme à peu près cubique, mesurant 18 à 20 μ, qui, par une de leurs faces, l'externe, forment la surface extérieure, par l'autre, l'interne, forment la paroi de la cavité intérieure et par leurs faces latérales confinent les unes aux autres. La structure de ces diverses faces cellulaires est différente selon la partie à laquelle elles confinent. L'externe présente, sous une minime cuticule, la structure alvéolaire de Bütschli (fig. 7); elle est garnie de cils vibratiles pour les cellules de la face ventrale, de quelques rares soies raides pour celles des faces dorsale et latérales du corps. L'interne est également garnie de cils, mais plus nombreux et plus délicats; sous ses cils se montre une structure fibrillaire à fibrilles disposées radiairement (par rapport à l'axe de l'animal). Les faces latérales de contact ne présentent aucune différenciation particulière.

Fig. 7.

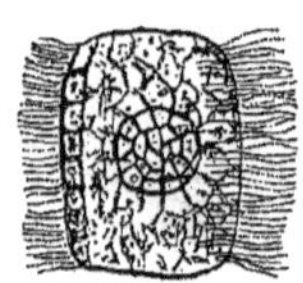

Salinella salve. Cellule ventrale isolée, montrant la disposition alvéolaire marginale de la face externe et la striation de la face interne (d'ap. Frenzel).

Au centre, dans un protoplasma granuleux, est un gros noyau (fig. 8 et 9). Outre ces cellules, il n'y a d'organes d'aucune sorte, endoderme ou mésoderme, organes sécrétoires, nerveux ou reproducteurs.

Fig. 8.

Noyau normal d'une cellule vivante de *Salinella salve* avec ses nucléoles (d'ap. Frenzel).

Fig. 9.

Noyau normal des cellules de *Salinella salve* (d'ap. Frenzel).

L'animal se déplace au moyen de ses cils, sur sa face ventrale; il est capable de se contourner, de se contracter, mais n'a pas de déformations amiboïdes. Par le moyen de ses cils péribuccaux, il entraîne dans sa cavité digestive centrale les particules que contient l'eau ambiante, les entretient en mouvement par les cils de cette cavité et expulse par l'anus les résidus.

Fig. 10.

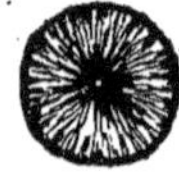

Noyau d'un jeune individu de *Salinella salve* ne présentant encore qu'une seule cellule (d'ap. Frenzel).

Fig. 11.

Salinella salve. Cellule en voie de division (d'ap. Frenzel).

Fig. 12.

Salinella salve. Division du noyau représenté dans la figure 11 (d'ap. Frenzel).

Son accroissement se fait par division mitosique de ses cellules (fig. 10 à 13).

Les grands individus sont capables de se multiplier par scis-

Fig. 1.

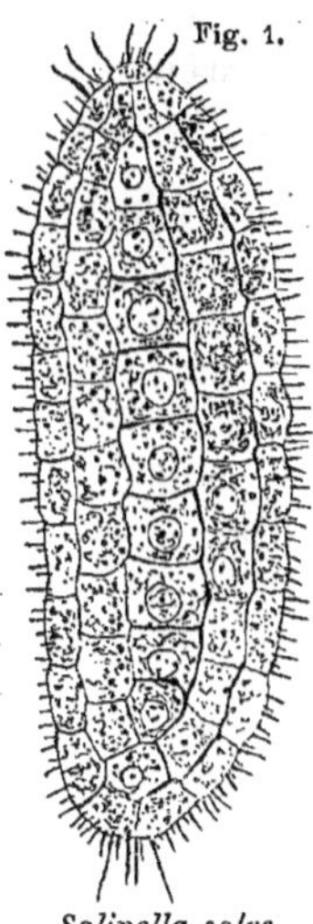

Salinella salve vu du côté dorsal (d'ap. Frenzel).

Fig. 2.

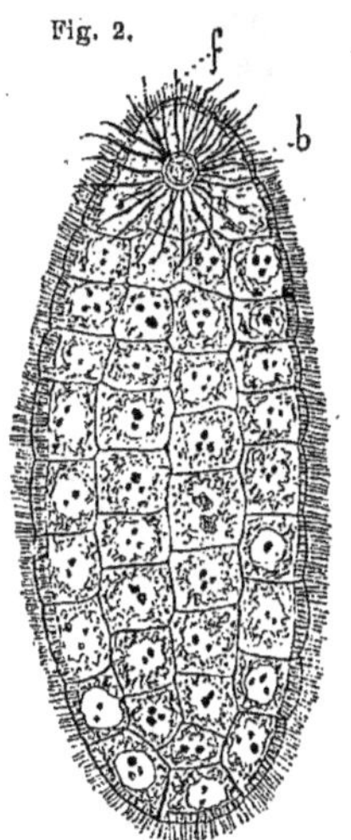

Salinella salve vu du côté ventral (d'ap. Frenzel).

b., bouche; **f.**, cils flabelliformes péribuccaux.

Fig. 3.

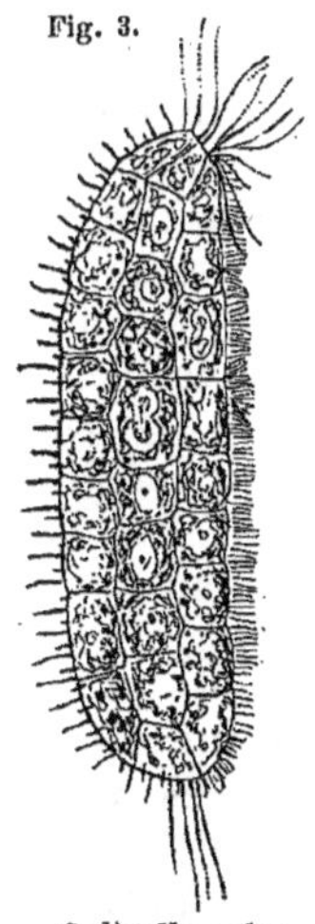

Salinella salve. Jeune individu incomplètement développé, vu de profil (d'ap. Frenzel).

Fig. 4.

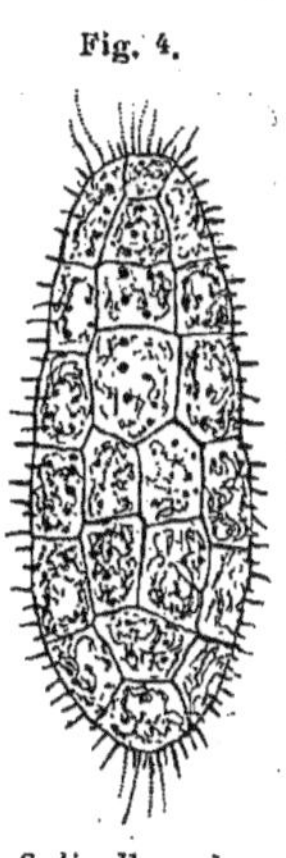

Salinella salve. Jeune individu vu du côté dorsal (d'ap. Frenzel).

Fig. 5.

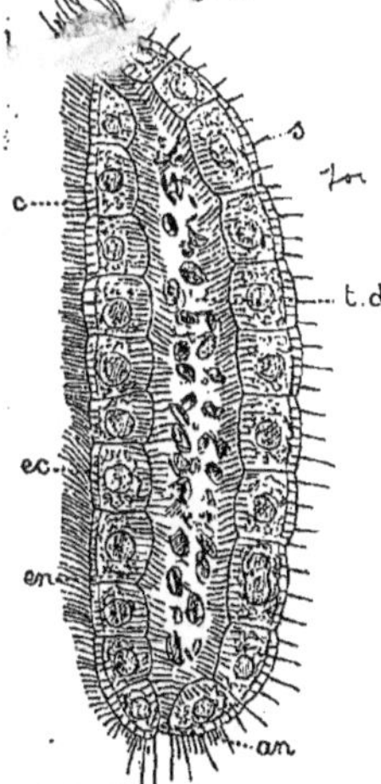

Salinella salve en coupe optique, vu de profil (d'ap. Frenzel).

an., anus; **b.**, bouche; **c.**, cils vibratiles de la face ventrale; **ec.**, région superficielle à structure alvéolaire des cellules ectodermiques; **en.**, région granuleuse des cellules; **f.**, cils flabelliformes péribuccaux; **s.**, soies dorsales; **t. d.**, tube digestif.

Fig. 6.

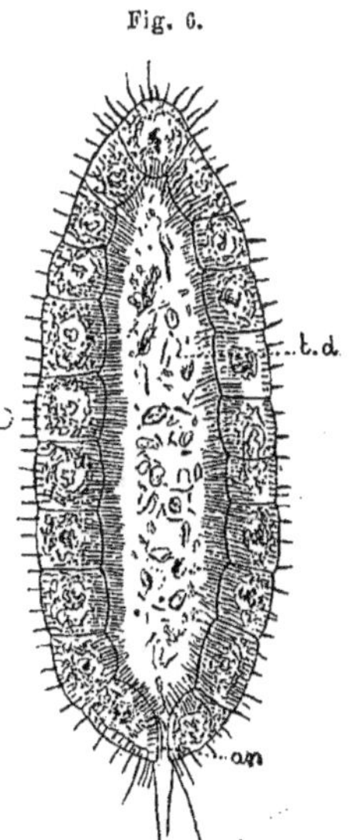

Salinella salve. Coupe optique vue du côté dorsal (d'ap. Frenzel).

an., anus; **t. d.**, tube digestif.

La *face ventrale*, aplatie, est entièrement garnie de nombreux cils vibratiles (fig. 5); la *dorsale* et les *latérales* qui, se continuant insensiblement avec la dorsale, tombent à pic sur la ventrale, sont garnies de soies raides beaucoup plus clair-semées. A la partie supérieure est une *bouche* sub-termino ventrale (*b.*), située au centre d'un bouquet de longs cils flagelliformes très actifs (fig. 2 et 5, *f.*). A l'extrémité inférieure est un petit *orifice anal* (fig. 5, *an.*), entouré de quelques soies immobiles plus développées que celles du dos.

de Mésozoaires qui avait été donné précisément pour la même raison, non à leur ensemble, mais à certains d'entre eux (les Orthonectides et les Dicyémides) par van Beneden, à une époque où on ne connaissait pas encore ceux que nous leur ajoutons ici.

Il importe de bien spécifier que, sauf les Dicyémides et les Orthonectides dont le cycle évolutif complet a pu être établi, il n'est pas absolument hors de conteste que les êtres composant ce groupe soient des formes autonomes : certains n'ont été vus qu'une fois et dans des conditions qui rendrait bien désirable une vérification des descriptions données; et d'autres, par l'absence d'organes sexuels et malgré l'existence d'une reproduction asexuelle, ne sont peut-être que des formes larvaires d'êtres connus ou à découvrir, peut-être même (on l'a avancé) des formes anormales *créées* par les conditions spéciales où on les a rencontrées.

Ces réserves étant expressément faites et ne tenant compte que de ce que l'on sait d'elles, nous classerons provisoirement ces formes en quatre groupes ayant valeur de classes, en les désignant par un nom dont le premier radical rappelle leur constitution de Mésozoaires et dont le second indique la nature des parties qui se trouvent sous leur feuillet épidermique, le seul qui soit commun à toutes.

Mesocœlia, n'ayant sous l'épiderme qu'une cavité digestive non tapissée par un épithélium spécial et limitée seulement par cet épiderme lui-même (*Salinella*);

Mesenchymia, ayant sous l'épiderme un parenchyme conjonctif mais pas de cavité digestive (*Trichoplax*, *Treptoplax*);

Mesogonia, ayant sous l'épiderme une ou plusieurs cellules destinées à la reproduction sexuelle et pas de cavité digestive (*Dicyémides*, *Orthonectides*);

Mesogastria, ayant sous l'épiderme un sac digestif constitué comme la cavité gastrique d'un *gastrula*, séparée du premier par une cavité cœlomique, mais sans aucun tissu intermédiaire (*Pemmatodiscus*).

1re Classe

MÉSOCÉLIENS. — *MESOCŒLIA*

Ce groupe ne contient qu'un seul être que nous devons décrire en lui-même, le genre

SALINELLA

(Fig. 1 à 17)

L'animal (fig. 1 à 4) a la forme d'un petit Ver, à peu près cylindrique, plus aplati cependant sur une face qui est ventrale, un peu rétréci aux deux bouts. Il est à peu près deux fois et demie plus long que large et mesure environ 0mm2 de longueur.

ont absolument la structure d'un Infusoire et en même temps celle d'une Salinelle, sauf les modifications qu'entraîne nécessairement le fait de l'unicellularité. La cellule qui les forme est recouverte d'une mince cuticule sous laquelle se distingue une structure alvéolaire. Leur face ventrale aplatie est garnie de nombreux cils; la dorsale et les latérales ont des soies rigides clair-semées. La bouche est à la même place que chez la Salinelle, entourée aussi de cils plus longs; à l'extrémité opposée est l'anus entouré de soies raides plus grandes; l'intérieur de la cellule est occupé par un protoplasme au centre duquel est un noyau à structure radiée. Il semble peu douteux qu'avec de telles ressemblances ce petit être infusoriforme ne soit la larve de la Salinelle, et qu'elle ne se transforme en celle-ci par simple multiplication de ses cellules qui se disposent autour d'une cavité axiale.

GENRE

Salinella (Frenzel) (fig. 1 à 17) décrit ci-dessus ($0^{mm}2$); trouvé une seule fois par Frenzel [92] à la République Argentine, dans la boue des salines de la province de Córdoba, au voisinage du Rio Cuarto. L'auteur les trouva non dans la boue naturelle des salines, mais dans un vase où il avait mis, dans quelques litres d'eau salée à 2 °/₀, un peu de la terre de ces salines qu'il avait laissée longtemps exposée à l'air et aux poussières et où il avait un jour vidé par mégarde un peu d'une solution très faible d'iode. Une seule espèce : *S. salve* (Frenzel).

Affinités et considérations générales.

Cet étrange animal donne lieu à plusieurs considérations intéressantes.

Les avis à son sujet sont très partagés. Quelques-uns, comme Apathy [92], l'acceptent sans réticences et lui attribuent une importance considérable comme forme intermédiaire aux Proto- et aux Métazoaires. C'est pour lui le véritable *Mesozoon*, bien plus que les autres formes que nous mettons ici dans ce groupe. D'autres, au contraire, semblent très réservés. On ne le dit pas, mais il règne une certaine méfiance vis-à-vis de cet être venu si à propos, recueilli dans des conditions si étranges, observé si loin de nous et une seule fois. Ce vase contenant un liquide artificiel, exposé à l'air et aux poussières, qui a reçu les rinçures de la verrerie d'une table d'histologiste, ce pays lointain, tout cela ne prouve rien d'une manière positive contre la Salinelle, mais on se demande cependant si son existence est bien réelle. C'est à notre avis dépasser les bornes du scepticisme scientifique, et l'on n'a le droit de mettre en doute ni la sincérité ni la réalité des observations d'un zoologiste de la valeur de Frenzel (1).

(1) Nous devons dire cependant que nous avons vainement cherché à retrouver la Salinelle. Nous avons fait venir une certaine quantité de la boue des marais salinifères de l'Ar-

Si la Salinelle existe réellement, il n'est pas douteux, de par le fait de ses deux sortes de reproduction, qu'elle est un organisme parfait, quoique très inférieur, et non une larve. Sa place dans la classification est évidemment entre les Métazoaires et les Protozoaires : c'est le vrai Mésozoaire, polycellulaire et se présentant comme une colonie de cellules.

Or, s'il en est ainsi, l'observation de l'animal et la comparaison avec sa larve nous permettent de nous faire une idée de la manière dont il faut concevoir l'être pluricellulaire.

Jusqu'ici, à part Ch. Sedgwick dont les idées n'ont provoqué que des critiques (1) de la part des rares personnes qui leur ont accordé quelque attention, tous les auteurs s'accordent à considérer l'être polycellulaire comme une colonie de cellules et les perfectionnements organiques comme ayant pour condition indispensable la division du corps en cellules distinctes, unités morphologiques se différenciant en des sens différents. Or, en comparant la jeune larve de la Salinelle à l'adulte, on voit que presque toutes les différenciations de l'adulte se montrent déjà dans la forme jeune unicellulaire, non seulement celles qui sont, chez le premier, des particularités de chaque cellule (structure alvéolaire sous la face tournée vers le dehors, cils du côté ventral, soies immobiles du côté dorsal, etc.), mais même celles qui semblent résulter chez lui du fait de la polycellularité, comme la bouche et l'anus avec leur entourage de flagellums et de longues soies. Cette bouche et cet anus sont si nettement conformés de la même façon chez l'adulte et chez la larve (comp. les fig. 5 et 17), qu'il n'y a aucun moyen de se refuser à admettre qu'ils sont homologues, et cependant ils sont intercellulaires chez le premier, intracellulaires chez la seconde. Il en est de même, à peu de choses près, pour la cavité digestive.

Ainsi, l'être polycellulaire ne doit pas être considéré comme une colonie de Protozoaires unicellulaires, mais comme un être aussi *un* que le Protozoaire lui-même, chez lequel les différenciations peuvent se produire indépendamment de la polycellularité et chez lequel la multiplication des noyaux et des cellules est une condition secondaire nécessitée surtout par l'accroissement de volume et venant faciliter après coup les différenciations locales, sans lui ôter son caractère d'unité et d'individualité.

Ainsi que l'un de nous (Y. Delage [96]) le faisait remarquer dans un précédent travail, la pluricellularité est chez le Métazoaire, de

---

gentine, que le professeur A. Gallardo de Buenos-Ayres, à qui nous en exprimons ici tous nos remerciements, a bien voulu nous envoyer. Nous l'avons confiée au Dr A. Labbé qui, par ses travaux sur les Protozoaires, était bien préparé à ce genre de recherches. Mais, malgré tous ses soins et la variété des traitements auxquels il a soumis la substance pour reproduire les conditions de l'observation de Frenzel, il n'a absolument rien trouvé qui ressemblât à la Salinelle ou à ses kystes. Il est vrai que la boue ne provenait sans doute pas exactement du même lieu que celle de Frenzel.

(1) Voir *L'Année biologique*, I, 1895, pages 336, 404, 405.

2e Classe

MÉSENCHYMIENS. — *MESENCHYMIA*

Ce groupe ne contenant que deux genres, il est plus simple de les décrire que de se livrer à une inutile schématisation.

1. *TREPTOPLAX*

(FIG. 18 A 21)

L'animal se présente sous l'aspect de petits fragments de membrane d'un blanc sale ou laiteux de 0mm5 à 2mm de large sur 0mm3 à 0mm05 d'é-

Fig. 18.

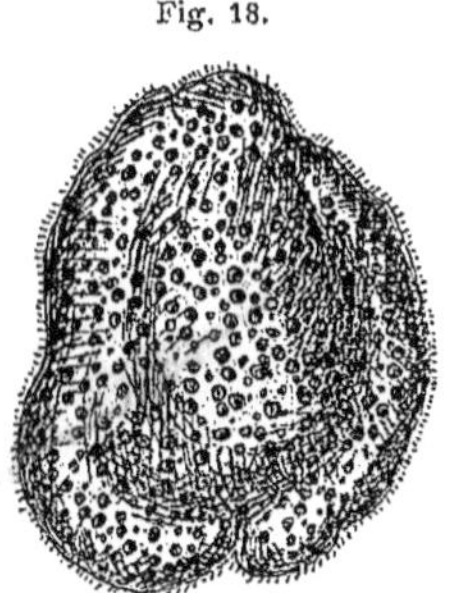

Treptoplax replans observé vivant en lumière réfléchie (d'ap. Monticelli).

Fig. 19.

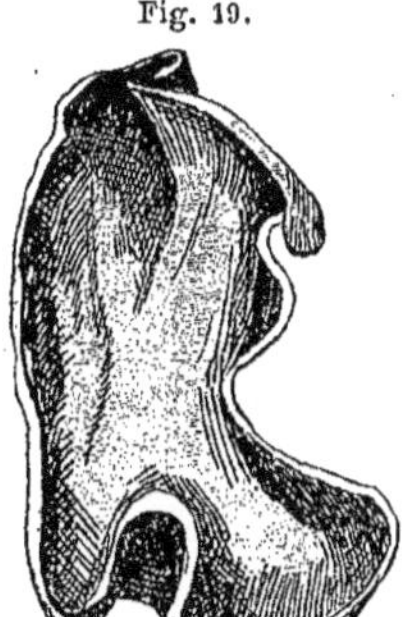

Treptoplax replans fixé au bichlorure de mercure (d'ap. Monticelli).

Fig. 20.

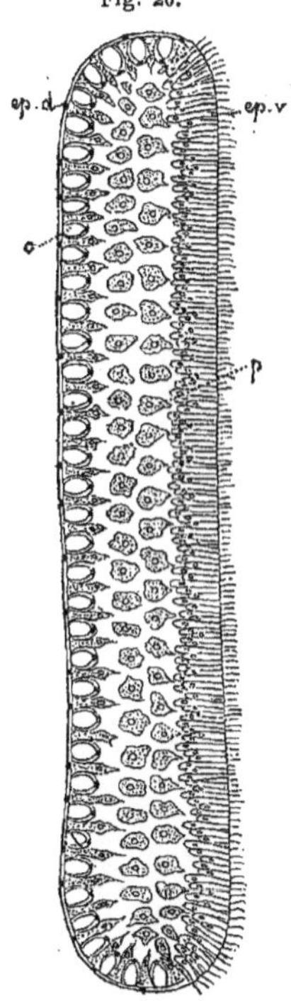

Coupe longitudinale de *Treptoplax* (Sch.).

c., cellules ovoïdes; **ep. d.**, épiderme dorsal; **ep. v.**, épiderme ventral; **p.**, parenchyme cellulaire.

paisseur et auxquels il est impossible d'assigner une forme, vu que celle-ci varie continuellement (fig. 18 et 19). Les contours successifs d'un Amœbien lobé, aux moments où il est très actif, peuvent seuls donner une idée des diverses configurations qu'il revêt. Néanmoins, il reste toujours aplati et on peut lui distinguer deux faces, une ventrale, toujours la même, sur laquelle il rampe, et une dorsale libre. La face ventrale est ciliée, la dorsale ne l'est point, et à travers cette dernière on aperçoit, dans le corps, des granulations très réfringentes (fig. 18). Il n'y a ni appendices, ni orifices quelconques. Pour la description morphologique, nous le placerons la face ventrale ciliée en avant, comme une Planaire rampant sur une paroi verticale. Au point de vue de la structure (fig. 20), l'animal est réduit à un sac épidermique dont la

même que le polymérisme chez les Radiaires ou les Zoonités, non pas l'indice d'une constitution coloniale, mais un simple trait d'organisation (1).

(1) Il est intéressant de remarquer aussi l'influence des conditions de milieu ou de voisinage sur les éléments. La structure de la face dorsale des cellules dorsales et celle de la face ventrale des cellules ventrales sont les mêmes que celle des faces dorsale et ventrale de la cellule unique de la larve, tournées comme elle vers le dehors, les premières du côté libre, les secondes du côté du support sur lequel l'animal se meut. Au contraire, la face ventrale des cellules dorsales et la face dorsale des cellules ventrales de l'adulte ont une tout autre structure que les faces ventrale et dorsale de la cellule unique de la larve, parce qu'elles se trouvent en rapport avec un tout autre milieu, la cavité digestive.

mêmes observations de reproduction scissipare. Les cellules parenchymateuses se montrent parfois animées de tremblotements, ce qui semble indiquer des propriétés contractiles, sans différenciation cependant en éléments musculaires. Peut-être les changements de forme [et il en serait sans doute de même chez *Treptoplax*] sont-ils dus à l'action de ces cellules; mais, en tout cas, elles ne servent pas à la reptation, qui se fait uniquement par le moyen des cils flagelliformes de la face ventrale.

GENRES

Treptoplax (Monticelli) décrit ci-dessus (trouvé en 1892 par Monticelli dans les bacs de l'Aquarium de Naples en très grande abondance : une seule espèce, *T. reptans*).

Trichoplax (F. E. Schulze) décrit ci-dessus (trouvé en 1883 par Schulze dans les bacs de l'Aquarium de Trieste où il l'observa et le vit se multiplier pendant plus d'une année. Retrouvé depuis dans les bacs des laboratoires de Vienne et de Graz, desservis par des envois du laboratoire de Trieste).

Affinités des Mesenchymia.

Les opinions les plus diverses ont été émises relativement à ces êtres singuliers.

Ehlers a avancé l'idée que ces êtres, ainsi que peut-être certains autres aberrants comme eux (*Polyparium ambulans*), ne sont pas de vraies espèces naturelles, mais ce qu'il appelle des *formes paranomales*, c'est-à-dire des sortes de monstruosités issues par dégradation de formes normales sous l'influence des conditions artificielles des aquariums et qui se sont trouvées capables de vivre et de prospérer. Il se fonde sur le fait qu'on ne les a jamais trouvées en mer libre. A cela Schulze, Monticelli répondent que les conditions semblent très normales dans ces bacs où prospèrent et se reproduisent une foule d'êtres délicats. En outre, leur longue persistance, constatée au moins pour le Trichoplax (1883 à 1892), rend peu probable cette hypothèse.

Le fait qu'on ne leur a pas trouvé d'organes reproducteurs a suggéré l'idée que ce pouvaient être des larves, peut-être d'Éponge, de Cœlentéré ou de Ver. Mais aucune larve de ces animaux ne ressemble aux êtres en question. Serait-ce, comme le suggère un rédacteur anonyme du *Kosmos*, une larve, d'Éponge peut-être, qui, n'ayant pas réussi à se développer dans les conditions artificielles des aquariums, s'est modifiée et est parvenue à se reproduire par scission? C'est, sous une forme un peu différente, l'opinion d'Ehlers, possible en somme et bien intéressante si elle se vérifiait, mais qui demanderait à être démontrée.

Lang (dans son traité d'Anatomie comparée) met ces êtres en appendice aux *Gastréades* représentés par les Orthonectides, Dicyémides (et Physémaires) : singuliers représentants de la Gastrea, qui n'ont aucune trace de cavité gastrulaire!

Bütschli émet l'idée plus heureuse qu'ils seraient les représentants adultes de la forme embryonnaire *placula* (comme la larve de *Cucullanus*), et seraient à la *placula* ce qu'est pour Häckel la *Gastræa* à la *gastrula*.

Plus positive est l'opinion soutenue d'abord par Noll [90], puis par Graff [91], et à peu près acceptée par Schulze, que ce seraient des Planaires acœles, plus inférieures encore que la *Convoluta* en ce qu'ils n'ont point de bouche et que toute leur organisation est plus simple. L'absence de couches musculaires et d'otocyste, auxquels on avait cru un moment, ôte un fort appui à cette opinion qui a cependant pour elle l'habitus général, le revêtement ciliaire, le parenchyme et surtout les glandes et les Xanthochlorelles, si du moins l'interprétation des uns et des autres est bien définitive. Ce seraient des Turbellariés inférieurs doués encore du pouvoir de se diviser et non pourvus encore de cavité digestive.

Les auteurs s'accordent à déclarer que les affinités réelles ne pourront être déterminées que lorsque l'on connaîtra la forme sexuée. Mais y a-t-il bien une forme sexuée? Est-il nécessaire qu'il y en ait une? La chose ne nous semble pas si évidente. En tout cas, même si on en trouvait, (à moins que de nouvelles découvertes sur l'évolution de ces êtres ne fassent reconnaître des affinités inattendues) cela n'empêcherait pas de les placer, comme nous le faisons, entre les Protozoaires et les plus inférieurs des Métazoaires, Plathelminthes ou Cœlentérés.

Pl. 1.

DICYEMIÆ

(TYPE MORPHOLOGIQUE)

Formation des embryons vermiformes primaires dans les femelles nématogènes.

Fig. 1, 2 et 3. Stades successifs de la division de la cellule germe, montrant l'arrangement épibolique des cellules ectodermiques (d'ap. E. van Beneden).

Fig. 4, 5 et *6.* Fermeture du blastopore et formation des deux cellules germinales primitives aux dépens du noyau de la cellule axiale (d'ap. E. van Beneden).

Fig. 7. Embryon vermiforme avant sa sortie de la cellule axiale de la femelle nématogène (d'ap. E. van Beneden).

Fig. 8. Région moyenne de la femelle nématogène montrant les cellules germinales secondaires dérivées des deux cellules germinales primitives (Sch.).

Fig. 9. Région moyenne de la femelle nématogène montrant quelques cellules germinales secondaires en voie de segmentation (Sch.).

Fig. 10. Région moyenne de la femelle nématogène montrant quelques embryons achevant de se développer. L'un d'eux, ayant achevé son développement intracellulaire, quitte la cellule axiale où il avait pris naissance.

c. ax., cellule axiale;
c. g., cellules germinales primitives;
c'. g., cellules germinales secondaires;
ect., cellules épidermiques;
emb. ver., embryons vermiformes;

l., embryon vermiforme ayant achevé son développement intracellulaire et quittant la cellule axiale en perçant la paroi de la femelle nématogène.

cependant pas encore le caractère uniforme de celles du corps. On les a appelées *parapolaires* (fig. 24, *pr.*) (¹).

Les cellules du corps sont peu épaisses, convexes en dehors, concaves en dedans ; leurs cils sont longs et moins serrés, leur protoplasma est plus clair. Elles sont disposées non en files verticales, mais en hélice. Très larges, elles revêtent chacune une portion notable de la surface. On n'en trouve que deux ou trois sur les coupes transversales, et leur nombre total est au plus d'une vingtaine : douze à vingt selon les espèces, sans compter les parapolaires.

Chez les individus adultes, elles montrent dans leur cytoplasma des globules de tailles et de formes diverses, de couleur variant du jaune au brun et qui, soumis aux réactifs ordinaires (acide osmique, alcool, éther, acides, matières colorantes) ne présentent que des caractères négatifs. Ce sont très probablement des *grains d'excrétion*. Dans quelques cellules ils deviennent si nombreux qu'ils déterminent une vaste gibbosité (fig. 24, *g.*), sorte de hernie ou bosse de polichinelle au fond de laquelle elles s'accumulent (²).

A l'extrémité inférieure, deux cellules seulement constituent l'ectoderme ; elles s'y joignent en pointe. Elles ne se distinguent d'ailleurs des autres par rien d'essentiel.

Cellule axiale. — Cette cellule, énorme, forme presque toute la longueur du corps : seules les propolaires la surplombent en haut ; en bas, elle s'insinue en pointe entre les deux cellules caudales.

Son noyau (1, *fig. 9* et *10*, *N.*) est central, grand, vésiculeux. Sa paroi est formée, comme pour les ectodermiques, d'une simple couche cytoplasmique plus ferme, mais qui n'a point les caractères d'une membrane et qui se ressoude immédiatement à elle-même, comme celle d'une Amibe quand les embryons l'ont rompue, pour se répandre au dehors. Sous sa surface on observe des fibrilles musculaires (³). Son

(¹) D'après VAN BENEDEN [76], le nombre des parapolaires peut varier de 0 à 4, selon les genres. Pour WHITMAN [83], il y en a toujours et constamment deux, latérales et faisant à elles seules le tour du corps, mais descendant plus bas sur les côtés que sur le dos et le ventre, de manière à former, en avant et en arrière, un angle rentrant que les cellules du corps viennent combler. Ces divergences prouvent simplement que les parapolaires ne constituent pas une catégorie bien tranchée et sont seulement les plus élevées des cellules du corps, présentant sous quelques rapports (granulations, longueur des cils) une transition entre celles du corps et celles de la coiffe.

(²) Il y a au plus six de ces cellules gibbeuses. Leur protoplasma renferme aussi des vacuoles.

(³) Ces fibres sont décrites par KEPPEN [92] et elles sont représentées si nettement qu'il faut bien admettre leur existence, bien que les descriptions de l'auteur soient un peu vagues. Elles sont décrites par lui comme formées par certaines des cellules que nous verrons naître par voie endogène à l'intérieur de la cellule axiale. Elles se formeraient dans le cytoplasma de ces cellules, sans participation de leur noyau. KEPPEN décrit aussi des *rhabdites* comparables à ceux des Planaires inférieures et qui pourraient exister soit dans la cellule axiale, soit dans les cellules épidermiques. Il parle même d'une sorte de réseau à la surface de la cellule axiale et qui serait peut-être de nature nerveuse ou conjonctive, mais ses observations ne semblent pas mériter beaucoup de confiance sous ce rapport.

forment la surface. Celles-ci sont exactement appliquées sur celle-là et ne laissent par conséquent aucune cavité intérieure, cavité générale, digestive ou autre quelconque. Il n'y a donc plus ni organes intérieurs ni orifices, et l'animal ne présente à étudier que ses cellules périphériques et sa cellule axiale.

Fig. 24.

Jeune individu de *Dicyema microcephalum* vu par la face ventrale (d'ap. Whitman).

g., cellule gibbeuse; p., propolaire; p'., métapolaire; pr., parapolaire.

Cellules périphériques. — Ces cellules, appelées aussi et plus ordinairement *cellules ectodermiques*, forment à la cellule axiale un revêtement continu. Elles présentent un certain nombre de caractères communs : elles ont un noyau vésiculeux, un protoplasma clair et mou et une paroi extérieure plus ferme, assez épaisse, mais ne constituant pas une membrane, car lorsque les larves, pour sortir du corps, traversent ces cellules, les parois rompues se ressoudent immédiatement sans la moindre difficulté. Toutes sont munies d'un revêtement uniforme de cils fins.

Celles de la tête sont plus courtes, plus épaisses, plus granuleuses, à cils plus courts et plus serrés que celles du corps; elles sont disposées régulièrement et ce sont elles seules qui, sans participation de la cellule axiale, déterminent le renflement supérieur appelé la *coiffe polaire*, nom préférable à celui de tête et d'ailleurs plus usité. Cette coiffe polaire comprend deux rangées (fig. 24, *p.* et *p'.*) de quatre cellules chacune, disposées en cercle autour de l'axe du corps. Les quatre terminales (*p.*) sont appelées *propolaires :* elles forment en effet l'extrémité supérieure du corps où elles se joignent en dessinant une croix. Les quatre sous-jacentes (*p'.*) sont dites *métapolaires :* elles correspondent aux précédentes sans alterner avec elles. Deux propolaires et deux métapolaires contiguës d'un même côté sont un peu plus développées que les autres et cela détermine une inflexion de l'axe de la coiffe du côté des cellules les moins grosses. On a convenu d'appeler *ventral* le côté vers lequel la coiffe est ainsi infléchie. Les propolaires et métapolaires sont donc latéro-ventrales et latérodorsales, le plan sagittal passant entre deux rangées de cellules de la coiffe [1].

Les cellules qui viennent immédiatement au-dessous des métapolaires n'appartiennent déjà plus à la coiffe et d'ordinaire n'ont

[1] Cette inflexion de la tête n'est pas constante. Quand elle n'existe pas, la coiffe est symétrique radiairement autour de l'axe du corps, et il n'y a ni dos ni ventre. Cet état est sans doute plus primitif. Parfois, les métapolaires alternent avec les propolaires. Parfois enfin, au lieu de quatre métapolaires (*Dicyémides octomériques*), il y en a cinq (*D. enneamériques*), une dorsale et les autres latéro-ventrales et latéro-dorsales, par paires (fig. 26).

3e Classe

MÉSOGONIENS. — *MESOGONIA*

[Mionelminthes (Pagenstecher); — *Mesozoa* (E. van Beneden); *Aneura* (R. Blanchard); — *Planuloidea* (Hatscheck); *Gastræadæ* (Häckel)]

Cette classe contient deux sous-classes pour lesquelles il serait difficile et inutile (vu le petit nombre d'êtres composant ces groupes) de constituer un type moyen.

Ces deux sous-classes sont :

Dicyemiæ, à corps non divisé en anneaux transversaux, contenant sous l'épiderme, chez la femelle une seule grande cellule reproductrice unique, chez le mâle un petit groupe de cellules constituant le testicule;

Orthonectiæ, à corps divisé en segments transversaux, contenant sous l'épiderme une masse cellulaire formée de nombreuses cellules reproductrices.

1re Sous-Classe

DICYÉMIÉS. — *DICYEMIÆ*

[*Rhombozoa* (E. van Beneden); — *Cyemaria* (Häckel)]

TYPE MORPHOLOGIQUE

(Pl. 1 et 2 et fig. 24 et 25)

L'animal est polymorphe : il y a deux sortes de femelles et une forme mâle. Les deux formes femelles sont assez peu différentes l'une de l'autre (au moins anatomiquement, sinon par la nature de leurs produits) pour pouvoir être réunies dans une description unique, sauf à indiquer, à l'occasion, leurs différences. Mais la forme mâle a une structure tout autre et doit être décrite à part.

Anatomie.

Femelle.

L'animal est un petit être vermiforme, cilié (fig. 24), mesurant 2 à 3mm de long sur 0mm1 à 0mm2 de large, de couleur blanchâtre. Malgré l'uniformité de son aspect, on peut lui distinguer une extrémité supérieure plus renflée, plus obtuse, que l'on décore du nom de *tête* et une inférieure, effilée, la queue. Sur le corps se dessinent des sortes de gibbosités irrégulières (fig. 24, *g.*), laissant apercevoir un contenu granuleux plus sombre.

Au point de vue de la structure, l'être est composé uniquement d'une grande *cellule axiale* (**1**, *fig.* 7, *c. ax.*) formant la portion centrale de son corps et d'une couche de *cellules périphériques* (**1**, *fig.* 7, *ect.*), qui en cytoplasme est à tel point vacuolaire qu'il est réduit à un réticulum de filaments irréguliers dont les mailles sont occupées par un liquide (¹).

On trouve aussi dans la cellule axiale des embryons de divers âges, mais cela concerne la reproduction et sera étudié avec cette fonction.

Dimorphisme. — Les individus femelles sont de deux sortes, qui ont reçu les noms de *nématogène* et *rhombogène*. Ces noms sont tirés de la forme des embryons auxquels ils donnent naissance; on pourrait aussi les nommer respectivement : *femelle gynogène* et *femelle androgène*; mais nous laissons pour le moment ce point de vue de côté et ne nous occupons que des différences anatomiques.

Forme nématogène ou femelle gynogène. — L'animal est de forme allongée, ses cellules polaires sont épaisses, ses cellules ectodermiques sont en nombre fixe, sa cellule centrale est longue, effilée aux deux bouts.

Forme rhombogène ou femelle androgène. — L'animal est de forme relativement courte, ses cellules polaires sont moins épaisses, ses cellules ectodermiques sont en nombre moindre et non fixe, sa cellule centrale est plus obtuse aux deux bouts.

Mâle.

On peut le ramener, comme la forme femelle, à une enveloppe extérieure formée d'une seule couche de cellules et à une masse centrale (**2**, *fig. 12*). Mais ici la masse centrale est pluricellulaire et forme un organe, le *testicule*. Ce testicule était connu sous le nom d'*urne* avant que l'on connût sa signification véritable.

L'*urne* est formée d'une paroi et d'un contenu. La paroi ou *capsule* (**2**, *fig. 12, cp.*) est une sphère creuse et est formée de deux cellules aplaties, courbes, hémisphériques, ayant chacune la forme de la moitié d'une peau d'orange. Elles sont l'une droite, l'autre gauche et se joignent par leurs bords, limitant ainsi la cavité de l'urne qui n'est pas leur cavité cellulaire, mais un espace extérieur à elles, compris entre elles, leur paroi externe étant la face externe de la capsule et leur paroi interne étant la face interne de celle-ci (²). La cavité de l'urne est occupée par un

(¹) Cependant, aux deux extrémités de la cellule, la substance cytoplasmique est un peu moins rare et les vacuoles sont orientées sur une seule file. Chez le jeune, en effet, la cavité de la cellule est entièrement remplie de cytoplasma. Mais bientôt se forment des vacuoles, d'abord en file longitudinale, puis irrégulièrement disposées, qui augmentent de plus en plus de nombre et de taille. Le phénomène est centrifuge et les extrémités nous montrent ce qu'était la cellule à un stade moins avancé.

(²) Cette face interne est décrite comme portant une rangée circulaire de corpuscules en forme de virgule, disposés dans un plan parallèle à la face ventrale. Nous ne pouvons dire si ces productions font ou non partie de celles dans lesquelles Keppen [92] a reconnu des spermatozoïdes. Ce naturaliste semble bien avoir démontré la présence de spermatozoïdes dans l'urne et nous acceptons sa détermination de l'*embryon infusoriforme* des auteurs précédents comme mâle, mais non sans reconnaître que son mémoire est écrit d'une manière extrêmement confuse, que ses procédés d'étude sont trop rudimentaires et que tous ses résultats demanderaient à être, sinon vérifiés, du moins précisés.

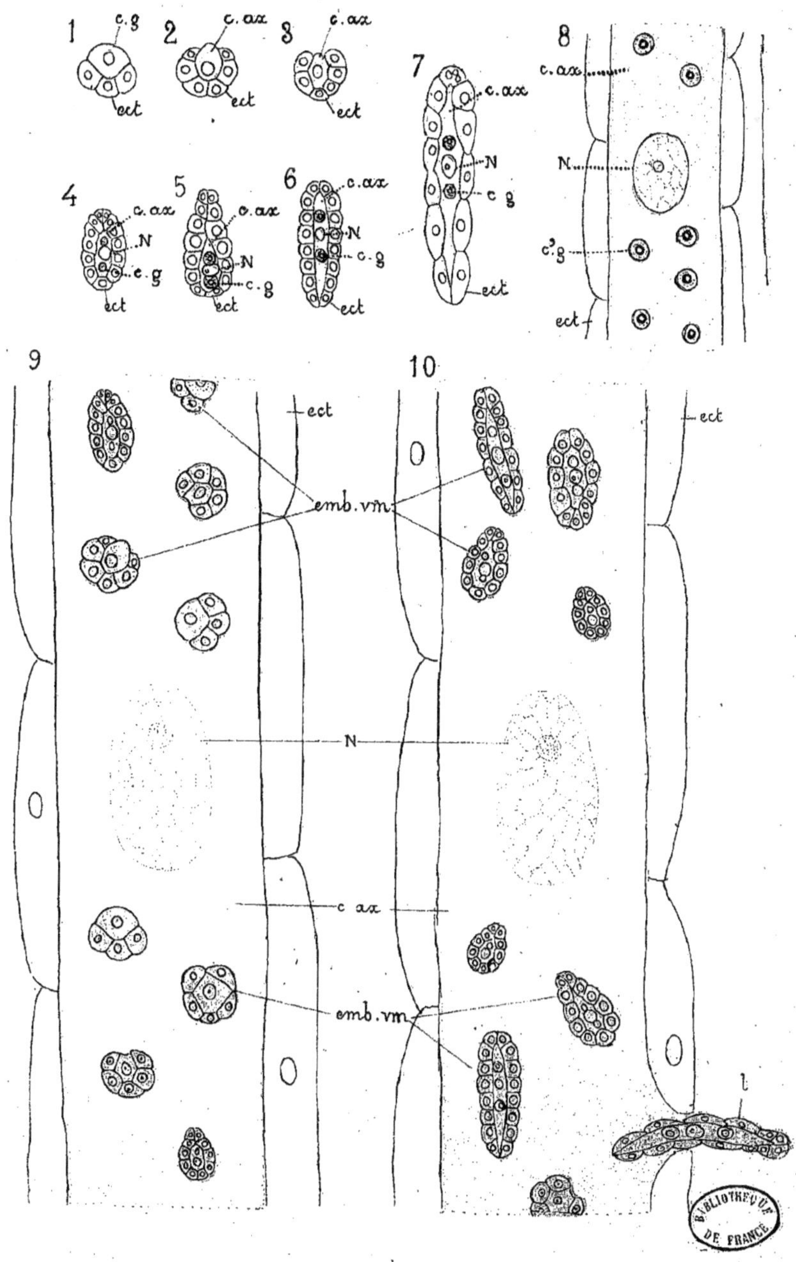
1
2
3
4
5
6
7
8
9
10
c. g
c. ax
N
ect
c'g
emb. vm
c ax
l

liquide clair dans lequel baigne une masse centrale (**2**, *fig. 12, grl.*) formée de quatre petites cellules comprimées les unes contre les autres comme les quatre quartiers d'une pomme obtenus par deux sections perpendiculaires et maintenus dans leurs rapports naturels. On les appelle les *corps granuleux*.

Ces corps granuleux sont, chez le jeune, formés chacun d'une simple cellule uninucléée; mais plus tard, ils forment à leur intérieur, par voie endogène, de nombreuses petites cellules qui se développent en de nombreux spermatozoïdes (fig. 25), que l'on voit se manifester par un actif mouvement ciliaire dû aux oscillations de leurs queues.

Fig. 25.

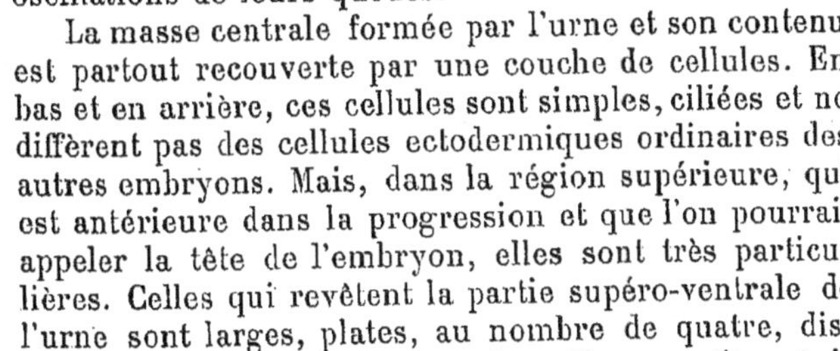

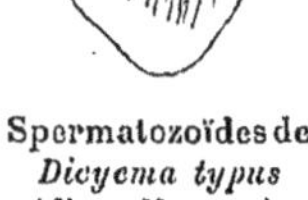

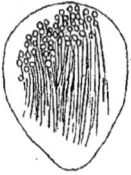

Spermatozoïdes de *Dicyema typus* (d'ap. Keppen).

La masse centrale formée par l'urne et son contenu est partout recouverte par une couche de cellules. En bas et en arrière, ces cellules sont simples, ciliées et ne diffèrent pas des cellules ectodermiques ordinaires des autres embryons. Mais, dans la région supérieure, qui est antérieure dans la progression et que l'on pourrait appeler la tête de l'embryon, elles sont très particulières. Celles qui revêtent la partie supéro-ventrale de l'urne sont larges, plates, au nombre de quatre, disposées comme les quatre quadrants d'un cercle; elles constituent le *couvercle de l'urne* (**2**, *fig. 12, c. u.*) : leur noyau a disparu. Celles qui revêtent le haut de la face dorsale, en quelque sorte le vertex de l'embryon, sont au nombre de deux (**2**, *fig. 12, c. r.*) et contiennent chacune un amas de corpuscules réfringents, d'où le nom de *corps réfringents* donné à ces cellules (1).

Il n'y a pas de fibrilles musculaires.

Physiologie.

Habitat. — L'animal est parasite des Céphalopodes; il se rencontre exclusivement dans la vessie urinaire de ces animaux. Les *femelles* y vivent, fixées par la tête dans l'épithélium des organes spongieux, tandis que leur corps flotte et se balance dans l'urine. Jamais il ne se détache pour s'immerger complètement dans l'urine, jamais il ne passe dans les poches péritonéales en communication avec la vessie. Quand l'hôte meurt, l'épithélium rénal se détache et le parasite tombe avec lui dans l'urine, mais il ne tarde pas à y mourir. Les *mâles*, au contraire, sont libres dans l'urine de l'hôte.

L'eau de mer exerce sur les tissus des femelles une action destructive très rapide. Les mâles, au contraire, peuvent résister plusieurs jours au contact de l'eau de mer.

---

(1) Ces corps réfringents auraient, d'après KEPPEN, la signification d'un organe sensitif (otocyste) dégradé, ou d'un organe squelettique destiné à donner plus de rigidité au corps pour la natation.

Pl. 2.

DICYEMIÆ

(TYPE MORPHOLOGIQUE)

(*Suite*).

Formation des mâles infusiformes.

Fig. 1. Formation des huit cellules germinales dans la cellule axiale de l'individu rhombogène ou androgène (Sch.).

Fig. 2. Séparation des cellules centrales des infusorigènes et des paranucléus (Sch.).

Fig. 3. Formation des infusorigènes et production des cellules formatrices des embryons infusoriformes (Sch.).

Fig. 4 à 11. Développement de l'embryon infusoriforme (d'ap. E. van Beneden).

Fig. 4. Cellule formatrice de l'embryon infusoriforme.

Fig. 5, 6, 7 et 8. Division karyokinétique de la cellule formatrice de l'embryon infusoriforme en 2, 3 et 8 sphères.

Fig. 9. Disposition méridienne des 3 cellules formatrices des cellules réfringentes, des cellules du couvercle de l'urne et de la capsule.

Fig. 10. Division en deux des 3 cellules méridiennes.

Fig. 11. Formation des 4 cellules granuleuses aux dépens des cellules de la capsule.

Fig. 12. Embryon infusoriforme à son état de complet développement (im. E. van Beneden).

c. ax., cellule axiale;
c. c., cellule centrale destinée à former les infusorigènes;
c. g., cellules germinales;
cp'., cellules de la capsule;
c. r., corps réfringents;
c. u., cellules du couvercle de l'urne;
ep., cellules épidermiques de l'individu rhombogène;
grl., cellules granuleuses;
In., cellules formatrices des embryons infusoriformes;
N., noyau de la cellule axiale;
pn., paranucléus.

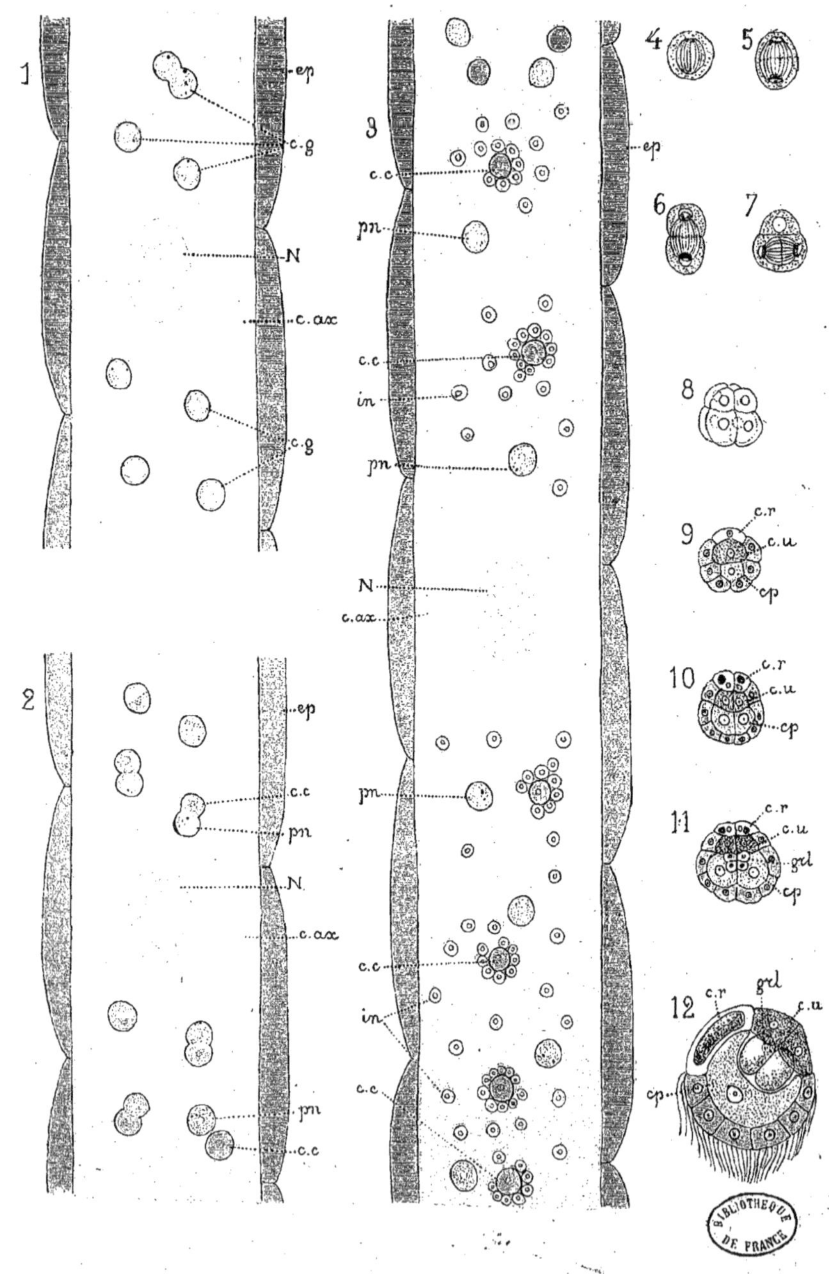
1
ep
c.g
N
c.ax
c.g
2
ep
c.c
pn
N
c.ax
pn
c.c
3
c.c
pn
c.c
in
pn
N
c.ax
pn
c.c
in
c.c
ep
4
5
6
7
8
9
c.r
c.u
cp
10
c.r
c.u
cp
11
c.r
c.u
grl
cp
12
c.r
grl
c.u
cp

amas qui a la constitution typique du Dicyémide, c'est-à-dire une cellule centrale (**2**, *fig. 3, c. c.*) et une couche périphérique sans cavité intermédiaire. C'est bien, en effet, un embryon très semblable à un embryon vermiforme venant de fermer son blastopore. Mais, il ne continue pas à se développer et ne sort pas de la mère comme celui-ci. Il reste dans la cellule axiale pour y donner naissance à un grand nombre de cellules qui seront les germes définitifs (**2**, *fig. 3, in.*) d'autant d'embryons infusoriformes, d'où le nom d'*Infusorigène* qu'on lui a donné.

Ainsi, chacune des huit cellules germinales produit un Infusorigène qui a la signification morphologique d'une larve ordinaire, mais qui, au lieu de se développer, donne naissance à tout un lot de cellules qui sont les germes des larves définitives.

Pour cela, la cellule centrale de l'Infusorigène (**2**, *fig. 3, c. c.*) se divise et donne naissance à des générations successives de nouvelles cellules qui se mêlent aux ectodermiques (de l'Infusorigène), et toutes deviennent autant de germes (**2**, *fig. 3, in.*) d'embryons *infusoriformes* (¹).

En raison de son rôle, on a donné à la cellule centrale de l'Infusorigène le nom de *germogène*.

Pour former ces mâles infusoriformes, la cellule-germe de l'Infusorigène (**2**, *fig. 4*) se divise par une mitose très évidente en cellules (**2**, *fig. 5* à *8*) qui bientôt se montrent inégales et forment, par une sorte de vague épibolie, une masse pleine dans laquelle on distingue trois paires de grosses cellules superposées occupant le milieu (**2**, *fig. 9, c. r.*; *c. u.*; *cp.*) et, de chaque côté, une couche de petites cellules. Ces dernières deviendront les petites cellules ciliées périphériques. Des trois paires de grosses cellules, l'une (**2**, *fig. 10, c. r.*), dorsale, prend place à la surface et forme les *corps réfringents*; l'autre (*c. u.*) prend une position supéro-ventrale, se divise et forme les quatre cellules du *couvercle de l'urne*; la troisième passe au centre pour former l'urne (*cp.*) : pour cela, elle donne quatre petites cellules (**2**, *fig. 11, grl.*) qui deviennent les *corps granuleux* et se transforment elles-mêmes en les cellules de la *capsule* (**2**, *fig. 11, cp.*). Toutes prennent peu à peu leur forme et leurs caractères définitifs.

Formation des embryons vermiformes secondaires dans les formes rhombogènes. — Cependant, l'Infusorigène ne s'épuise pas entièrement en germes d'embryons infusoriformes. A la fin, sa cellule centrale donne une dernière génération de cellules qui sont autant de germes d'embryons *vermiformes secondaires*, ainsi qualifiés pour les distinguer

---

montre, ce qui serait la queue du spermatozoïde est, de l'avis de Keppen lui-même, beaucoup trop gros. Mais on a vu nettement des spermatozoïdes dans le mâle infusosiforme, dans la cellule axiale des femelles rhombogènes, et le globule polaire achève de donner une grande probabilité à la fécondation de la cellule qui émet ce globule.

(¹) Keppen a vu parfois la femelle rhombogène donner directement des mâles infusoriformes sans passer par l'intermédiaire ordinaire d'Infusorigènes.

né par karyokinèse normale, au lieu de s'être faite par division cytoplasmique ([1]).

Ces deux cellules se divisent chacune en quatre et l'on a ainsi, dans la cellule axiale, deux groupes de quatre cellules germinales. Ces phénomènes sont les mêmes dans les deux formes. Mais à partir d'ici l'évolution va différer dans les deux et donner naissance, selon la forme de l'individu producteur, à des embryons de deux sortes.

1° *Formation des embryons vermiformes primaires (femelles) dans les femelles nématogènes ou gynogènes.* — Ces huit cellules germinales continuent à se multiplier. Les cellules (**1**, *fig.* 8, c'. g.) issues de cette multiplication sont les germes (on n'a guère le droit de dire les œufs) qui formeront chacun un nouvel individu. Pour cela, elles continuent à se diviser, mais d'une autre manière, chacune formant un centre particulier de multiplication (**1**, *fig.* 9, *emb. vm.*). En outre, la division devient inégale. Il y a d'abord deux cellules inégales, puis quatre, dont une plus grande représente déjà la cellule axiale. Les petites cellules se multiplient autour de celle-ci et finissent par l'entourer par une sorte d'épibolie, le blastopore se fermant à l'extrémité inférieure du corps. L'embryon a, dès maintenant, la constitution typique du Dicyémide (**1**, *fig.* 10, *emb. vm.*) : c'est en effet une cellule centrale entourée d'une couche de cellules périphériques. Il est encore presque rond, à peine ovale; mais bientôt, il s'allonge, sa cellule axiale forme les deux premières cellules germinales de la génération prochaine, et commence elle-même à devenir vacuolaire, les cellules ectodermiques grandissent, s'aplatissent, les polaires se dessinent, enfin l'embryon se couvre de cils et sort en rompant les parois du corps qui se ressoudent derrière lui immédiatement (**1**, *fig.* 10, *l.*). Il nage alors dans l'urine et, bien qu'on ne l'ait pas observé, il est facile de deviner qu'il se fixe quelque part à une houppe rénale où il n'a plus qu'à grandir pour devenir une femelle adulte.

2° *Formation des mâles infusoriformes dans les individus rhombogènes ou androgènes.* — Beaucoup plus complexe est l'embryon de cette seconde sorte et plus compliquée est aussi sa formation. Ici, les cellules germinales restent au nombre de huit (**2**, *fig.* 1, *c. g.*). Elles ne subissent même pas toutes l'évolution que nous allons décrire; mais, pour toutes celles qui la subissent, le processus est le même. Prenons-en donc une pour la suivre.

Elle commence par éliminer un petit corpuscule que l'on désigne sous le nom de *paranucleus* (**2**, *fig.* 2, *pn.*) et qui semble jouer le rôle d'un *globule polaire* [?] et très probablement elle est fécondée par les spermatozoïdes des mâles ([2]); puis, elle se divise et donne naissance à un

([1]) Nous ferons remarquer l'intérêt de ce fait pour la théorie que nous avons indiquée à propos de la *Salinella* (Voir page 7).

([2]) Cette fécondation n'a pas été formellement observée. Dans la figure où KEPPEN la

Mouvements. — La femelle, fixée, n'exécute que de vagues contractions qui infléchissent son corps ou produisent de légères déformations locales. Mais, libre dans l'urine, elle peut, au moyen de ses cils, nager avec une certaine rapidité, la coiffe polaire en avant.

Le mâle nage dans l'urine par le mouvement de ses cils.

Nutrition. — La femelle *se nourrit*, non pas de l'urine, mais évidemment au moyen des sucs venus des cellules rénales et du sang qui circule dans les veines rénales sous-jacentes et qu'elle absorbe par osmose. Elle excrète, peut-être par exosmose, dans l'urine du Céphalopode, plus probablement par précipitation de ses produits de désassimilation qui forment sans doute les grains colorés accumulés dans les gibbosités de ses cellules ectodermiques. Ces gibbosités, quand elles sont trop chargées de grains d'excrétion, peuvent se détacher et délivrent ainsi l'organisme de ces excreta.

L'animal *respire* par osmose le peu d'oxygène qu'il peut trouver dans un tel milieu.

Le mâle ne se nourrit pas. Dès l'éclosion, il nage dans l'urine et sans doute n'a d'autre fonction à accomplir que la fécondation. On l'a vu s'arrêter, par une contraction brusque vider le contenu de son urne, puis se remettre en marche comme après l'accomplissement d'un acte physiologique.

Reproduction et développement.

La reproduction a lieu par deux processus, l'un de multiplication asexuelle par les femelles nématogènes, l'autre accompli par les femelles rhombogènes et comprenant une succession de multiplications asexuelles à l'intérieur de leur corps et de reproduction sexuelle.

La reproduction, quelle que soit la sorte de femelle où elle se produise, commence par les mêmes phénomènes, qui débutent à une période très précoce, lorsque la femelle est encore à l'état d'embryon. L'animal est alors à peine allongé et sa cellule axiale, presque ronde, est encore remplie d'un cytoplasme continu, non vacuolaire. A ce moment, son noyau fournit, par division karyokinétique, un premier noyau fille, puis se divise en deux et donne ainsi naissance à trois noyaux (**1**, *fig. 4*, **N.** et *c. g.*), un moyen (**N**) qui va grossir, devenir vésiculeux, rester au centre et devenir le noyau de la cellule axiale définitive, et deux extrêmes (*c. g.*) qui vont s'écarter dans la direction des pôles de la cellule. Ces deux derniers noyaux attirent autour d'eux une petite quantité du cytoplasme ambiant et forment ainsi deux masses protoplasmiques nucléées qui restent foncées et compactes pendant que la cellule axiale, en grandissant, devient claire et extrêmement vacuolaire. Ces deux petites masses nucléées, bien qu'intracellulaires, n'en ont pas moins la constitution de cellules ordinaires. Elles ont seulement ceci de particulier que l'attribution de leur cytoplasma s'est faite par concentration d'une portion de cytoplasma de la cellule maternelle autour d'un noyau

des vermiformes primaires nés des femelles nématogènes, mais qui d'ailleurs ne paraissent différer de ceux-ci sous aucun rapport.

Ce qui reste de l'Infusorigène épuisé, c'est seulement sa cellule centrale ou germogène, réduite à l'état d'*amas résiduel* et cette sorte de *globule polaire* (ou paranucleus) qui a grossi sans fournir aucun développement.

Cycle évolutif. Significations des différentes formes.

Plusieurs questions se posent à l'occasion de ces êtres : comment se forme le cycle évolutif? c'est-à-dire comment et dans quelles conditions chaque forme prend-elle naissance à sa place dans le cycle? quelle est la signification de chacune par rapport aux autres? comment se fait la dissémination de l'espèce, l'infection d'un hôte nouveau, etc.? Il y aurait aussi à démontrer les affinités avec les divers Métazoaires; mais nous le ferons après l'étude des Orthonectiés, pour tous les Mésogoniens en bloc.

Si nous récapitulons le développement, nous voyons qu'il y a :

1° des *femelles nématogènes* ou *gynogènes* fournissant des

2° *embryons vermiformes* femelles dits *primaires*;

3° des *femelles rhombogènes* ou *androgènes* fournissant, sans doute à la suite d'une fécondation, des

4° *embryons infusorigènes* qui ne se différencient pas, ne sortent pas de la mère et donnent naissance à plusieurs essaims de

5° mâles *infusoriformes* et à un essaim final de

6° *embryons vermiformes* dits *secondaires*.

Les femelles nématogènes ou gynogènes se reproduisant parthénogénésiquement, la multiplication de l'espèce dans un même hôte se trouve par elles assurée. Tout Céphalopode contenant une seule de ces femelles peut avoir ses organes rénaux complètement envahis par le parasite au bout d'un certain temps.

Mais que deviennent les embryons vermiformes et d'où proviennent les deux sortes de femelles?

En cherchant à interpréter les statistiques des deux sortes de femelles selon l'âge de l'hôte, les uns pensent (VAN BENEDEN) que l'Infusoriforme donne une femelle nématogène qui, avec l'âge, se transforme en femelle rhombogène; d'autres (WHITMAN) soutiennent l'opinion inverse. Plus récemment, KEPPEN a émis l'idée qu'il n'y a aucune différence anatomique entre les deux sortes de femelles, que ces deux sortes ne diffèrent que par la nature des produits de leur cellule axiale et que la même larve infusoriforme peut évoluer en femelle nématogène ou rhombogène : l'évolution rhombogène aurait lieu quand la nourriture serait très abondante, mais elle dépendrait en outre d'autres facteurs encore indéterminés.

Bien plus obscure encore est la question de la dissémination de l'espèce par infection d'hôtes nouveaux. Le mâle infusoriforme est en effet la seule forme qui résiste à l'eau de mer. Quand on le prenait pour un embryon femelle, il suffisait à l'explication, mais aujourd'hui il n'en est plus de même, il ne peut servir seul à disséminer l'espèce. Ce point reste à élucider (1).

Quant à l'interprétation des différentes formes, elle est bien allégée depuis que l'on s'est assuré que l'Infusoriforme était un mâle, ce qui détermine les deux sortes de femelles connues : l'une parthénogénésique, pondeuse de femelles, l'autre fécondable, pondeuse de mâles. De pareils rapports n'ont rien d'exceptionnel dans le règne animal. Seul l'Infusorigène présente quelque incertitude dans son interprétation, parce que l'on n'est pas bien sûr du moment précis où a lieu la fécondation, ni de l'élément sur lequel elle porte. Si, comme le globule polaire et certaines observations de Keppen semblent l'indiquer, c'est la cellule où naîtra l'Infusorigène qui est fécondée, celui-ci doit être interprété comme une forme autonome du cycle évolutif, un individu équivalent aux autres, mais non libre, dégradé, restant à un stade très rudimentaire de différenciation et donnant le mâle infusoriforme par multiplication et segmentation de ses éléments, qui se comportent comme des œufs parthénogénésiques. On pourrait aussi le considérer comme un œuf qui se multiplie par divisions avant de se segmenter; mais le fait qu'il revêt, à un certain moment, la forme typique du Dicyémide rend la première interprétation plus naturelle. Et d'ailleurs les deux manières de voir ne diffèrent pas fondamentalement l'une de l'autre.

On divise les Dicyémides (*Dicyemiæ*) en deux groupes auxquels on donne la valeur d'ordres :

Dicyemida, ciliés à l'état adulte sur toute la surface du corps, munis d'une coiffe céphalique et de gibbosités latérales;

Heterocyemida, non ciliés à l'âge adulte, sans coiffe céphalique, munis d'appendices terminaux comparables aux gibbosités latérales des précédents.

---

(1) Peut-être les embryons vermiformes, ou certains d'entre eux (les secondaires?) pourraient-ils résister à l'action de l'eau de mer assez longtemps pour passer d'un hôte à l'autre en profitant du moment de la copulation.

Keppen dit avoir vu sortir du corps des femelles et des mâles adultes certaines cellules amiboïdes qui seraient capables d'entrer dans le corps d'autres individus et peut-être de s'y développer. Les mâles pourraient-ils ainsi transporter des germes de femelles? Les observations de Keppen sont si peu précises qu'il est fort imprudent de fonder sur elles des hypothèses.

coupe transversale. On peut distinguer, par le sens de la locomotion et par quelques particularités de structure, une extrémité supérieure et une inférieure, mais non un dos et un ventre ou la droite et la gauche.

Anatomie.

Il se compose d'un ectoderme périphérique (**3**, *fig. 1*, **ect.**) et d'un endoderme central (**end.**), sans cavité intermédiaire. Il n'y a ici non plus, ni bouche, ni anus, ni cavité digestive, ni organe quelconque autre que la masse intérieure.

Epiderme. — L'épiderme ou *ectoderme* (**3**, *fig. 1*, **ect.**) est formé d'une couche unique de cellules ciliées, beaucoup plus petites, plus nombreuses, plus régulières et plus régulièrement disposées que chez les Dicyémides. Elles constituent un véritable épithélium et sont, en outre, ordonnées en rangées annulaires faisant le tour du corps de l'animal. En général, elles sont individuellement plus épaisses au milieu qu'aux extrémités, cela dessine entre leurs rangées successives une ligne circulaire, en sorte que l'animal a l'air annelé. Mais cet aspect annulaire est très superficiel et de médiocre importance; il n'est pas d'ailleurs rigoureusement lié aux séries circulaires de cellules, car un même anneau peut comprendre plusieurs rangées cellulaires : cela est même la règle pour l'extrémité céphalique. Ces cellules sont plus ou moins cubiques, ont un *protoplasma* granuleux, mais point de *grains d'excrétion* volumineux; elles renferment un *noyau*; leurs *cils* sont longs, très actifs, dirigés en haut chez celles de l'extrémité supérieure, en bas sur le reste du corps.

Endoderme. — A l'inverse de ce qui existait chez les Dicyémides, la masse cellulaire interne (**3**, *fig. 1*, **end.**), est ici pluricellulaire; elle constitue une sorte de sac qui est, à proprement parler, l'organe génital et qui diffère chez les deux sexes.

La *femelle* a son endoderme constitué par un grand sac qui occupe toute la cavité de l'ectoderme. Ce sac a une paroi propre extrêmement mince et un contenu formé de cellules polygonales par pression, qui comblent toute la cavité du sac. Ces cellules sont les œufs.

A la surface du sac on voit parfois des stries longitudinale (**3**, *fig. 1*, **str.**) ou un peu obliques, très fines, qui ont été décrites comme des fibrilles musculaires (1).

Le *mâle* (**3**, *fig. 3*) est plus petit que la femelle. Il a un sac endodermique testiculaire (**end.**), mais beaucoup moins grand que l'ovaire et n'occupant que la région moyenne du corps. Ce sac a aussi une mince membrane propre; son contenu, cellulaire chez le jeune, est formé chez l'adulte de spermatozoïdes extrêmement fins. Il est en outre entouré

(1) Leur existence affirmée par Julin [82] serait très rationnelle, puisqu'elles existent certainement chez le mâle. Mais on a fait remarquer qu'elles ne se voient pas quand le sac est bien tendu, en sorte qu'elles pourraient bien n'être que des plis de la membrane du sac, se produisant quand celui-ci n'est pas bien plein. En tout cas, on ne voit pas ici, comme chez le mâle, de noyaux à ces fibrilles.

le jeune, étaient bien distinctes et ciliées, mais qui, à mesure que l'animal grandit, perdent leurs cils, deviennent moins distinctes et finissent par se confondre, chez les individus âgés, en un syncytium. En place de coiffe polaire se montrent, dans la région correspondante, de grosses cellules amiboïdes, les *verrues terminales*, comparables aux gibbosités des cellules du corps des Dicyémiens et contenant comme elles des grains d'excrétion accumulés dans le corps de la cellule.

L'*adulte rhombogène* a une forme courte qui rappelle celle d'une toupie; la cellule centrale est sphérique; les cellules périphériques se soudent en une couche continue munie de granules et perdent leurs cils. Fréquemment, plusieurs individus se soudent et se montrent alors sous l'aspect d'autant de cellules centrales noyées dans une masse syncytiale nucléée formée par les ectodermes confondus et représentant une sorte de cœnenchyme commun.

Les rhombogènes forment des *mâles infusoriformes* qui ne diffèrent de ceux des Dicyémides en rien d'essentiel.

Les nématogènes donnent naissance à des *embryons vermiformes* qui se développent comme ceux des Dicyémides, mais qui, une fois achevés, ont un aspect très différent qui leur a valu le nom d'*embryons cunéiformes* ou *en grenade*.

Cette forme est due (car la constitution intime n'est pas très différente) au grand développement que prennent de bonne heure les quatre cellules polaires. Celles-ci grandissent beaucoup plus que les autres et se transforment chacune en une de ces quatre verrues terminales qui donnent à l'adulte un aspect si singulier. Pendant un certain temps, elles portent chacune un prolongement cilié; mais celui-ci est rejeté, comme les cils du corps, par une sorte de mue de a couche externe cilifère des cellules.

Microcyema (Ed. van Beneden) n'a pas de verrues terminales. Il a l'aspect d'un petit Dicyémide dont les cellules ectodermiques (d'ailleurs fort peu nombreuses) se seraient entièrement fusionnées en une couche syncytiale continue et auraient perdu leurs cils vibratiles, mais sans produire grand changement dans le profil extérieur (Parasite dans la cavité rénale de *Sepia*).

On ne connaît ici ni adulte rhombogène ni mâle infusosiforme. L'*embryon vermiforme* a une constitution extrêmement particulière. Il se forme, on ne sait trop comment, mais sans doute comme chez *Conocyema*, une larve dont le corps est séparé en deux moitiés par un étranglement transversal. Le centre du corps est occupé par une cellule axiale ovoïde, logée presque entièrement dans le segment inférieur. L'ectoderme est formé seulement de quatre cellules, deux revêtant le segment inférieur et deux revêtant les parties latérales du segment supérieur. Toutes ont de longs cils dirigés en arrière. L'extrémité supérieure du segment supérieur est largement tronquée. A ce niveau, la cellule centrale ne serait donc point recouverte s'il n'y avait là un large bouchon granuleux qui représente peut-être la coiffe polaire ou les verrues terminales. Cette extrémité tronquée porte un bouquet de grands cils dirigés en haut. Bientôt ces cils tombent et les cellules ectodermiques perdent aussi leurs cils, se fusionnent, et la cellule axiale commence à former des embryons.

2e Sous-Classe

ORTHONECTIÉS. — *ORTHONECTIÆ*

[*Orthonectida* (Giard)]

TYPE MORPHOLOGIQUE

(Pl. 3 et fig. 32 à 36)

L'animal est un petit être (**3**, *fig. 1*) mesurant 0mm,1 à 0mm,2 de long, blanchâtre, vermiforme, mais modérément allongé, circulaire sur la laires, 0 verrues terminales, parasite chez *Eledone; Dicyemina* (E. van Beneden) à 9 polaires, 2 parapolaires, 2 verrues terminales, parasite chez *Sepia; Dicyemopsis* (E. van Beneden) à 8 polaires, 4 parapolaires, 0 verrues terminales, parasite chez *Sepiola*. Mais Whitman a montré l'incorrection de ces diagnoses.

2e ORDRE

HÉTÉROCYÉMIDES. — *HETEROCYEMIDA*

[*HETEROCYEMIDA* (van Beneden)]

Les Hétérocyémides sont caractérisés par le fait qu'ils ne sont généralement pas fixés, vivent libres dans l'urine, et, en devenant adultes, perdent leurs cils et ont une grande tendance à fusionner leurs cellules ectodermiques en un syncytium [1].

Décrire un type morphologique nous semblerait un peu exagéré pour des êtres qui semblent résulter de déformations secondaires des formes précédentes. Nous ferons donc connaître simplement leurs caractères en étudiant les genres.

GENRES

Conocyema (E. van Beneden) (fig. 29 à 31) est caractérisé par la transformation de ses cellules polaires, au nombre de quatre, en grosses cellules ventrues, amœboïdes, appelées *verrues terminales*. Cependant ces verrues ne se montrent pas chez tous les individus. La dégénérescence de l'ectoderme en syncytium n'est complète que chez les individus très adultes (Parasite dans la cavité rénale d'*Octopus* et de *Sepia*).

Fig. 29.

Nématogène de *Conocyema polymorpha* (d'ap. E. van Beneden).

Fig. 30.

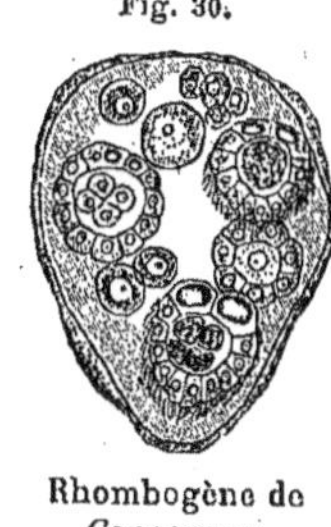

Rhombogène de *Conocyema polymorpha* (d'ap. E. van Beneden).

Fig. 31.

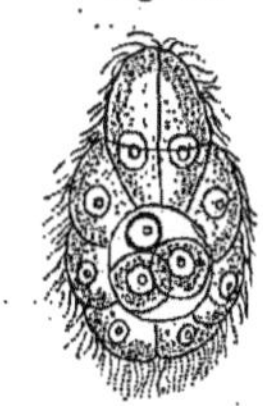

Embryon cunéiforme de *Conocyema polymorpha* pendant son développement (d'ap. E. van Beneden).

D'après VAN BENEDEN, ces verrues terminales seraient en arrière dans la progression (en tout cas fort indécise, vu l'absence de cils et la faiblesse et l'irrégularité des contractions générales). Ces verrues n'en correspondent pas moins aux cellules polaires des Dicyémides, comme le montre le développement.

Il y a, comme chez les Dicyémides, deux formes d'adultes et deux sortes d'embryons.

L'*adulte nématogène* est de forme longue et pourvu d'une cellule axiale allongée. Son ectoderme se compose de douze cellules qui, chez

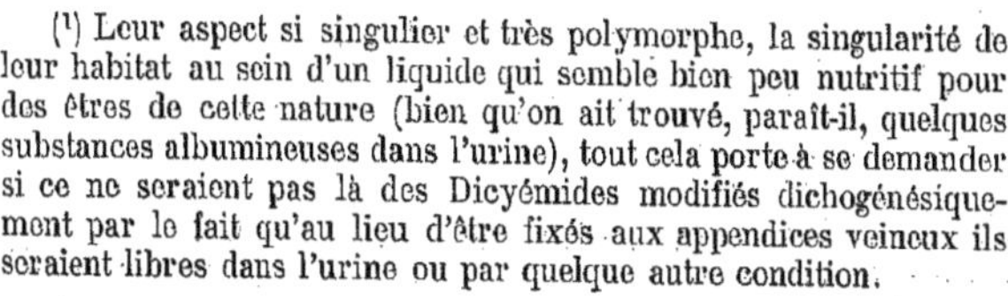

(1) Leur aspect si singulier et très polymorphe, la singularité de leur habitat au sein d'un liquide qui semble bien peu nutritif pour des êtres de cette nature (bien qu'on ait trouvé, paraît-il, quelques substances albumineuses dans l'urine), tout cela porte à se demander si ce ne seraient pas là des Dicyémides modifiés dichogénésiquement par le fait qu'au lieu d'être fixés aux appendices veineux ils seraient libres dans l'urine ou par quelque autre condition.

1er ORDRE.

DICYÉMIDES. — *DICYEMIDA*

[*DICYEMIDA* (van Beneden)]

TYPE MORPHOLOGIQUE

(Pl. 1 et 2 ET FIG. 24 ET 25)

C'est celui-là même que nous venons de décrire pour les Dicyémides en général, l'ordre des Hétérocyémides comprenant des êtres aberrants et secondairement déformés.

GENRES

Dicyema (Kölliker, *emend.* Whitman) comprend toutes les formes à huit cellules polaires (*Octodicyémides*) (Parasite chez *Octopus, Eledone, Sepiola, Rossia*).

Dicyemennea (Whitman) (fig. 26 à 28), comprend toutes les formes à neuf

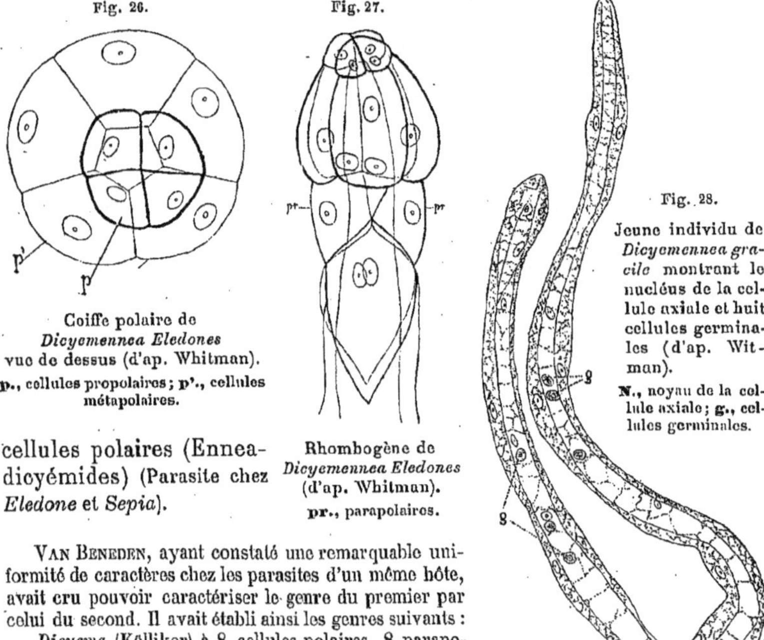

Fig. 26. — Coiffe polaire de *Dicyemennea Eledones* vue de dessus (d'ap. Whitman). **p.**, cellules propolaires; **p'.**, cellules métapolaires.

Fig. 27. — Rhombogène de *Dicyemennea Eledones* (d'ap. Whitman). **pr.**, parapolaires.

Fig. 28. — Jeune individu de *Dicyemennea gracile* montrant le nucléus de la cellule axiale et huit cellules germinales (d'ap. Witman). **N.**, noyau de la cellule axiale; **g.**, cellules germinales.

cellules polaires (Enneadicyémides) (Parasite chez *Eledone* et *Sepia*).

VAN BENEDEN, ayant constaté une remarquable uniformité de caractères chez les parasites d'un même hôte, avait cru pouvoir caractériser le genre du premier par celui du second. Il avait établi ainsi les genres suivants : *Dicyema* (Kölliker) à 8 cellules polaires, 8 parapolaires, 0 verrues terminales [1], parasite chez *Octopus*; *Dicyemella* (E. van Beneden) à 9 polaires, 0 parapo-

[1] Ces verrues terminales sont des productions analogues à celles que nous allons décrire chez les Hétérocyémides.

d'une gaine de fibrilles musculaires (*mcl.*) qui se prolongent en fuseaux jusqu'aux extrémités du corps où elles s'attachent entre les cellules ectodermiques. Ces fibrilles sont formées chacune d'une cellule musculaire nucléée.

Physiologie.

Habitat. — L'animal vit en parasite dans l'intérieur de certains Ophiures (*Amphiura*) ou Némertes (*Lineus*). Il est contenu dans des *poches membraneuses* dont la signification exacte est un peu difficile à établir, étant données les déformations qu'il produit par sa présence. Mais ces poches sont, en tout cas, une dépendance de l'hôte et il semble bien qu'elles ne soient autre chose que ses organes génitaux, dont la partie sécrétante a été détruite par le parasite. Le nombre des hôtes infectés n'est pas grand, mais ceux qui sont atteints contiennent toujours un grand nombre de parasites. Ceux-ci ne sont pas toujours libres dans ces poches. Les femelles sont contenues dans des sortes de sacs à parois épaisses, les *sacs plasmodiques* (**3**, *fig. 4*) formés par le parasite et dont nous verrons plus loin l'origine. Elles y passent une bonne partie de leur vie. Pour les mâles, la question n'est pas tranchée de savoir s'ils sont toujours libres dans la poche membraneuse ou parfois contenus avec les femelles dans les sacs plasmodiques. Cela peut différer avec les espèces.

Mouvements. — Quand on dilacère les tissus de l'hôte, on voit les parasites s'élancer à la nage dans l'eau ambiante, à l'aide de leurs cils vibratiles, avec beaucoup de vivacité et en ligne droite. C'est à cette dernière particularité qu'est emprunté le nom du groupe : Orthonectides, de ὀρθός droit, νήκτης nageur. Les femelles n'ont guère d'autres mouvements. Les mâles, au contraire, peuvent imprimer à leur queue des secousses saccadées au moyen des muscles situés entre le testicule et l'ectoderme.

Fonctions nutritives. — L'*assimilation*, l'*excrétion*, la *respiration* se font par des échanges osmotiques, puisqu'il n'y a pas d'organes spéciaux appropriés à ces fonctions.

Reproduction.

Les phénomènes de la reproduction sont loin d'être entièrement connus. On n'a vu ni la *fécondation* ni la *dissémination* du parasite par infection d'hôtes nouveaux.

On sait que les individus des deux sexes sont capables de supporter le contact de l'eau de mer où ils se meuvent rapidement. On a constaté, en outre, que *des* femelles (c'est-à-dire certaines femelles au moins) fusionnent leurs cellules épidermiques en une épaisse paroi syncytiale, perdent leurs cils et se fragmentent en morceaux formés chacun d'une petite masse d'œufs et d'un lambeau de cet épiderme dégénéré, qui se referme sur son contenu et forme un de ces *sacs plasmodiques* que nous avons décrits. Mais pour le reste, les faits et les interprétations diffèrent si fort selon que l'on s'adresse à l'une ou à l'autre des trois formes (deux genres, dont un avec deux espèces) qui constituent la classe, que nous sommes obligés de les décrire séparément.

Fig. 32.

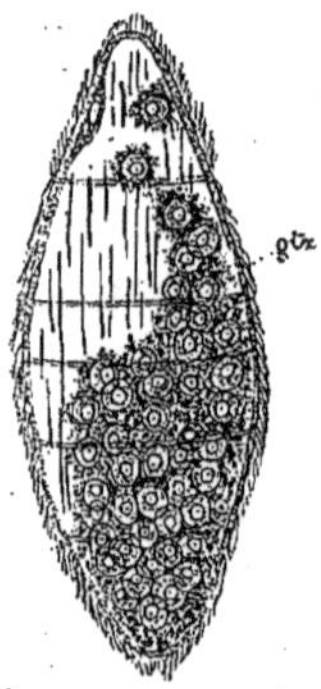

Rhopalura Giardi. Femelle de forme aplatie dont une partie des produits sexuels a été expulsée artificiellement (d'ap. Julin).
gtx., produits génitaux.

Chez la forme parasite de la Némerte, *Rhopalura Intoshii*, il n'y aurait, d'après Metchnikov [81], rien d'autre que ce que nous venons d'indiquer. Dans ces sacs plasmodiques formés par la fragmentation du corps des femelles, les œufs formeraient des mâles et des femelles, qui passeraient dans ces sacs la plus grande partie de leur existence (¹). La fécondation aurait lieu dans la mer entre les individus des deux sexes mis en liberté, les femelles fécondées pénétreraient dans un nouvel hôte et y subiraient la transformation en sacs plasmodiques.

Chez l'espèce parasite des Ophiures, *Rhopalura Giardi*, les choses seraient plus compliquées. Julin [82] qui l'a étudiée avec soin a constaté chez elle, outre les mâles (**3**, *fig. 3*), deux sortes de femelles: les femelles *cylindriques* (**3**, *fig. 1*) et les *femelles aplaties* (**3**, *fig. 2* et fig. 32). Celles-ci formeraient, comme la forme unique de l'espèce précédente, les sacs plasmodiques (**3**, *fig. 4*), et, comme il ne trouve que des femelles dans ces sacs, il en conclut que la femelle aplatie est exclusivement pondeuse de femelles. La forme cylindrique se comporte tout autrement: elle soulève comme un clapet les deux premiers anneaux de son corps et met à nu ses œufs (fig. 33, *gtx.*) qui deviennent ainsi accessibles aux spermatozoïdes et peuvent être fécondés. Comme il trouve les mâles toujours libres dans les poches membraneuses des Ophiures et non contenus dans des sacs plasmodiques; comme il constate que certains Ophiures sont infectés exclusivement par des mâles ou par des femelles,

Fig. 33.

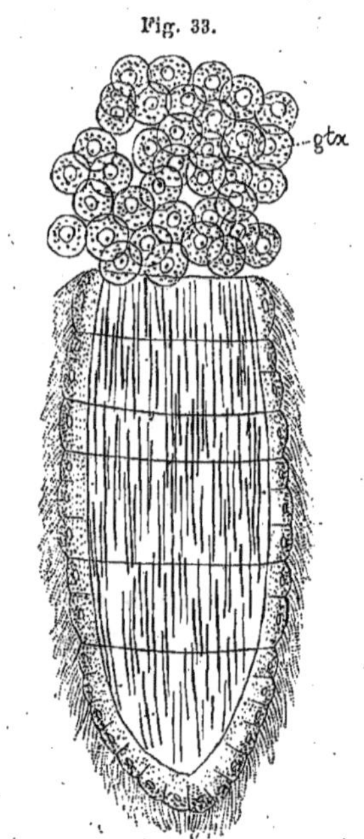

Rhopalura Giardi. Femelle de forme cylindrique au moment de l'expulsion des produits génitaux (d'ap. Julin).
gtx., produits génitaux.

(¹) Metchnikov a constaté l'existence de sacs plasmodiques contenant soit des mâles seulement, soit des femelles seulement, soit des individus des deux sexes.

il en conclut que ces femelles sont uniquement pondeuses de mâles. Les femelles des deux sortes ainsi que les mâles iraient isolément infecter les Ophiures, et la fécondation aurait lieu dans le corps de l'hôte. Si celui-ci a reçu seulement des mâles et des femelles cylindriques, il ne contiendra que des mâles libres dans ses poches membraneuses; s'il a reçu seulement des femelles aplaties (avec ou sans mâles, car il n'est pas sûr que ces femelles ne soient pas parthénogénésiques), il contiendra des sacs plasmodiques qui fourniront seulement des femelles; enfin, s'il a reçu les deux sortes de femelles, ce qui est le cas habituel, il contiendra à la fois des mâles libres et des sacs plasmodiques femelles (¹).

Enfin, chez la forme parasite des Annélides, genre *Sæchartrum*, CAULLERY et MESNIL [99] constatent que les sacs plasmodiques ne sont certainement pas des lambeaux de l'organisme maternel contenant des œufs. Ils sont formés d'une masse de protoplasma, contenant des noyaux disséminés. Ces noyaux s'approprient une petite masse périphérique du protoplasme ambiant et constituent alors des *germes*, bien différents des *œufs* de l'adulte, beaucoup plus petits (4 à 5 μ) et à caractères histologiques tout autres. Les sacs plasmodiques ne sont pas confinés dans le cœlome; ils s'insinuent entre les cellules de la paroi intestinale et se mettent en rapport direct avec la cavité digestive, condition excellente pour leur nutrition. A maturité, les germes se développent en embryons, en se segmentant à la manière d'œufs fécondés. Ainsi, les sacs plasmodiques ne sont point des lambeaux de la mère et les germes ne sont point les œufs de celle-ci, mais ils en dérivent par un processus non encore déterminé. Les auteurs comparent les sacs plasmodiques et leur contenu à la cellule axiale des Dicyémides avec les germes qu'elle forme à son intérieur; ils pensent qu'il doit en être de même pour les *Rhopalura*, dont les sacs plasmodiques ont été insuffisamment étudiés.

Développement.

Il se forme, à peu près comme chez les Dicyémides, une sorte de morula épibolique avec une partie centrale endodermique (3, *fig. 9* et

(¹) Il y a évidemment dans tout cela une trop grande place laissée à l'hypothèse. Il faut de nouvelles observations pour nous éclairer. Il est à remarquer que la théorie de JULIN ne laisse aucune place à la multiplication des individus dans un même hôte. Ne se pourrait-il pas que les femelles aplaties fussent les instruments d'une multiplication parthénogénésique intérieure, tandis que les cylindriques seraient l'agent de la dissémination. Aucune observation directe n'a montré en effet que ces femelles fussent exclusivement pondeuses de mâles, et le fait que l'on rencontre parfois des Ophiures ne contenant que des parasites mâles n'est peut-être pas une preuve suffisante à cet égard.

D'autre part, KÖHLER [86] trouve que la séparation des sexes dans des hôtes différents est très rare. Il trouve aussi des embryons, ♂ et ♀, avancés (les premiers toujours plus nombreux) dans les mêmes cylindres plasmodiques, ce qui montre que les ♀ aplaties au moins peuvent engendrer des embryons des deux sexes. Par contre, il a vérifié que les femelles cylindriques donnent seulement des ♂. Les différences de répartition des sexes dans les Ophiures tiendraient aux saisons.

Pl. 3.

ORTHONECTIÆ

(TYPE MORPHOLOGIQUE)

Fig. 1. Femelle de forme cylindrique de *Rhopalura Giardi* (d'ap. Julin).
Fig. 2. Femelle de forme aplatie de *Rhopalura Giardi* (d'ap. Julin).
Fig. 3. Mâle adulte de *Rhopalura Giardi* (d'ap. Julin).
Fig. 4. Sac plasmodique de *Rhopalura* (d'ap. Metchnikov).
Fig. 5 à 8. Développement de l'individu mâle de *Rhopalura Giardi* (d'ap. Julin).
Fig. 5. Embryon présentant trois blastomères.
Fig. 6. Formation de la morula épibolique, dans laquelle la cellule endodermique s'est divisée en deux.
Fig. 7. Morula présentant sur deux pôles opposés de la masse endodermique centrale un lot de cellules destiné à former les muscles.
Fig. 8. Embryon présentant les mêmes particularités que celui représenté dans la fig. 7, mais à un état de développement plus avancé.
Fig. 9 et 10. Développement de la femelle du *Rhopalura Giardi* (d'ap. Julin).
Fig. 9. Formation de la morula épibolique.
Fig. 10. Morula épibolique jeune.

d., embryons contenus dans le sac plasmodique;
ect., cellules ectodermiques;
end., cellules endodermiques;
mcl., cellules musculaires;
s., sac plasmodique;
str., striation (musculaire ?) superficielle du sac endodermique.

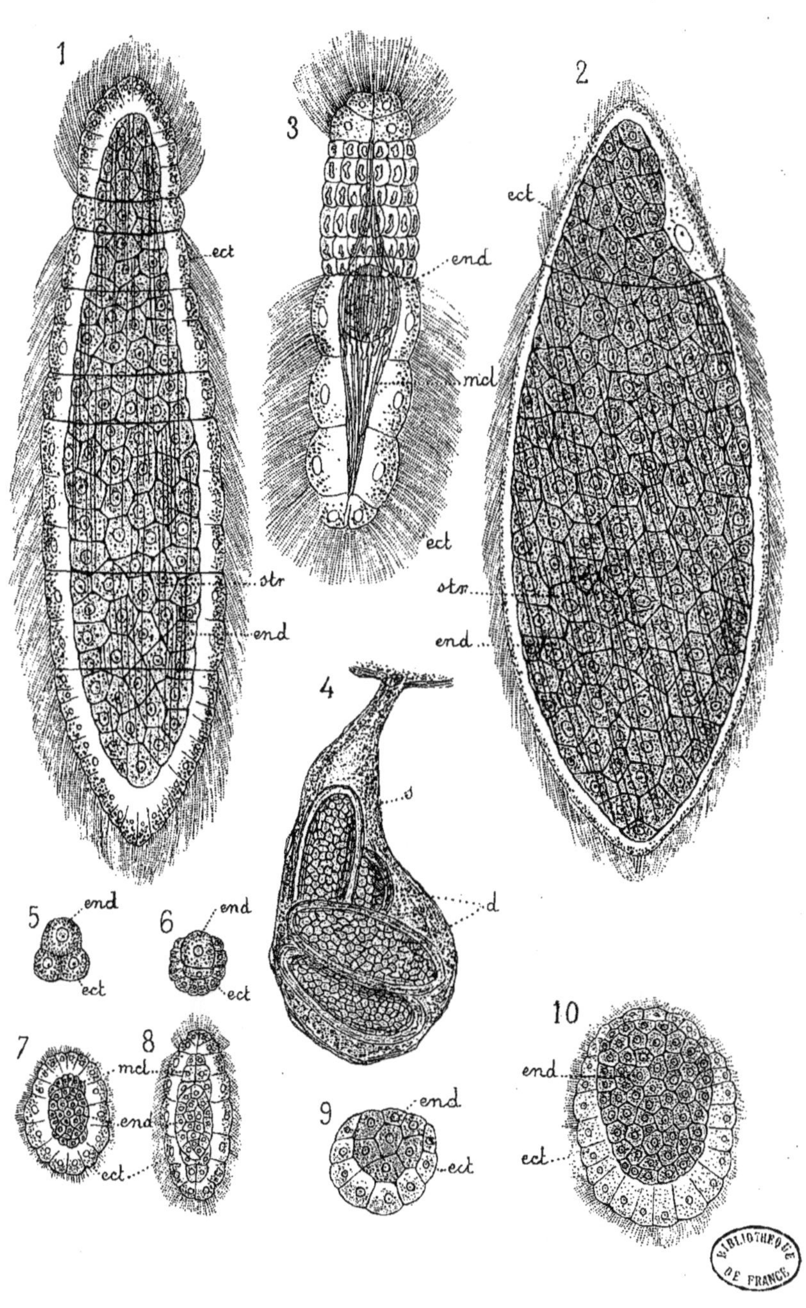
1
2
3
4
5
6
7
8
9
10
ect
end
mcl
str
d
s

10, end.) et une partie périphérique formée d'une seule couche de cellules qui se munissent de cils et forment l'ectoderme (*ect.*).

Chez le *mâle*, la partie centrale est d'abord formée d'une seule cellule [1] comme chez les Dicyémides. Cette cellule se divise d'abord en trois, une centrale (**3**, *fig. 5, end.*) et deux périphériques superposées (*ect.*). La cellule centrale forme le testicule et, pour cela, se subdivise un grand nombre de fois *sous sa membrane* qui reste indivise et forme la paroi du sac testiculaire (**3**, *fig.* 7 et 8). Les deux autres cellules se divisent, chacune à un pôle, un petit nombre de fois et forment les cellules musculaires. (**3**, *fig.* 7 et 8, *mcl.*). Chez la *femelle*, la partie centrale des morula contenues dans les sacs plasmodiques est formée d'emblée d'un amas cellulaire massif (**3**, *fig. 10, end.*). A un moment donné, cette masse sépare d'elle une couche superficielle de cellules qui forment la paroi (Julin dit musculaire) de l'ovaire (fig. 34 à 36), tandis que les centrales deviennent les œufs.

Fig. 34.

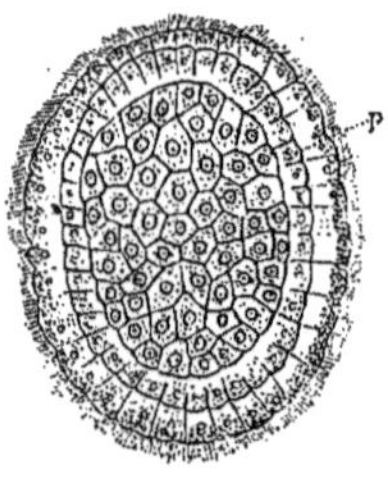

Planula de *Rhopalura Giardi* femelle. L'endoderme présente une couche périphérique de cellules cylindriques qui forme probablement la couche musculaire de l'adulte (d'ap. Julin).

p., couche périphérique des cellules endodermiques.

Fig. 35.

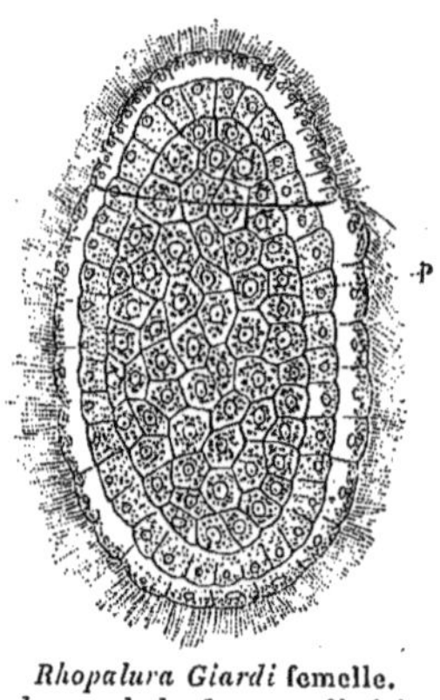

Rhopalura Giardi femelle. Embryon de la forme cylindrique présentant déjà un sillon délimitant l'anneau céphalique (d'ap. Julin).

p., couche périphérique des cellules endodermiques.

Fig. 36.

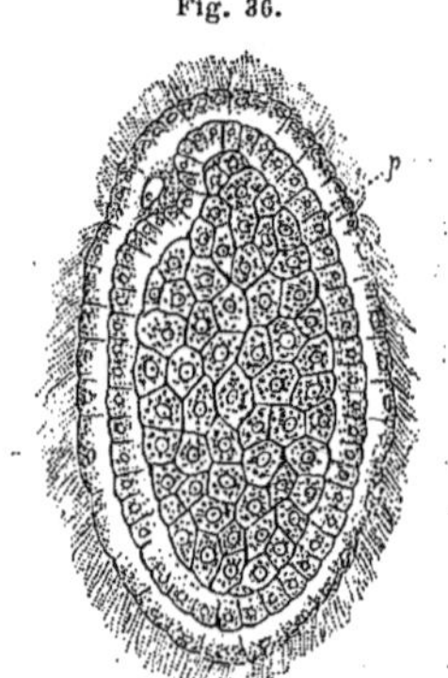

Rhopalura Giardi femelle. Embryon de la forme aplatie (d'ap. Julin).

p., couche périphérique des cellules endodermiques.

GENRES

La classe ne contient que deux genres, dont un principal,

Rhopalura (Giard), auquel s'appliquent naturellement tous les caractères du type morphologique ci-dessus décrit. Ce genre renferme quelques espèces dont certaines diffèrent d'une manière capitale, sous plusieurs rapports, et que nous devons décrire séparément, faute de pouvoir décider laquelle pourrait être choisie comme typique. Peut-être des études plus approfondies feront-elles disparaître une partie de ces différences.

[1] Du moins chez les *Rhopalura Giardi* d'après Julin.

R. Intoshi (Metchnikov). — Le *mâle* (fig. 37 et 38) est en forme de radis, la grosse extrémité étant supérieure; il a huit à neuf segments tous ciliés, les deux premiers à cils dirigés en haut, le 4e plus long que les autres, formé cependant d'une seule rangée de cellules épidermiques. A l'intérieur, le sac testiculaire s'étend vers le bas en un prolongement que Metchnikov a considéré, à tort vraisemblablement, comme un spermiducte. Au-dessus du testicule, sous l'ectoderme, est un petit amas cellulaire que Metchnikov a assimilé à tort sans doute aussi, à un rudiment de tube digestif (1).

Fig. 37.

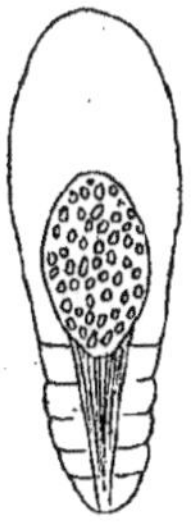

Mâle de *Rhopalura Intoshi* préparé pour montrer le testicule (d'ap. Metchnikov).

Fig. 38.

Mâle de *Rhopalura Intoshi* (d'ap. Metchnikov).

La *femelle*, dont on n'a trouvé qu'une seule forme, est plus grande que le mâle; elle est régulièrement ovoïde, de couleur brun sombre. Elle a neuf segments tous ciliés. De ces segments, le premier seulement a ses cils (2) dirigés en haut; tous sont formés de plusieurs (deux au moins, cinq au plus) rangées de cellules. A l'intérieur, le sac à œufs est surmonté aussi d'un petit amas cellulaire assimilé à un rudiment de tube digestif.

L'espèce vit en parasite dans des sacs membraneux (qui ne sont probablement que les organes génitaux) de *Cerebratulus lacteus* de la Méditerranée (3).

R. Giardi (Metchnikov). — Il y a, dans cette espèce, un mâle et deux sortes de femelles.

Le *mâle* (**3**, *fig. 3*) a six segments (4). Seul le 3e n'est pas cilié. Il est long et présente cinq ou six rangées circulaires de papilles saillantes. Tous les autres sont ciliés et formés d'un seul anneau de cellules, sauf le

(1) C'est sans doute ou un reste des cellules qui donnent naissance aux fibrilles musculaires ou une dépendance de l'ectoderme douée de quelque vague fonction nerveuse. C'est surtout la considération de la femelle aplatie du *Rhopalura Giardi* qui fait songer à cette dernière assimilation. Metchnikov considère la masse centrale comme un mésoderme, ce qui lui permet d'assimiler à l'endoderme le petit lot de cellules en question.

(2) Au contact de l'eau de mer ces cils tombent immédiatement.

(3) Il n'y a qu'une très minime proportion d'individus infectés, mais ceux qui sont atteints le sont abondamment et les glandes atteintes sont stériles.

Rappelons que, d'après Metchnikov, les deux sexes sont renfermés pendant la plus grande partie de leur existence dans des sacs plasmodiques qui peuvent contenir soit des individus des deux sexes, soit des individus d'un seul sexe seulement. Julin conteste ces assertions, mais uniquement pour faire cadrer l'évolution de cette espèce avec celle de l'espèce des Ophiures qu'il a seule étudiée.

(4) On trouve six segments si on compte les constrictions annulaires, ce qui semble légitime. Julin, réunissant les deux dernières rangées de cellules en un seul segment, n'en compte que cinq.

premier qui a deux rangées de cellules dont les cils sont dirigés en haut, tandis que les autres, tous unisériés, les ont dirigés en bas. Le 4e est plus long que les autres et renferme le testicule.

La *femelle cylindrique* (**3** *fig. 1*) est ovoïde, a huit segments, mais fort peu distincts et formés d'un nombre variable de cellules. Le second est étroit et dépourvu de cils. La partie située au-dessus de l'anneau glabre a ses cils dirigés en haut ; dans le reste du corps, les cils sont tournés vers le bas. Le sac à œufs est peu ou point recouvert de fines fibrilles musculaires. Il n'y a pas de petite masse cellulaire au-dessus de lui.

La *femelle aplatie* (**3** *fig. 2*) est plate et plus effilée en haut qu'en bas. Elle est partout ciliée et ne présente qu'une seule constriction annulaire qui sépare l'extrémité supérieure, à cils dirigés en haut, du reste du corps, à cils dirigés en bas. L'ectoderme présente dans la région céphalique un épaississement latéral formé par une seule cellule, considéré par Metchnikov comme l'homologue du petit lot de cellules apicales qui représente d'après lui le rudiment du tube digestif. Le sac à œufs ressemble à celui de la forme cylindrique (1).

L'espèce vit en parasite dans la partie génitale des sacs respiratoires d'une Ophiure (*Amphiura squamata*) (2).

Giard [79] avait décrit un autre genre, *Intoshia* (Giard). Mais Metchnikov [81] a montré que ces *Intoshia* ne sont autre chose que les femelles de *Rhopalura Giardi*. Ce genre doit donc disparaître. Le genre *Prothelminthus* (Jourdain) mérite sans doute le même sort, le *P. Hessei* (Jourdain) n'étant, selon de Saint-Joseph, que le *R. Leptoplanæ*.

Par contre, au moment où nous mettons en pages, un nouveau genre qui paraît certain, celui-là, vient d'être découvert, le

Stœchartrum (Caullery et Mesnil), remarquable par le fait qu'il serait hermaphrodite. Cet hermaphroditisme cependant reste un peu conjectural. Les auteurs ont seulement constaté l'absence de mâles dans le très grand nombre d'échantillons qu'ils ont observés et la présence, au-dessus du premier ovule, d'une petite masse cellulaire ayant absolument le même aspect que le testicule chez le mâle des *Rhopalura*. Cette masse est constante; il s'en rencontre presque toujours une seconde en dessous du dernier ovule et, parfois, une troisième vers le milieu du corps. L'animal est allongé, en forme de chapelet, formé

(1) Nous avons vu que Julin considère la femelle cylindrique comme pondeuse de mâles et la femelle aplatie comme pondeuse de femelles. Nous avons plus haut fait connaître comment cet observateur interprète le cycle évolutif.

(2) Elle est moins rare que l'autre et se rencontre en moyenne une fois sur une trentaine d'individus. Ceux-ci sont malades, flasques, noirâtres, se tiennent à l'écart et sont stériles.

Citons pour être complet les autres espèces du genre :

R. Linei (Giard) chez *Lineus Gesserensis ; R. Leptoplanæ* (Giard) chez *Leptoplana tremellaris ; R. Pterocirri* (de St-Joseph) chez *Pterocirrus macroceros* (Phyllodocien) ; *R. sp.* (Fauvel) chez *Ampharete Grubei ; R. Metchnikovi* (Caullery et Mesnil) chez *Spio ; R. Julini* (Caullery et Mesnil) chez un autre Spionien, *Scolelepis*.

de 60 à 70 anneaux subégaux, munis à leur bord inférieur d'une couronne de cils. Les 10 ou 12 premiers anneaux et les 4 derniers renferment des éléments allongés, probablement musculaires; les anneaux moyens, tous semblables, renferment chacun un seul œuf et pas de muscles. Nous avons dit plus haut ce qui concerne le testicule (800 μ sur 15 μ; très-abondant chez un Annélide de la famille des Ariciens, *Scoloplos Muelleri* (Rathke), à La Hague).

Affinités des Mesogonia.

Que les *DICYEMIÆ* et les *ORTHONECTIÆ* aient entre eux des affinités étroites, c'est là un point qui n'est guère discuté ([1]). Mais où l'on s'entend moins, c'est sur les affinités de ces êtres avec les autres animaux. Une question préjudicielle à trancher est celle de la signification embryogénique de leurs couches cellulaires. L'épiderme est un ectoderme; mais la cellule axiale ou la masse cellulaire qui occupe la même place est-elle mésodermique ou endodermique? METCHNIKOV tient pour la première opinion, mais tous les autres observateurs admettent la seconde. Et de fait, dans le développement, c'est bien plutôt comme un endoderme qu'apparaît et se comporte le premier rudiment de l'organe en question.

Se fondant sur cette réduction des feuillets à deux, VAN BENEDEN a créé pour ces êtres le groupe des Mésozoaires, accepté par GIARD, JULIN et, plus ou moins explicitement, par HUXLEY, GEGENBAUR et quelques autres. Mais la plupart des autres zoologistes refusent d'accepter ce groupe, soit qu'ils admettent la réduction des feuillets à deux et l'expliquent par un phénomène de dégradation, soit qu'ils cherchent dans les fibrilles musculaires situées à la surface de la cellule axiale ou du sac endodermique, les indices d'un feuillet mésodermique. En tout cas, les uns et les autres s'accordent à considérer ces êtres comme des Métazoaires dégradés et les rattachent à d'autres Métazoaires. GIARD les fait dériver des Rotifères; WHITMAN, des Vers; LEUCKART, des Trématodes; KEPPEN, des Planaires. PAGENSTECHER suivi par BRAUN, son continuateur dans le *Thier-Reich* de Bronn, en fait, à la base des Vers, un groupe spécial des *Mionelminthes*. Nous ne contestons ni ces affinités, ni le fait que ces êtres puissent être des formes dégradées par le parasitisme, mais nous les maintenons, provisoirement du moins et jusqu'à ce que de nouvelles recherches nous aient éclairé sur leur nature, dans ce groupe des Mésozoaires si commode pour recevoir les genres à affinités indécises que nous y avons fait entrer.

([1]) Seul METCHNIKOV se refuse à admettre leur parenté se fondant sur les différences dans leur développement.

4e Classe

MÉSOGASTRIENS. — *MESOGASTRIA*

Cette classe comprend un seul genre que nous allons décrire, c'est le genre

PEMMATODISCUS [1]

L'animal a été trouvé en 1895 par Monticelli sur un *Rhizostoma pulmo* apporté à la station zoologique de Naples. Le Rhizostome (fig. 39) se montrait parsemé sur le disque et sur les bras de petites taches claires qui étaient autant de cavités sous-cutanées, sans communication avec le dehors, contenant chacune un ou plusieurs parasites. Ceux-ci apparaissent à l'œil nu dans ces cryptes sous la forme de petits grains (fig. 40). Les dimensions de ces cryptes ne sont pas uniformes; elles varient, selon le nombre de parasites qu'elles contiennent, de $0^{mm}37$ de large sur $0^{mm}25$ pour celles qui n'en contiennent qu'un, à 2^{mm} et plus pour celles qui en contiennent plusieurs. Elles sont creusées (fig. 41) dans la substance gélatineuse de

Fig. 39.

Rhizostoma pulmo portant des *Pemmatodiscus* (d'ap. Monticelli).

Fig. 40.

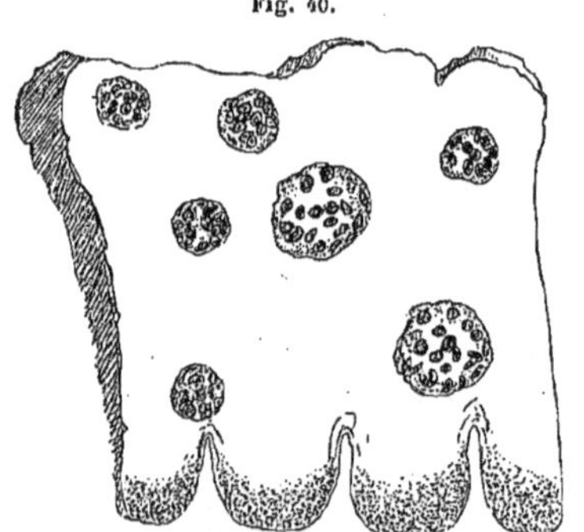

Bord du disque d'un *Rhizostoma*, montrant des poches contenant plusieurs *Pemmatodiscus* (d'ap. Monticelli).

Fig. 41.

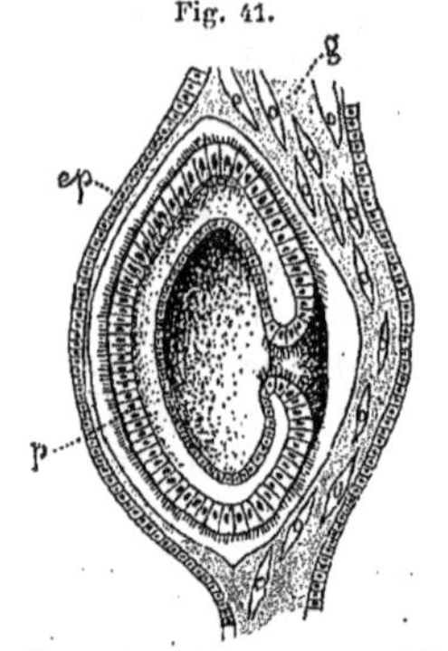

Coupe à travers un tentacule de *Rhizostoma pulmo*, au niveau d'une crypte contenant un *Pemmatodiscus*.

ep., épithélium tentaculaire du Rhizostome; **g.**, mésoglée du Rhizostome; **p.**, *Pemmatodiscus*.

[1] De πέμμα, tourte; δίσκος, disque.

la Méduse, dont l'épiderme (*ep*) passe intact au-dessus d'elles, de forme irrégulièrement ellipsoïde, plus ou moins anfractueuse, et elles ont une mince paroi propre qui semble n'être autre chose qu'une modification de la mésoglée normale sous l'influence de l'irritation causée par le parasite. Celles qui contiennent plusieurs parasites sont parfois imparfaitement cloisonnées entre ceux-ci.

Fig. 42.

Pemmatodiscus vu de profil (d'ap. Monticelli).

Fig. 43.

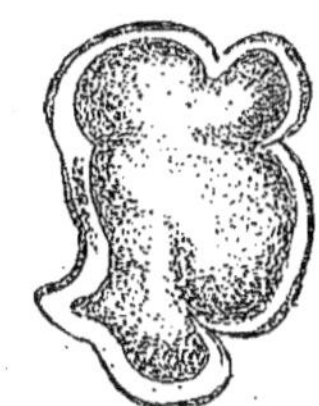

Pemmatodiscus se mouvant (d'ap. Monticelli).

Fig. 44.

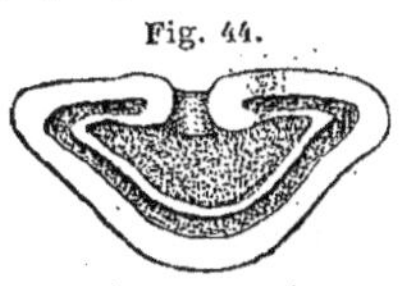

Coupe schématique axiale d'un *Pemmatodiscus* (d'ap. Monticelli).

Le parasite (fig. 42) a une forme essentielle très régulière et très caractéristique, mais qui peut être considérablement modifiée par des plis, lobes et contournements très variés (fig. 43). Cette forme est celle d'une lentille plan-convexe très bombée dont le bord serait renflé en une sorte de petit bourrelet (fig. 44). Son diamètre varie de 0,1 à 1^{mm} et sa hauteur est égale à la moitié environ du diamètre. Au centre de la face plane est percé un orifice, la bouche, circulaire et modérément large au repos, mais prenant les formes et les dimensions les plus variées sous l'influence des contractions. La surface externe est entièrement et richement ciliée.

Fig. 45.

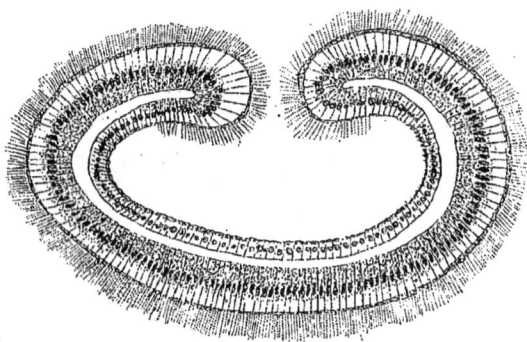

Section d'un *Pemmatodiscus* passant par la bouche (d'ap. Monticelli).

La structure est celle d'une gastrula typique (fig. 45) et nous pouvons lui décrire un ectoderme, un endoderme, une cavité gastrique et un cœlome.

L'ectoderme est formé de hautes cellules prismatiques (0^{mm}05 de haut), munies chacune de plusieurs longs cils (fig. 46). Il est limité du côté extérieur par une mince cuticule perforée par les cils et du côté du cœlome par une minime membrane basale se manifestant sous l'aspect d'une simple ligne continue.

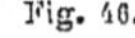

Fig. 46.

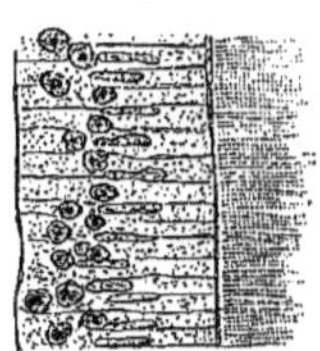

Ectoderme d'un *Pemmatodiscus* fixé au sublimé et coloré au Biondi (d'ap. Monticelli).

Parmi ses cellules se trouvent de petits bâtonnets (de $0^{mm}03$ de haut) (fig. 46), fusiformes, réfringents, tout à fait comparables aux *rhabdites* de certaines Planaires.

L'endoderme (fig. 47) est formé de cellules prismatiques peu élevées ($0^{mm}025$ de haut), non ciliées, sur lesquelles se continuent, mais plus minces encore, la cuticule et la basale de l'ectoderme. Au niveau de la bouche, l'ectoderme pénètre dans la cavité en gardant ses cils, mais en diminuant progressivement de hauteur jusqu'à n'avoir plus que celle de l'endoderme auquel alors il fait place.

Fig. 47.

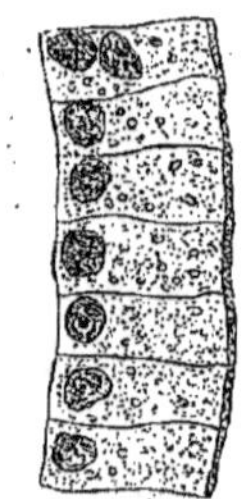

Endoderme d'un *Pemmatodiscus* fixé au sublimé et coloré au Biondi (d'ap. Monticelli).

La cavité gastrique non ciliée reproduit la forme générale de l'animal, les deux feuillets du corps étant parallèles. Elle ne contient que quelques granulations maintenues en mouvement tourbillonnaire par les cils qui garnissent son entrée.

Le cœlome est l'espace étroit compris entre les deux feuillets : il est complètement libre.

Nulle part on ne trouve de différenciation quelconque nerveuse, sécrétrice ou génitale des éléments.

Le *Pemmatodiscus* vit dans les cryptes entièrement closes où ses cils lui communiquent un lent mouvement de rotation. L'eau de mer lui est fatale; elle le tue et produit rapidement la destruction de ses tissus. Il se reproduit par division. La scission se fait par un étranglement passant par la bouche et sectionnant l'animal en deux parties plus ou moins inégales qui finissent par se séparer [1]. C'est évidemment par ce processus que s'explique la présence de plusieurs individus dans la même crypte. Sans doute l'animal pénètre dans son hôte par la voie des cavités endodermiques, s'enkyste et se multiplie dans les cryptes formées par lui.

Les affinités et la signification réelle du *Pemmatodiscus* ne sont pas moins incertaines que celles des autres groupes de Mésozoaires. Plus encore que les autres, il a l'aspect typique d'une larve. Mais sa condition parasitaire, le fait que l'eau de mer le détruit, sa faculté de se reproduire par division sont autant de caractères bien différents de ceux des larves gastrulaires normales. Ici encore il faut attendre avant de se prononcer.

GENRE

Pemmatodiscus (Monticelli). C'est l'être décrit ci-dessus (0,2 à 1^{mm}; trouvé une seule fois par Monticelli, en 1895, parasite sur *Rhizostoma pulmo*).

(1) Monticelli suppose que la division peut se faire en un point quelconque et que les déformations de l'animal peuvent être dues à des constrictions préparatoires de la division; mais il n'a pas nettement constaté le fait.

APPENDICE

I

Les Gastréades agglutinantes.

PHYSEMARIA. CEMENTARIA

HÄCKEL [76] a proposé de réunir sous le nom de GASTRÉADES, les Orthonectides, les Dicyémides, le *Trichoplax* et certaines formes inférieures décrites par lui sous le nom de *PHYSEMARIA*. Il les caractérise par une structure analogue à celle des Spongiaires et des Cœlentérés les plus inférieurs, sauf l'absence de pores, ce qui les distingue des premiers, et l'absence de tentacules et de nématoblastes, ce qui les différencie des derniers. A ses Physémaires, Häckel [84] a ajouté, plus récemment, un autre groupe d'animaux qu'il désigne sous le nom de *CEMENTARIA*. Cémentaires et Physémaires constituent donc, avec nos Mesogonia et nos Mesenchymia, les Gastréades d'Häckel. Ces derniers ayant été décrits ci-dessus, nous n'avons à parler ici que de ses autres Gastréades réunies par lui sous le nom de *Cæmentalen Gastreaden* que nous traduisons par celui de *Gastréades agglutinantes*. Nous serons d'ailleurs très bref, l'exemple de l'*Haliphysema* autorisant les réserves les plus expresses sur ces prétendus Gastréens.

Les *GASTRÉADES* sont des êtres très inférieurs, ayant une constitution générale semblable à celle de la *gastrula* ou dérivée de celle-ci. Leur corps est formé d'une paroi comprenant deux couches, l'une ectodermique à cellules fusionnées en un syncytium, l'autre endodermique à cellules flagellées ou même à collerette comme les choanocytes des Éponges, limitant une cavité gastrique qui communique avec le dehors par une bouche. Leurs œufs dérivent de cellules endodermiques. Ils n'ont ni pores dans la paroi du corps, ni tentacules autour de la bouche, ni nématoblastes. Mais chez tous, l'ectoderme se garnit de particules étrangères, spicules d'Éponges, fragments de squelettes de Radiolaires ou de Foraminifères, grains de sable, qui sont logés à son intérieur et soudés par une faible quantité d'un ciment spécial sécrété par le protoplasme.

Ils se divisent en deux groupes.

Le premier est celui des *PHYSEMARIA* chez lesquels la paroi du corps est relativement mince, continue, ne contenant rien autre chose que les deux feuillets cellulaires qui la constituent. Il en existe 4 genres :

Prophysema (Häckel) (fig. 48), en forme d'outre, fixée par la base au fond de la mer. La paroi ectodermique syncitiale agglutine des particules diverses, grains de sable, spicules d'Éponges. Parmi les cellules flagellées endodermiques, une série spirale, formée d'éléments plus grands, déterminerait plus spécialement les courants d'eau afférent et efférent; d'autres cellules, voisines de l'entrée, auraient un caractère glandulaire. Les œufs, plus particulièrement logés au fond, ne seraient que des cellules endodermiques différenciées pour ce rôle (Méditerranée, Mer du Nord).

Fig. 48.

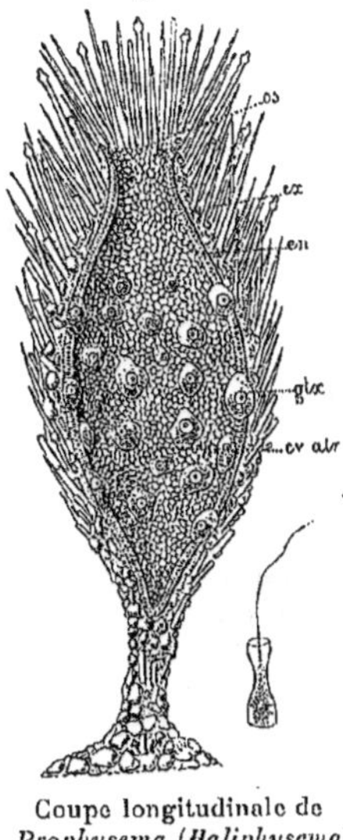

Coupe longitudinale de *Prophysema* (*Haliphysema*) *primordiale* et un choanocyte (d'ap. Häckel).

cv. atr., cavité atriale; **en.**, couche interne de la paroi; **ex.**, couche externe de la paroi; **gtx.**, cellules génitales; **os.**, oscule.

HÄCKEL [76] avait d'abord décrit ce genre sous le nom d'*Haliphysema* (Häckel). Ce dernier ayant été reconnu pour un simple Foraminifère (voir Vol. I de ce traité, p. 131) fut rayé pour un temps des listes des Gastréades. Mais Häckel [89], dans son travail sur les Éponges cornées des profondeurs, déclare que l'animal découvert par lui a, en effet, avec le Foraminifère auquel on veut le ramener une ressemblance frappante, mais que cette ressemblance n'est que superficielle et qu'il y a là deux êtres distincts; et il propose de laisser au Foraminifère le nom d'*Haliphysema*, en attribuant au Gastréade celui de *Prophysema*.

Gastrophysema (Häckel) (fig. 49 et 50), faussement rapporté, d'après son auteur, au Foraminifère *Squamulina*, se distingue du précédent par la division de son corps en une série de deux à cinq chambres superposées (Méditerranée).

Dendrophysema (Häckel) constitue des colonies ramifiées en forme d'arbuscule comme un Hydraire (Pacifique tropical par 4 000 à 5 000 mètres).

Clathrophysema (Häckel) est aussi une forme coloniale, mais composée de tubes anastomosés en un réseau qui peut se condenser en une masse spongieuse (Même habitat).

Fig. 49.

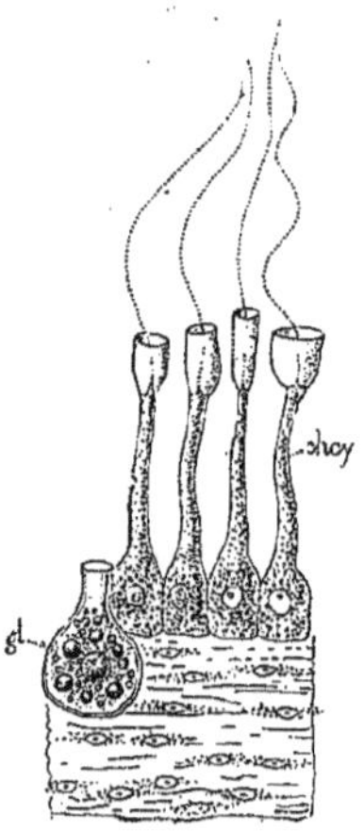

Gastrophysema dithalamium. Choanocytes de la spirale adorale et glande de la paroi (d'ap. Häckel).

chcy., choanocytes; **gl.**, cellule glandulaire.

Fig. 50.

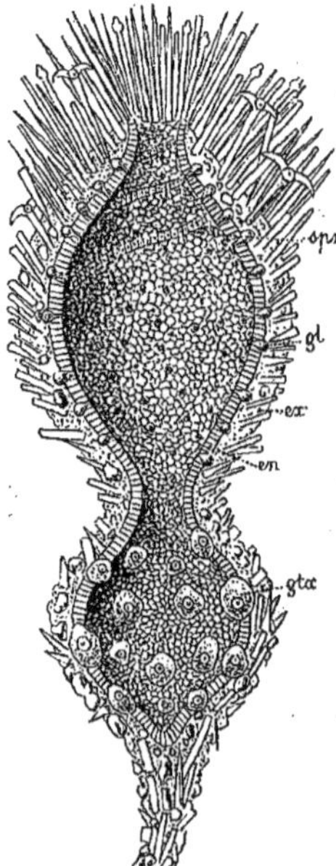

Coupe longitudinale de *Gastrophysema dithalamium* (d'ap. Häckel).

en., couche interne de la paroi; **ex.**, couche externe de la paroi; **gl.**, glandes; **gtx.**, cellules génitales; **spr.**, spire adorale formée par les choanocytes.

Le deuxième groupe de ces Gastréades est celui des Cæmentaria, chez lesquels la paroi du corps est plus épaisse et traversée par un système de canaux en communication avec la cavité gastrique et tapissés comme celle-ci de cellules flagellées. Il en existe aussi quatre genres. Leur taille varie de quelques millimètres à 10 ou 12 centimètres.

Cæmentascus (Häckel) est un simple tube plus ou mois allongé ou ovoïde, à orifice buccal unique (Pacifique tropical, Ceylan, par 7 m. à 808 m.).

Cæmentoncus (Häckel) forme des masses irrégulières, noduleuses, percées de nombreux orifices buccaux (Pacifique tropical par 870 à 970 m.).

Cæmentissa (Häckel) forme des croûtes plus ou moins épaisses, s'étendant surtout en largeur et se moulant sur le support, et est percé aussi de nombreux orifices buccaux (Pacifique, Ceylan, Médit., par 10 à 870 m.).

Cæmentura (Häckel) a une forme ramifiée, rampante ou dressée et est pourvu aussi de bouches multiples (Pacifique, Açores, par 333 à 808 m.).

Häckel indique, à titre de comparaison, la ressemblance de ces divers êtres avec des Éponges.

Pour lui, les Physémaires simples sont à comparer avec ses Ascones; ses Physémaires coloniaux rappellent ses Leucones; ses Cæmentaires enfin seraient à rapprocher respectivement : *Cæmentascus* de *Psammascus*, *Cæmentoncus* de *Dysidea*, *Cæmentissa* de *Psammopemma* et *Cæmentura* de *Psammoclema*.

Il est peut-être permis d'aller plus loin et de se demander si tous ces êtres ne sont pas, soit des Foraminifères, comme peut le faire soupçonner l'histoire d'*Haliphysema*, soit de vraies Éponges comme semblent l'indiquer toutes ces ressemblances.

A l'appui de ces réserves on peut encore invoquer le fait qu'Häckel lui-même, dans son travail sur les Éponges cornées des profondeurs, se demande si son *Prophysema* et son *Gastrophysema* ne seraient pas de simples échantillons de son genre d'Éponges *Ammolynthus*, dont les pores contractés auraient échappé à son observation.

II

Les Urnes et les Coupes ciliées des Siponculides.

POMPHOLYXIA, KUNSTLERIA

Nous avons, dans le premier volume de ce traité (p. 439), décrit sous le nom de *Pompholyxia* (Fabre-Domergue) les formations connues généralement sous le nom d'*Urnes* des Siponcles et que l'auteur du genre considère comme une forme aberrante des Infusoires ciliés. — Les opinions sont très partagées relativement à ces formations : les uns, Vogt et Yung, Fabre-Domergue, les considèrent comme des Infusoires parasites ou, comme Balbiani, Henneguy, affirment leur nature de parasites autonomes sans se prononcer sur leurs affinités [*] ; d'autres, Ray-Lankester, Brandt, Cuénot, etc., assurent que ce sont des parties de l'organisme du Siponcle, devenues libres dans la cavité générale. Des recherches commencées dès 1887 par Kunstler, et poursuivies avec assiduité depuis 1897 par Kunstler et Gruvel, ont conduit ces observateurs à voir dans ces Urnes et dans les formations similaires étudiées par eux chez un autre Siponculide, le *Phymosoma*, des parasites, mais d'une nature tout autre que celle admise par Fabre-Domergue ou Vogt et Yung, et se rattachant aux Mésozoaires par les caractères de leur structure.

Ils ont bien voulu nous communiquer les résultats, en partie inédits, de leurs recherches et ce sont ces résultats que nous publions ici, en leur en laissant d'ailleurs la responsabilité.

La forme la moins aberrante est celle du parasite du *Phymosoma*, que les auteurs appellent *Coupes ciliées* et que l'on pourrait désigner provisoirement sous le nom de *Kunstleria* (Nobis). L'espèce, seule connue jusqu'ici, habitant le Phymosome, pourrait recevoir le nom de *K. Gruveli* (Nobis). C'est un être qui mesure un demi-dixième de millimètre et présente la conformation générale d'une gastrula (fig. 51). La surface extérieure est non ciliée, bosselée

Fig. 51.

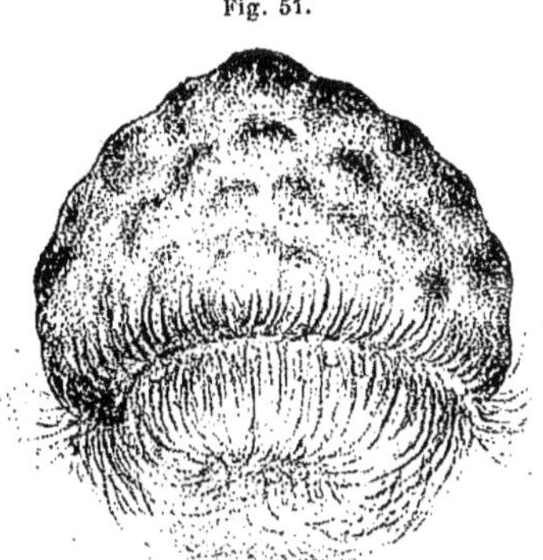

Kunstleria Gruveli vu de profil (original de Kunstler et Gruvel).

Fig. 52.

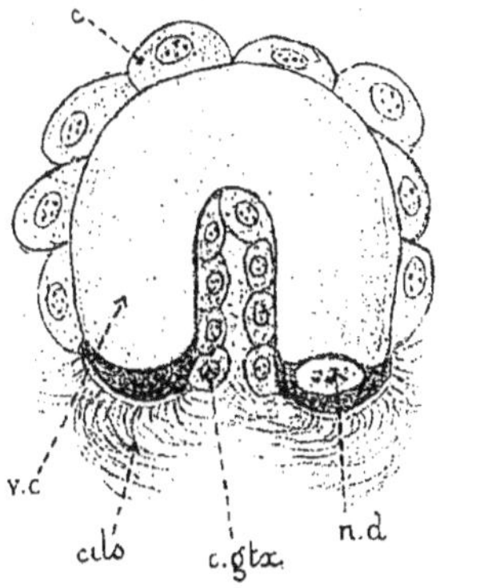

Embryon de *Kunstleria Gruveli* à la fin de son développement (original de Kunstler et Gruvel).

c., cellules ectodermiques; **cils.**, cils du disque; **c. gtx.**, cellules génitales; **n. d.**, noyau du disque cilié; **v.c.**, vésicule claire.

par suite de la saillie des cellules qui la constituent; la cavité intérieure, peu profonde, dépourvue également de cils, est tapissée d'une couche de cellules; le blastopore est limité par une épaisse formation annulaire, le *disque cilié*, garnie d'un riche revêtement de flagellums (fig. 52, *cils*), qui battent

(*) En 1887, Balbiani écrivait (Journal de Micrographie, vol. II, 1884) : « En 1884, j'ai eu avec M. Henneguy l'occasion d'examiner des Siponcles vivants adressés de Bordeaux et, du premier coup d'œil, nous avons reconnu qu'il s'agissait de parasites. On ne peut même comprendre comment cela ait pu faire question. »

l'eau énergiquement et déterminent un mouvement de progression rectiligne assez rapide, comparable à celui des Orthonectiés, le pôle opposé au blastopore en avant.

La structure intime est, au fond, sensiblement différente de celle d'une gastrula, en ce sens qu'il n'y a pas deux feuillets épithéliaux continus au blastopore, limitant entre eux une cavité blastocélienne intermédiaire, ayant pour parois immédiates les cellules mêmes de ces feuillets. La gastrula tout entière est constituée par une formation unique, la *vésicule claire* (fig. 52, *v. c.*), à laquelle appartiennent les cellules de la surface externe (fig. 52, *c.*) et le disque cilié,

Fig. 53.

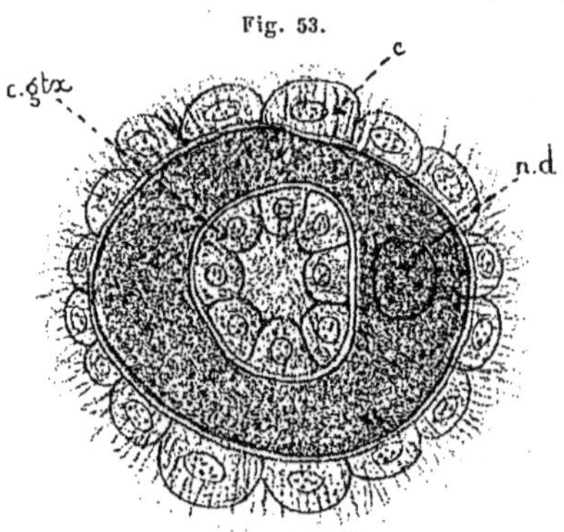

Kunstleria Gruveli vu de dessous (original de Kunstler et Gruvel).

c., cellules ectodermiques; **c. gtx.**, cellules génitales; **n. d.**, noyau de la cellule du disque cilié.

Fig. 54.

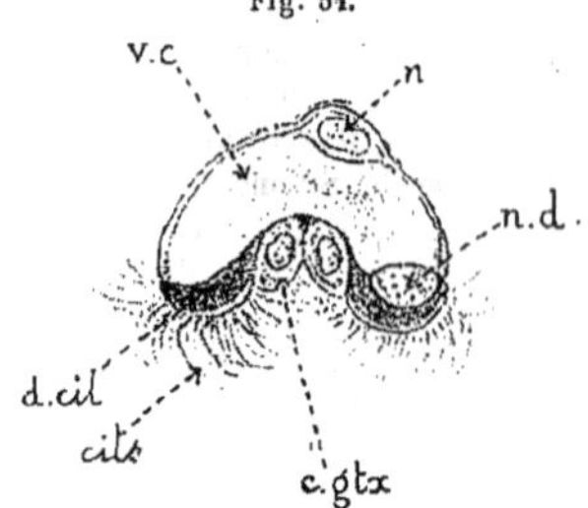

Forme jeune de *Kunstleria Gruveli* ne présentant encore qu'une seule cellule ectodermique (original de Kunstler et Gruvel).

c. gtx., cellules génitales; **cils.**, cils du disque; **d. cil.**, disque cilié; **n.**, noyau de la cellule ectodermique; **n. d.**, noyau du disque cilié; **v. c.**, vésicule claire.

et dont la paroi, invaginée dans l'aire limitée par le disque cilié, forme l'archenteron de la gastrule. Cet archenteron est tapissé d'une couche de cellules, indépendantes de la vésicule claire, arrondies, granuleuses, disposées en épithélium et qui sont les *cellules génitales* (fig. 52, *c. gtx.*). La vésicule claire comprend donc les parties suivantes : 1° une paroi externe dans l'épaisseur de laquelle sont des *cellules claires* (fig. 52, *c.*), saillantes à la surface, souvent vacuolaires; 2° une paroi invaginée, sans formations cellulaires propres, simplement tapissée par les cellules génitales (fig. 52, *c. gtx.*); 3° un épaississement annulaire, garni de flagellums (fig. 52, *cils*), le *disque cilié*, qui borde le blastopore. Ce disque présente, en un de ses points, dans son épaisseur, un noyau spécial, le *noyau du disque* (fig. 52 et 53, *n. d.*), qui semble être homologue aux noyaux des cellules formant la partie externe de la vésicule claire ; 4° une cavité intérieure contenant seulement un liquide.

Fig. 55.

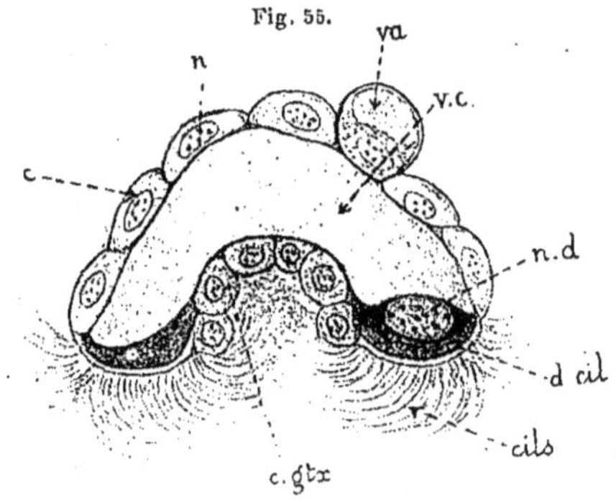

Embryon de *Kunstleria Gruveli* (original de Kunstler et Gruvel).

c., cellules ectodermiques; **cils.**, cils du disque; **c. gtx.**, cellules génitales; **d. cil.**, disque cilié; **n.**, noyaux des cellules ectodermiques; **va.**, vacuole d'une des cellules ectodermiques; **vc.**, vésicule claire.

L'étude de formes plus jeunes permet de reconnaître que la vésicule claire ne présente au début qu'une seule cellule externe (fig. 54, *n.*); les autres naissent ultérieurement de celle-ci par multiplication (fig. 55, *c.*). A un stade très jeune, la cavité archentérique est remplacée par une seule petite cellule, dite *vésicule sombre*, qui est la cellule mère des cellules génitales (fig. 54, *c. gtx.*) qu'elle engendre en se divisant. Cette cellule mère, contrairement à ce qui a lieu pour le parasite du Siponcle, ne reste pas, ultérieurement, distincte des cellules qu'elle a engendrées (58 μ sur 43 μ; cavité générale de *Phymosoma*).

Le parasite du Siponcle, *Urnes*, doit conserver, malgré la conception nouvelle de son organisme, le nom de

Pompholyxia (Fabre Domergue). Il diffère du précédent par un certain nombre de caractères, en apparence importants, mais au fond assez secondaires. La forme (fig. 56) est à peu près celle d'un ovoïde tronqué au petit bout, sensiblement plus haut que large, formé essentiellement par une grande *vésicule claire* (fig. 56, *v. c.*), présentant en un point un noyau unique superficiel (*n.*). A la partie tronquée est annexé le *disque cilié* (*d. cil.*), en forme d'anneau généralement pentagonal, semblant dépourvu de noyau spécial et muni de longs et puissants flagellums. L'espace, légèrement concave, compris dans l'aire bordée par l'anneau cilié, est tapissé par des éléments cellulaires, reproduc-

Fig. 56.

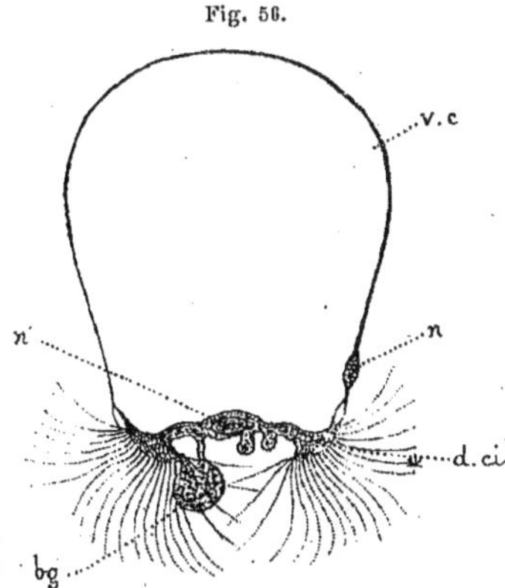

Pompholyxia vu en coupe optique (original de Kunstler et Gruvel).

bg., bourgeons; **d. cil.**, disque cilié; **n.**, noyau de la vésicule claire; **n'.**, noyau de la vésicule sombre; **v. c.**, vésicule claire.

Fig. 57.

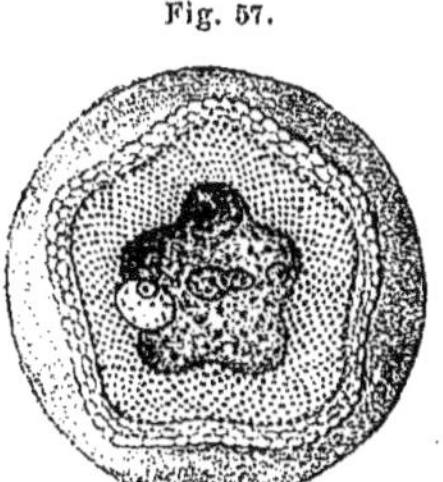

Pompholyxia. Vue de dessous de la figure précédente (original de Kunstler et Gruvel).

Fig. 58.

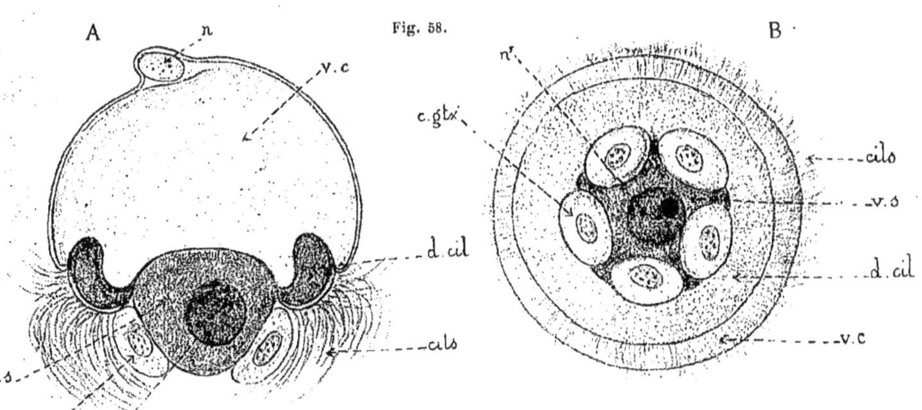

Pompholyxia jeune (original de Kunstler et Gruvel).

A, vu de profil; B, vu de dessous;
c. gtx., cellules génitales; **cils.**, cils du disque; **d. cil.**, disque cilié;
n., noyau de la vésicule claire; **n'.**, noyau de la vésicule sombre; **v. c.**, vésicule claire; **v. s.**, vésicule sombre.

teurs, la plupart mal délimités, en arrière desquels on en distingue un plus gros, la *vésicule sombre* qui a donné naissance à tous les autres. Parmi ceux-ci, les plus avancés font saillie, sous la forme d'une sphérule protoplasmique nucléée (fig. 56, *bg.* et fig. 57), rattachée par un pédicule. L'animal se meut d'un mouvement beaucoup plus rapide que le parasite du Phymosome. C'est là la forme normale, celle que l'on rencontre le plus fréquemment.

A un stade plus jeune, sa forme est presque sphérique et, au centre de la cavité à peine déprimée, se trouve la *vésicule sombre* (fig. 58 A et B, *v. s.*), énorme, entourée de quelques cellules génitales (*c. gtx.*) engendrées par elle. Celles-ci sont longtemps au nombre de cinq, disposées régulièrement suivant une symétrie radiaire. — A un stade tout à fait jeune, le parasite est formé simplement par deux cellules accolées, la vésicule claire (fig. 59, *v. c.*) entourée d'une couche de protoplasme vacuolaire (*p.*) et munie d'un noyau périphérique (*n.*), et la vésicule sombre, plongée dans le protoplasme de la précédente qui, en outre, forme à sa périphérie des sortes de pseudopodes.

Fig. 59.

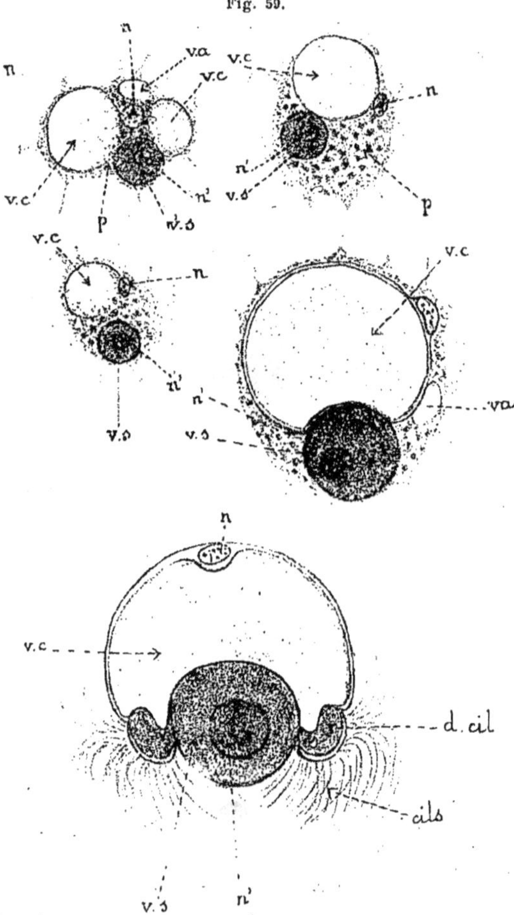

Divers stades du développement de *Pompholyxia*, avant la formation des cellules génitales (original de Kunstler et Gruvel).

cils., cils du disque; **d. cil.**, disque cilié; **n.** noyau de la vésicule claire; **n'.**, noyau de la vésicule sombre; **p.**, protoplasma; **va.**, vacuole; **v. c.**. vésicule claire; **v. s.**, vésicule sombre.

Lorsqu'il est tout à fait mûr (fig. 60), le parasite s'étale beaucoup en diminuant de hauteur et prend alors la forme d'une gastrula qui se serait fortement aplatie en même temps qu'elle aurait dilaté son blastopore et réduit son archentéron à une dépression peu profonde. Il mesure alors plus d'un dixième de millimètre de large sur une épaisseur quatre fois moindre. La vésicule claire (fig. 60 A, *c. v. c.*) présente à sa surface externe un certain nombre de noyaux saillants (*n.*), entourés d'une faible accumulation de protoplasme, sans limites cellulaires distinctes; au centre de la portion invaginée, se voit toujours la *vésicule sombre* (fig. 60 A et B, *v. s.*) ou cellule mère des cellules génitales (*c. gtx.*), qui, après leur avoir donné naissance par bourgeonnement, est restée persistante; les cellules génitales (fig. 61, *c. gtx.*) tapissent la dépression archentérique, d'une couche épithéliale continue, qui passe, comme aux stades précédents, au-devant de la vésicule sombre et la recouvre (Forme normale, 70 μ sur 50 μ; forme reproductrice, 115 μ, sur 27 μ; cavité générale de *Sipunculus*).

Les données et considérations suivantes s'appliquent aux deux parasites.

La *physiologie* est fort simple, l'animal vivant dans un milieu, le liquide cavitaire de l'hôte, où il n'a rien à faire pour se procurer les substances nécessaires à sa nutrition. Les flagellums du disque cilié rabattent vers la bouche les particules que contient le sang, mais cela ne paraît pas indiquer que l'archentéron ait une fonction digestive.

[Nous ferons remarquer que ce mouvement se concilie mal avec celui de ces mêmes flagellums déterminant une progression de l'animal, le blastopore en arrière.]

Le *développement* se fait au moyen des cellules génitales qui se détachent et deviennent amœboïdes. Les auteurs ont vu se former la vésicule claire, le disque cilié et la vésicule sombre, aux dépens de cet élément unique. Ils ont d'autre part observé, dans l'un et l'autre genre, des formes inertes, les *vésicules énigmatiques* qui les ont fait songer à la possibilité d'une génération alternante.

Fig. 60.

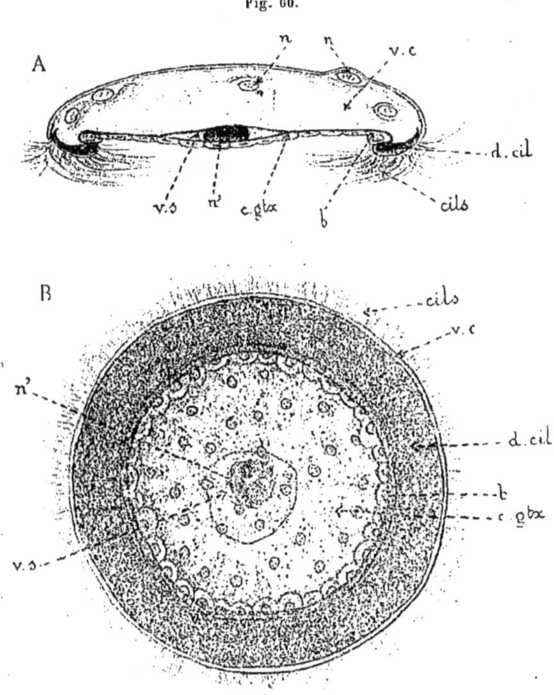

Pompholyxia adulte (original de Kunstler et Gruvel).

A, vu de profil en coupe optique; B, vu de dessous.

b., cellules génitales marginales; **c. gtx.**, cellules génitales; **cils.**, cils du disque; **d. cil.**, disque cilié; **n.**, noyau de la vésicule claire; **n'.**, noyau de la vésicule sombre; **v. c.**, vésicule claire; **v. s.**, vésicule sombre.

La *signification* peut être envisagée à trois points de vue.

Au point de vue *morphologique*, l'animal représenterait une forme particulière de gastrula dans laquelle la cavité archentérique aurait la signification d'une cavité génitale et non d'un estomac, et dont les éléments endodermiques seraient exclusivement reproducteurs : c'est ce que Kunstler [87] a proposé de désigner sous le nom de *genitogastrula*.

Au point de vue *physiologique*, ce seraient des êtres dévoyés du développement normal par la trop grande facilité de vivre et de s'accroître sans travail, dans un milieu tel que le sang de l'hôte, où tout ce qui leur est nécessaire, tant pour leur nutrition que pour leur respiration, les baigne de toutes parts. Ces facilités anormales auraient déterminé la disparition des organes de la vie individuelle, laissant l'organisme se consacrer à une reproduction précoce, *progenèse*.

[On ne voit pas cependant que les autres parasites du sang soient si modifiés par rapport à leurs congénères des milieux habituels.]

Au point de vue *taxonomique*, ce seraient des formes primitivement constituées comme des Mésozoaires et plus particulièrement comme des Orthonectiés, et qui se seraient écartées du type, principalement sous l'influence des causes dues à leur habitat particulier.

Fig. 61.

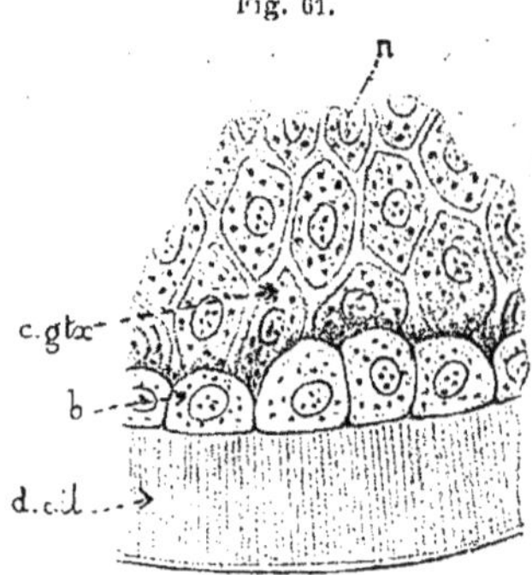

Pompholyxia. Une partie de la figure précédente plus grossie (original de Kunstler et Gruvel). **b.**, cellules génitales marginales; **c. gtx.**, cellules génitales; **d. cil.**, disque cilié.

[Ne serait-ce pas plutôt du *Pemmatodiscus* qu'il conviendrait de les rapprocher.]

Enfin, en ce qui concerne la nature de ces êtres, en tant que parasites autonomes, question préjudicielle qui prime toutes les autres, les auteurs font valoir diverses raisons dont voici les principales :

1° Les Siponcles ne contiennent pas tous des Urnes, et les individus jeunes sont ceux où l'on a le plus de chances de n'en pas rencontrer. Vogt, Yung et Fabre-Domergue ont aussi constaté l'absence (exceptionnelle, il est vrai) de ces formations.

2° Le nombre des Urnes est très variable d'un échantillon à l'autre; il y en a plus en été qu'en hiver. Dans les aquariums du laboratoire de la Faculté des Sciences de Bordeaux, où ils vivent très bien, à une température à peu près uniforme, les Siponcles et Phymosomes ont toujours un grand nombre de parasites, tandis qu'en hiver, au moment où on les reçoit de la mer, ils n'en ont que très peu, surtout les Phymosomes.

3° La locomotion rapide et rectiligne du parasite ne ressemble en rien au mouvement de rotation uniforme dont sont animées les cellules, qui parfois se rencontrent détachées dans le liquide cavitaire.

4° Les parasites subissent, quand on les fait vivre hors de la cavité de l'hôte dans le liquide cavitaire, une évolution plus rapide que dans la cavité générale, mais identique, tandis que les cellules ciliées, accidentellement détachées, ne subissent dans ces conditions aucune modification et vivent beaucoup moins longtemps.

5° Les auteurs ont pu élever et faire vivre dans un verre de montre, à l'obscurité, des Urnes de Siponcle pendant douze jours et constater que le nombre des grandes formes et celui des formes amiboïdes allait en augmentant peu à peu.

Les auteurs préparent un long mémoire où ils exposent tout au long l'histoire de ces curieux organismes.

Fig. 62.

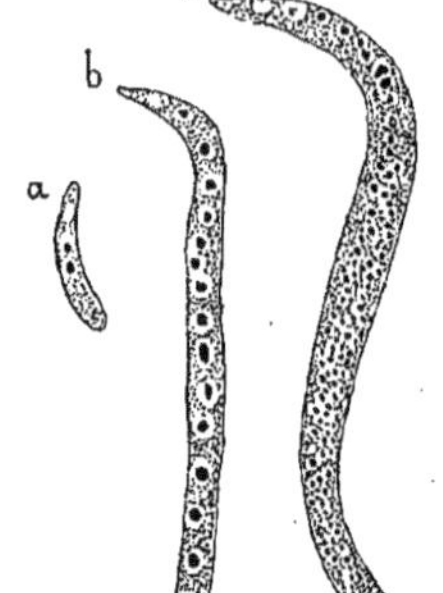

Siedleckia nematoides. Stades successifs du développement (d'ap. Caullery et Mesnil).

III

Le *Siedleckia nematoides.*

Caullery et Mesnil [98] viennent de décrire sous le nom de *Siedleckia* (Caullery et Mesnil), un organisme énigmatique qui vit en parasite dans l'intestin de l'Annélide Polychète, *Scoloplos Muelleri* (Rathke). A l'état adulte (fig. 62), cet organisme a l'aspect d'un vermicule allongé, pouvant atteindre 150 μ, effilé en avant, très mobile, non pourvu de cils, et adhère par sa partie antérieure à une cellule intestinale. Il est formé d'une masse protoplasmique, renfermée dans une mince membrane cuticulaire et contenant de nombreux noyaux. A l'extrémité antérieure, les noyaux sont sur une seule file, qui se dédouble en files de plus en plus nombreuses à mesure que l'on approche de la partie postérieure. L'état le plus jeune (*a*) a la forme d'un sporozoïte de Grégarine, mais avec deux noyaux. Le corps s'allonge progressivement par la partie postérieure, en divisant ses noyaux dans le sens de la longueur (*b*). Lorsque l'animal a atteint sa longueur définitive (*c*), les noyaux se multiplient dans le sens de la largeur. On ne sait rien du mode de reproduction, ni de l'évolution.

Caullery et Mesnil rapprochent cet être des *Amœbidium* (Voir Vol. 1 de ce Traité, p. 298). Mais Labbé [99] fait remarquer que sa structure et sa motilité éloignent le *Siedleckia* des *Amœbidium*, et pense que ce pourrait être un organisme intermédiaire aux Grégarines et aux Mésozoaires. Il y a d'autant plus lieu de songer aux Mésozoaires que, chez l'hôte qui héberge les *Siedleckia*, les mêmes auteurs ont trouvé un vrai Orthonectié, le *Stœchartrum*.

LES MÉSOZOAIRES

CONSIDÉRÉS DANS LEUR ENSEMBLE

Nous avons indiqué, à propos des Mésogoniens, les raisons qui ont été données pour et contre l'idée d'admettre un embranchement des Mésozaires. Il semble difficile, si on admet cet embranchement, de se refuser à y placer la *Salinella*, le *Trichoplax*, le *Treptoplax* et le *Pemmatodiscus* qui, mieux encore que les Orthonectiés et les Dicyémiés, répondent à sa définition. Les Orthonectiés, en effet, présentent dans leur musculature sous-épidermique le rudiment d'un mésoderme. D'ailleurs, ce caractère ne saurait l'emporter sur tous ceux qui obligent à rapprocher les Orthonectiés des Dicyémiés chez lesquels ce troisième feuillet manque. Si l'on prenait le parti contraire, il faudrait donc aussi, pour être logique, séparer les Cœlentérés dont les muscles sous-épidermiques sont en continuité avec les cellules de l'ectoderme de ceux chez lesquels ces muscles se sont séparés de l'ectoderme pour former une couche indépendante ! La présence d'un mésoderme n'est pas un caractère absolu : elle est simplement l'indice d'un perfectionnement organique qui peut se présenter à des degrés variés.

Le plus juste reproche à faire à la conception des Métazoaires est qu'elle réunit dans un même groupe des êtres qui n'ont sans doute entre eux aucun lien phylogénétique. Mais comme les affinités phylogénétiques de ces êtres sont absolument obscures, ainsi qu'il résulte de la grande diversité des opinions émises à leur sujet, il n'y aurait qu'un mince profit théorique à les verser dans les groupes auxquels on suppose qu'ils peuvent se relier phylogénétiquement, et l'on perdrait l'avantage de réunir dans un même groupe des formes présentant en commun un certain degré d'organisation exceptionnel dans le Règne animal et intermédiaire à celui des Protozoaires et des Métazoaires, soit que ce degré d'organisation représente un stade phylogénétique commun à plusieurs troncs parallèles ou divergents, soit qu'il résulte, comme le veulent divers auteurs et en particulier THIELE [92], d'une régression de Métazoaires dégénérés.

Pl. 4.

PORIFERA

(TYPE MORPHOLOGIQUE)

Fig. 1. Aspect extérieur du type morphologique des Porifères (Sch.).
Fig. 2. Coupe à travers la paroi passant par un pore et contenant les premiers stades de segmentation de l'œuf (Sch.).
Fig. 3. Blastula (d'ap. Schulze).
Fig. 4. Gastrula (d'ap. Schulze).
Fig. 5. Larve fixée par son blastopore, vue en coupe axiale (Sch.).
Fig. 6. Coupe axiale de la larve au moment où l'oscule se perce (Sch.).
Fig. 7. Coupe axiale de l'adulte (Sch.).

a., œuf;
atr., cavité atriale;
b., stade de segmentation de l'œuf présentant huit cellules, vu de dessus;
c., stade de segmentation de l'œuf présentant huit cellules, vu de profil;
chcy., choanocytes;
cn., canalicule conduisant du pore à la cavité atriale;
d., œuf segmenté au stade seize;
ect., ectoderme;
ect. = chcy., ectoderme larvaire formant les les choanocytes de l'adulte;
end., endoderme;
end. = ep., endoderme larvaire devenant l'épiderme de l'adulte;
ep., épiderme;
ms., mésoderme;
os., oscule;
p., pores.

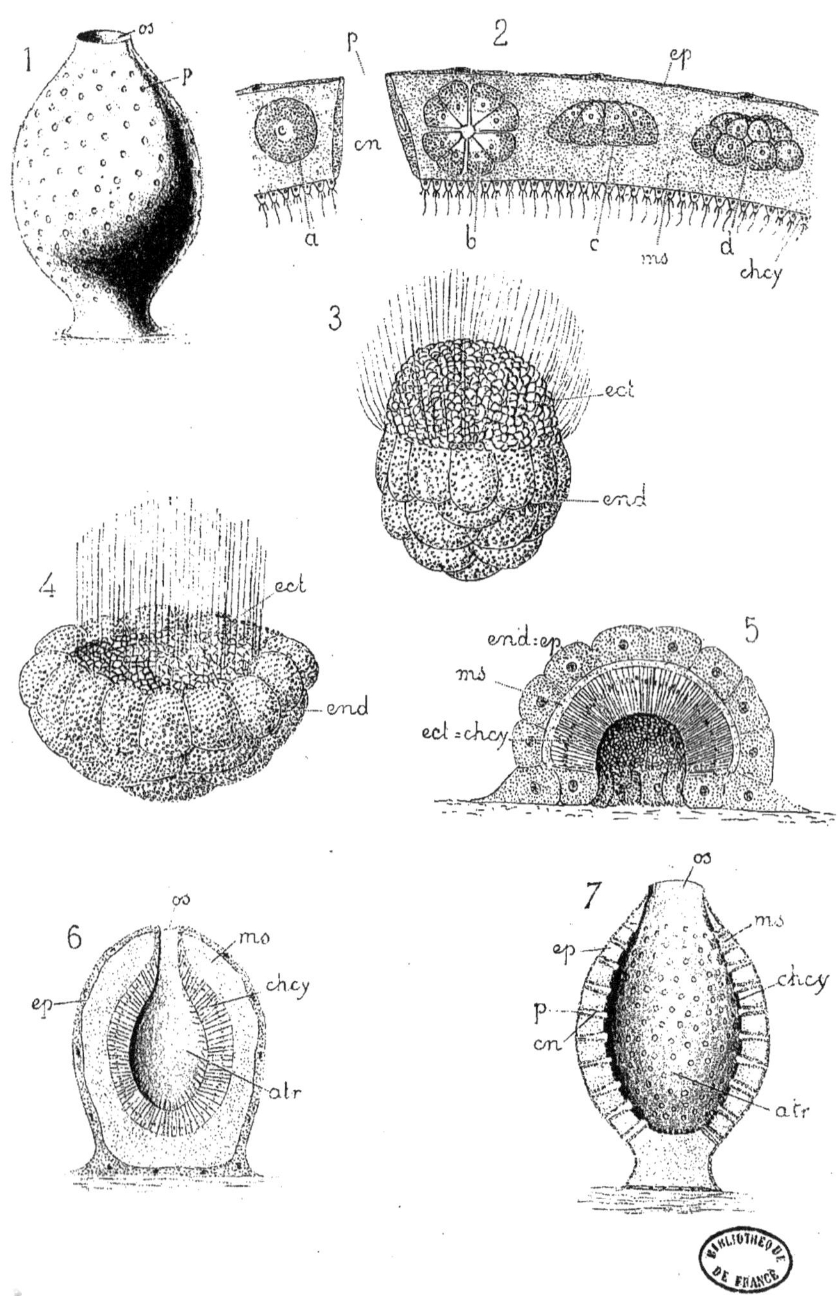
1
os
p
2
p
ep
cn
a
b
c
ms
d
chcy
3
ect
end
4
ect
end
5
end:ep
ms
ect=chcy
6
os
ms
chcy
ep
atr
7
os
ms
ep
chcy
p
cn
atr

SPONGIAIRES

PORIFÈRES — *PORIFERA*

[*CERATOPHYTA SPONGIOSA* (SCHWEIGGER); — *SPONGIDIÆ* (GRAY) (1); *PORIFERA* (RYMER JONES) (2); — *DISCOTROMATA SARCOCRYPTA* (KENT); *POLYTREMATA* (KENT); — *POLYSTOMATA* (MACALISTER); *PARAZOA* (SOLLAS); — *MESODERMALIA* (LENDENFELD) (3); *RADIATA p. p.* (CHIMKEVITCH) (4); ENANTIOZOAIRES; — *ENANTIOZOA*; — *ENANTIODERMA* (Y. DELAGE)]

TYPE MORPHOLOGIQUE

(Pl. 4 ET FIG. 63 A 83)

Anatomie.

Comme type morphologique d'un groupe, nous prenons tantôt une forme moyenne, lorsqu'elle offre un caractère de grande généralité, ce qui a alors l'avantage de donner tout d'abord une description s'appliquant au plus grand nombre des genres du groupe; tantôt la forme la plus parfaite, lorsqu'elle est bien typique, non aberrante, ce qui fournit l'occasion de décrire d'emblée la combinaison d'organes la plus compliquée; tantôt enfin la plus simple, lorsqu'elle se présente nettement comme l'origine d'une série continue de perfectionnements progressifs. C'est ce dernier cas qui se réalise pour les Spongiaires. Nous prendrons pour type une forme extrêmement simple, et l'étude des types morphologiques des classes, sous-classes, ordres et sous-ordres nous montrera l'histoire très nette et très intéressante des progrès successifs de sa structure jusqu'aux genres les plus différenciés.

Cette forme initiale simple a été imaginée par HÄCKEL sous le nom d'*Olynthus*, et nous avons ici l'avantage qu'elle n'est pas imaginaire, étant représentée dans la réalité par les formes les plus simples des Ascones.

---

(1) Avec de nombreuses variantes : *Spongiadæ* (Flemming), *Spongiaceæ* (Link), *Spongiaria* (Nardo), *Spongiariæ* (Claus).

(2) Proposé d'abord par Grant qui l'écrivait *Poriphera*, après avoir d'abord proposé *Poriphora*.

(3) LENDENFELD oppose sous ce nom les Éponges à tous les autres Métazoaires réunis sous celui d'*Epithelaria*.

(4) CHIMKEVITCH oppose, sous le nom de *Radiata*, les Éponges et les Cœlentérés aux autres Métazoaires, qui sont les *Bilateralia*.

Cependant, nous ne nous astreindrons pas à la description de l'Olynthus tel que la concevait Häckel. Nous n'empruntons à cette forme que ses caractères principaux.

L'animal se présente à nous sous la forme d'une petite urne, de forme ovoïde (**4**, *fig. 1*), fixée à un support immergé quelconque par sa base, d'ordinaire un peu étalée pour augmenter la surface d'adhérence, et tournant vers le haut son orifice un peu rétréci. Naturellement, l'urne est creuse et la cavité centrale, le *cloaque*, ou *atrium* (appelé souvent, à tort, *cavité gastrique*) est vaste et de forme régulière. L'orifice par lequel elle s'ouvre au dehors est l'*oscule* (appelé parfois, à tort, la *bouche*). En outre de ce large orifice très apparent, il existe de très nombreux *pores* microscopiques, ouvertures d'autant de canalicules dont les parois sont criblées. Ces canalicules, confondus avec les pores sous la même dénomination, traversent radiairement la paroi, s'ouvrant d'une part au dehors, de l'autre dans la cavité centrale.

Fig. 63.

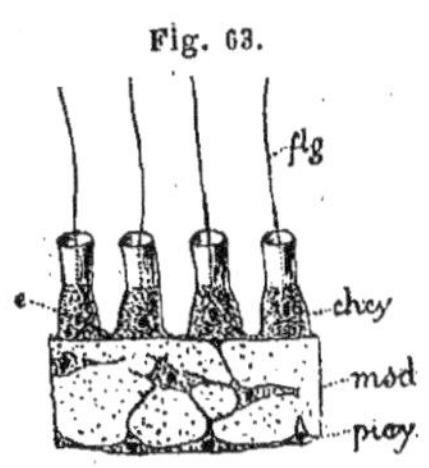

PORIFERA.
(Type morphologique.)
Coupe transversale de la paroi (d'ap. Lendenfeld).

chcy., choanocytes ; **e.**, espace intermédiaire occupé par la base des choanocytes d'après Lendenfeld ; **flg.**, flagellums des choanocytes ; **msd.**, mésoderme ; **picy.**, pinacocytes.

Parties molles. — La structure du corps se réduit à celle des parois, qui sont formées de trois couches : l'*épiderme*, le *mésoderme* et l'*épithélium atrial* (1).

L'*épiderme* est formé d'une couche unique de cellules polygonales aplaties, appelées aussi *pinacocytes* (fig. 63, *picy.*) (2). Le protoplasma de ces cellules est peu abondant et légèrement granuleux ; leur noyau est central et détermine, en raison de la faible épaisseur de la cellule, une légère saillie du côté externe; il existe une membrane, mais du côté externe seulement et fort mince. La face interne paraît nue et semble parfois se prolonger çà ou là en un filament, sans doute amœboïde, qui plonge dans la couche mésodermique. L'épiderme revêt toute la surface externe, y compris la surface de fixation. Les pores (**4**, *fig.* 2 et 7, *p.*) sont percés *dans* les cellules épidermiques (3).

L'*épithélium atrial* (fig. 63 et **4**, *fig.* 7, *chcy.*) est formé d'une couche d'éléments très remarquables et hautement caractéristiques de toutes les Éponges : on les a nommés les *choanocytes* en raison de leur ressemblance

(1) On désigne le plus souvent les couches externe et interne sous les noms respectifs d'ectoderme et d'endoderme. Mais, par une exception bien remarquable, l'épiderme correspond à l'endoderme de la larve, et les relations de l'ectoderme larvaire avec la cavité centrale et ses dépendances sont complexes. Aussi éviterons-nous ces dénominations embryogéniques qui, ici, prêteraient à confusion. La question des rapports des feuillets larvaires avec les tissus de l'adulte est traitée plus loin.

(2) SOLLAS donne ce nom à toutes les cellules épithéliales, y compris celles des canaux inhalants et exhalants (Voir plus loin), qui sont plates et non pourvues d'une collerette comme celle des *choanocytes*.

(3) La question de savoir si les pores sont *entre* les cellules épidermiques ou percés à

frappante avec la cellule qui forme à elle seule le corps des *Choanoflagellés*. Comme cette dernière, le choanocyte est formé d'un corps cellulaire ovoïde, granuleux dans le bas autour du noyau, clair au sommet du côté de la collerette, contenant un gros noyau et dont la petite extrémité, distale, est entourée d'une *collerette* protoplasmique infundibuliforme. Du sommet de la cellule, saillant à nu au fond de l'entonnoir, part un long flagellum très actif (fig. 63, *flg.*) (¹).

Fig. 65.

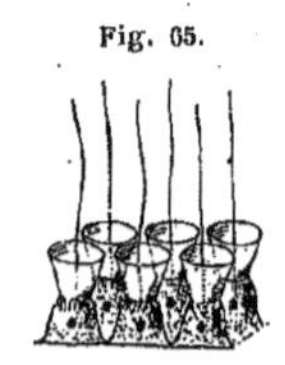

PORIFERA. (Type morphologique.) Choanocytes dont les collerettes commencent à s'étaler (Sch.).

Fig. 66.

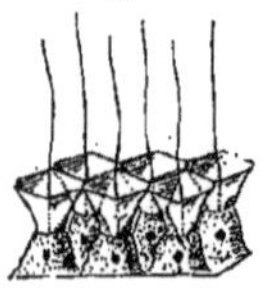

PORIFERA. (Type morphologique.) Choanocytes dont les collerettes complètement étalées se compriment et figurent un réseau hexagonal (Sch.).

La collerette est, comme nous le verrons, rétractile; aussi se présente-t-elle sous des aspects sensiblement différents selon le degré de contraction. Dans l'état de rétraction, elle est courte et de forme à peu près cylindrique, sa partie distale s'étant contractée beaucoup plus que la partie proximale; elle a alors l'aspect d'un petit tube surmontant la cellule. Quand elle s'étale, elle s'allonge et devient d'abord conique (fig. 65), et les bases circulaires de ces cônes deviennent tangentes les unes aux autres, laissant entre elles des espaces polygonaux à côtés concaves. Mais si l'extension est poussée plus loin, les bases circulaires des collerettes, se comprimant les unes contre les autres (fig. 66), se soudent

travers elles a été très discutée. La première hypothèse semblerait plus naturelle; les pores seraient des méats intercellulaires; mais DELAGE [92] a montré que, chez des Éponges bien différentes il est vrai, les pores sont rigoureusement circulaires et présentent d'ordinaire un noyau exactement marginal. MINCHIN [98] a prouvé que, chez certaines Éponges calcaires au moins, non seulement le pore, mais tout le canal qui conduit dans la cavité atriale est percé dans une cellule épidermique spéciale qu'il appelle *porocyte* (fig. 64, *pr.*).

Fig. 64.

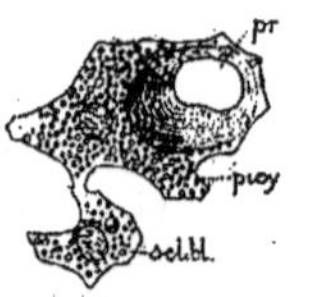

PORIFERA. (Type morphologique.) Porocyte ou pinacocyte épidermique percé d'un pore (d'ap. Minchin). **scl. bl.**, scléroblaste; **p1cy.**, porocyte; **pr.**, pore.

(¹) Sur certaines particularités de la structure, on n'est point d'accord. LENDENFELD veut que les bases soient étalées et se touchent (fig. 63, *e.*), tandis que les parois latérales seraient séparées par un espace intercellulaire. DENDY nie cet étalement de la base. VOSMÄR et PEKELHARING [95] le nient également. LENDENFELD décrit aussi, d'accord avec SOLLAS, des prolongements de ces cellules dans le mésoderme sous-jacent; mais leur réalité n'est pas absolument démontrée.

Dans plusieurs cas (BIDDER [95] dans les choanocytes des Calcaires hétérocèles, MINCHIN [96] dans l'épithélium flagellifère des larves des Calcaires et, tout récemment, F. E. SCHULZE [99], voir page 119, dans les choanocytes des Hexactinellides), on a constaté que le flagellum s'avance dans la cellule jusqu'au voisinage et même jusqu'au contact du noyau. D'après les découvertes récentes des cytologistes (MEVES, HENNEGUY, voir Ann. biol. III, p. 1), il est à croire que c'est plutôt avec le centrosome que le flagellum vient se mettre en rapport.

en un réseau polygonal et ne laissent plus d'espace entre elles (¹).

Le *mésoderme* (fig. 63, *msd.* et **4**, *fig.* 7, *ms.*) est peu épais et consiste en une substance fondamentale, sorte de gelée amorphe contenant de rares éléments cellulaires. On y trouve des *cellules étoilées*, relativement fixes, dont les prolongements sont tantôt libres, tantôt en rapport avec les prolongements des cellules voisines. Ces cellules sont susceptibles de déformations et de déplacements, mais à un bien moindre degré que celles auxquelles on a donné le nom de *cellules amœboïdes.*

(¹) Bien entendu, ce ne sont pas les bases seules qui deviennent polygonales; la collerette tout entière, conique du côté de la cellule, se transforme peu à peu en une pyramide vers la partie distale, et il en résulte, entre les cellules, de petits espaces clos communiquant tous entre eux autour des cellules flagellées, mais séparés de la cavité atriale par le rapprochement des bases des collerettes.

Ici se place la question de la *membrane de Sollas.* Ce naturaliste a montré qu'il existait chez certaines Éponges une membrane (fig. 67 et 68, *mb.*) qui comble les intervalles entre les bords distaux des collerettes lorsque celles-ci ne se touchent pas. Les naturalistes sont très partagés sur ce point. Dendy affirme son existence chez les Éponges calcaires; les auteurs anglais l'acceptent généralement. Bidder [95], Vosmär et Pékelharing [93] la nient entièrement. Il semble indiscutable que cette membrane existe dans certains cas et non moins indiscutable qu'elle n'existe pas toujours.

Fig. 67.

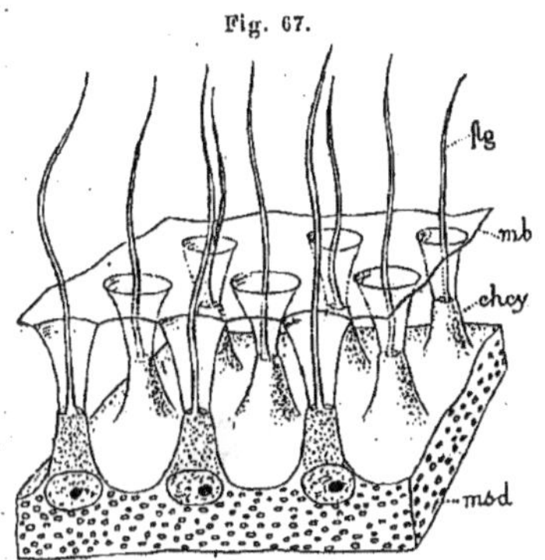

PORIFERA.
(Type morphologique.)
Schéma d'une portion de la paroi d'une chambre vibratile montrant les collerettes des choanocytes portant la membrane de Sollas (d'ap. Dendy).
chcy., choanocytes; **flg.**, flagellums; **mb.**, membrane de Sollas; **msd.**, mésoderme.

Fig. 68.

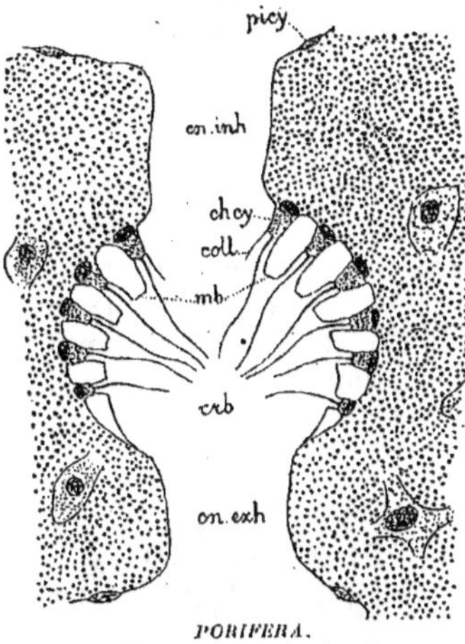

PORIFERA.
(Type morphologique)
Coupe sagittale schématique d'une corbeille vibratile présentant une membrane de Sollas (d'ap. Dendy).
chcy., choanocytes; **cn. exh.**, conduit exhalant; **cn. inh.**, conduit inhalant; **coll.**, collerette; **crb.**, corbeille vibratile; **mb.**, membrane de Sollas; **picy.**, pinacocyte.

(²) Les choanocytes diffèrent des Choanoflagellés par l'absence de vésicules pulsatiles. Carter, Kent, Clark en avaient décrit deux; mais cette assertion n'a pas été confirmée. Seul, Schulze [85] en a depuis observé une, mais nullement constante.

Celles-ci, appelées parfois *chorocytes* (Lendenfeld), sont plus grosses, arrondies, amœboïdes, et n'ont aucune place fixe dans l'organisme, se rendant là où elles ont une fonction à accomplir, sans toutefois quitter la couche mésodermique. D'ailleurs, il n'y a pas de différence essentielle entre les cellules amœboïdes et les étoilées. D'après Dendy [92], les secondes pourraient se transformer en les premières et, en tout cas, au point de vue embryogénique, elles ne diffèrent que par des caractères quantitatifs.

C'est aux dépens de ces cellules amœboïdes que se forment les éléments sexuels. Ceux-ci sont, les uns de simples *œufs* (fig. 69, *gtx.*), les autres des groupes de spermatozoïdes auxquels on a donné improprement le nom de *testicules* (fig. 70).

Fig. 69.

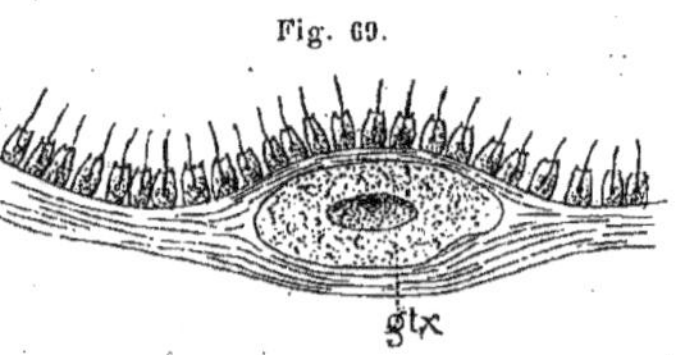

PORIFERA.
(Type morphologique.)
Œuf contenu dans la couche mésodermique (im. Yosmär).

gtx., un œuf.

Fig. 70.

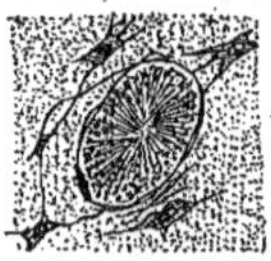

PORIFERA.
(Type morphologique.)
Testicule d'*Oscarella lobularis* (d'ap. Schulze).

Les *œufs* sont gros, arrondis avec un noyau et un nucléole bien nets. Les cellules amœboïdes n'ont que peu à faire pour se transformer en ces éléments.

Les *testicules* sont de petites masses sphériques formées d'une quantité considérable de spermatozoïdes courts, en forme d'épingles, dont les têtes sont tournées vers la périphérie, tandis que les queues convergent vers le centre. Le tout est entouré d'une enveloppe. Ils résultent de la segmentation (fig. 71) d'une seule cellule amœboïde qui se divise d'abord en deux, dont l'une ne se divise plus et s'étend autour du reste pour former l'enveloppe, tandis que l'autre se segmente pour former les spermatozoïdes (fig. 72).

Fig. 71.

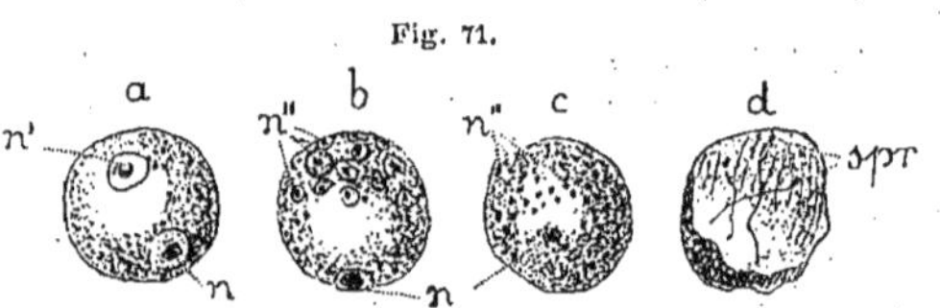

PORIFERA. (Type morphologique.)
Testicule de *Sycon raphanus* (d'ap. Poléjaev).

a, b, c, d, stades successifs du développement; **n.**, noyau de la cellule d'enveloppe du testicule; **n'.**, noyau de la cellule formatrice des spermatozoïdes; **n''.**, noyaux des cellules résultant de la division de la cellule formatrice des spermatozoïdes; **spr.**, spermatozoïdes.

Fig. 72.

PORIFERA.
(Type morph.)
Spermatozoïde (d'ap. Schulze).

Il n'y a chez cette forme très primitive aucune différenciation *musculaire*, *nerveuse* ou *sensitive*.

Spicules. — Nous avons gardé pour la fin la description de petits organes squelettiques qui se trouvent dans le mésoderme de notre animal et qui sont tout à fait caractéristiques des Éponges : ce sont les spicules [1].

Ces spicules sont de petites pièces dures, formées d'une substance minérale, calcaire ou silice, et dont les formes sont géométriques, à la fois très fixes et très régulières. Ces formes sont infiniment variées, mais on peut les réduire à un petit nombre de types fondamentaux : une baguette rectiligne (fig. 73), trois baguettes jointes dans un plan sous des angles égaux de 120° (fig. 74), trois baguettes perpendiculaires entre elles suivant les trois directions de l'espace (fig. 75), quatre baguettes disposées perpendiculairement aux faces d'un tétraèdre

Fig. 73. Fig. 74. Fig. 75. Fig. 76. Fig. 77. Fig. 78.

(fig. 76), ou enfin des rayons en nombre indéfini partant d'un centre commun (fig. 77). Ajoutons que les baguettes peuvent être tordues en hélice, ou contournées de façon quelconque, ou prendre les caractères les plus divers : se renfler en tête, s'effiler en pointe, se hérisser, particulièrement à leurs extrémités, de prolongements épineux, crochus, discoïdes, simples ou ramifiés (fig. 78). Dans les spicules composés de plus d'une tige, on distingue chaque branche sous le nom d'*actine* ou, en composition, *act*.

C'est à propos du type morphologique des Éponges siliceuses que nous ferons connaître le détail de ces formes ainsi que les principes de leur classification, car c'est dans ces Éponges que les spicules montrent la variété infinie des formes qu'ils sont susceptibles de revêtir.

La disposition des spicules dans le mésoderme est non moins variable que leurs formes individuelles, et non moins fixe dans chaque cas particulier. Tantôt ils sont confinés dans le parenchyme ou dans les membranes pour les soutenir, tantôt font saillie au dehors, soit autour de l'oscule pour en protéger l'entrée, soit sur les parois qu'ils hérissent pour en écarter les ennemis. Mais en tout cas, il est à remarquer que, conformément à une loi paradoxale mais très générale, comme toutes les autres parties dures ou squelettiques, ils se ploient aux exigences de l'arrangement des parties molles. On ne les voit jamais perforer ou encombrer les organes; toujours ils se placent dans les interstices pour soutenir sans embarrasser.

Ils naissent *dans* des cellules mères que l'on appelle les *scléroblastes*

---

(1) Certaines Éponges n'ont pas de spicules, étant tout à fait dépourvues de squelette (Éponges charnues) ou ayant, en place de spicules, des fibres cornées (Éponges cornées). Mais ces Éponges se rattachent étroitement à celles qui ont des spicules, et paraissent dérivées de ces dernières par disparition de l'élément minéral dans leurs tissus. Aussi le spicule fait-il partie, à bon droit, des caractères du type morphologique.

(fig. 79) où on les trouve d'abord très petits. Sauf exception (chez les Éponges calcaires), chaque spicule, même lorsqu'il a plusieurs branches, naît dans une seule cellule mère. En grandissant, ils dépassent la taille de la cellule, qui semble alors annexée à eux comme un appendice. Il est à peu près certain néanmoins qu'ils restent intracellulaires, le scléroblaste les revêtant dans toute leur étendue d'une infiniment mince *pellicule* organique, tandis que le corps de la cellule reste, avec le noyau à son centre, massé en un point du spicule. Il arrive souvent que les grands spicules ont plusieurs ou même de nombreux scléroblastes dérivant très vraisemblablement (sauf pour les spicules calcaires ainsi que nous l'expliquerons plus tard) de la multiplication d'une cellule mère unique.

Fig. 79.

Scléroblastes de *Tetilla* (d'ap. Sollas).

Examinés au point de vue de leur structure intime, les spicules montrent les caractères suivants. La substance minérale forme la plus grande partie de leur masse, mais non la totalité. Au centre des spicules, est un très fin *canal axial* (fig. 80, *ax.*) occupé par une substance protoplasmique que l'on appelle le *filament axial*. Les spicules composés ont autant de filaments axiaux que d'actines, et ces filaments se continuent entre eux aux points de réunion des branches. La surface est revêtue de la mince pellicule que nous avons déjà signalée. La substance minérale, qui forme la plus grande partie de la masse, contient en outre, unie à elle physiquement ou chimiquement, on ne sait, une très minime quantité de substance organique. Elle est disposée en couches concentriques autour du filament axial, ce qui montre que le spicule s'accroît non par intussusception, mais par dépôt d'assises successives. Pendant tout l'accroissement du spicule, le canal axial reste ouvert au bout de toutes les branches; la dernière couche qui se dépose ferme les orifices et le spicule a alors fini de grandir [1].

Fig. 80.

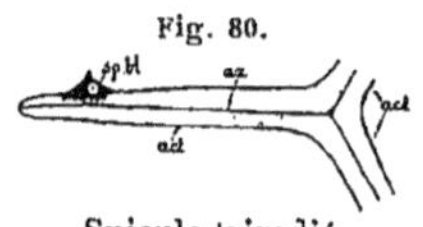

Spicule triradié (d'ap. Minchin).
act., actines; **ax.**, filament axial; **sp. bl.**, spongoblaste.

Une question intéressante se pose au sujet des causes de la forme des spicules, question qui, d'ailleurs, n'est pas spéciale aux Éponges et se pose dans les mêmes termes au sujet des Radiolaires, des Cœlentérés, des Échinodermes, des Mollusques, des Tuniciers, etc., car les mêmes formes spiculaires peuvent se rencontrer dans les groupes les plus différents, tandis que les formes les plus différentes se rencontrent dans le même individu. La question est générale et se rattache à celle des propriétés du protoplasma et des forces morphogènes des organismes.

Trois théories sont ici en présence. L'une attribue les formes pseudo-

[1] Il y a des exceptions à cela. Dans certains cas, en particulier dans les spicules appelés *desmes*, chez les Dictyonides, les Lithonines, se forment des dépôts secondaires, autour du spicule adulte. Mais le dépôt est alors irrégulier.

cristallines des spicules à une sorte de cristallisation en un milieu spécial, vivant, influençant la forme du dépôt : c'est la *biocristallisation* d'Häckel [72]. La seconde admet que le spicule se forme par le dépôt de molécules qui s'orientent sous l'action de forces mécaniques, tension superficielle, tension vésiculaire, résistance inégale des parties voisines : c'est sur cette idée que sont fondées les théories de Sollas [89] et de Dreyer [92]. La dernière enfin n'invoque pas d'influences morphogènes spéciales, mais attribue la forme des spicules aux mêmes causes que celle des autres organes et, en particulier, à la sélection des petites variations avantageuses qui se montrent par hasard chez les individus : c'est celle de Minchin [96].

En somme, on n'a pu encore arriver à une solution satisfaisante.

Nous devons résumer rapidement les théories en question.

Häckel [72] attribue la forme aux actions moléculaires qui déterminent celles des cristaux : elle serait due à une cristallisation intra-organique. Il n'est guère douteux que les actions moléculaires jouent ici un rôle dans le processus, mais elles n'aboutissent pas à une cristallisation, car : 1° les angles des branches des spicules sont sujets à des variations individuelles et spécifiques continues, c'est-à-dire pouvant présenter une série continue de grandeurs intermédiaires entre deux valeurs sensiblement différentes, ce qui est le contraire de la fixité cristalline; 2° les mêmes formes géométriques qui se présentent dans les spicules cristallins formés de calcaire se rencontrent aussi dans les spicules siliceux formés de silice amorphe, d'opale; 3° Minchin [98] a montré que les spicules calcaires ne deviennent cristallins que secondairement et ne donnent aucune lueur entre les nicols croisés lorsqu'ils sont encore très-petits, bien qu'ils aient déjà leur forme caractéristique; ce sont seulement les couches calcaires déposées plus tard dans leur accroissement qui s'illuminent en lumière polarisée.

Sollas [88] a proposé une explication fondée sur l'idée que les spicules s'accroîtraient par dépôt de molécules dans la direction de moindre résistance. Mais sa théorie pèche en plusieurs points. 1° Elle a pour point de départ une détermination mathématique de la direction des moindres résistances que rencontrerait un spicule se développant à la face interne de la membrane d'une cellule ovoïde. Mais les spicules ne se développent pas contre la membrane et ne sont pas dirigés par elle. Cette membrane elle-même, au moins dans les scléroblastes que nous avons observés, fait défaut ou est réduite à la pellicule protoplasmique; 2° Sollas cherche à montrer que, partout, les tensions, dans les cellules et hors d'elles, sont ce qu'elles devraient être pour engendrer la forme observée. Or, il saute aux yeux qu'il est influencé dans son estimation de ces tensions par le désir de les voir telles qu'elles devraient être pour satisfaire à sa théorie. Si dans cette même cellule où il explique un sigma, s'était trouvé un aster, il l'aurait non moins expliqué en distribuant d'une autre manière les forces de tension. On pourra croire à sa théorie quand il aura prévu (fût-ce approximativement) la forme de spicule d'une Éponge inconnue de lui et qu'on lui présentera décalcifiée.

Il a absolument raison quand il dit que les mégasclères se soustraient aux influences mécaniques intracellulaires et ne subissent plus que celles résultant de l'ensemble de la structure. Mais comment explique-t-il les grands oxes qui soulèvent la surface comme le support d'une tente soulève la toile de celle-ci ? La plus forte tension est longitudinale et cependant c'est dans le sens longitudinal qu'ils s'accroissent.

Enfin, son principe est précisément l'inverse de celui, bien autrement solide, de Roux, de l'accroissement dans la direction de la plus grande excitation fonctionnelle. Il est vrai que l'excitation fonctionnelle peut n'avoir pas de prise sur un objet passif comme le spicule, mais il s'agirait de savoir si elle n'intervient pas par l'intermédiaire de la couche cytoplasmique qui le revêt et contribue à son accroissement.

Dreyer [92], le seul qui ait abordé le problème dans toute sa généralité, en étudiant non seulement les spicules des Éponges, mais aussi ceux des Radiolaires, des Échinodermes, des Cœlentérés, etc., etc., cherche à montrer que toutes ces formes, quelles qu'elles soient, dérivent d'une forme fondamentale unique, tétraxone(fig. 81), qui est conditionnée elle-même par la structure alvéolaire des parties de l'organisme. Si l'on agite une bouteille de bière qui n'est pas tout à fait pleine, on voit se former dans le goulot une mousse à grosses bulles. En observant ces bulles on constate : que leurs parois se déplacent après l'agitation jusqu'à ce qu'elles aient acquis un état d'équilibre dans lequel la somme de leurs surfaces est minima (c'est la *loi de surface minima*) ; que leurs faces se joignent par trois, formant trois angles dièdres dont la somme vaut 360° ; que leurs arêtes se joignent par quatre à des sommets où convergent six faces ; que les angles dièdres et les angles solides sont égaux là où les vésicules qui les forment sont de même taille et qu'ils sont d'autant plus aigus que ces vésicules sont plus petits. Cette structure est celle du protoplasma, suivant la théorie de Bütschli (Voir ce Traité, tome I, page 7), avec cette différence que, dans le protoplasma, les vésicules sont beaucoup plus petites, plus arrondies, moins polyédriques et que la quantité de substance qui comble les intervalles des cavités est plus considérable que dans la mousse de bière. — Supposons maintenant qu'un spicule prenne naissance par dépôt de matière minérale dans un protoplasma ayant cette structure ; il suffit, ce qui est bien naturel, que le dépôt soit le plus abondant là où le protoplasma est le plus épais et, par suite, manifeste avec le plus d'énergie ses activités métaboliques, pour qu'il se produise un spicule tétraxone. La plus grande masse du protoplasma se trouvant aux points nodaux du système, où il forme des accumulations tétraédriques, il se produira donc d'abord en ces points de petits tétraèdres. Après les points nodaux, c'est dans les arêtes que le protoplasma est le plus abondant : le tétraèdre se prolongera donc dans les quatre arêtes en formant les quatre branches d'un spicule tétraxone. Si les six vésicules contiguës au sommet sont égales, les angles des arêtes seront égaux, la distribution du protoplasme sera égale le long des quatre branches et le spicule aura quatre branches égales, équidivergentes ; mais si les vésicules sont inégales, les angles varieront et avec elles variera aussi la quantité de protoplasma, en sorte qu'une ou plusieurs branches du spicule seront plus grêles et que leurs angles seront inégaux : ainsi s'explique la variabilité des angles qui est une grosse objection à la théorie cristallinienne. Ainsi s'explique aussi la formation des spicules à trois et à une branche ; car, si le dépôt de substance minérale est peu actif, il ne se fera plus du tout dans les points où l'énergie métabolique sera tombée au-dessous d'un certain minimum. Au contraire, les branches à formation très active pourront s'étendre jusqu'à la rencontre de l'une de celles du spicule né en un point nodal voisin et se souder à elle, expliquant ainsi les formes dans lesquelles les branches portent des ramifications à leurs extrémités.

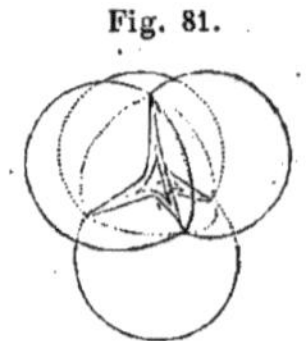

Fig. 81.

Disposition du spicule tétraxone entre quatre sphères (d'ap. Dreyer).

En grandissant, les spicules dépassent les dimensions des alvéoles et se soustraient à leur influence, mais ils tombent sous celle des vacuoles intracellulaires qui constituent un système semblable et continuent les mêmes effets. En grandissant encore, ils se soustraient aux influences intracellulaires, mais ils tombent sous celles des amas cellulaires qui constituent aussi des systèmes vésiculaires obéissant aux mêmes lois générales.

Le système vésiculaire est la formule structurale générale des organismes, et c'est cette structure qui conditionne la forme tétraxone des spicules dont les autres formes dérivent par réduction ou par amplification (soudure de spicules contigus).

Nous verrons plus tard (p. 115) que ces mêmes actions mécaniques, provenant non plus des cellules mais des corbeilles vibratiles, sont invoquées par Schulze pour une explication analogue.

Telle est cette théorie séduisante par sa simplicité et ses allures mathématiques.

Chun (Voir l'*Année biologique* I, p. 409) objecte à Dreyer que rien ne prouve que les tensions superficielles soient uniformes dans les espaces intervésiculaires. Mais Dreyer n'invoque pas les effets de la tension superficielle dans ces espaces : il ne se sert de celle-ci que pour expliquer leur forme.

Minchin [98] fait à la théorie deux objections. La première, c'est que les granules interalvéolaires (ceux dont a parlé Altmann, voir ce Traité, tome I, page 7) n'ont pas la structure tétraxoniale. Mais les granules se soustraient par leur petitesse à l'influence de la forme de l'espace où ils sont logés ; en outre, ils ne sont pas des dépôts inertes, mais sans doute des organes actifs, siège eux-mêmes de forces qui interviennent dans la détermination de leur forme. La seconde, c'est que la théorie laisse inexpliqué le spicule à trois axes rectangulaires. Cette objection est plus sérieuse et Dreyer semble l'avoir compris en s'abstenant d'en parler. Il est possible cependant que dans certaines conditions, des alvéoles ou des cellules se groupent en systèmes à arêtes rectangulaires.

A notre avis, le principal défaut de la théorie de Dreyer est une schématisation, une systématisation exagérées qui invoquent un seul facteur là où certainement interviennent des influences multiples. Elle doit contenir une part, mais seulement une part de la vérité.

Quant à la théorie de MINCHIN [98], elle n'est pas spéciale aux spicules et est passible de toutes les objections faites à la sélection naturelle en général, et dont la principale est son inefficacité en présence des variations faibles et non orientées.

Physiologie.

L'animal est aquatique, marin (1).

Il reste immobile, fixé à son support, ne manifestant que de très légers et très lents changements de forme, consistant surtout dans la dilatation et le resserrement de l'oscule et des pores.

Respiration et nutrition. — Les choanocytes sont les organes actifs de l'animal. Leur collerette peut s'étendre en un vaste entonnoir très dilaté, ou se rétracter jusqu'à ne plus former qu'un petit rebord circulaire insignifiant. Le flagellum est animé d'un mouvement de circumduction très énergique, qui a pour effet de déterminer un tourbillon d'aspiration qui précipite l'eau ambiante vers le sommet de la cellule. C'est là une ressemblance de plus avec les Flagellés, car on voit que, si le choanocyte était libre, la réaction de ce mouvement l'entraînerait en avant dans la direction du cil, comme les Flagellés, et en sens contraire des spermatozoïdes (2).

L'eau, attirée par l'action de l'ensemble des flagellums, entre dans la cavité atriale par les pores et en sort par l'oscule. Un courant d'eau

(1) Seules de toutes les Éponges, les Spongillines habitent l'eau douce.

(2) Dans le tome I de cet ouvrage (page 306), nous avons proposé pour les êtres qui se meuvent le flagellum en avant, une explication de leur mouvement qui peut se résumer à ceci : l'animal fait décrire à son flagellum, préalablement contourné en hélice, un mouvement conique. La réaction de ce mouvement le fait tourner sur son axe en sens inverse du flagellum, et celui-ci, entraîné par le corps dans sa rotation, *se visse* dans l'eau et entraîne le corps dans un mouvement de translation. Chez le choanocyte, le mouvement doit être le même, sauf que la cellule, étant fixée, ne peut obéir à aucun mouvement de rotation ou de translation. Mais l'effort de rotation persiste; l'eau poussée par le flagellum tourne autour de l'axe de la cellule et, en tournant autour d'un obstacle contourné en hélice, elle suit la courbure de cette hélice et avance vers la base du flagellum. Le phénomène est le même que lorsqu'un bouchon, traversé par un tire-bouchon, avance ou recule sur l'axe de celui-ci, lorsqu'on le fait tourner perpendiculairement à cet axe, sans qu'on ait besoin de lui communiquer un mouvement dirigé suivant cet axe.

Rappelons que, dans les deux cas, notre théorie n'indique qu'une *possibilité mécanique*. Elle est *possible*, tandis que les autres théories n'expliquent rien ou sont mécaniquement impossibles, comme celle de BÜTSCHLI; mais il reste à vérifier par l'observation (d'ailleurs fort difficile, vu la petitesse des objets et la rapidité des mouvements) si cette possibilité est ou non réalisée.

continu traverse l'Éponge dans ce sens. Par suite de ce renouvellement, la *respiration* est assurée : elle doit se faire plus ou moins par toute la surface de l'animal, mais avoir surtout pour organes les choanocytes.

La *capture des aliments* se fait aussi surtout, sinon exclusivement, par ces mêmes cellules. Y. Delage [92] a vu en effet, sur de jeunes Éponges siliceuses développées sur des lames de verre et encore assez transparentes pour permettre l'observation microscopique directe de ce qui se passait à leur intérieur, des granules de carmin ajoutés à leur eau entrer par les pores et se précipiter en foule vers les cellules flagellées qui, en un clin d'œil, en furent bourrées au point de se détacher comme si elles eussent été colorées par des réactifs. Lendenfeld, d'autre part, a montré que cette absorption est complète et que les cellules amœboïdes transportent dans tout l'organisme les particules capturées par les choanocytes (1).

Les choanocytes semblent être aussi les organes de l'*excrétion* (2). L'excrétion est fort active chez les Éponges, car ces animaux altèrent très rapidement l'eau non renouvelée (3).

Croissance. — La croissance est lente et on compte qu'il faut plusieurs années (cinq à six) à une Éponge pour devenir adulte. Cela doit être d'ailleurs très variable selon les espèces et les climats.

Hibernation. — Pendant l'hiver, un bon nombre de choanocytes disparaissent : il n'en persiste que ce qui est nécessaire pour un reste de vie ralentie, et ils se régénèrent au printemps (4).

Mouvement et sensibilité. — Même en l'absence (non générale ainsi que nous l'avons fait remarquer) de systèmes musculaire et nerveux et d'organes sensitifs, l'Éponge a une vague sensibilité générale et exécute des mouvements de l'oscule et des pores paraissant provoqués par les variations du milieu. Les produits sexuels passent dans la cavité atriale, en écartant les cellules qui forment le revêtement de cette cavité, et sortent par l'oscule.

Bourgeonnement. — En outre de la reproduction sexuelle, l'Éponge

(1) Il avait d'abord cru que les granules absorbés par les choanocytes sont ensuite rejetés inaltérés, tandis que les cellules épidermiques étaient capables d'absorber aussi du carmin, dont les particules passeraient ainsi sous l'épiderme et seraient, alors seulement, saisies par les cellules amœboïdes et digérées. Mais de nouvelles expériences l'ont conduit à l'opinion ci-dessus indiquée.

(2) Cependant Bidder [92], par le procédé d'injections de Kovalevsky, a montré que, là où il existe des cellules épidermiques glandulaires, ces cellules ont un rôle excréteur, sécrétant sans doute de la spongine ou quelque substance analogue.

(3) Cette altération de l'eau, due d'après l'opinion commune à l'excrétion de quelque matière azotée, serait, d'après Loisel [98], due à une oxydase. La présence d'un acide dans l'eau qui entoure l'Éponge est mise en évidence par cet auteur au moyen d'une aiguille d'acier qui perd rapidement son poli au contact ou au voisinage des tissus de l'animal.

(4) Bidder [92] dit même que, lorsqu'ils sont rassasiés à la suite d'une abondante capture d'aliments, les choanocytes se rétractent, que leurs collerettes se soudent et que leurs flagellums dégénèrent.

peut, en général, se multiplier par des *bourgeons* ou *gemmules* (fig. 82) qui ne sont autre chose que des parties de sa paroi, comprenant par conséquent toutes les couches, qui font saillie, se pédiculisent, puis se détachent, tombent, se fixent et grandissent en un individu nouveau (¹).

Fig. 82.

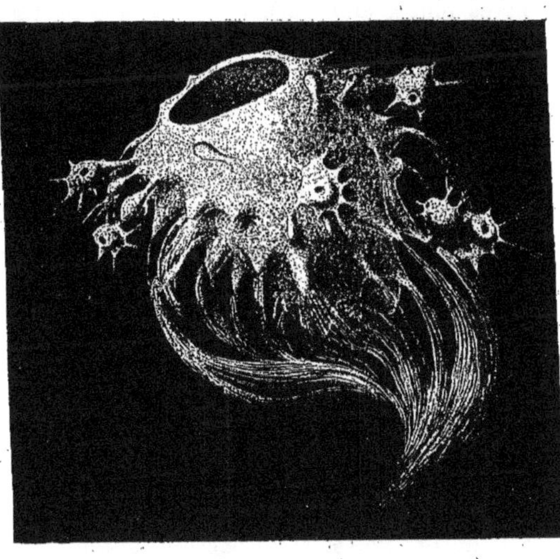

Lophocalyx philippinensis avec ses bourgeons (d'ap. Schulze).

Régénération.— Les fragments d'Éponge excisés ne se régénèrent pas dans leur forme, mais l'Éponge continue à vivre et à s'accroître dans toute sa masse. Les fragments excisés peuvent aussi, quand ils sont assez grands, vivre et s'accroître.

Coalescence.— Peut-être la chose n'a-t-elle pas lieu pour tous les genres, et il est possible que, chez ceux où la forme est bien définie (*Geodia*, *Disyringa*, etc.), les individus ne se fusionnent pas quand ils se trouvent amenés à croître en contact; mais pour les Éponges à forme variable, surtout les encroûtantes, leur coalescence s'opère aisément quand, après s'être fixées près l'une de l'autre, elles arrivent à se rencontrer. La chose a été directement constatée par l'un de nous (Y. Delage [92]) pour les toute jeunes. D'autre part, il ne faudrait pas croire que, lorsqu'une Éponge présente plusieurs oscules et systèmes atriaux, fussent-ils bien distincts, elle résulte de la coalescence d'autant d'individus. Une Éponge provenant d'une seule larve peut avoir divers systèmes atriaux distincts si la forme de son espèce le comporte, et l'un de nous (Y. Delage [92]) a constaté que, lorsque deux larves récemment fixées côte à côte se fusionnent en un seul individu, celui-ci n'a néanmoins, au début, qu'un oscule unique qui peut ensuite se multiplier plus tard si la forme de l'espèce le comporte.

Développement.

Une segmentation totale et régulière donne naissance à un stade huit où les blastomères, tous égaux, sont rangés en cercle autour d'une

(¹) Les processus du bourgeonnement sont très variés dans le détail chez les Éponges. Nous ne pourrons, précisément en raison de ce fait, les faire connaître qu'à l'occasion des genres où ils ont été observés.

petite cavité de segmentation (**4**, *fig.* 2, *b.* et *c.*). Mais un plan équatorial sépare alors ces huit blastomères en seize segments inégaux, huit supérieurs ectodermiques plus petits et huit inférieurs endodermiques plus grands (*d.*). Des divisions successives continuant dans les deux hémisphères, mais beaucoup plus nombreuses dans le premier, donnent finalement naissance à une blastula formée de deux hémisphères d'aspect très différent, à laquelle on a donné pour cette raison le nom d'*amphiblastula* (**4**, *fig.* 3).

L'hémisphère supérieur ectodermique (*ect.*) est en effet, formé de hautes cellules prismatiques claires, serrées les unes contre les autres, armées chacune d'un puissant flagellum, tandis que l'hémisphère inférieur endodermique (*end.*) est formé d'éléments gros, arrondis, granuleux, non flagellés.

Fig. 83.

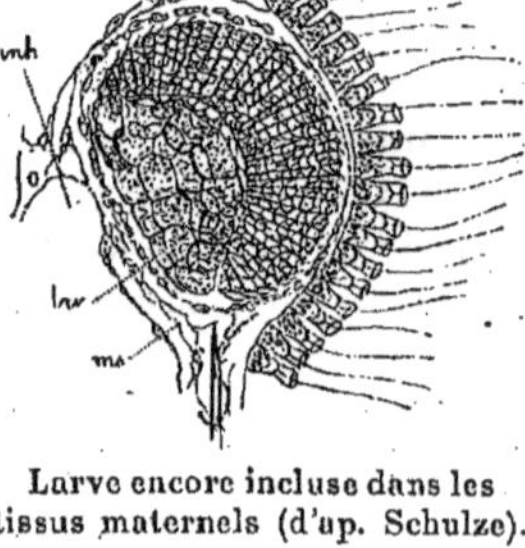

Larve encore incluse dans les tissus maternels (d'ap. Schulze).

chcy., couche de choanocytes revêtant les corbeilles; **inh.**, cavités inhalantes; **lrv.**, larve; **m.**, mésoderme maternel.

La segmentation se passe dans le corps de la mère (fig. 83) et la larve éclot sous la forme de blastula ciliée que nous venons de décrire. Elle nage avec ses cils, le pôle ectodermique en avant, mais ne reste libre que peu de temps. Bientôt, en effet, une invagination donne naissance à un stade gastrula (**4**, *fig.* 4) suivi presque aussitôt de la fixation (**4**, *fig.* 5).

On s'attend naturellement à ce que ce soit, comme d'ordinaire, l'hémisphère endodermique qui s'enfonce sous l'ectoderme. Il n'en est rien. Contrairement à la règle universelle, chez les Éponges, c'est l'ectoderme (**4**, *fig.* 4, *ect.*) cilié qui s'invagine dans l'endoderme (*end.*), en sorte que, chez l'adulte, les rapports normaux des feuillets sont renversés : l'épiderme de l'Éponge provient des cellules granuleuses endodermiques (**4**, *fig.* 5, *end. ép.*) et les choanocytes résultent de la transformation des cellules claires, flagellées, ectodermiques (*ect. chcy.*).

La gastrula, après avoir nagé quelque temps paresseusement, se fixe par le blastopore (**4**, *fig.* 5), qui se ferme par envahissement progressif de ses bords et l'oscule se perce au pôle opposé (**4**, *fig.* 6, *os.*). L'endoderme s'aplatit pour former l'épiderme (*ép.*); l'ectoderme se transforme en choanocytes (*chcy.*); dans l'espace compris entre les deux feuillets se sécrète une substance gélatineuse, substance fondamentale du mésoderme, dont les éléments cellulaires naissent de l'endoderme et émigrent dans cette gelée. Les pores se percent (**4**, *fig.* 7, *p.*) et l'Olynthus est constitué, n'ayant plus qu'à achever les détails de sa structure pour ressembler à celui qui nous a servi de point de départ.

Insistons sur cette conséquence remarquable et tout à fait exceptionnelle dans le règne animal que, chez l'Éponge adulte, les rapports normaux

des feuillets sont renversés : l'épiderme est endodermique et l'ectoderme forme les choanocytes, c'est-à-dire l'épithélium digestif, en sorte que l'on pourrait opposer par ce caractère les Éponges, sous les noms d'*Enantioderma*, *Enantiozoa* ('Εναντίος, inverse) à tous les autres Métazoaires.

Ce n'est pas ainsi que l'on comprend les choses d'ordinaire, et l'on donne les noms d'endoderme au feuillet qui s'invagine et d'ectoderme à celui qui reste au dehors.

Est-il légitime de faire ainsi ?

Le fait qui est au-dessus de toute discussion, c'est que le feuillet qui s'invagine est celui qui a les caractères d'un ectoderme, et que celui qui reste au dehors a les caractères d'un endoderme. Si les Éponges n'étaient point connues et que l'on présentât l'amphiblastula à un embryogéniste, en lui demandant de dire où sont l'ectoderme et l'endoderme, et de prévoir dans quel sens se fera l'invagination, *il n'en est aucun* qui ne répondrait : les cellules granuleuses sont endodermiques et ce sont elles qui doivent s'invaginer. Or, l'invagination se fait en sens inverse. Voilà le fait!

La chose est bien plus nette encore si l'on s'adresse aux Éponges siliceuses. Chez ces Éponges, la larve n'est pas une blastula, elle est pleine, et les cellules flagellées forment la presque totalité de son revêtement extérieur ; les granuleuses forment la masse extérieure et n'arrivent à la surface que sur une étroite zone au pôle postérieur. De plus, les flagellées proviennent des micromères et arrivent à recouvrir par une épibolie graduelle les granuleuses provenant des macromères. Dès lors, si on voulait attribuer les flagellées à l'endoderme et les granuleuses à l'ectoderme, il faudrait dire que, chez les larves des Siliceuses, l'endoderme est extérieur, formé de petites cellules flagellées provenant des micromères et qu'il s'étend par épibolie autour de l'ectoderme intérieur et formé de grosses cellules granuleuses provenant des macromères !!!

D'ailleurs, chez ces Éponges, tous les auteurs avaient admis que les flagellées étaient l'ectoderme et c'est seulement après les travaux d'Y. Delage [90, 91, 92], dont les résultats furent bientôt confirmés par Maas [92, 93] (*) et par Nöldeke [94], que l'on songea, pour les Siliceuses, à changer la dénomination des feuillets.

(*) Maas me prie, dans une lettre manuscrite, de reconnaître que son travail de 1892 sur *Esperia Lorenzi* est antérieur à mon travail in-extenso daté aussi de 1892. En droit strict, sa réclamation est parfaitement juste, mon mémoire de 1892 ayant paru seulement au commencement de 1893. Ce mémoire a été en réalité terminé et remis au Directeur des Archives à la fin de 1891, ainsi que l'indique la date de l'avant-propos écrit après tout le reste ; il porte la date de 1892, parce qu'il a paru dans le volume des Archives de 1892, et s'il n'a paru qu'en 1893, c'est parce qu'un accident survenu à l'atelier lithographique a causé un long retard dans l'apparition du fascicule. Si le mémoire de Delage [92] a paru après celui de Maas [92], il a cependant été écrit sans que son auteur ait connu le travail de son concurrent. — D'ailleurs, cela ne change rien à la question de priorité, car *tout ce qui est essentiel dans les conclusions du mémoire in-extenso de* Delage [92] *se trouve contenu dans la note de* 1891 (3 *août*) *du même auteur*. Là sont décrits, en effet, avec la plus grande netteté, chez une Siliceuse marine (*Esperella*), chez une Siliceuse d'eau douce (*Spongilla*) et chez une marine fibreuse (*Aplysilla*) : 1° la sortie d'une partie des cellules granuleuses pour former l'épiderme ; 2° la pénétration des flagellées à l'intérieur pour former les corbeilles. Maas, au contraire, dans ses travaux antérieurs aux notes de Delage, en 1889 et 1890, décrit les flagellées comme restant au dehors pour se transformer en épiderme, et les granuleuses comme restant au dedans pour former les tissus intérieurs, y compris les corbeilles ; et c'est seulement après les notes de Delage que, changeant brusquement d'avis, il décrit les choses conformément aux découvertes de ce dernier, sauf en des points secondaires (capture des flagellées par les amœboïdes, etc.) que nous discuterons plus loin à l'occasion du développement des Siliceuses. — Il ne peut donc y avoir aucun doute que le *changement de front* radical qu'a subi la conception du développement des Éponges (conception admise aujourd'hui par Maas, Nöldeke, Minchin, par tous ceux en un mot, qui ont récemment étudié ces animaux) a été déterminé par les recherches de Delage et non par celles de Maas. Les travaux de Maas sont excellents et ont, sur de nombreux points, perfectionné, étendu, corrigé nos connaissances, mais ils n'ont ni ouvert des voies ni créé des conceptions nouvelles.

En ce qui concerne la détermination des cellules flagellées comme ectoderme, Maas me prie aussi de reconnaître qu'il a admis dès 1893, et en tout cas formellement en 1896, l'homologation des

Il faut remarquer aussi qu'en attribuant aux flagellées la signification d'un endoderme, on est entraîné à admettre que certaines larves (*Ascetta*) ne sont formées au début que d'endoderme, puisqu'elles n'ont que des flagellées; et d'admettre par suite que toutes, Calcaires et Siliceuses, nagent le pôle endodermique en avant!

Dès lors, il n'y a que deux alternatives : ou bien dire comme nous l'avons fait que l'invagination est inverse et que l'Éponge adulte a l'endoderme en dehors et l'ectoderme en dedans, ou bien déclarer que, dans l'Éponge adulte, les rapports sont normaux, mais que chez la larve, l'ectoderme s'est déguisé en endoderme et l'endoderme en ectoderme, que les deux feuillets ont pris les caractères l'un de l'autre, non seulement en ce qui concerne la constitution histologique, mais même sous le rapport de l'origine de leurs éléments aux dépens des blastomères de l'embryon et sous celui de leur situation relative chez le plus grand nombre des larves.

La seconde opinion est entièrement arbitraire, car on ne conçoit et on n'a donné aucune raison de cet échange de caractères. La première a, au contraire, plusieurs faits en sa faveur :

1° Avant l'éclosion, lorsque l'embryon est au stade blastulaire, on voit se produire une invagination des cellules granuleuses dans les flagellées, c'est-à-dire dans le sens normal, et l'on a donné à ce stade le nom de *pseudogastrula*. Mais ce n'est qu'un phénomène transitoire, la blastula se rétablit et après l'éclosion se fait l'invagination définitive inverse que nous avons décrite. Balfour assure que ce phénomène n'a point de signification phylogénétique et son opinion a été suivie : on ne veut voir là qu'un phénomène mécanique sans importance. Partisan de la *Théorie des causes actuelles* (*) nous souscrivons à ce jugement, mais on nous permettra de le trouver singulier de la part de personnes qui attribuent à des phénomènes bien autrement obscurs la signification d'un *souvenir phylogénétique* sur lequel ils fondent des théories.

2° Tandis qu'on ne conçoit guère les causes d'un échange de caractères entre l'endoderme et l'ectoderme chez l'embryon, on comprend que des causes, mécaniques ou autres, aient pu amener la larve de l'ancêtre des Éponges à renverser le sens de son invagination. Ne voit-on pas, dans les expériences d'Herbst, de Driesch, de Gurwitsch, l'addition de quelques millièmes d'un sel de lithine à l'eau où ils vivent, ou même d'une simple élévation de température empêcher, chez les *Pluteus*, l'invagination de l'endoderme ou même la renverser au dehors?

E. Perrier [98] préfère définir les feuillets d'après leurs connexions et déclare qu'il faut nommer endoderme celui qui est en dedans et ectoderme celui qui est au dehors. Mais il ne remarque pas que c'est là définir un concept morphologique par un processus physiologique, puisque la situation des feuillets chez l'adulte résulte du fait physiologique de l'invagination. Il prétend s'appuyer sur le *principe des connexions* d'I. Geoffroy-Saint-Hilaire. Mais, ainsi que faisait remarquer l'un de nous (Y. Delage [98] : *On the position of Sponges in the animal*

---

flagellées avec l'ectoderme et des granuleuses avec l'endoderme, sur laquelle s'appuie la théorie où j'ai (Delage [98] et communication au Congrès international de zoologie tenu à Cambridge en 1898) présenté les Spongiaires comme des animaux à invagination renversée. Ici encore, je fais droit à sa réclamation en ce qui concerne la question de fait, mais il m'est impossible de lui accorder la signification qu'il lui attribue. L'idée de l'homologation en question est venue avant lui à Balfour et à moi-même. J'écrivais en effet, dans ma note de 1890 : « *Pour l'homologation avec les Métazoaires, je pense avec Balfour que les termes de la comparaison doivent être renversés. Il semble évident que les cellules granuleuses de l'amphiblastula sont l'endoderme primitif et les cellules ciliées l'ectoderme* »; et dans mon travail de 1892, j'exprime la même idée à plusieurs reprises avec la plus grande netteté. Que Maas ait plus tard admis formellement cette homologation que je trouvais d'abord discutable, cela m'ôte-t-il le droit de la reprendre pour en tirer, sur le renversement de l'invagination chez les Spongiaires, une conclusion qui est la conséquence directe de mes propres découvertes? — Je demande pardon aux lecteurs de cette longue note qui ne les intéresse guère. Mais j'ai tenu à donner à Maas la satisfaction qu'il me demandait, et en même temps à montrer la juste portée de ses réclamations, car en toute occasion, cet auteur présente l'historique de cette question d'une manière qui n'est pas équitable (Voir aussi la note des pages 113 et 114). — Y. Delage.

(*) Delage. La structure du protoplasma et les théories sur l'Hérédité et les grands problèmes de la Biologie générale, 4e partie. Paris 1895.

Kingdom, communication au Congrès international de zoologie à Cambridge), la situation relative des feuillets, l'un à l'intérieur de l'autre, après l'invagination n'est pas une connexion, c'est un rapport anatomique secondaire comme, par exemple, chez les Mammifères celui de l'allantoïde avec les villosités choriales, et qui aurait pu s'établir autrement sans que rien fût changé aux connexions des feuillets. La vraie connexion entre ceux-ci est leur continuité à l'équateur de la gastrula et, plus tard, au blastopore de la gastrula, et cette connexion ne préjuge en rien de la détermination des parties de la larve comme endoderme ou ectoderme. Le principe des connexions est excellent, mais encore faut-il savoir l'appliquer et ne lui demander que ce qu'il peut donner.

Diverses autres objections ont été ou pourraient être faites à notre théorie. Mais comme elles impliquent la connaissance du développement de divers types particuliers d'Éponges, nous risquerions de ne pas être parfaitement compris en les discutant ici avant d'avoir présenté ces types aux lecteurs. Nous les ferons connaître en exposant le développement de ces types particuliers.

L'embranchement des Porifères se divise en deux classes :

Calcaria : à spicules calcaires et à choanocytes de grande taille ;

Incalcaria : à squelette formé de spicules siliceux ou de fibres cornées ou nul, et à choanocytes petits.

Cette division reposant sur la nature minérale des spicules semble au premier abord bien artificielle; mais il n'en est rien, car les autres caractères anatomiques et la dérivation des formes les unes des autres sont en rapport étroit avec cette nature. Tous les auteurs sont d'accord sur ce point (1).

---

(1) Où l'on n'est point d'accord, c'est sur la valeur relative de ces groupes : les uns veulent n'en faire que des sous-classes, d'autres veulent placer les subdivisions des *Incalcaria* sur le même pied que les Calcaires. D'autres enfin, au lieu de rattacher les Éponges sans spicules aux formes siliceuses, dont elles ne diffèrent essentiellement que par la nature du squelette, en font un groupe à part de même valeur que les deux autres. Voici un aperçu des principales classifications :

Nardo [33] divisait les Éponges en *Corneo-spongia, Silico-spongia, Calci-spongia, Corneo-silici-spongia* et *Corneo-calci-spongia*.

Gray [67] les divisait en *Calcaria* et *Silicea*, et subdivisait les Silicea en deux sections *Thalassospongiæ* et *Potamospongiæ*, ces dernières comprenant les Éponges d'eau douce. Dans la première il distinguait, selon les caractères les plus apparents du squelette les : *Keratospongia* (*Spongia, Hircinia, Dysidea*, etc.), *Suberispongia* (*Suberites, Cliona*, etc.), *Arenospongia* (*Xenospongia*), *Hamispongia* (*Esperia, Desmacidon*, etc.), *Coralliospongia* (*Pteronema, Euplectella, Hyalonema, Aphrocallistes, Askonema*, etc.), *Sphærospongia* (*Geodia, Tethya, Thenea*, etc.).

O. Schmidt [62] divisait immédiatement la classe en douze ordres, dont : un pour les Calcaires, *Calcispongiæ*; un pour les fibreuses, *Ceraospongiæ;* deux pour celles n'ayant ni fibres, ni spicules, *Halisarcinæ* et *Gumminеæ*, et les autres pour les Siliceuses, immédiatement divisées d'après les caractères de leurs spicules; un de ces derniers, les *Chalineæ*, contenant à la fois des fibres et des spicules, fait le passage aux Céraosponges.

Bowerbank [64 à 82] distinguait les *Calcarea, Silicea, Keratosa*, ces dernières comprenant les Éponges à squelette corné, et cette division très soutenable a été longtemps admise en France sous les noms d'Éponges *calcaires, siliceuses* et *cornées*. Récemment, elle vient d'être remise en honneur par Häckel [89], qui distingue trois classes : *Calcispongiæ* ou *Calcarosa, Silicospongiæ* ou *Silicosa* et *Malthospongiæ* ou *Malthosa*, ces dernières comprenant les formes à squelette fibreux ou nul. Il faut reconnaître en effet que, si dans certains cas l'absence de spicules et la présence de fibres est la seule différence marquante entre les uns et les autres, d'autres fois il se joint aux caractères squelettiques d'autres différences anatomiques qui rendent parfaitement soutenable l'idée de placer dans un groupe à part, de valeur égale aux deux autres, les Éponges sans spicules. Häckel les considère comme ayant dérivé parallèlement aux autres d'un *Olynthus* sans squelette.

CARTER [75-85] mettait aussi au même rang les *Calcarea*, les *Carnosa* (sans squelette), les *Ceratina* (fibreuses) et toutes les Siliceuses, dans lesquelles il distinguait cinq autres ordres : les *Psammonemata* (*Hircinia*, etc.), les *Raphidonemata* (*Chalina*, etc.), les *Echinonemata* (*Axinella*, etc.), les *Holoraphidota* (*Reniera*, *Suberites*, *Spongilla*, etc.), et les *Hexactinellida*, qu'il subdivisait en *Vitrohexactinellida*, *Sarcohexactinellida* et *Sarcovitrohexactinellida*. La division en *Calcarea* et *Non-calcarea* ou *Silicea* comprenant les fibreuses est adoptée par VOSMÄR [87]. F. E. SCHULZE [87] les divise en *Calcarea*, *Triaxonia* (Tétractinellides) et *Tetraxonia* comprenant les *Tetractinellides*, les *Monaxonides* et les *Eponges cornées* (Voir vers la fin du volume, son arbre généalogique des Éponges).

VOSMÄR [87] admet les divisions suivantes :

SOUS-CLASSES	ORDRES	SOUS-ORDRES
CALCAREA	*HOMOCŒLA.*	
	HETEROCŒLA.	
NON-CALCAREA	*HYALOSPONGIÆ* [les Hexactinellides].	*Dictyonina.*
		Lyssakina.
	SPICULISPONGIÆ (squelette essentiellement spiculeux).	*Lithistina*, *Tetractina*, *Oligosilicina.*
		Pseudotetraxonia, *Clavulina.*
	CORNACUSPONGIÆ (squelette formé des fibres de spongine avec ou sans spicules).	*Halichondrina*, *Ceratina.*

SOLLAS [88] propose la division des Éponges, qu'il élève au rang d'embranchement sous le nom de *Parazoa*, en deux classes :

	SOUS-CLASSES :	ORDRES :	TRIBUS :
MEGAMASTICTORA [Calcaires].			
MICROMASTICTORA [Non-calcaires].	*MYXOSPONGIÆ* (sans squelette).		
	HEXACTINELLIDA.		
	DEMOSPONGIÆ.	*TETRACTINELLIDA.*	
		MONAXONIDA.	*Monaxona.*
			Ceratosa.

LENDENFELD [97], dans ses derniers travaux, accepte une classification analogue, mais il fait passer sous le nom d'*Hexaceratina* une partie des Éponges cornées dans les Triaxonia.

Il distingue les *Calcarea* et les *Silicea* et divise ces dernières en deux sous-classes : *Triaxonia*, avec deux ordres, *Hexactinellida*, *Hexaceratina*; et *Tetraxonia* aussi avec deux ordres, *Tetraxonida* et *Monaxonida*.

Häckel [89] propose :

CLASSES	ORDRES
PROTOSPONGIÆ (Voies aquifères du type des Ascones).	*Ammoconidæ (Malthosa)* = *Cannocœla* [Abyssoceratines *p. p.*].
	Asconidæ (Calcarosa) = *Homocœla* [Éponges calcaires homocèles].
METASPONGIÆ (Voies aquifères distinctes des corbeilles).	*Malthospongiæ* = *Domatocœla* [Abyssoceratines *p. p.*].
	Demospongiæ [au sens de Sollas].
	Hyalospongiæ [Hexactinellides].
	Calcispongiæ [Calcaires hétérocèles].

TOPSENT [92] accepte les divisions en *Calcarea*, *Hexactinellida* ou *Triaxonia* et *Demospongiæ* et divise ces dernières en *Tetractinellida*, *Monaxonida*, *Ceratosa* et *Carnosa*.

Ire CLASSE

CALCAIRES. — *CALCARIA*

[*CALCI-SPONGIA* (NARDO); — *GRANTIÆ* (FLEMING); — *LEUCALIA* (GRANT); *CALCISPONGIÆ* (JOHNSTON); — *CALCAREA* (BOWERBANK); *CALCAROSA* (HÄCKEL); — *MEGAMASTICTORA* (¹) (SOLLAS)]

TYPE MORPHOLOGIQUE

(FIG. 84 ET 85)

Il peut être décrit en deux mots :

C'est l'*Olynthus* qui nous a servi de type général, auquel il suffit, pour en faire le type des Calcaires, d'ajouter que les spicules sont calcaires et d'indiquer ce qu'il y a de particulier dans leur structure, leur forme et leur mode de développement.

Ces spicules sont constitués, au point de vue histologique, conformément au type général : ils ont le filament axial (fig. 84, *ax.*), la pellicule superficielle organique et les couches de substance minérale qui est ici du calcaire. Les scléroblastes dans lesquels ils se forment ont reçu le nom de *calcoblastes*, par opposition avec les silicoblastes des Éponges siliceuses. Ils appartiennent au mésoderme, mais tirent leur origine de l'ectoderme : ce sont des cellules ectodermiques qui se sont enfoncées au-dessous de la surface. Leur forme est *triradiée*, c'est-à-dire formée de trois actines (*act.*) équidivergents (120°), étalés dans un plan, et ce plan, par rapport à l'animal, est parallèle à la surface. Il s'y joint d'ordinaire une quatrième actine à direction radiaire, perpendiculaire au plan des trois autres et partant de leur point de rencontre : la forme devient alors *quadriradiée*. Par une exception très remarquable, ces spicules ne se forment pas dans une seule cellule mère. Chaque actine se forme séparément et c'est en grandissant qu'elle se porte vers les voisines et se soude à elles, en sorte que la forme fondamentale (persistante dans un des genres du groupe) serait peut-être monactine, les conditions tri- et quadriradiée étant le résultat d'une soudure secondaire. Il faut dire cependant que la soudure a lieu lorsque les actines sont encore extrêmement petites (²).

Fig. 84.

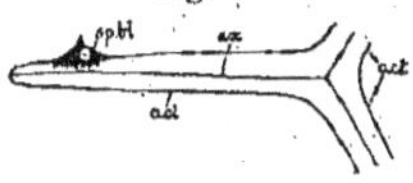

CALCARIA. (Type morphologique). Spicule triradié (d'ap. Minchin).

act., actines ; **ax.**, filament axial ; **sp. bl.**, spongoblaste.

(¹) Ainsi nommées en raison de la grande taille de leurs choanocytes.

(²) C'est MINCHIN [98] qui, dans un travail fort bien fait, a décrit le développement de ces spicules. Il donne le nom d'*actinoblastes* aux cellules mères des actines. Trois actinoblastes d'abord séparés et qui ne paraissaient pas avoir une origine commune, ayant émigré séparément de l'épiderme dans le mésoderme, se réunissent en un groupe appelé *triade* qui se divise, comme ferait un œuf en segmentation, par un plan tangentiel, en deux triades, une superficielle, plus voisine de la surface épidermique, et une profonde ; les deux triades sont

Cet *Olynthus* à spicules calcaires n'est pas un être idéal. Il est représenté par les formes les plus simples du genre *Ascetta*.

La classe des *Calcaria* se divise en deux ordres (¹) :

Homocœlida, chez lesquels les choanocytes forment, comme dans notre type, le revêtement de la cavité atriale;

---

accolées cellule à cellule et leur ensemble constitue le *sextet* (fig. 85). Chaque paire du sextet donne naissance à un petit spicule monactine dirigé radiairement par rapport au centre du sextet; celui-ci se forme sans doute dans une vacuole et, vraisemblablement, dans la cellule profonde de la paire, mais Minchin n'a pu le constater formellement.

Les trois actines convergent en grandissant vers le centre du sextet et s'y fusionnent en un spicule triradié (*sp.*) disposé tangentiellement. Nous avons précédemment fait remarquer que la structure cristalline ne se montre que dans les couches déposées après la soudure. A ce moment, les trois actinoblastes de la couche profonde se portent vers les extrémités de leurs actines respectives, tandis que les superficiels restent vers le centre; puis les actinoblastes apicaux abandonnent définitivement le spicule et les centraux prennent une situation apicale, chacun vers le bout de son actine et y restent. Dans les quadriradiés, le spicule radiaire se forme aussi indépendamment, par un actinoblaste émigré aussi de l'épiderme qui forme le quatrième rayon, parfois en multipliant son noyau, mais sans se diviser.

Fig. 85.

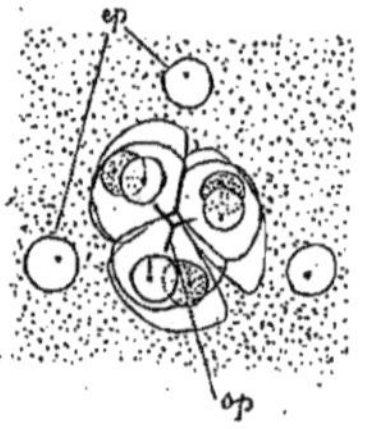

CALCARIA. (Type morphologique.) Sextet formé par les actinoblastes (d'ap. Minchin). **op.**, pinacocytes; **sp.**, spicule.

(¹) Cette division des Calcaires, considérée d'abord comme réalisant un grand progrès, est aujourd'hui attaquée principalement par Minchin [96] et par Bidder [98] qui, s'appuyant sur la structure des larves, l'ordre d'apparition des spicules et même sur les rapports du flagellum avec le noyau des choanocytes, démembrent jusqu'aux genres pour répartir leurs espèces dans une nouvelle distribution.

Voici la classification proposée par Bidder :

SOUS-CLASSES	ORDRES	FAMILLES
1. *Calcaronea* (Bidder). Noyau des cellules flagellées distal et en continuité avec le flagellum; larve amphiblastula; premiers spicules, oxes; *pylocytes* (cellule dans laquelle est percé un prosopyle) annulaires; ramification rectangulaire.	1. *Asconida* (Häckel). Atrium tapissé de choanocytes et communiquant directement avec le dehors par les prosopyles.	*Leucosolenidæ* (*sensu* Minchin), contenant les espèces de *Leucosolenia* à larves creuses (*L. botryoides, complicata, Lieberkuehni, variabilis*) et le genre *Ascyssa* d'Häckel.
	2. *Sycettida* (Bidder). Atrium tapissé de pinacocytes, communiquant avec le dehors par les pores.	*Sycettidæ* (Dendy). *Grantidæ* (Dendy). *Heteropidæ* (Dendy). *Amphoriscidæ* (Dendy).
2. *Calcinea* (Bidder). Noyau proximal, non continu avec le flagellum; larve *parenchymula;* premiers spicules triradiés; pylocytes épais, formant toute l'épaisseur entre les cavités flagellées et la surface; ramification dichotome.	1. *Ascettida* (Bidder). Pas de spicules quadriradiés.	*Clathrinidæ* (*sensu* Minchin), contenant les autres *Leucosolenia* pour lesquels il reprend le nom de *Clathrina* et le genre *Guancha*. *Leucoscidæ* (Dendy).
	2. *Ascaltida* (Bidder). Des spicules quadriradiés.	*Reticulatæ* (Dendy). *Heteropegmidæ* (Bidder) (*Dendya* et *Heteropegma*).

Ces vues sont intéressantes et nous aimerions à les accepter si elles avaient subi l'épreuve de la critique. Mais elles sont trop récentes pour avoir pu être discutées. Les Homocélides et

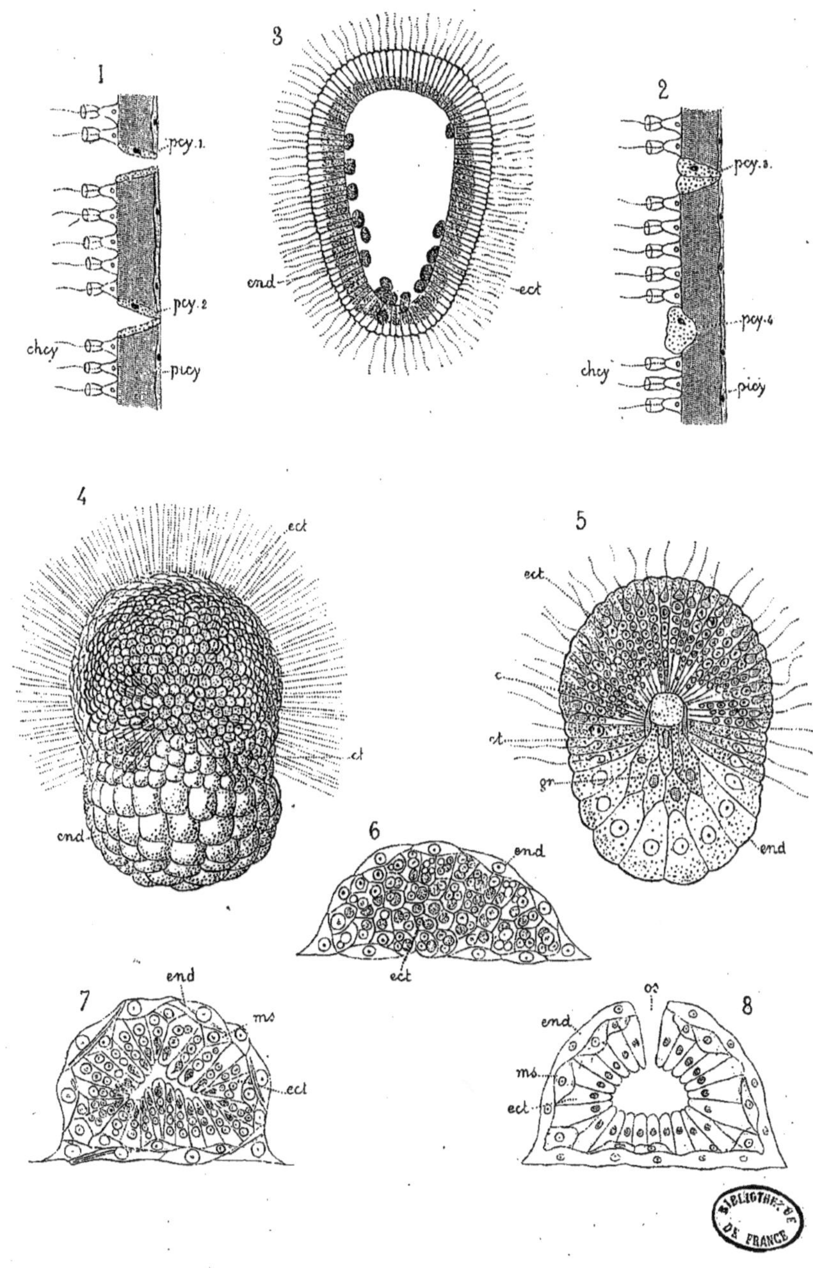
1
pcy.1.
pcy.2
chcy
picy
3
end
ect
2
pcy.3.
pcy.4
chcy
picy
4
ect
ct
end
5
ect
c
ct
gr
end
6
end
ect
7
end
ms
ect
8
os
end
ms
ect

Pl. 5.

CALCARIA

(TYPE MORPHOLOGIQUE)

Fig. 1 et *2*. États successifs de la rentrée des porocytes (Sch.).
Fig. 3. Coupe optique de la larve de ***Leucosolenia reticulum***, montrant la formation de l'endoderme (d'ap. Minchin).
Fig. 4. Larve de ***Leucosolenia variabilis*** (d'ap. Minchin).
Fig. 5. Coupe axiale de ***Leucosolenia variabilis*** (d'ap. Minchin).
Fig. 6. Larve de ***Leucosolenia variabilis***, un peu après sa fixation (d'ap. Minchin).
Fig. 7. Larve fixée de ***Leucosolenia variabilis*** formant sa cavité archentérique (d'ap. Minchin).
Fig. 8. Larve ayant formé un oscule (Sch.).

c., cavité centrale de la larve remplie d'une substance gélatineuse;
chcy., choanocytes;
ci., cellules intermédiaires formant ceinture au niveau de l'équateur de la larve;
ect., ectoderme;
end., endoderme;
gr., cellules granuleuses intérieures;
ms., mésoderme;
pcy. 1., porocyte faisant communiquer la cavité atriale avec l'extérieur;
pcy. 2., porocyte commençant à se fermer;
pcy. 3., porocyte entièrement clos;
pcy. 4., porocyte rétracté.

postérieur et les ectodermiques (*ect.*) flagellées formant le pôle opposé, se trouve une ceinture de cellules (*ct.*) d'un caractère intermédiaire, qui sont des cellules ectodermiques en voie de transformation en endodermiques par perte de leur flagellum. Cette transformation se fait progressivement, des cellules ectodermiques se transformant en intermédiaires au bord supérieur de la zone, et des intermédiaires se transformant en endodermiques au bord inférieur de celle-ci, en sorte que le nombre des endodermiques va en croissant progressivement aux dépens des ectodermiques [1]. Quand les endodermiques ont atteint leur nombre définitif, la larve qui nageait pendant ce temps se fixe (**5**, *fig.* 6), les endodermiques (*end.*) s'aplatissent, rampent sur la surface et enveloppent entièrement les ectodermiques (*ect.*) qui perdent leur flagellum et forment une masse centrale pleine, entièrement enveloppée par les endodermiques. C'est le stade d'invagination correspondant à l'invagination définitive de l'amphiblastula du type morphologique, mais sans cavité gastrulaire. Bientôt après, cependant, une cavité archentérique se forme (**5**, *fig.* 7), les cellules ectodermiques (*ect.*) se disposent autour d'elle en couche régulière, sauf au point opposé à la surface de fixation, où un oscule (**5**, *fig.* 8, *os.*) se perce après que les ectodermiques s'en sont retirées. Celles-ci prennent alors les caractères propres aux choanocytes, le mésoderme provient des cellules endodermiques restées au-dessous de celles qui sont arrivées à la surface pour former l'épiderme, les spicules se forment dans les cellules épidermiques et mésodermiques, et le jeune *Leucosolenia* se trouve formé dans ses traits essentiels. La différence avec le cas précédent réside dans la formation plus précoce des endodermiques et dans leur position à la surface de la blastula. Dans l'un et l'autre cas, la différence avec le type morphologique réside dans l'absence, au moment où devrait se produire l'invagination définitive, d'une cavité de segmentation permettant une embolie régulière et obligeant les ectodermiques à pénétrer à l'intérieur par une voie détournée [2].

---

[1] Cette larve présente quelques autres caractères qui ne sont pas sans intérêt. La cavité centrale (**5**, *fig.* 5, *c*) est sphérique et remplie d'une substance gélatineuse. Autour d'elle, les pieds des cellules, surtout des intermédiaires, sont chargées de pigment, en sorte que l'ensemble a les caractères d'un œil rudimentaire. La larve est en effet sensible à la lumière (lucifuge) comme en général chez les Éponges. Il y a en outre quelques cellules intérieures granuleuses (*gr.*) disposées comme pour former la rétine de cet œil singulier. MINCHIN n'a pu nettement déterminer leur sort : il pense qu'elles disparaissent après la fixation sans former d'organe spécial.

Dans ce genre, les cellules flagellées présentent des granulations comme les cellules endodermiques, peut-être même davantage. C'est là une particularité intéressante, sur laquelle Minchin a attiré l'attention, mais que l'on ne saurait mettre en avant pour assimiler les flagellées à l'endoderme, vu que, chez toutes les Siliceuses et probablement la plupart des autres Calcaires, il en est autrement et que, même chez *Leucosolenia*, tous les autres caractères différentiels, bien autrement importants, restent intacts.

[2] Dans un travail non encore publié, présenté par lui au troisième congrès international de zoologie à Cambridge en 1898, MINCHIN a fait connaître le développement d'un *Ascetta* (*Clathrina blanca*). L'embryon est une blastula formée de cellules flagellées et de deux cellules

parenchyme. Ici, les choanocytes tapissent la cavité intérieure, et il n'y a pas de lacunes dans le parenchyme. Les pores sont de vrais canalicules radiaires traversant toute l'épaisseur de la paroi du corps. Ils n'en sont pas moins creusés dans l'épaisseur d'une seule cellule; mais cette cellule (**5**, *fig. 1* et *2*, *pcy.*), que MINCHIN [98] propose d'appeler *porocyte*, est très grosse et très épaisse, et l'eau n'entre en contact qu'avec elle depuis le dehors jusqu'à la cavité atriale (1).

Développement.

Il a été fort bien étudié, tout récemment par MINCHIN [96] qui l'a ramené au schéma commun en faisant disparaître les différences essentielles qu'il paraissait présenter. Il offre, suivant les espèces, des particularités assez importantes.

Chez *Leucosolenia reticulum* et quelques autres, la larve est une blastula ovoïde formée de cellules toutes semblables (**5**, *fig. 3*), toutes flagellées. Mais en tous les points et surtout au petit bout de l'ovoïde, tourné en arrière dans la progression, des cellules ectodermiques perdent leur flagellum, s'arrondissent, deviennent granuleuses et passent à l'intérieur de la cavité de segmentation (**5**, *fig. 3*, *end.*). Cela d'ailleurs ne produit pas de brèche, car, au fur et à mesure, les cellules non transformées se rapprochent. Finalement, la larve se trouve remplie d'éléments granuleux endodermiques. La *parenchymula* ainsi obtenue a donc, suivant la condition normale, l'ectoderme en dehors et l'endoderme en dedans. C'est l'équivalent de la *pseudogastrula* du type général. Après la fixation, les endodermiques s'insinuent entre les ectodermiques, repassent en dehors pour former l'épiderme et font passer en dedans les flagellées qui vont devenir à l'intérieur les choanocytes : c'est l'invagination de l'amphiblastula, diffuse et réduite en menue monnaie.

Chez *Leucosolenia variabilis*, les choses se passent autrement. La segmentation donne naissance à une amphiblastula (**5**, *fig. 4*,) constituée comme celle de notre type général, sauf les différences suivantes. La cavité (**5**, *fig. 5*, *c.*) est très réduite et ne peut permettre une invagination; entre les cellules endodermiques (*end.*) occupant l'hémisphère

(1) Ces porocytes sont très curieux et ont été longtemps méconnus en raison de leurs étranges allures. Quand ils sont ouverts (**5**, *fig. 1*, *pcy. 1*), ils ont les caractères que nous venons de leur décrire et forment un canal tronc-conique s'ouvrant par sa petite base au dehors, par sa grande base entre les choanocytes. Quand il va se fermer, l'orifice externe se ferme d'abord et le canal, encore libre dans l'épaisseur de la cellule, est en cul-de-sac vers le dehors (**5**, *fig. 1*, *pcy. 2*). A un degré plus avancé de contraction, le canal disparaît complètement (**5**, *fig. 2*, *pcy. 3*); la contraction continuant, la cellule quitte son rang dans l'épiderme et se retire au niveau des choanocytes (**5**, *fig. 2*, *pcy. 4*); un pas encore et elle passe en dedans des choanocytes et, avec ses pareilles, comble la cavité atriale. A leur état de contraction, les porocytes sont globuleux, arrondis, et rien ne ferait soupçonner leur rôle. Comme ils sont riches en granules sans doute nutritifs, ils font partie de ce que TOPSENT a appelé les *cellules sphéruleuses* et qui comprend tous les éléments riches en inclusions arrondies. C'est dans le genre *Clathrina* (= *Ascetta*) que MINCHIN a étudié les porocytes.

Heterocœlida, dont la cavité atriale est tapissée d'un épithélium plat semblable à l'épiderme, les choanocytes s'étant retirés dans l'épaisseur des parois où ils tapissent de petites *corbeilles vibratiles* qui communiquent avec le dehors par les pores et avec la cavité atriale par des ouvertures spéciales ou par des canaux.

1er Ordre

HOMOCÉLIDES. — *HOMOCŒLIDA*

[Homocèles; — *Homocœla* (Poléjaev); — Ascones (Häckel)]

TYPE MORPHOLOGIQUE

(Pl. 5)

Anatomie.

Au point de vue anatomique, c'est le type même des *Calcaria*, l'*Olynthus*, auquel nous n'avons que peu à ajouter pour le faire comprendre. Le point sur lequel il convient d'insister ici — n'ayant pu le faire dans le type des Calcaires, car cela ne s'applique plus aux Calcaires du second ordre — concerne la constitution des *pores*. Les pores ne peuvent être, comme dans les Éponges plus compliquées que nous aurons à étudier plus tard, de simples trous percés dans une cellule épidermique mince et conduisant dans des cavités inhalantes creusées dans l'épaisseur du

---

les Hétérocélides, surtout depuis l'introduction du groupe intermédiaire formé par *Homoderma* et les genres voisins, sont certainement bien discutables; mais il nous semble imprudent de fonder une division de l'importance des sous-classes sur des caractères principalement embryogéniques et histologiques dont nous ne pouvons apprécier la signification phylogénétique. Nous conservons donc la classification ancienne, provisoirement et tout en faisant les plus expresses réserves sur sa valeur.

Rappelons en terminant la célèbre classification d'Häckel [92] abandonnée à cause de son caractère artificiel :

		Choanocytes tapissant toute la cavité intérieure. ASCONES		Corbeilles formant des diverticules radiaires de la cavité intérieure. SYCONES.		Corbeilles s'ouvrant dans la cavité intérieure par des canaux exhalants. LEUCONES	
Spicules	3 radiés	Asc	*etta.*	Syc	*etta.*	Leuc	*etta.*
	4 radiés		*illa.*		*illa.*		*illa.*
	2 radiés (un seul axe)		*yssa.*		*yssa.*		*yssa.*
	3 et 4 radiés		*altis.*		*altis.*		*altis.*
	2 et 3 radiés		*ortis.*		*ortis.*		*ortis.*
	2 et 4 radiés		*ulmis.*		*ulmis.*		*ulmis.*
	2, 3 et 4 radiés		*andra.*		*andra.*		*andra.*

et voutelles sont perforées de canaux radiaires; l'oscule s'ouvre au sommet; les formes simples sont cylindriques, les composées forment de petits buissons (Fossile, Jurassique).

STEINMANN a réuni sous le nom de *Sphinctozoa* le genre *Barroisia* et les genres fossiles suivants qui présentent une structure analogue :

Sollasia (Steinmann) (Calcaire carbonifère),
Amblysiphonella (Steinmann) (Calcaire carbonifère),
Colospongia (Laube) (Trias),
Sebargasia (Steinmann) (Calcaire carbonifère),
Thaumastocœlia (Steinmann) (Trias),
Cryptocœlia (Steinmann) (Trias) et
Thalamopora (Römer) (Crétacé).

2° FAM. : SYLLEIBIDÆ [*Sylleibidæ* (Lendenfeld) *sensu emendato*].

Leucilla (Häckel, *sens. mut.*) (fig. 95) représente le dernier stade de complication que nous avons décrit à propos de type morphologique, celui où les tubes radiaires se sont transformés en corbeilles communiquant avec la cavité atriale, non directement, mais par l'intermédiaire d'un système de lacunes exhalantes. Il n'est plus question, pas plus que dans les Éponges calcaires qui nous restent à décrire, de squelette tubaire. Les spicules sont disposés sans ordre dans le parenchyme et dans le cortex. A vrai dire, il y a encore ici une certaine régularité, mais ce dernier reste se perd tout à fait dans les genres suivants (Atlantique, Bermudes, Antilles, Cap de Bonne-Espérance, Philippines; jusqu'à 100 brasses).

Fig. 95.

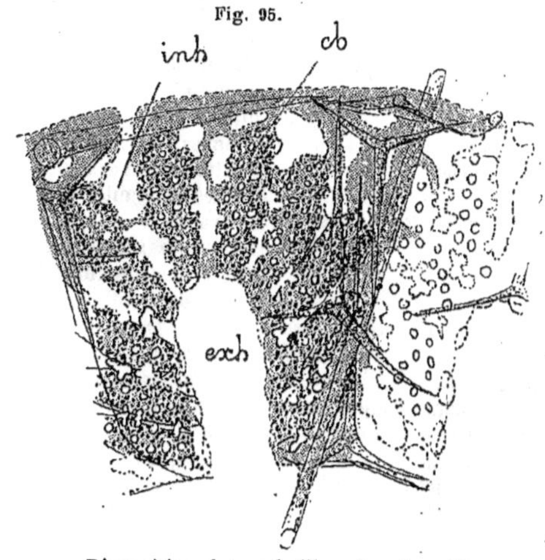

Disposition des corbeilles chez *Leucilla* (d'ap. Poléjaev).
cb., corbeilles; **exh.**, cavité exhalante; **inh.**, cavité inhalante.

Vosmæria (Lendenfeld) a des corbeilles tubuleuses radiaires disposées sur une seule assise et communiquant avec la cavité atriale par un réseau de tubes exhalants anastomosés (Adriatique). (Il existe une Axinelline du même nom et de la même année (Voir à l'index générique).

Polejna (Lendenfeld) créé pour *Leucilla uter* dont les corbeilles tubuleuses sont disposées radiairement autour des canaux exhalants ramifiés dans le parenchyme (Bermudes, Philippines, 300 brasses).

Leucascus (Dendy) corbeilles tout à fait tubuleuses, très longues, étroites, très ramifiées, communiquant en dedans avec la cavité atriale par des canaux exhalants convergeant vers cette cavité (Australie).

Son auteur propose pour lui une famille [*Leucascidæ*.]

par une mince couche mésodermique tangentielle appelée *cortex*; squelette tubaire articulé (Manche, Atlantique, Océan arctique, Pacifique; jusqu'à 1120 brasses).

Fig. 93.

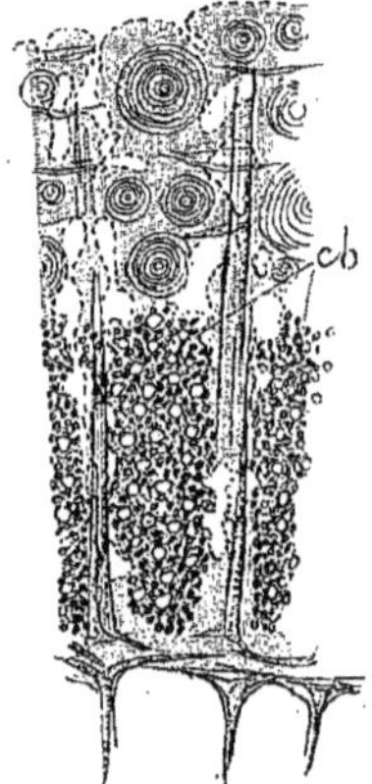

Coupe transversale de la paroi d'*Ute* (d'ap. Poléjaev).
cb., corbeille.

Grantiopsis (Dendy) n'est qu'un sous-genre de *Grantia* (Australie).

Ute (O. Schmidt) (fig. 93) a le squelette tubaire tantôt articulé, tantôt inarticulé et un cortex épais contenant de grands et nombreux spicules en aiguille, disposés en plusieurs couches tangentielles dans son épaisseur (Manche, Atlantique, Méditerranée, Australie, Océan indien; jusqu'à 120 brasses).

Amphiute (Hanitsch) a un cortex épais avec de grands oxes longitudinaux, non seulement à la surface externe, mais à la surface atriale (côtes du Portugal).

Synute (Dendy) est conformé comme une colonie d'*Ute* sous un cortex commun (Australie).

Utella (Dendy) ne diffère d'Ute que par des particularités du squelette (Atlantique Nord et peut-être Afrique méridionale).

Grantessa (Lendenfeld) (Australie) et

Vosmaeropsis (Dendy) (Australie), caractérisés surtout par des différences dans les spicules, prennent place ici.

Heteropegma (Poléjaev) (fig. 94) diffère d'*Ute* par les spicules du cortex qui sont à trois et à quatre branches et très grands; l'oscule a aussi un squelette spécial; le squelette tubaire est articulé; il y a un cortex mince sous lequel font saillie les extrémités des tubes radiaires (Australie, Bermudes; 8 à 32 brasses).

Dendya (Bidder), créé pour *Leucosolenia tripodifera*, diffère du précédent par l'absence de cortex et par les tubes radiaires faisant librement saillie à la surface (Mer du Nord).

Amphoriscus (Häckel) diffère d'*Heteropegma* par son cortex mince et par son squelette tubaire inarticulé, formé de spicules triradiés ou (ou et) quadriradiés (Cosmopolite; jusqu'à 150 brasses).

Fig. 94.

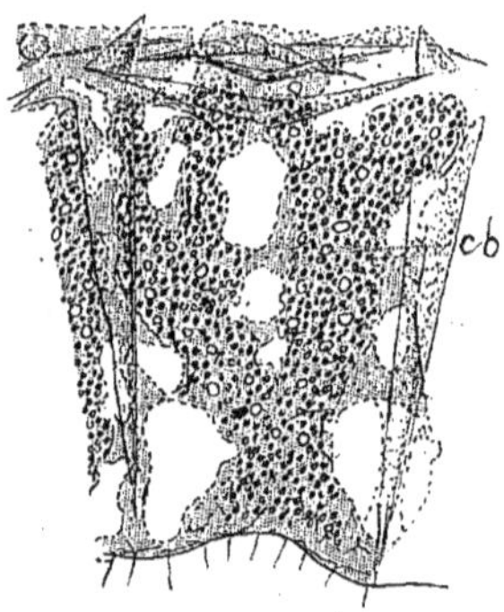

Coupe transversale de la paroi d'*Heteropegma* (d'ap. Poléjaev).
cb., corbeille.

Ebnerella (Lendenfeld) diffère d'*Amphoriscus* par son squelette auquel s'adjoignent des spicules monaxiaux (Méditerranée, Océan arctique; jusqu'à 40 brasses).

Sphenophorina (Breitfuss) (Océan arctique).

Lamontia (Kirk) a dans le cortex des spicules radiés et, dans le parenchyme, rien que des oxes (Nouvelle-Zélande).

Sycyssa (Häckel) n'a que des spicules monaxiaux (Adriatique).

Anamixilla (Poléjaev) n'a pas, à proprement parler, de squelette tubaire, les spicules étant disposés partout sans ordre, mais pour la plupart, plus ou moins parallèles à la surface (Pacifique, détroit de Torrès; de 3 à 11 brasses).

Sycantha (Lendenfeld) a les tubes radiaires disposés en groupes s'ouvrant dans la cavité atriale par un orifice commun; les tubes d'un même groupe communiquent entre eux par des ouvertures pariétales; le squelette tubaire est articulé (Adriatique).

Protosycon (Zittel) avait les tubes radiaires coniques à sommet externe, entre lesquels régnaient des espaces interradiaires coniques à base externe, que la matière fossilisante a comblés (Fossile, Jurassique supérieur).

Barroisia (Munier Chalmas) est remarquable par le fait que la cavité atriale est subdivisée en étages superposés par de petites voûtes dont les pieds-droits forment la paroi latérale du corps; cette structure se révèle extérieurement par une sorte d'annulation; paroi latérale des lacunes aussitôt comblées par les pinacocytes superficiels (*p.*) les plus voisins, qui s'enfoncent à l'intérieur, abandonnant toute relation avec la surface. Il n'y a nulle part de transformation de pinacocytes en choanocytes ou de choanocytes en pinacocytes. Les nouveaux tubes se forment uniquement dans les points où il y a encore des choanocytes. Les spicules du corps apparaissent d'abord irrégulièrement disséminés, et prennent ensuite leur disposition typique. Ceux des tubes radiaires se forment plus tard, et d'emblée avec leur disposition typique (¹).

Fig. 90.

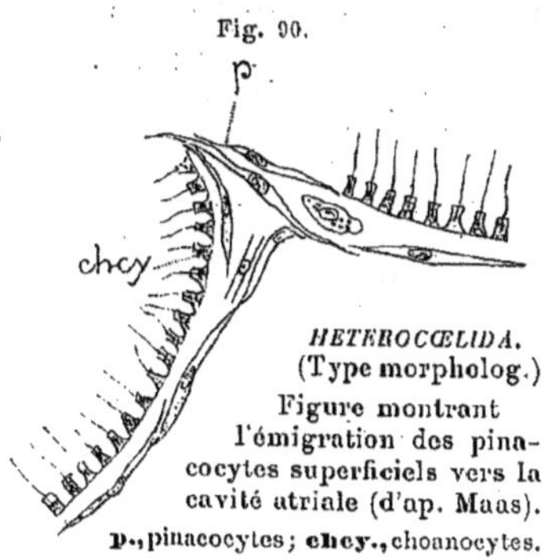

HETEROCŒLIDA. (Type morpholog.) Figure montrant l'émigration des pinacocytes superficiels vers la cavité atriale (d'ap. Maas). **p.**, pinacocytes; **chcy.**, choanocytes.

GENRES

1re FAM. : *Syconinæ* [*Syconidæ* (Poléjaeff), *Sycones* (Häckel), *Orthoporeuta* (Häckel)].

Sycon (Risso) (fig. 91) représente ce stade de notre type morphologique où les tubes radiaires (corbeilles) ne sont que partiellement contenus dans l'épaisseur des parois et débouchent immédiatement dans la cavité atriale, sans canal exhalant, par un orifice non rétréci. Le squelette tubaire est articulé (Cosmopolite; en profondeur, jusqu'à 1 000 brasses).

Fig. 91.

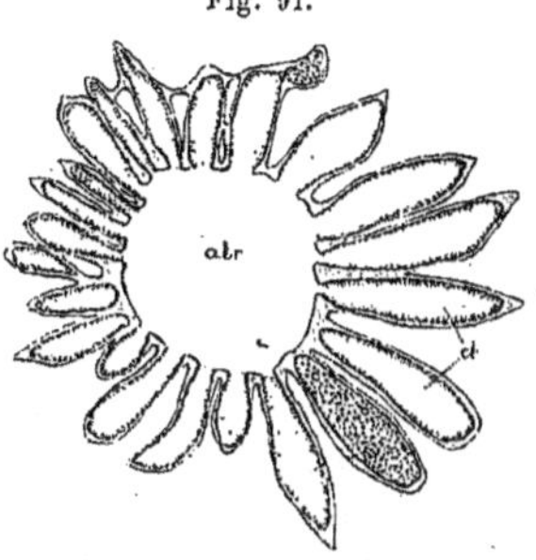

Coupe transversale de *Sycon* (*Sycandra*) *ciliata* (d'ap. Vosmär). **atr.**, atrium; **cb.**, corbeilles.

Fig. 92.

Coupe transversale de la paroi de *Grantia* (d'ap. Poléjaev). **cb.**, corbeille.

Chez *Sycon compressum*, Bidder [95] a décrit de curieuses tigelles d'une substance plus ferme servant à soutenir la collerette, disposées au nombre d'une trentaine suivant les génératrices de celle-ci et servant à soutenir les parties intermédiaires plus délicates.

Grantia (Fleming) (fig. 92) a, au contraire, les tubes radiaires complètement noyés dans la paroi du corps et même recouverts en dehors

(¹) Chez *Grantia labyrinthica*, Dendy [90] a observé chez l'amphiblastula, comme Minchin chez *Leucosolenia* d'ailleurs, mais à un degré plus accentué, des cellules intérieures provenant de la prolifération des endodermiques granuleuses qui établissent une transition avec ce que nous verrons exister normalement dans les larves des Siliceuses.

forment alors ce qu'Häckel a appelé le *squelette tubaire articulé*. Dans le second cas, les spicules triradiés n'appartiennent pas à proprement parler au tube radiaire, mais aux parois cutanée et atriale. Sous chacune de ces parois, ils forment une rangée continue et sont disposés, deux branches tangentiellement et la troisième radiairement, dans les intervalles des tubes radiaires (**6**, *fig. 6*, *sq.*). Cette troisième branche est donc centripète pour la couche externe des spicules et centrifuge pour l'interne. Ces branches radiaires sont longues et fortes et s'entrecroisent, chacune allant au-delà du milieu de l'espace qui sépare la cavité atriale du dehors. Le squelette tubaire est donc ici disposé non plus en anneaux successifs autour des tubes, mais en lignes parallèles à leurs génératrices. On lui donne le nom de *squelette tubaire inarticulé*.

Pour le reste, l'organisation ne diffère pas de celle du type général. Bidder [95] aurait constaté que le flagellum (fig. 89) des choanocytes part du noyau et se continue même avec la membrane nucléaire (Voir page 51, note). Dans le mésoderme, c'est ici que nous rencontrons pour la première fois ces différenciations musculaires et nerveuses que nous avons annoncées en décrivant le type morphologique général, mais que nous n'avions pas voulu lui attribuer. Sur divers points, mais principalement autour des pores, Lendenfeld [85] a trouvé des cellules mésodermiques fusiformes disposées en sphincter qui semblent bien mériter le nom de *musculaires*. D'autres sont fusiformes aussi, mais disposées radiairement, la pointe distale saillante entre les cellules épidermiques, la proximale se prolongeant en un filament qui se porte vers les autres cellules. Leur origine mésodermique ou épidermique est douteuse, mais leur nature *sensitive* ne l'est guère. Enfin, des cellules mésodermiques stelliformes très probablement *ganglionnaires*, se rencontrent principalement entre les sphincters des pores et les cellules sensitives qui avoisinent ceux-ci, et se mettent en communication avec les uns et les autres par leurs prolongements ramifiés.

Fig. 89.

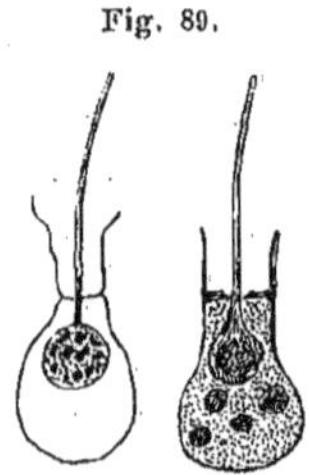

HETEROCŒLIDA. (Type morpholog.) Choanocytes montrant le flagellum partant du noyau (d'ap. Bidder).

Le *développement* se fait conformément au type général, par la larve amphiblastula, et aboutit d'abord à une forme semblable à celle des Asconines, c'est-à-dire à cavité atriale tapissée de choanocytes et dépourvue de tubes radiaires. Ceux-ci se forment par des refoulements de la paroi atriale dans lesquels pénètrent les choanocytes, tandis que la cavité atriale est envahie par les pinacocytes. Maas [98] a constaté, chez *Sycon*, que ces pinacocytes entrent non pas par l'oscule, mais par tous les points de la surface atriale et qu'ils proviennent de ceux qui forment l'épiderme voisin : la couche des choanocytes (fig. 90, *chcy.*), en se disloquant pour entrer dans les tubes radiaires qui se forment, laisse

L'état ici décrit est représenté par beaucoup de *Sycons;* mais ce n'est pas encore le terme ultime des complications qui se rencontrent chez les Hétérocélides. Dans les formes qu'Häckel avait appelées Leucones (genre *Leucilla*), les diverticules où se sont réfugiés les choanocytes perdent la disposition de tubes radiaires communiquant directement avec la cavité atriale. Ils deviennent plus courts et prennent alors le nom de *corbeilles vibratiles tubuleuses* ou simplement *corbeilles tubuleuses* (**6**, *fig.* 4, *cb.*), et, au lieu de s'ouvrir directement dans la cavité atriale, s'ouvrent dans un système de *lacunes exhalantes* (*exh.*) qui apparaît ici pour la première fois. Ces lacunes sont des diverticules plus ou moins irréguliers de la cavité atriale (*atr.*), tapissés comme celle-ci de pinacocytes, et les corbeilles ont avec elles les mêmes rapports qu'avaient les tubes radiaires avec la cavité atriale dans les formes moins différenciées du type, c'est-à-dire qu'elles sont disposées autour d'elles, s'ouvrant à leur intérieur par un large apopyle. Elles communiquent d'autre part par de nombreux petits orifices prosopylaires (*ppy.*) avec les lacunes inhalantes (*inh.*), constituées d'ailleurs comme dans la forme précédente.

Les *spicules* participent eux aussi à la complication de l'organisme. Leurs formes sont variées. Il y en a à trois branches dans un plan (*triactines*) disposés entre les corbeilles, deux branches tangentiellement et un peu courbées de manière à épouser la courbure de la corbeille, la troisième radiairement vers le dehors. Il y en a à quatre branches dont trois dans un plan, la quatrième perpendiculaire au plan des trois autres; les premières sont disposées tangentiellement, d'ordinaire sous la paroi atriale, la quatrième radiairement et faisant saillie dans la cavité de l'atrium où sa pointe, courbée vers l'oscule, sert à repousser les ennemis qui voudraient pénétrer par cette voie. Il y en a, enfin, en forme d'aiguille (*diactine*) disposés soit d'une façon, soit de l'autre, parfois dressés en couronne autour de l'oscule.

C'est principalement aux dispositions des spicules à trois branches qu'est demandée la caractéristique des genres. Il y en a deux fondamentales.

Dans un cas, ces spicules, orientés comme nous l'avons dit, sont disposés autour du tube radiaire en rangées circulaires parallèles (**6**, *fig.* 5, *sq.*), comme les anneaux chitineux d'un Myriapode. Ils

quand ils se touchent et se soudent suivant certaines lignes, on a le *Syconopa*, avec diverses subdivisions, suivant que les tubes radiaires sont cylindriques ou prismatiques avec quatre, six, huit faces, ou de forme irrégulière. Häckel a pour tout cela donné de fort belles images et, bien entendu, proposé des noms nouveaux. Malheureusement, les choses ne se passent pas ainsi.

Profitons de cette occasion pour rappeler que nous nous efforçons de donner, à titre de renseignement, le plus possible tous les termes techniques proposés par les auteurs. Mais pour ceux d'Häckel, leur nombre est tel que nous devons y renoncer. En toute autre circonstance, ce serait à regret, mais ici l'abus est si excessif qu'il est juste de ne rien faire pour le favoriser.

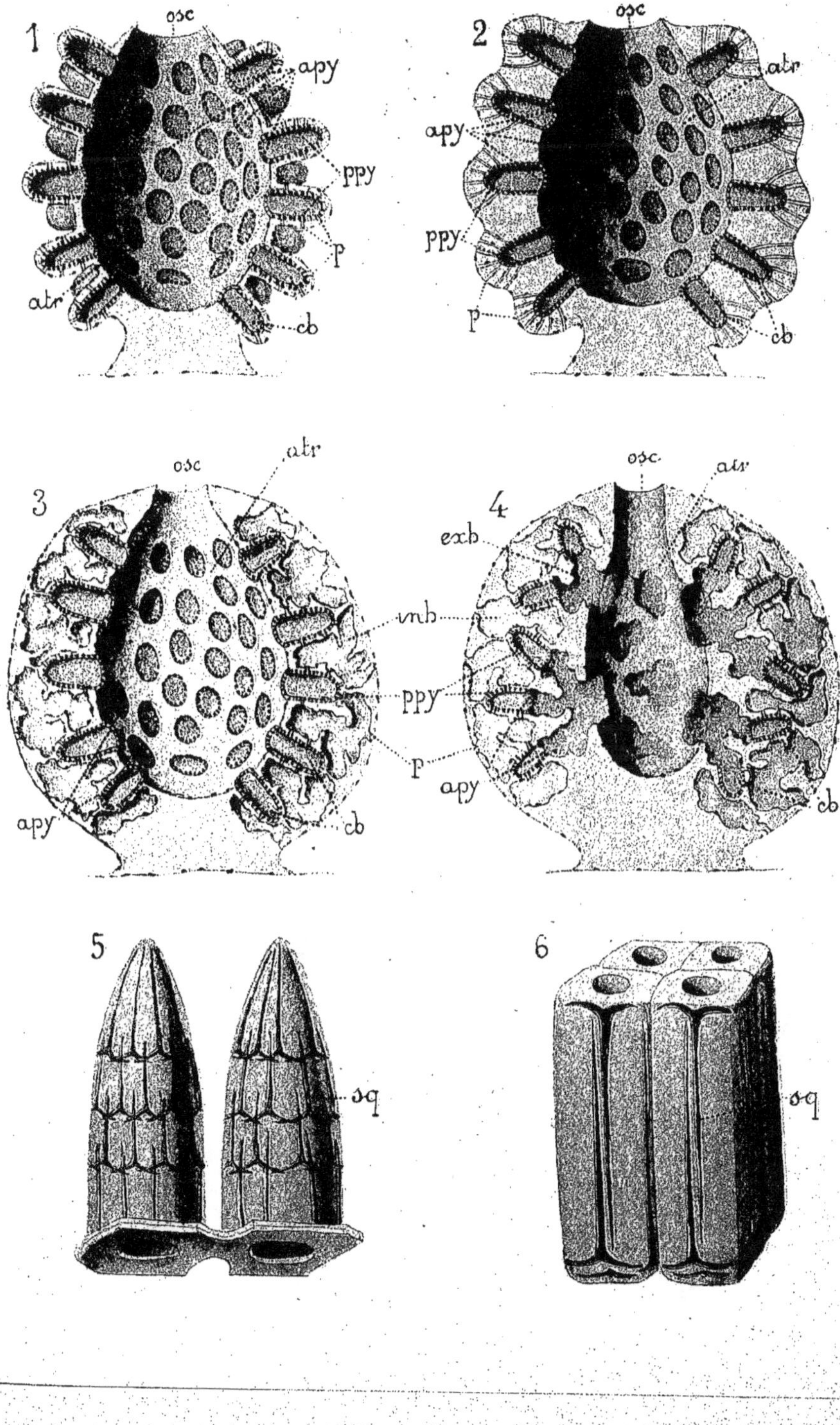

1

osc
apy
ppy
p
atr
cb

2

osc
atr
apy
ppy
p
cb

3

osc
atr
inb
ppy
p
apy
cb

4

osc
atr
exb
apy
cb

5

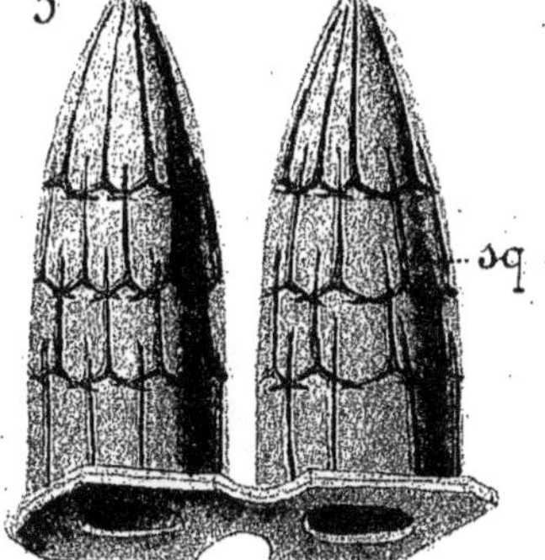

6

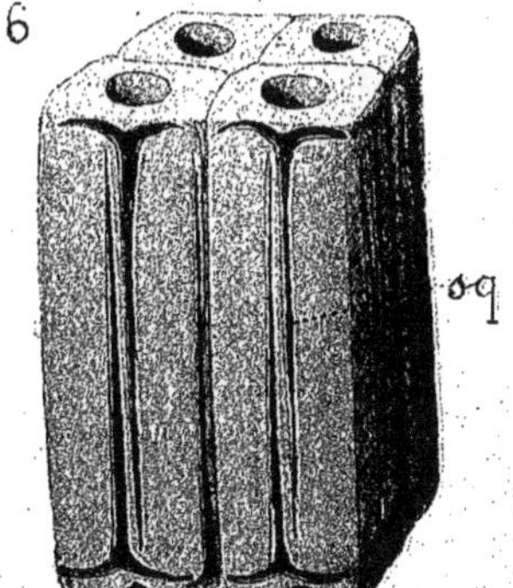

Pl. 6.

HETEROCŒLIDA

(TYPE MORPHOLOGIQUE)

Fig. 1. Schéma montrant une forme chez laquelle les choanocytes se sont réfugiés dans des diverticules radiaires, la cavité atriale étant revêtue de pinacocytes (Sch.).
Fig. 2. Forme semblable à la fig. 1, mais chez laquelle le mésoderme, s'étant épaissi, a comblé les intervalles des diverticules radiaires (Sch.).
Fig. 3. Formation des lacunes inhalantes (Sch.).
Fig. 4. Forme complète présentant des lacunes inhalantes et exhalantes (Sch.).
Fig. 5. Corbeilles articulées (d'ap. Häckel).
Fig. 6. Corbeilles inarticulées (d'ap. Häckel).

apy., apopyle;
atr., cavité atriale;
cb., tubes radiaires;
exh., lacunes exhalantes;
nh., lacunes inhalantes;
osc., oscule;
p., pores;
ppy., prosopyle;
sq., spicules.

nocytes avant de sortir par l'oscule (*osc.*). Les choanocytes tapisseront les diverticules tubuleux (*cb.*) disposés radiairement autour de la cavité atriale et appelés pour cela les *tubes radiaires*. Ceux-ci communiquent directement par une ouverture appelée *apopyle* (*apy.*) avec la cavité atriale; ils sont saillants au dehors sous la forme de grands prolongements coniques radiaires, dont la surface externe, revêtue d'épiderme et librement baignée par l'eau de mer, est percée de pores conduisant directement dans la cavité du tube, comme ceux des Homocélides conduisaient dans la cavité atriale.

Ce stade de complication est représenté par certaines formes réelles (*Sycon ciliatum*), mais ce n'est pas celui auquel nous voulons nous arrêter pour notre type morphologique.

Supposons encore que le mésoderme, au lieu de rester mince, prenne un grand développement et communique aux parois de la cavité atriale primitive une grande épaisseur (**6**, *fig. 2.*) : il arrivera alors que les refoulements formant les tubes radiaires ne seront plus complètement libres au dehors; ils seront immergés dans la paroi du corps, d'abord partiellement, puis tout à fait lorsque la paroi en s'épaississant aura atteint une épaisseur égale à leur longueur.

Les pores (**6**, *fig. 1*, *p.*) des parois des tubes persistent, comme nous allons le voir, mais ils s'ouvrent alors dans le mésoderme et ne suffisent plus à amener l'eau du dehors. Aussi se forme-t-il de nouveaux pores à la surface externe (**6**, *fig. 2*, *p.*), et le mésoderme se creuse de canaux et de lacunes allant de ces pores à ceux des tubes (**6**, *fig. 3.*). On a conservé le nom de *pores* aux orifices externes (**6**, *fig. 3*, *p.*) et donné celui de *prosopyles* aux orifices des parois des tubes (**6**, *fig. 3*, *ppy.*). Nous avons donc ici, en fait d'organes nouveaux, outre les tubes radiaires, un système de *canaux inhalants* et de *lacunes inhalantes* (**6**, *fig. 3*, *inh.*) tapissés de cellules aplaties, de pinacocytes semblables à ceux de l'épiderme. Les tubes sont entièrement plongés dans ces lacunes inhalantes, étant seulement rattachés au parenchyme par les trabécules qui séparent ces lacunes et qui sont tapissés, comme les autres parois des lacunes, par l'épithélium plat; en sorte que les *prosopyles* (**6**, *fig. 3*, *ppy.*) s'ouvrent directement dans la lacune et par elle communiquent avec le dehors. Il n'y a aucune communication directe des voies inhalantes avec la cavité atriale (*atr.*) jouant le rôle de *cavité exhalante* (1).

(1) Häckel [72] fait dériver les Sycones des Ascones par un autre processus. Il admet qu'à la phase de *Sycon ciliatum*, il se produirait une soudure entre les faces externes des corbeilles. Mais les parois voisines, ne se touchant pas d'ordinaire par toute leur surface, laisseraient entre elles des *inter-canaux* disposés entre les *tubes radiaires*. Selon la forme cylindrique ou prismatique des tubes radiaires et, dans ce dernier cas, selon le nombre des faces du prisme, les inter-canaux ont eux-mêmes des formes géométriques différentes. Quand les tubes radiaires ne se touchent qu'à la base ou point du tout, on a la forme *Syconaga*; quand ils se soudent par toute leur surface de manière à ne laisser entre eux aucun tube radiaire, c'est le *Syconusa*;

Sycon (Voir plus loin); mais elle en diffère absolument par le fait que les choanocytes tapissent non seulement les diverticules, mais toute la cavité atriale jusqu'à l'oscule. Les spicules sont tri- ou (ou et) quadriradiés et, quelques-uns, monactinaux (Australie).

Fig. 88.

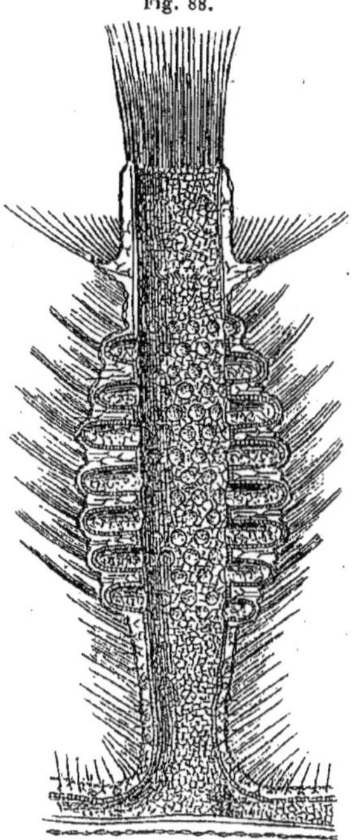

Homoderma. Coupe longitudinale (d'ap. Lendenfeld).

Hometta (Lendenfeld) diffère du précédent par l'absence de spicules monactinaux (Australie).

Homandra (Lendenfeld), au contraire, peut en avoir en même temps que ses spicules à trois ou (ou et) à quatre branches (Adriatique).

Lendenfeld place les trois genres précédents dans une sous-famille [*Homoderretinæ*] et admet une seconde sous-famille [*Leucopsidæ*] pour le suivant :

Leucopsis (Lendenfeld) qui fait bien plus encore le passage aux *Hétérocélides*, vu qu'on peut le définir : un *Homoderma* à diverticules latéraux irréguliers de forme et de disposition, tapissés par les choanocytes qui se sont retirés de la cavité pseudogastrique laquelle est tapissée de cellules plates (Australie).

Si la structure est vraiment telle, on ne voit pas bien en quoi *Leucopsis* diffère des Hétérocélides. Vosmär et Dendy considèrent les caractères de *Leucopsis* et même d'*Homoderma* comme fort sujets à caution. Lendenfeld nous fait savoir (lettre manuscrite) que *Leucopsis* ne diffère d'une Leuconine (Voir plus loin) que par l'absence de canaux aquifères tapissés de pinacocytes et par les chambres vibratiles communiquant directement avec l'atrium. Comme l'animal n'avait pas de produits sexuels, il est possible, à ce que nous écrit Lendenfeld, que ce soit une jeune Leuconine.

2e Ordre

HÉTÉROCÉLIDES. — *HETEROCŒLIDA*

[Hétérocèles; — *Heterocœla* (Poléjaev); — Sycones + Leucones (Häckel)]

TYPE MORPHOLOGIQUE

(Pl. 6 et fig. 89 et 90)

Partons du type des Homocélides et supposons que la cavité atriale, au lieu de rester simple, forme des refoulements radiaires (**6**, *fig. 1*, *cb.*) dans lesquels se réfugieraient les choanocytes, tandis que des cellules pavimenteuses plates semblables à celle de l'épiderme, les pinacocytes, viendraient tapisser la cavité atriale. La structure se trouvera complètement modifiée. La cavité atriale (**6**, *fig. 1*, *atr.*) ne sera plus qu'un carrefour banal où se rassemble l'eau mise en mouvement par les choan'est plus l'Olynthus primitif, car la paroi, au lieu d'être ce que nous avons décrit chez cette forme, est formée d'un réseau de tubes qui chacun ont leur cavité centrale tapissée de choanocytes, leur épiderme et leurs pores. Les mailles du réseau formant la paroi du vase représentent de grossiers *pseudopores*, la cavité centrale est un *pseudoatrium* (appelé d'ordinaire *pseudogaster*); elle est, comme la surface externe, tapissée de simple épiderme et s'ouvre au dehors par un *pseudoscule* (Cosmopolite, jusqu'à 1 000 brasses).

Fig. 86.

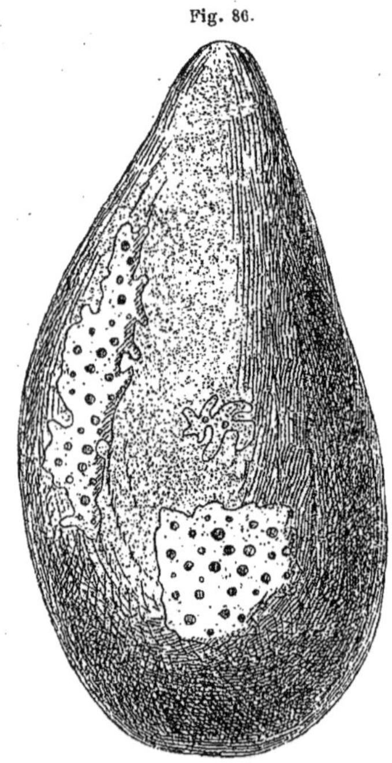

Leucosolenia.
Forme réticulée sur une coquille de *Mytilus* (d'ap. Lendenfeld).

Chez *Leucosolenia*, seul entre tous les genres de Calcaires, le *bourgeonnement* a été observé, d'une façon douteuse par MIKLUCHO-MACLAY [68] mais d'une façon certaine par VASSEUR [80]. Il se forme en un point une protubérance semblable à celles qui constituent les ramifications, c'est-à-dire comprenant toutes les couches de la paroi et un diverticule en cul-de-sac de la cavité atriale. Mais les spicules, au lieu de diriger leurs pointes distalement, sont très longs et tournés vers la mère. Ce bourgeon se détache, tombe et se fixe par l'extrémité distale close, tandis que l'orifice résultant de sa séparation à l'extrémité proximale devient l'oscule.

Fig. 87.

Ascetta Maclayi
(d'ap. Lendenfeld).

Cette famille, en raison du polymorphisme de ses membres, présente de grandes difficultés taxonomiques. Il est bien possible que des formes reléguées en synonymie aient la valeur de genres vrais et on ne peut admettre le groupe tel qu'il est présenté ici que d'une manière provisoire.

Ascetta (Häckel, *emend.* Lendenfeld) (fig 87) pourvu soit de spicules triradiés, soit de quadriradiés, soit des deux sortes, et

Ascandra (Häckel, *emend.* Lendenfeld) pourvu de spicules monactines, en outre des tri- ou (ou et) quadriradiés, peuvent être considérés comme des sous-genres de *Leucosolenia*.

Ascyssa (Häckel) n'ayant que des monactines est considéré, en raison de ce caractère exceptionnel, comme un genre à part (Médit.).

Ces genres sont de vrais Homocélidés. Les suivants au contraire font le passage aux Hétérocélides.

2ᵉ FAM. : HOMODERMINÆ [*Homodermidæ*, Lendenfeld].

Homoderma (Lendenfeld) (fig. 88) diffère de *Leucosolenia* par le fait que la cavité atriale, au lieu d'être unie, tendue parallèlement à la paroi externe, forme des diverticules radiaires, en sorte que la disposition macroscopique rappelle celle des

GENRES

1re FAM. : *Asconinæ* [*Asconidæ* (Häckel, *emend.* Lendenfeld), *Grantiæ* (Lieberkühn), *Microporeuta* (Häckel)].

Leucosolenia (Bowerbank). Sous ce nom on a réuni une trentaine de genres häckeliens. C'est, en effet, un être très polymorphe. Sous sa forme la plus simple, c'est un pur *Olynthus*, tel que nous l'avons décrit dans le type des *Calcaria*, pourvu de spicules triradiés avec ou sans mélange des spicules quadriradiés et monactinaux. Mais, le plus souvent, il s'allonge en tubes de 1^{mm} de diamètre environ et très longs, qui serpentent, se ramifient et s'anastomosent en un réseau dans lequel l'oscule primitif se perd. Ce réseau est souvent couché à plat (fig. 86); mais il peut aussi se dresser et, dans ce cas, reprendre la forme d'un vase à pied avec une cavité centrale et un orifice, tout comme l'*Olynthus*. Mais ce

---

granuleuses seulement, situées au pôle postérieur. En divers points de la surface, on voit çà et là des cellules flagellées rentrer leur flagellum, devenir amœboïdes et passer à l'intérieur. La cavité blastulienne finit par se remplir ainsi peu à peu d'éléments endodermiques. Après la fixation, la couche ectodermique se disloque et les cellules intérieures passent au dehors pour former l'épiderme, tandis que les flagellées passent au dedans pour devenir les choanocytes. Les cellules granuleuses postérieures se divisent à leur tour à ce moment en éléments qui passent au dedans et deviendront les cellules amœboïdes et les sexuelles. Le tableau ci-dessous indique le sort des divers éléments. Une place à part y est faite aux *porocytes* qui proviennent, comme les autres épidermiques, de l'endoderme, mais qui ne prennent que tardivement leur position superficielle. Nous avons vu d'ailleurs que, même chez l'adulte, ils repassent à l'intérieur pendant l'état de contraction. On remarquera aussi la formation des spicules aux dépens de cellules épidermiques restées sous-jacentes à la surface. Minchin leur refuse la signification d'un mésoderme. Elles ne semblent pas en effet prédestinées, mais elles acquièrent au moins physiologiquement, les propriétés d'un mésoderme par suite de leur situation intérieure.

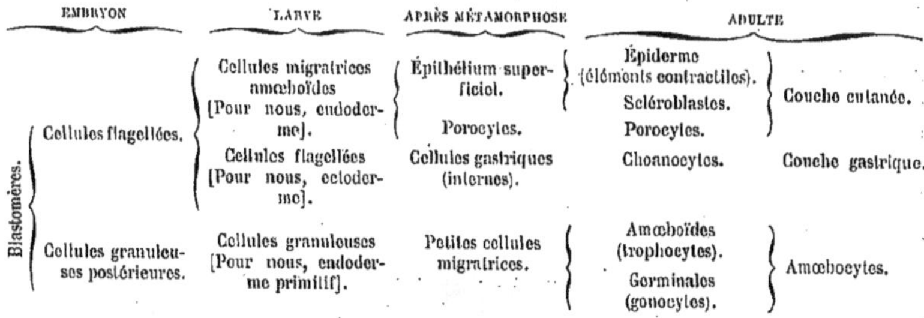

EMBRYON		LARVE	APRÈS MÉTAMORPHOSE	ADULTE	
Blastomères.	Cellules flagellées.	Cellules migratrices amœboïdes [Pour nous, endoderme].	Épithélium superficiel.	Épiderme (éléments contractiles). Scléroblastes.	Couche cutanée.
			Porocytes.	Porocytes.	
		Cellules flagellées [Pour nous, ectoderme].	Cellules gastriques (internes).	Choanocytes.	Couche gastrique.
	Cellules granuleuses postérieures.	Cellules granuleuses [Pour nous, endoderme primitif].	Petites cellules migratrices.	Amœboïdes (trophocytes). Germinales (gonocytes).	Amœbocytes.

Ce développement est intéressant en ce qu'il présente un cas plus typique encore que les précédents de différenciation progressive des feuillets et nous montre cette différenciation se produisant sous l'influence des conditions ambiantes sur des éléments non prédestinés. Il ne semble pas, en effet, que les cellules flagellées qui passent à l'intérieur soient en quoi que ce soit différentes de leurs voisines. Nous avons chez les Siliceuses (Delage [92]) insisté à plusieurs reprises sur cette différenciation progressive et en grande partie fonction du lieu, dont les Calcaires fournissent aussi des exemples. Cela n'empêche pas d'ailleurs que, là où les feuillets sont nettement différenciés, leur homologation à l'endoderme et à l'ectoderme des larves des autres Métazoaires, soit parfaitement justifiée.

3° FAM. : *Leuconinæ* [*Leuconidæ* (Poléjaev), *Leucones* (Häckel), *Cladoporeuta* (Häckel)].

Leucandra (Häckel, *sens. mut.*) (fig. 96 à 99) diffère de *Leucilla* par ses corbeilles arrondies et une irrégularité complète dans la disposition de ses spicules; ses canaux exhalants forment un système compliqué (Cosmopolite; jusqu'à 450 brasses).

Fig. 96.

Leucandra multiformis var. *capillata* (d'ap. Poléjaev).

Fig. 97.

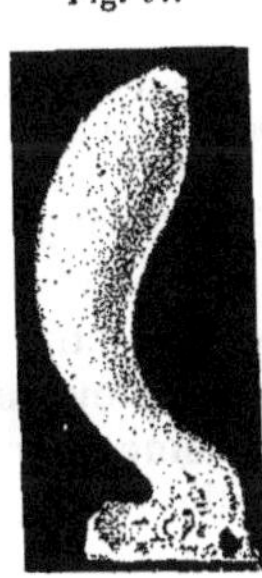

Leucandra loricata (d'ap. Poléjaev).

Fig. 98.

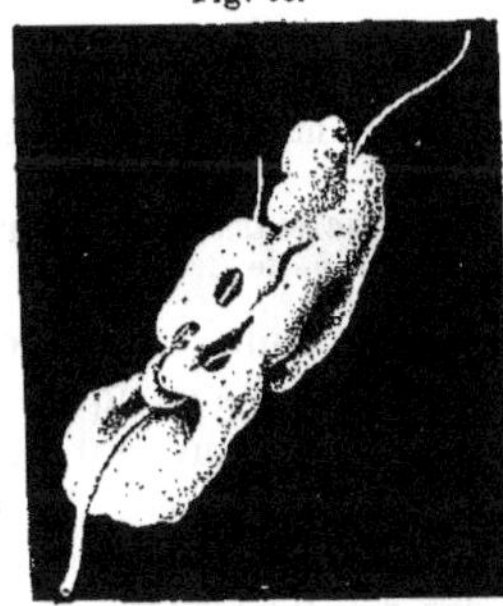

Leucandra dura (d'ap. Poléjaev).

Fig. 99.

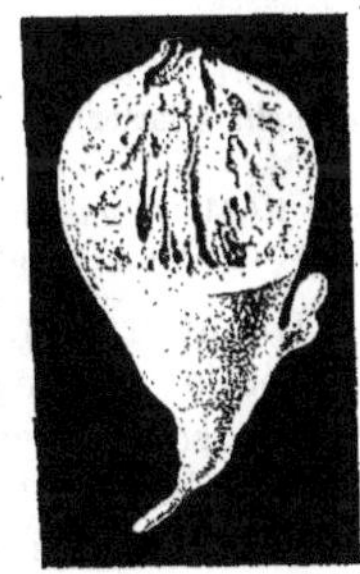

Leucandra fruticosa. Coupé sagittalement dans sa partie sup^e^ (d'ap. Poléjaev).

Leucetta (Häckel, *sens. mut.*) (fig. 100) qui diffère de *Leucandra* par un cortex épais contenant des spicules disposés sur plusieurs couches tangentielles, en un système distinct de celui des spicules du parenchyme (Cosmopolite; jusqu'à 100 brasses);

Leucyssa (Häckel) qui en diffère par ses spicules exclusivement monaxiaux (Atl., Pacif. nord, Japon).

Pericharax (Poléjaev) (fig. 101) qui a entre le cortex et la partie parenchymateuse contenant les corbeilles un espace occupé par des *lacunes hypodermiques* traversées par une branche centripète des spicules tri- ou quadriradiés du cortex (Océan arctique, Océan indien, Ceylan, Australie, Tristan da Cunha; jusqu'à 60 brasses).

Lelapia (Gray) (Australie) dont le système de canaux est insuffisamment connu prend place ici.

Fig. 100.

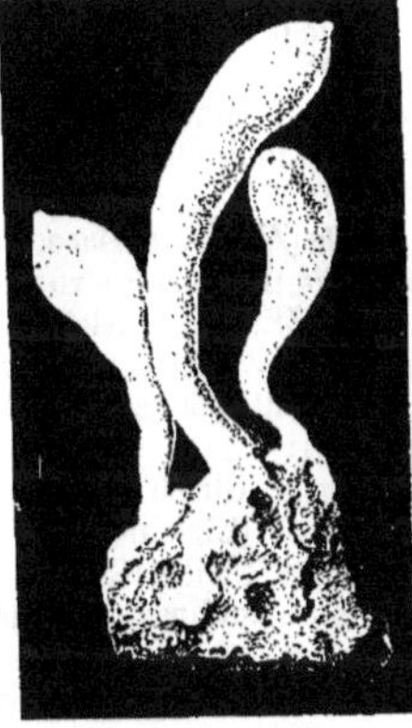

Leucetta Hæckeliana (d'ap. Poléjaev).

Fig. 101.

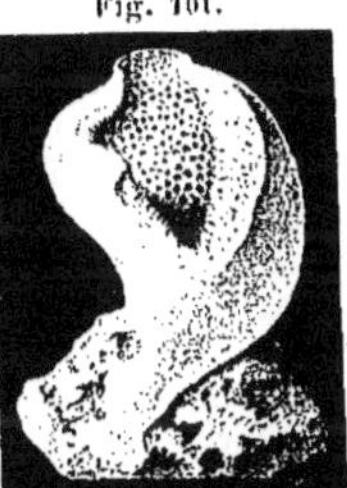

Pericharax Carteri (d'ap. Poléjaev).

4° FAM. : *Eilhardinæ* [*Eilhardiidæ* (Topsent), *Teichonia* (Carter), *Teichonellidæ* (Carter), *Teichonidæ* (Poléjaev)].

Eilhardia (Poléjaev, *nec* F. E. Schulze) (fig. 102) a la forme d'un ovoïde fixé par un point de sa surface; la partie

Fig. 102.

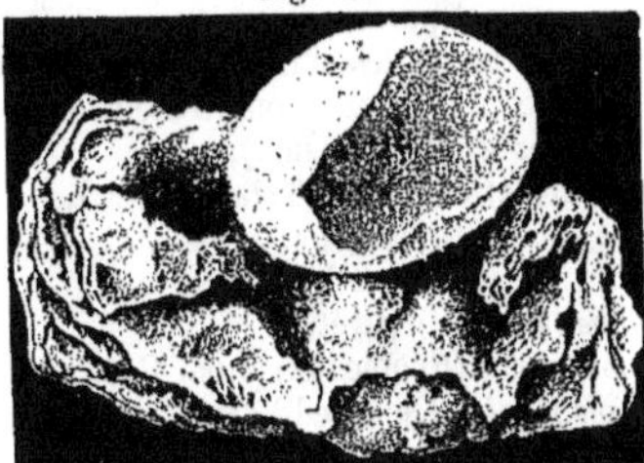

Eilhardia Schulzei (d'ap. Poléjaev).

libre est profondément excavée et cette cavité est criblée de pores. La surface externe, au contraire, est dépourvue de pores et possède deux oscules très petits, mesurant moins de 1/2^{mm} de diamètre (Australie, 120 brasses).

Ce genre est le seul représentant de la famille, qui avait été ainsi nommée à cause du genre *Teichonella* (Carter) qu'on y plaçait mais qui a été supprimé par son auteur.

5ᵉ FAM. : PHARETRONINÆ [*Pharetronidæ* (Vosmär), *Pharetrones* (Zittel)]. Famille de formes fossiles n'ayant pas dépassé le Crétacé.

Eudea (Lamouroux) est de forme cylindrique, ou conique, ou même ramifiée, avec une grande cavité gastrique centrale s'ouvrant au sommet par un oscule. Les parois ne montrent distinctement qu'un réseau de grosses fibres anastomosées, formées de spicules intriqués ensemble. Arrivées à la surface, aussi bien en dedans, du côté de la cavité atriale, qu'en dehors, ces fibres s'aplatissent et, prenant une direction radiaire, forment un feutrage, le cortex (appelé autrefois *épithèque*). Au milieu de ce tissu circule un système de canaux irréguliers et ramifiés, s'ouvrant au dehors au fond de petites cupules et dans la cavité atriale (Trias à Jur.).

Enoplocœlia (Steinmann) à orifices externes saillants à la surface (Trias);
Celyphia (Pomel) formé d'individus sphériques, irréguliers de taille et de disposition, sous un cortex commun (Trias);
Himatella (Zittel) dont le squelette montre une tendance à se disposer en planchers parallèles (Trias);
Peronidella (Zittel) à surface finement poreuse, sans canaux reconnaissables (Dev., Crét.);
Elasmocœlia (Römer) à structure feuilletée (Crét.);
Conocœlia (Zittel) à squelette disposé en couches horizontales (Crét.);
Eusiphonella (Zittel) à canaux radiaires disposés en rangées verticales (Jur.);
Corynella (Zittel) à cavité atriale petite, parois épaisses, canaux radiaires très ramifiés (Trias à Crét.);
Strotospongia (Ulrich) (Sil.),
Heterospongia (Ulrich) (Sil.),
Saccospongia (Ulrich) (Sil.),
Dystactospongia (Miller) (Sil.) et, avec doute,
Streptospongia (Ulrich) (Sil.)
prennent place ici;
Myrmecium (Goldfuss) à cavité atriale tubuleuse étroite, canaux afférents rectilignes, dirigés en bas et en dedans, efférents courbes dirigés en dedans et en haut (Jur.);
Cylindrocœlia (Ulrich) (Sil.) est un genre douteux voisin;
Lymnorea (Lamouroux) (Jur.),
Inobolia (Hinde) (Crét.) et
Hippalimus? (Lamouroux) (Crét.),
prennent place ici;
Stellispongia (d'Orbigny) composé d'un groupe d'individus arrondis à cavité atriale petite, ouverte au sommet par un oscule étoilé (Trias, Jur.).

Ces exemples suffisant pour donner une idée de la variation des caractères dans cette famille, nous donnerons seulement les noms des autres genres :

Holcospongia (Hinde) (Jur.),
Sestrostomella (Zittel) (Trias à Crét.),
Trachysinia (Hinde) (Jur.),
Blastinia (Zittel) (Jur.),
Synopella (Zittel) (Crét.),
Oculospongia (Fromentel) (Jur., Crét.),
Crispispongia (Quenstedt) (Trias, Jur.),
Diaplectia (Hinde) (Crét.),
Diplostoma (Fromentel) (Crét.),
Elasmostoma (Fromentel) (Crét.),
Rhaphidonema (Hinde) (Trias à Crét.),
Pachytylodia (Zittel) (Crét.),
Leiospongia (d'Orbigny) (Trias),
Bactronella (Hinde) (Jur.),
Pharetrospongia (Sollas) (Trias à Crét.),
Rauffia (Zeise) (Jur.),
Euzittelia (Zeise) (Jur.),
Strambergia (Zeise) (Jur.).

6° FAM. : *Lithoninæ* [*Lithones* (Döderlein) ; *Lithonina* (Rauff)].

Petrostroma (Döderlein) (fig. 103 et 104) présente un état de coalescence des spicules encore plus avancé qu'*Eudea*. L'Éponge, qui a la forme d'un petit buisson de branches pleines, mousses, partant d'une base commune et peu ramifiées, comprend un cortex où des spicules indépendants,

Fig. 103.

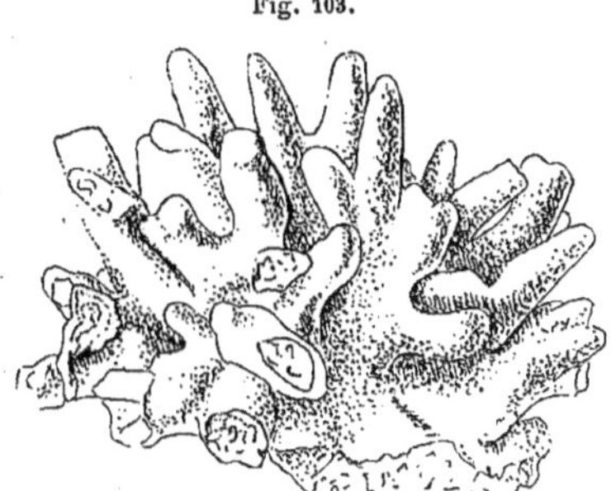

Petrostoma Schulzei, grandeur naturelle (d'ap. Döderlein).

Fig. 104.

Squelette de *Petrostoma Schulzei* (d'ap. Döderlein).

tri- et quadriradiés ou en fourche, forment un réseau dans les mailles duquel sont percés les pores, et une partie centrale formée d'un réseau calcaire rigide et d'une seule pièce. Là, en effet, les spicules, indépendants dans leur jeunesse, se soudent plus tard par le fait que des couches calcaires communes sont sécrétées autour de leurs branches dans les points où elles entrent en contact. Il en résulte une masse calcaire solide, fenestrée, où les spicules sont néanmoins reconnaissables. Dans la partie centrale, les mailles sont arrondies vers la périphérie, elles sont allongées dans le sens radiaire.

Le système des canaux n'a pu être reconnu, faute d'échantillons frais ; mais l'auteur le croit, d'après certains indices, construit sur le type de celui des *Leuconinæ* (Vivant, Japon ; par 200 à 300 mètres).

Ce genre est l'unique représentant de la famille. Döderlein et Rauff opposent les *Lithonina* à toutes les autres Éponges calcaires, réunies sous le nom de *Dialytina* (Rauff) en raison de leurs spicules libres. Ceux des *Pharetroninæ* sont en effet intriqués, non fusionnés par soudure. Mais ce caractère n'a pu être constaté que chez quelques exemplaires particulièrement bien conservés, et il se pourrait que certains *Pharetroninæ* fussent des *Lithoninæ* dont le cortex n'aurait pas été conservé dans la fossilisation.

2e Classe

ACALCAIRES. — *INCALCARIA*

[Non-calcaires; — *Non-calcarea* (Vosmär); — *Incalcaria* (Lendenfeld); *Fibrospongia* (Claus); — Siliceuses (*sens. lat.*) — *Sillicea* (Gray); *Silicea* + *Keratosa* (Bowerbank); — *Silicosa* (Häckel); *Micromastictora* (Sollas)]

TYPE MORPHOLOGIQUE

(Pl. 7 à 10, *fig. 105 à 123*)

Ici, comme chez les Éponges calcaires, il existe une forme réelle qui peut être considérée comme le point de départ de toutes les complications que présente l'organisation des Acalcaires : cette forme est de *Rhagon*. Mais, tandis que l'*Olynthus* idéal d'Häckel avait pour représentant réel une Éponge adulte (forme la plus simple des *Leucosolenia*), le Rhagon n'existe point à l'état adulte : c'est seulement une forme larvaire (1). Cela n'empêche pas d'ailleurs qu'on en puisse tirer le même parti. Nous décrirons donc le *Rhagon* comme nous avons décrit l'*Olynthus*.

Mais nous ne pourrons nous en tenir là.

Dans les Éponges calcaires, la classification ayant pour premier critérium la constitution des canaux, les complications progressives de l'Olynthus correspondent aux subdivisions taxonomiques de la classe, et nous avons pu les présenter successivement dans les types morphologiques de ces subdivisions. Ici, il n'en est pas de même. Les Acalcaires ont été classées d'abord d'après leur système squelettique, en sorte que les complications progressives de leur structure se rencontrent disséminées dans les divers ordres. Cela nous oblige à les décrire ici immédiatement.

Donc, après avoir expliqué la constitution très simple du Rhagon, nous montrerons les complications progressives de sa structure, considérées comme les étapes successives du perfectionnement de notre type morphologique.

Anatomie.

1. *Point de départ* (Stade *Rhagon*). — Le Rhagon (7, *fig. 1*) présente à peu près le degré de perfectionnement que nous a montré le *Sycon* parmi les Calcaires. Il a la forme d'un cône fixé par sa base, prolongé au sommet en un col portant à l'extrémité l'*oscule* (os.). Le cône est creux et sa cavité est l'*atrium* de l'Éponge. Cet atrium est tapissé, comme chez les *Sycon*, de cellules aplaties (ep'.) (*pinacocytes*), de même aspect que les épidermiques et constituant l'*épithélium atrial*. Les parois, assez

(1) Se rencontrant en particulier chez *Oscarella*.

minces, comprennent trois couches : l'épiderme (*ep.*), l'épithélium atrial (*ep'.*) et un mésoderme (*ms.*), assez peu développé. La surface d'attache [1] ne présente rien de plus que ces trois couches; il en est de même de la cheminée osculaire. Mais les parois latérales, un peu plus épaisses, contiennent en plus les *corbeilles vibratiles* (**7**, *fig. 1*, *cb.*). Celles-ci ne sont plus tubuleuses; elles sont arrondies, s'ouvrent dans la cavité atriale directement par un large orifice, l'*apopyle* (*apy.*) (Sollas), et communiquent avec le dehors par un court canal étroit appelé parfois *prosodus* (Sollas) : l'orifice externe de ce canal est le *pore* (*p.*), tandis que son orifice interne est le *prosopyle* (*ppy.*) (Sollas). Ici, en raison de la brièveté de ce canal, pore et prosopyle sont presque confondus. Les corbeilles sont tapissées de choanocytes constitués comme ceux des Calcaires, mais de taille beaucoup plus petite (d'où le nom de *Micromastictora* sous lequel Sollas réunit les Acalcaires, en les opposant aux Calcaires désignées sous celui de *Megamastictora*). L'épiderme et l'épithélium atrial ne présentent rien de particulier.

Le mésoderme montre les mêmes éléments que chez les Calcaires, mais les spicules sont ici formés de silice.

2. *Formation des diverticules inhalants et exhalants* (Stade *Oscarella*). — Supposons (**7**, *fig. 2*) que la paroi du Rhagon vienne à se développer beaucoup en surface, sans que la hauteur totale du corps augmente : il se produira un plissement d'où résultera la formation de diverticules sinueux, les uns en dedans communiquant avec la cavité atriale, les autres en dehors, ouverts directement à l'extérieur. Mais en fait, il n'y a pas un vrai plissement comme celui que présentent les circonvolutions cérébrales par exemple, car les diverticules n'ont pas la forme de fentes : ce sont plutôt des dépressions profondes en forme de puits et, pour être exact, il faut plutôt se représenter leur production comme résultant d'un accroissement en épaisseur localisé dans les points qui forment effectivement les surfaces externe et atriale, et absent dans ceux qui représentent le fond des dépressions. Les corbeilles ont d'ailleurs avec ces diverticules les mêmes rapports qu'elles avaient directement chez le Rhagon avec la cavité atriale et avec le dehors : elles s'ouvrent par un large apopyle dans ceux qui dérivent de la cavité atriale et par un étroit prosopyle dans ceux débouchant au dehors. Ceux-ci, centripètes, représentent un système de cavités inhalantes; ceux-là, centrifuges, sont le premier rudiment d'un système de canaux exhalants.

3. *Formation de l'ectosome et de la cavité hypodermique* (Stade *Tetilla*). — Supposons que, chez le Rhagon, la paroi du corps se soit dédoublée partout, sauf au niveau de l'oscule et de la base de fixation, en deux couches, une externe très mince et une interne comprenant le reste de l'épaisseur (**7**, *fig. 3*). Ces deux couches seront, la première

[1] Sollas [88] appelle cette base *hypophare* par opposition avec le *spongophare* constituant la partie saillante de l'Éponge, vocables inutiles et que nous n'emploierons pas.

Pl. 7.

INCALCARIA

(TYPE MORPHOLOGIQUE)

Fig. 1. Stade *Rhagon* (Sch.).
Fig. 2. Stade *Oscarella* (Sch.).
Fig. 3. Stade *Tetilla* (Sch.).
Fig. 4. Stade *Tetilla* (Sch.).
Fig. 5. Stade *Euplectella* (Sch.).

apy., apopyle;
cav. hyp., cavité hypodermique;
cav. s. atr., cavité sous-atriale;
cb., corbeilles;
chs., choanosome;
ects., ectosome;
ep., épiderme extérieur;
ep'., épiderme de la cavité atriale;
mb. atr., membrane atriale;
ms., mésoderme;
os., oscule.

1

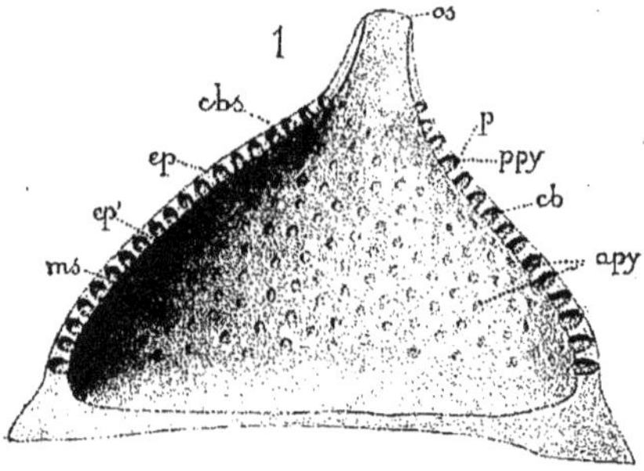

os
cbs
ep
ep'
ms
p
ppy
cb
apy

2

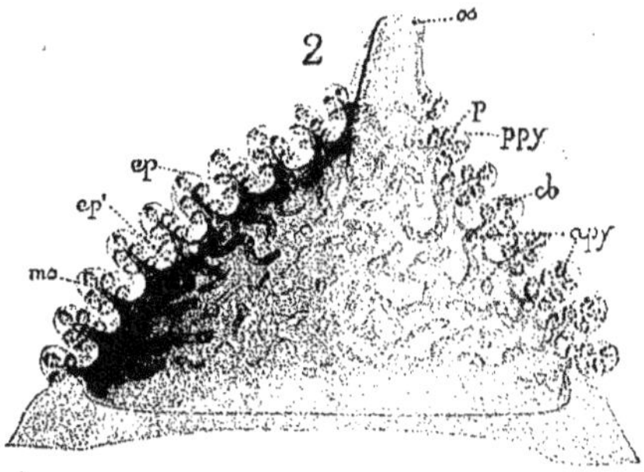

os
ep
ep'
ms
p
ppy
cb
apy

3

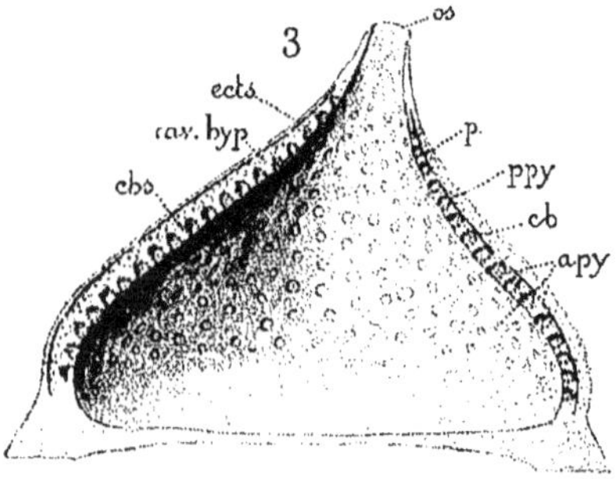

os
ects
cav. hyp
cbs
p
ppy
cb
apy

4

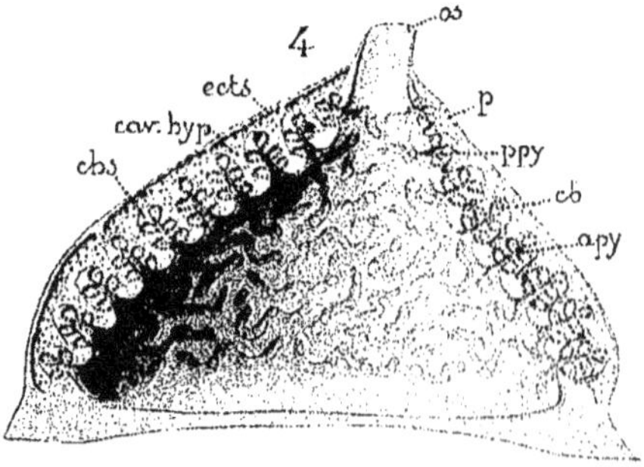

os
ects
cav. hyp
cbs
p
ppy
cb
apy

5

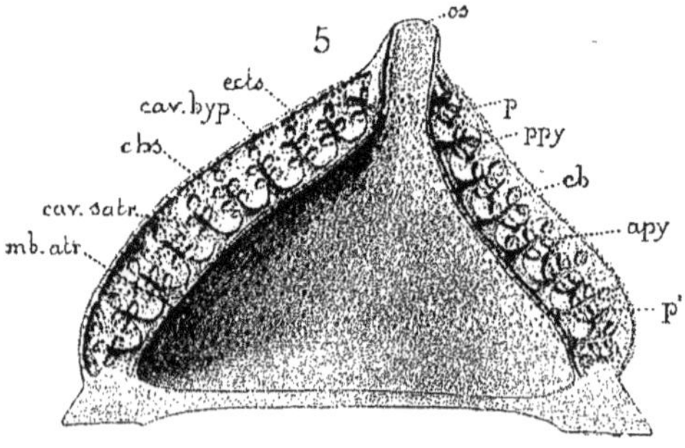

os
ects
cav. hyp
cbs
cav. satr.
mb. atr.
p
ppy
cb
apy
p'

l'ectosome (**ects.**), la seconde le choanosome (**chs.**), et entre les deux existera une cavité, très étendue en surface mais très peu épaisse, que nous appellerons la *cavité hypodermique* (**cav. hyp.**) et que l'on appelle aussi quelquefois la *cavité préporale*. Le choanosome a exactement la structure qu'avait la paroi totale chez le Rhagon ; les prosopyles s'ouvrent donc non plus au dehors, mais dans la cavité hypodermique et la communication avec le dehors se fait par des *pores* (**p.**) percés dans l'épaisseur de l'ectosome. Celui-ci, malgré sa minceur est composé de deux couches de pinacocytes, une externe, l'épiderme, et une interne, formant la voûte de la cavité hypodermique ; entre les deux est une mince assise mésodermique. Le plancher de la cavité hypodermique est tapissé d'une couche semblable.

Cette disposition n'existe jamais seule, mais elle se présente comme complication de la structure plissée du stade précédent et l'on a alors ce qu'on pourrait appeler le stade *Tetilla* (**7**, *fig. 4*). La *Tetilla* est l'*Oscarella* avec l'ectosome en plus (¹).

Ici donc, les diverticules exhalants s'ouvrent, comme au stade précédent, dans la cavité atriale, mais les inhalants, au lieu de déboucher au dehors s'ouvrent sur le plancher de la cavité hypodermique. Les embouchures évasées des canaux inhalants dans la cavité hypodermique sont parfois appelées *cryptes sous-corticales* (²).

Il faut noter que l'ectosome n'est pas entièrement séparé du choanosome. Il lui est rattaché, non seulement à la base de l'oscule et au pourtour de la surface de fixation, mais çà et là au niveau du sommet des plis du choanosome. Ces points d'attache n'empêchent pas d'ailleurs toutes les parties de la cavité hypodermique de communiquer largement entre elles.

4. *Complication des canaux inhalants et exhalants* (Stade *Spongilla*). — Nous avons supposé que le plissement du choanosome donnait naissance à un seul ordre de plis, engendrant des diverticules radiaires simples, non ramifiés. Si les plis primaires étaient le siège d'un plissement secondaire, les plis secondaires celui d'un plissement tertiaire et ainsi de suite, les diverticules, au lieu de rester simples, deviendraient ramifiés (**8**, *fig. 1*). A cette notion du plissement qui ne peut servir qu'à titre de comparaison transitoire, puisqu'elle ne correspond pas à la réalité, substituons celle de l'accroissement localisé : les choses resteront les mêmes et nous arriverons ainsi à la conception d'un système de canaux

---

(¹) Bien entendu il faut comprendre que cela est une forte schématisation de la structure. Les vrais genres *Oscarella* et *Tetilla* sont construits d'une façon moins simple qui sera décrite à l'occasion de ces genres. Même observation pour les autres stades.

(²) Vosmär a proposé de réserver le nom de *pores* pour les ouvertures du système inhalant dans la cavité hypodermique (d'où le nom de *cavité préporale*), et de donner celui de *stomions* aux orifices dont est percé l'ectosome. Nous n'adoptons pas cette innovation. De même nous repoussons comme inutile la dénomination de *proction* donnée à l'orifice terminal du tube osculaire, celui d'oscule étant alors réservé pour l'orifice par lequel ce tube communique avec la cavité atriale.

inhalants et exhalants, non plus simples, mais ramifiés. Les uns et les autres ont la forme de petites arborisations dont le tronc s'ouvre dans la cavité hypodermique pour les inhalants, dans la cavité atriale pour les exhalants, et dont les ramifications s'entrecroisent dans le parenchyme de l'Éponge, sans jamais communiquer les uns avec les autres autrement que par l'intermédiaire d'une corbeille (*cb.*).

5. *Formation des cônes* (Stade *Pachymatisma*). — Nous avons vu jusqu'ici les canaux inhalants s'ouvrir simplement dans la cavité hypodermique par de petits orifices semblables aux pores ou par de larges ouvertures dilatées en entonnoir. Supposons (**8**, *fig.* 2) que, dans l'assise mésodermique que traversent ces canaux, au-dessous du plancher de la cavité hypodermique, se développent, par différenciation des éléments fusiformes conjonctifs, des faisceaux musculaires et que ces faisceaux se disposent en sphincters (**8**, *fig.* 2, *sph.*) autour de l'entrée des canaux inhalants. Ils formeront là autant d'anneaux contractiles rétrécissant l'entrée des canaux inhalants à des degrés variés suivant leur état de contraction. A cette disposition dont *Pachymatisma* fournit un bon exemple, on donne le nom de *cônes* (**8**, *fig.* 2, *cône.*). Ces cônes sont en forme de sabliers, leur portion la plus rétrécie étant précédée et suivie d'une partie progressivement élargie à laquelle on a donné le nom d'*endocône* pour celle qui est du côté du centre de l'Éponge et d'*exocône* pour celle qui est du côté extérieur.

Les cônes peuvent être considérés comme des différenciations plus avancées et strictement localisées d'une disposition qui se rencontre assez souvent diffuse dans les parties centrales de l'Éponge et à laquelle on a donné le nom de *velums*. Ces velums sont des diaphragmes contractiles en iris, formés d'un repli de l'épithélium des canaux, entre les deux lames duquel se trouve une mince couche mésodermique contractile formée de fibres les unes radiaires, les autres en sphincter, qui servent à dilater et à contracter l'orifice de diaphragme.

6. *Formation du cortex* (Stade *Stelletta*). — L'ectosome malgré sa minceur contient, avons-nous dit, une assise de tissu mésodermique. Supposons (**8**, *fig.* 3) que cette couche se développe beaucoup en épaisseur : elle arrivera à rejoindre partout le choanosome, et se soudera à lui, réduisant la cavité hypodermique à des canaux traversant radiairement toute son épaisseur. Ces *canaux corticaux* (**8**, *fig.* 3, *cn. crt.*) partent des pores (*p.*) et se groupent successivement en canaux plus larges qui vont s'ouvrir chacun dans une crypte sous-corticale ou, dans le cas où ces cryptes sont effacées, directement dans les canaux inhalants.

En même temps que le *cortex* (**8**, *fig.* 3, *crt.*) (c'est ainsi que l'on appelle l'ectosome épaissi) se développe, le tissu mésodermique (*ms.*) subit à son intérieur des différenciations histologiques plus accentuées : il se divise en deux assises, l'une externe qui garde les caractères d'un tissu conjonctif à cellules étoilées, noyées dans une masse abondante de substance gélatineuse anhiste (*collenchyme*), l'autre interne formée d'éléments fibreux disposés tangentiellement. Dans la zone où le choanosome s'est fusionné avec le cortex, le tissu mésodermique du premier peut aussi se développer en une assise fibreuse (*fib.*).

Au point où le système des canaux corticaux s'ouvre dans le système des canaux inhalants du choanosome, les cellules de cette couche fibreuse (qu'elle doive son origine au choanosome ou au cortex, peu importe) se transforment en éléments musculaires et se disposent autour des canaux qui les traversent en un *sphincter* (**8**, *fig.* 3, *sph.*) très développé et forme là un *cône* semblable à celui que nous avons décrit précédemment et, en général, plus développé, avec endocône (*en. c.*) et exocône (*ex. c.*) très nets.

7. *Cavité sous-atriale* (Stade *Euplectella*). — Un processus semblable à celui qui a donné naissance du côté de la surface externe à l'ectosome et à la cavité hypodermique peut se produire (Hexactinellides) aussi du côté de la cavité atriale (**7**, *fig.* 5 et **8**, *fig.* 4) : les canaux exhalants s'ouvrent alors dans une cavité sous-atriale (*cav. s. atr.*) constituée exactement comme la cavité hypodermique (*cav. hyp.*), et de celle-ci l'eau passe dans l'atrium par de petits *pores atriaux* (*p'.*) comparables aux pores épidermiques (*p.*) dont est percée la *membrane atriale* (*mb. atr.*) qui sépare la cavité sous-atriale de celle de l'atrium.

8. *Complication des corbeilles.* — Nous avons laissé les corbeilles, chez le Rhagon, sous la forme de petites cavités arrondies (**8**, *fig.* 5), s'ouvrant dans le système exhalant par un large *apopyle* (*apy.*) et dans le système inhalant par un étroit *prosopyle* (*ppy.*), disposition à laquelle Sollas a donné le nom de *type eurypyle.* Cette disposition simple se complique par le fait de l'accroissement en épaisseur de la lame du choanosome. Cette lame devenant plus épaisse que le diamètre des corbeilles, celles-ci ne peuvent plus communiquer directement avec les canaux et doivent se munir à leurs orifices d'entrée et de sortie de prolongements en tubes pour atteindre les canaux. Si l'épaississement du mésoderme a lieu seulement du côté atrial (**8**, *fig.* 6), l'apopyle seul s'allonge en un tube appelé *aphodus* (*aph.*) : c'est le *type aphodal.* Le mésoderme ne s'accroît jamais du côté des voies inhalantes seulement; mais il peut s'épaissir des deux côtés à la fois (**8**, *fig.* 7), et alors le prosopyle s'allonge à son tour en un tube, le *prosodus* (*pros.*), et l'on arrive au *type diplodal* (1).

Les canaux prosodal et aphodal sont simples ou ramifiés; ils sont tapissés de pinacocytes et, sous ce rapport, ne se distinguent point des canaux inhalants et exhalants. Leur différence d'origine par formation secondaire aux dépens des corbeilles ne suffirait peut-être pas à les séparer de ceux-ci, cette différence n'étant pas établie d'une manière bien positive. Mais ils ont, en outre, un caractère anatomique, c'est leur

(1) Topsent propose d'appeler *corbeilles dolichodales* celles dont l'aphodus est long et étroit.

diamètre restreint et leur calibre régulier, qui contrastent avec le diamètre brusquement plus large et l'irrégularité habituelle des canaux dans lesquels ils se jettent.

Il convient de distinguer un 4e type de corbeille qui ne dérive pas du même processus d'accroissement du mésoderme. C'est le *type tubuleux* (**8**, *fig.* 8), dans lequel les corbeilles (*cb.*) deviennent très longues, en forme de cylindre ouvert à un bout par un large apopyle débouchant directement dans les voies exhalantes et en cul-de-sac à l'extrémité opposée. Mais elles plongent par toute leur surface externe dans une lacune inhalante et leurs parois sont percées de nombreux *pores prosopylaires* conduisant directement dans leur cavité.

Telle est la série des complications des voies aquifères de l'Éponge. On voit combien la forme de ces voies peut être variée, étant donné que toutes ces complications, au lieu de se présenter suivant la succession progressive que nous avons décrite, peuvent se combiner de toutes les façons entre elles et avec d'autres complications secondaires, trop peu générales pour que nous ayons pu en tenir compte ici, mais qui seront décrites en temps et lieu.

Multiplicité des atriums et des oscules. — Nous avons supposé jusqu'ici une Éponge simple, c'est-à-dire n'ayant qu'un oscule et qu'une cavité atriale. Mais, le plus souvent, l'Éponge en s'accroissant se munit d'oscules et d'atriums multiples. Pour cela, elle se perce simplement d'un orifice en un point où un gros canal exhalant confine à la surface. Ce phénomène est parfois très précoce : l'un de nous (Y. Delage [92]) a vu une jeune Éponge qu'il avait fait fixer sur une lame de verre se munir d'un deuxième oscule lorsqu'elle n'était encore âgée que de quelques jours. Le nombre et la disposition des oscules et des atriums sont infiniment variés et ajoutent encore à la multiplicité des aspects provenant des autres caractères. On appelle souvent *polyzoïques* les Éponges à oscules multiples et *monozoïques* celles qui n'en ont qu'un. Ces dénominations sont à rejeter, la multiplicité des oscules étant ici, comme les répétitions d'organes chez la plupart des êtres, un trait d'organisation et non une multiplication de l'individualité (1).

Mais il est un caractère sur lequel il convient d'attirer l'attention, parce qu'il ne se perd jamais au milieu de ces complications infinies : c'est la séparation absolue des voies inhalantes et exhalantes. Au milieu de tous ces canaux qui traversent l'Éponge en tous sens et souvent sans ordre apparent, il n'en est aucun qui aille directement d'un canal inhalant à un canal exhalant. La communication entre les deux voies s'établit exclusivement par l'intermédiaire des corbeilles, en sorte que toute l'eau qui entre par les pores est obligée de traverser les corbeilles pour arriver à l'oscule (2)

(1) Voir Yves Delage : Conception polyzoïque des Êtres, *in* Rev. scient., 4e série, vol. 5, 1896, p. 641 à 653, avec figures.

(2) D'après Topsent, les *Cliona* feraient exception. (Voir ce genre.)

Pl. 8.

INCALCARIA

(TYPE MORPHOLOGIQUE)

(*Suite.*)

Complication des plissements du choanosome. Types divers de corbeilles.

Fig. 1. Stade *Spongilla* montrant la disposition des canaux inhalants et exhalants après la formation des plis secondaires du choanosome (Sch.).
Fig. 2. Stade *Pachymatisma* montrant les cryptes inhalantes communiquant par les cône avec la cavité hypodermique (Sch.).
Fig. 3. Stade *Stelletta* montrant le cortex trasversé par les canaux corticaux et la position de l'exocône et de l'endocône (Sch.).
Fig. 4. Stade *Euplectella* montrant les plissements secondaires du choanosome entre les cavités hypodermique et sous-atriale (Sch.).
Fig. 5. Corbeille occupant toute l'épaisseur du choanosome (type eurypyle) (Sch.).
Fig. 6. Corbeille débouchant dans la cavité atriale par un aphodus (type aphodal) (Sch.)
Fig. 7. Corbeille présentant un prosodus et un aphodus (tyre diplodal) (Sch.).
Fig. 8. Corbeille entourée de lacunes inhalantes creusées dans le mésoderme (Sch.).

aph., aphodus;
apy., apopyle;
cav. atr., cavité atriale;
cav. s. atr., cavité sous-atriale;
cav. hyp., cavité hypodermique;
cb., corbeilles;
chcy., choanocytes;
chs., choanosome;
cn. crt., canaux corticaux;
cône, cône;
crt., cortex;
ets., ectosome;
en. c., endocône;
ep., épiderme de la surface du corps;
ep'., épiderme de la cavité atriale;
ex. c., exocône;
fib., éléments fibreux de la couche inter du cortex;
lc., lacunes mésodermiques;
mb. atr., membrane atriale;
ms., mésoderme;
p., pores inhalants;
p'., pores exhalants;
ppy., prosopyle;
pros., prosodus;
sph., sphincter;
tr., tractus rattachant le choanosome à l'ec some et à la membrane atria

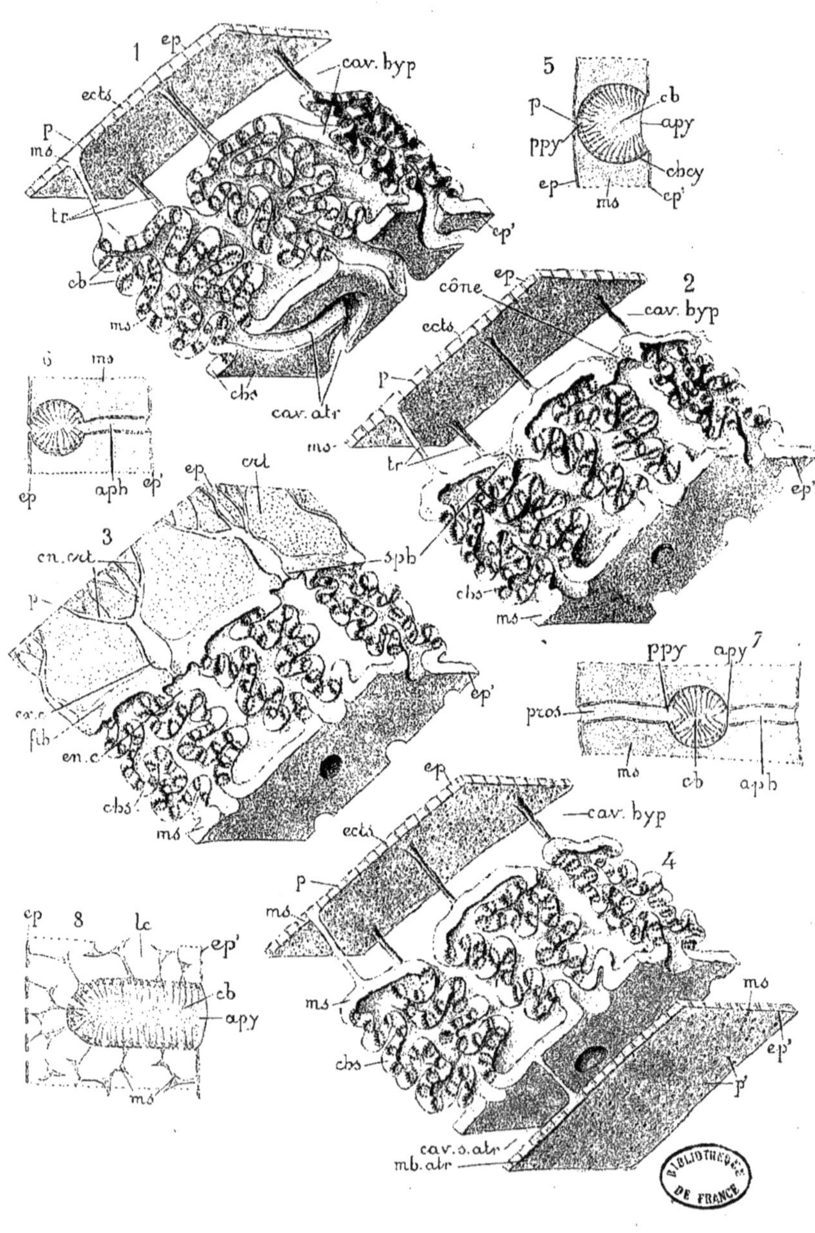
1
ep
cav. hyp
ects
p
ms
tr
cb
ms
cbs
cav. atr
ep'
5
p
ppy
ep
ms
cb
apy
chcy
ep'
2
côre
ep
cav. hyp
ects
p
ms
tr
spb
cbs
ms
ep'
6
ms
ep
aph
ep'
3
ep
ct
en. ct
p
fib
en. c
cbs
ms
ep'
7
ppy
apy
pros
ms
cb
aph
8
ep
lc
ep'
cb
apy
ms
4
ep
cav. hyp
ects
p
ms
ms
cbs
ms
ep'
p'
cav. s. atr
mb. atr

Histologie.

Après avoir montré les variations de la forme et de la structure, nous devons passer en revue celles des éléments anatomiques.

Parties molles.

Pinacocytes. — L'épiderme et les épithéliums tapissant les voies inhalantes et exhalantes, y compris les cavités hypodermique et atriale, sont formés des cellules pavimenteuses plates que nous avons décrites et qui ne subissent guère de variations intéressantes. Signalons seulement le fait que, dans certains cas, les cellules épidermiques peuvent être munies d'un flagellum (fig. 105); mais sans cesser pour cela de rester plates, en sorte qu'il n'y a là aucune transition vers les choanocytes. Il est à remarquer que, pas plus ici que chez les Calcaires, il n'existe le plus léger indice de formes de passage entre les choanocytes et les pinacocytes : ces deux sortes sont toujours absolument distinctes et confinent les unes les autres brusquement aux orifices des corbeilles. Rappelons le prolongement que les pinacocytes enverraient, d'après certains observateurs (Sollas, Lendenfeld), dans le mésoderme, vers les ramifications des cellules conjonctives de ce tissu.

Fig. 105.

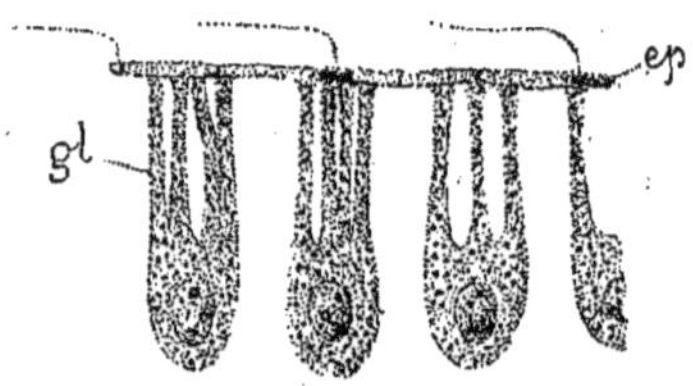

INCALCARIA. (Type morphologique.) Épithélium plat cilié et cellules glandulaires de *Dendrilla aerophoba* (d'ap. Lendenfeld).
ep., cellules épidermiques portant un cil vibratile; **gl.**, cellules glandulaires.

Choanocytes. — Ces éléments ont ici les caractères que nous leur avons décrits dans le type général. Ils sont plus petits que chez les Calcaires. (1)

(1) Sollas, qui soutient l'existence de la membrane qui porte son nom, se demande comment l'eau peut entrer dans les corbeilles par l'étroit prosopyle, celui-ci devant se trouver fermé par cette membrane ; et il suppose que de petits pores peuvent être réservés pour son admission. L'un de nous a observé que cet orifice n'est nullement bouché par le contact des bords libres des collerettes, car ce contact n'a pas lieu au niveau du (ou des) prosopyle qui reste parfaitement libre.

Fig. 106.

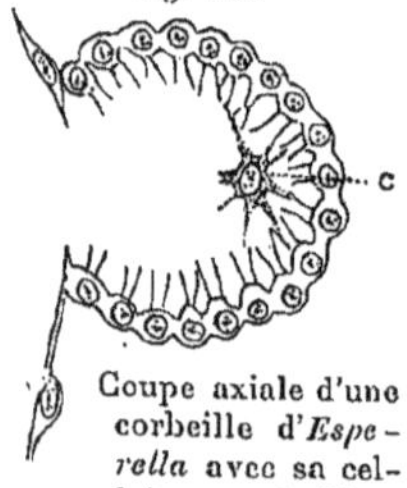

Coupe axiale d'une corbeille d'*Esperella* avec sa cellule centrale (d'ap. Y. Delage).
c., cellule centrale.

Sollas [88] chez diverses Hexactinellides et Y. Delage [92] chez *Reniera* ont observé un curieux élément que ce dernier a appelé la *cellule centrale* de la corbeille (fig. 106). C'est une cellule étoilée qui se montre couchée dans la corbeille au niveau du bord libre des collerettes et par conséquent en contact immédiat avec l'eau de mer. Sollas la considère comme un choanocyte tombé hors de sa place normale. Mais, en raison de sa constance dans les genres où elle existe, on peut affirmer que ce n'est pas un élément accidentel. Il y a fréquemment plus d'une cellule centrale par corbeille, mais jamais plus de deux ou trois. Ne seraient-ce pas des éléments amœboïdes du mésoderme venus là à la recherche de la nourriture que le jeu des flagellums fait passer à leur portée ?

Éléments mésodermiques. — Beaucoup plus nombreuses et plus variées sont les modifications que peuvent présenter les éléments du mésoderme. Fondamentalement, ce tissu est constitué, comme nous l'avons vu, simplement par une gelée amorphe, produit de sécrétion des cellules conjonctives étoilées qui y sont plongées ; et l'on y trouve en outre de grosses cellules amœboïdes errantes, chargées de véhiculer la nourriture, et dont quelques-unes se transforment en produits sexuels. Ces éléments amœboïdes ne présentent pas de variations bien importantes, mais il n'en est pas de même des cellules étoilées.

Celles-ci peuvent s'arrondir et se grouper en masses avec une minime quantité de substance collenchymateuse interposée. Elles peuvent devenir *granuleuses*, *vacuolaires*, se charger de *pigment* ou de *matières de réserve* ou de *substances sécrétées* (*cellules sphéruleuses* de Topsent) ; elles peuvent aussi devenir *glandulaires* et on les voit alors confiner aux surfaces en rapport avec l'eau, dont elles ne sont séparées que par la mince membrane de pinacocytes. Mais leurs fonctions glandulaires, dans le cas où elles revêtent cette forme, ne sont peut-être pas bien démontrées [1].

Fig. 107.

INCALCARIA. (Type morphologique.)
Tissu conjonctif sous-épithélial
de *Thecophora semisuberites* (d'ap. Vosmär).

Leurs modifications les plus importantes sont celles qui les transforment en éléments *fibreux*, *musculaires* et *nerveux*.

Les *cellules fibreuses* sont fusiformes, allongées (fig. 107) et disposées en faisceaux suivant la direction des grands spicules, ou couchées à plat à la face profonde du cortex dans la région des cônes [2].

(1) On voit cependant parfois avec netteté des cellules lagéniformes granuleuses, sous-jacentes à l'épiderme, venir se mettre en rapport directement avec la surface par leur col (fig. 105, *gl.*) et il n'est guère douteux alors qu'elles ne soient vraiment glandulaires, sécrétant sans doute de la mucine et de la spongine. D'après Bidder [92] il n'y aurait même pas d'épiderme plat et la couche superficielle serait formée exclusivement de cellules glandulaires en T dont la partie distale, étalée en lame tangentielle, donnerait la fausse impression d'un épithélium plat. Mais cela est certainement inexact, car, si Bidder n'a pu voir les noyaux des cellules plates épidermiques, nous les avons vus, nous (Y. Delage [92]), d'une manière incontestable.

(2) En outre des fibres fusiformes, il existe chez certaines Éponges (*Reniera* et quelques autres), de véritables fibres très longues et très minces (d'une fraction de μ à 2 μ au plus (fig. 108). Ces fibres, bien que formées de spongine, sont très différentes de celles des Éponges fibreuses. Loisel [98] les a vues se former de la manière suivante : des cellules sphéruleuses

Fig. 108.

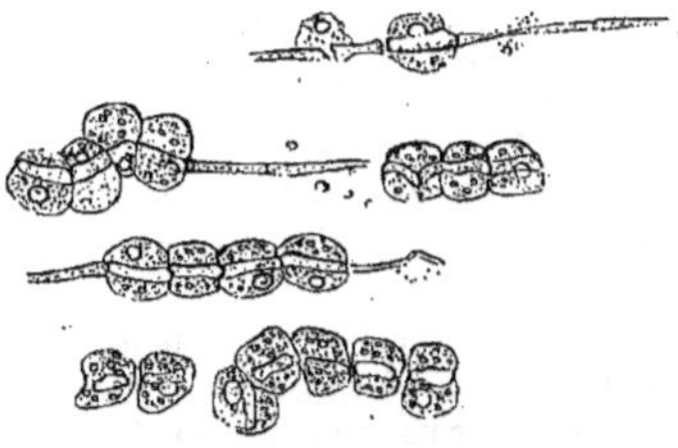

INCALCARIA. (Type morphologique.)
Chapelet de cellules sphéruleuses formatrices des fibres, après l'action du réactif de Millon, chez *Reniera ingalli* (d'ap. Loisel).

Les *cellules musculaires* (fig. 109) sont très semblables aux précédentes, et n'en diffèrent que par le plus grand développement de l'élément fibrillaire à leur intérieur : elles sont traversées dans toute leur longueur par un faisceau de fibrilles décomposables en granules orientés. Mais ces différences ne sont pas très tranchées, et il n'est pas toujours aisé de dire si un élément de cette catégorie est contractile ou non, s'il est musculaire ou fibreux. Des cellules contractiles sont disposées en sphincters autour des *cônes* et dans les *velums* qui recoupent çà et là les canaux; dans ces derniers on distingue, en outre, des éléments radiaires dilatateurs.

Fig. 109.

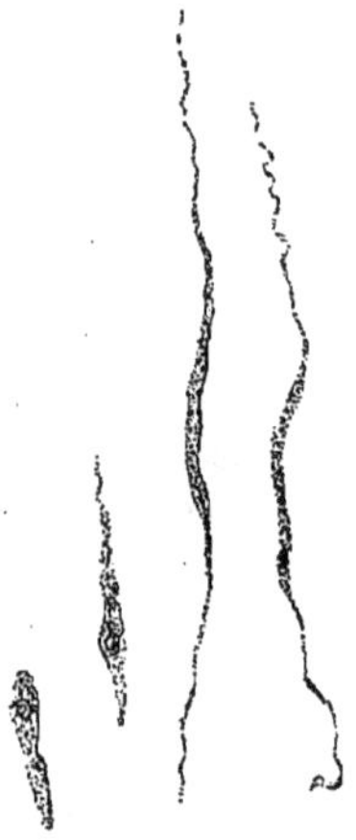

INCALCARIA.
(Type morphologique.)
Cellules contractiles de *Craniella Muelleri* (d'ap. Vosmär).

Les *cellules nerveuses*, ou du moins celles que

Fig. 110.

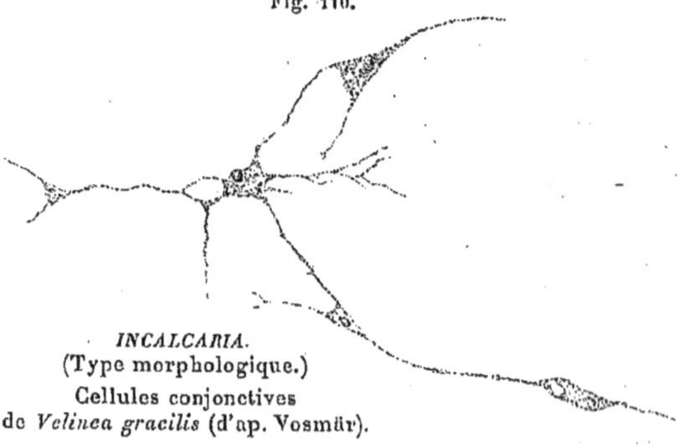

INCALCARIA.
(Type morphologique.)
Cellules conjonctives de *Velinea gracilis* (d'ap. Vosmär).

l'on considère comme telles, car leur signification n'est pas absolument certaine (Dendy [92] se demande si elles ne sont pas simplement glandulaires), sont fusiformes ou multipolaires, mais présentent toujours un de leurs prolongements dirigé vers la surface et se terminant sous l'épiderme (1).

Rappelons qu'il existe entre les éléments étoilés du mésoderme une continuité s'établissant par leurs prolongements (fig. 110). Les pro-

---

forment à leur intérieur, à côté du noyau, un petit globule réfringent; ces cellules se placent bout à bout en chapelet ; leur globule s'allonge en un bâtonnet qui se soude aux voisins de manière à former avec eux une longue fibre sur laquelle les cellules formatrices sont enfilées en chapelet; puis celles-ci s'allongent et finalement disparaissent, laissant la fibre dans la gelée mésodermique, tandis que leurs noyaux se dissémineraient libres aussi dans cette substance.

(1) On a proposé, en particulier Sollas [88], toute une terminologie bien inutile pour ces différenciations diverses du mésoderme. Nous devons en indiquer les principaux termes.

Le *collenchyme* est l'état du tissu où les cellules sont étoilées et noyées dans une abondante masse de substance gélatineuse, et les cellules elles-mêmes sont alors des *collencystes*; quand elles s'arrondissent, se rapprochent et deviennent granuleuses, elles deviennent des *sarcencytes* et forment un *sarcenchyme* ; quand elles deviennent vacuolaires, elles passent à

longements des cellules nerveuses et ceux qu'enverraient dans le mésoderme, d'après certains auteurs (Sollas, Lendenfeld), les pinacocytes et les choanocytes, s'uniraient à ce réseau (fig. 111) et formeraient un système général, continu dans toute l'étendue de l'Éponge. Ce système peut servir à des échanges nutritifs, mais il doit servir aussi au transport, à l'irradiation des excitations. L'Éponge doit à ce système une vague sensibilité générale qui lui permet de répondre par une contraction plus ou moins accentuée aux excitations externes. Les éléments conjonctifs ont sans doute conservé, en raison de leur faible différenciation, un peu de cette sensibilité et de cette contractilité qui appartient au protoplasme en général, et les éléments nerveux et musculaires ne sont que le résultat d'un commencement de différenciation et de division du travail.

Fig. 111.

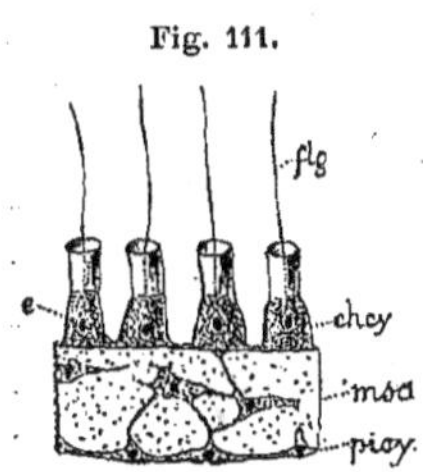

INCALCARIA.
(Type morphologique.)
Coupe transversale de la paroi (d'ap. Lendenfeld).
chcy., choanocytes; **e.**, espace intermédiaire occupé par la base des choanocytes pour Lendenfeld; **flg.**, flagellums des choanocytes; **msd.**, mésoderme; **picy.**, pinacocytes.

Spicules (1).

Nous devons maintenant aborder le vaste sujet des spicules, qui ont pour caractère d'être siliceux, en sorte que leurs cellules formatrices, leurs scléroblastes, sont désignés plus spécialement sous le nom de *silicoblastes*, opposé aux calcoblastes des Calcaires (2).

Les *silicoblastes* sont des cellules conjonctives qui ne se distinguent point des autres par des caractères bien marqués mais qui forment à leur intérieur les spicules siliceux.

A l'inverse de ce qui a lieu chez les Calcaires, ces spicules, même les plus composés, prennent toujours naissance dans une seule cellule;

---

l'état de *cystencytes* et forment un *cystenchyme*; quand la substance gélatineuse devient plus ferme, le collenchyme se transforme en *chondrenchyme* et les cellules en *chondrencytes*; les cellules à réserves nutritives sont des *thésocytes* et forment le *thésenchyme*; le nom de *chromatocytes*, donné aux cellules pigmentaires, est d'usage courant; de même celui de *myocytes* donné aux cellules musculaires; mais les cellules fibreuses reçoivent de Sollas le nom, employé par lui seul, d'*inocytes*; les cellules nerveuses celui, également inusité, d'*æsthocytes*. Topsent appelle *cellules sphéruleuses* des éléments de nature diverse qui ont pour caractère d'être bourrés de vésicules de substance nutritive, sécrétée ou autre. Ces cellules correspondent aux chondrencytes, cystencytes et collencytes de Sollas, plus aux *cellules en rosette* de divers auteurs. Nous avons vu que, chez les Calcaires, ils comprennent aussi les *porocytes* de Minchin.

(1) Pour les dessins des différentes formes de spicules, voir les tableaux, p. 97 à 105.

(2) C'est aux Éponges acalcaires que se rattachent les formes sans spicules, les *Éponges charnues*, tout à fait dépourvues de squelette et les *Éponges fibreuses* qui ont, en place de spicules, des fibres d'une substance cornée, la *spongine*. Mais comme ces formes sont, dans les classifications récentes, rapportées aux formes siliceuses dont elles se rapprochent le plus par leurs caractères, nous devons considérer le spicule siliceux comme étant le squelette du type morphologique. Nous décrirons le squelette des Fibreuses quand nous les rencontrerons dans la classification.

quitte à se trouver plus tard, lorsqu'ils sont très grands, en rapport avec plusieurs cellules, issues vraisemblablement de la division du silicoblaste primitif. D'autre part, chaque silicoblaste ne donne naissance qu'à un seul spicule. Il faut cependant faire exception pour certains faisceaux de petits spicules en aiguilles auxquels on a donné le nom de *dragmes*.

On sait que la substance minérale qui les forme est de la silice hydratée, de l'opale; mais les auteurs divergent relativement aux proportions d'eau et d'anhydride silicique : les uns (Thoulet) donnent la formule $(SiO^2)^2H^2O$ qui correspond à 13,18 % d'eau; d'autres (Schulze) admettent $(SiO^2)^4H^2O$ qui correspond à 7,16 %, et d'autres même $(SiO^2)^5H^2O$ qui donnerait seulement 6,282 %. Il est possible que cette quantité varie suivant les espèces ([1]).

Les formes des spicules sont très variées, et comme elles sont d'un grand usage dans la classification, il est indispensable d'en donner une nomenclature. Bien des efforts ont été tentés dans ce sens, mais une nomenclature rationnelle, complète et universellement admise manque encore. Une des principales difficultés du sujet est que l'on ne peut pas n'envisager que la forme géométrique des spicules et qu'il faut tenir compte de leur mode de dérivation. Ainsi, les spicules formés d'une simple baguette rectiligne, constituent une catégorie fort naturelle : on les appelle *rhabdes;* ceux qui sont formés de nombreuses tigelles divergeant d'un centre forment une catégorie non moins naturelle et très différente : ce sont les *asters*. Cependant, les asters peuvent subir des réductions importantes et l'une d'elles ne leur laisse que deux rayons diamétralement opposés qui simulent absolument un rhabde. Souvent, certains indices mettent sur la voie de ces similitudes secondaires; mais parfois il n'en est pas ainsi, ou bien la forme dérivée peut provenir de deux formes fondamentales différentes sans qu'on sache laquelle.

Pour donner, par un seul exemple bien net, une idée de ces processus de complication, prenons le cas du *discoctaster* étudié par Schulze [93, 97]. L'*hexactine* est le spicule à trois axes rectangulaires. Il se transforme en *pentactine*, *tétractine*, *diactine*, *monactine* par la suppression de 1, 2, 3, 4, 5 actines. Il se complique en *hexaster* par la division des actines en un faisceau terminal de petites branches que l'on appelle *cladome*. Quand ces branches se terminent elles-mêmes par un disque, on a le *discohexaster*. Certaines Éponges (*Acanthascus*, etc.) ont des discohexasters à huit branches principales qui ne paraissent se rattacher à aucun système connu et qu'on appelle *discoctasters* (fig. 113). Schulze a reconnu que ces spicules proviennent de discohexasters à cladomes à quatre branches, dont les branches principales se sont raccourcies de

(1) On pense en général que la substance des spicules est empruntée directement à l'eau de la mer, qui contient en effet une certaine quantité de silice. Cependant, Murray et Juvine [91] sont d'avis que cette quantité serait insuffisante et que les Éponges empruntent leur silice à l'argile du fond, dont le silicate d'alumine serait décomposé par les sulfures alcalins provenant de la décomposition des matières organiques qui y sont mélangées.

manière à ce que les six cladomes s'insèrent directement sur le nodule central, de manière à former un aster à vingt-quatre branches (fig. 112); puis ces branches se sont soudées par trois de manière à se réduire à huit (fig. 113). Et ce n'est pas une vue de l'esprit, car le nodule central montre les six sommets de l'hexaster primitif et, dans les branches de l'octaster, on reconnaît les trois filaments axiaux parallèles des trois branches formatrices soudées. On voit par là combien, dans chaque cas particulier, la question peut être difficile à résoudre, et combien surtout les solutions idéales, simples vues de l'esprit non vérifiées par l'observation, risquent d'être fausses!

Fig. 112.

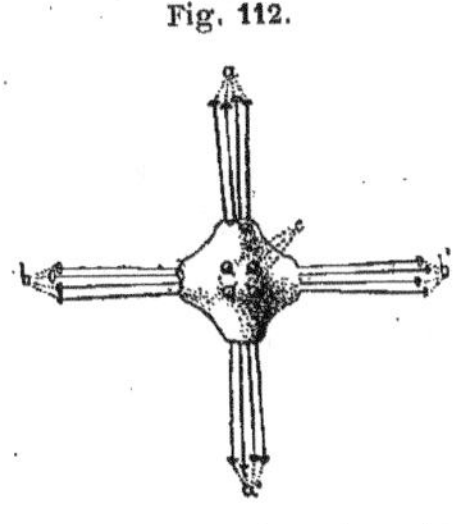

Discohexaster dans lequel les 4 clades de chaque branche partent directement du nodule central (Sch.).

a, a', b, b', c, cladomes des branches de l'hexaster.

Fig. 113.

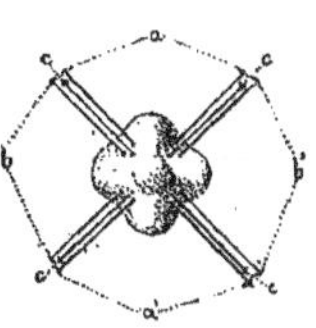

Discoctaster résultant du remaniement des 6 cladomes de la figure précédente, en 8 groupes de 3 (Sch.).

On est à peu près d'accord à distinguer deux grandes catégories de spicules : les *mégasclères*, grandes formes servant de soutien à la charpente générale du corps (*spicules essentiels* de Bowerbank, *spicules du squelette* de Carter) et les *microsclères* (*spicules accessoires*, *spicules du parenchyme*) (1).

Mégasclères. — Pour la division des mégasclères, le premier critérium auquel on s'adresse est le nombre des axes. On distingue ainsi cinq types fondamentaux, auxquels s'en ajoute un sixième défini par un autre critérium :

1° *Monaxones* (à un seul axe). — C'est, dans le type, un simple bâtonnet rectiligne cylindrique. Ses variations proviennent de ce qu'il peut devenir courbe ou onduleux, modifier ses extrémités des manières les plus diverses (en pointe, en tête renflée, en surface mousse), se garnir d'épines, etc., etc. Il peut aussi se munir à une extrémité de ramifications ou *clades* constituant ce qu'on appelle un *cladome* et, selon le nombre de ces ramifications, former des *monænes*, *diænes*, *triænes*, *tétrænes*, etc., qui eux-mêmes se subdivisent selon la forme et la direction de ces ramifications. Mais il est à remarquer que, en comptant les clades comme des actines principales et non comme des appendices, on aurait

(1) SCHULZE et LENDENFELD [89] préfèrent distinguer les spicules en *parenchymalia*, contenus dans la masse de l'Éponge et *dermalia* contenus dans sa couche corticale. Mais cette distinction, excellente pour l'étude des Éponges en particulier, est sans valeur dans une nomenclature générale, car ces deux catégories ne correspondent pas à des caractères objectifs des spicules eux-mêmes, pas même aux méga- et microsclères. — La distinction entre les méga- et les microsclères étant indécise aux limites, SOLLAS a proposé une catégorie de *mésosclères*, ce qui ne fait évidemment que mettre deux limites indécises au lieu d'une.

des spicules à plusieurs axes. Ainsi, le triæne est parfois considéré comme un spicule tétraxial. Il peut enfin s'accroître dans un seul sens ou dans les deux.

Il n'y a pas de *diaxones*, les spicules à deux axes étant considérés comme provenant de la réduction de ceux à nombre d'axes plus grand.

2° *Triaxones* (à trois axes). — La forme fondamentale est celle de l'hexactine [1] à trois branches prolongées toutes en ligne droite au delà du point de croisement : c'est la figure obtenue en menant du centre d'un cube les perpendiculaires sur les six faces, ou celle formée par les trois diagonales d'un octaèdre. Il se modifie soit par réduction de ses branches à cinq (*pentactine*), quatre (*tétractine*), trois (*triactine*), deux (*diactine*) ou même une seule (*monactine*); soit par amplification, ses branches se munissant, au bout, de ramifications (*hexaster*), avec de très nombreuses variétés, selon la disposition de ces branches appendiculaires.

3° *Tétraxones* (à quatre axes). — Dans la forme typique, les actines sont disposées comme les perpendiculaires abaissées du centre sur les quatre faces d'un tétraèdre. Il y a donc quatre actines partant d'un centre, mais jamais celles-ci ne se prolongent au delà du centre comme dans le cas des Triaxones. Les variations sont peu nombreuses. Normalement, les trois branches correspondant aux faces latérales du tétraèdre ne sont pas perpendiculaires à celle qui correspond à la base; mais elles peuvent le devenir : la forme géométrique est alors celle que l'on obtiendrait en abaissant des perpendiculaires d'un point central sur les trois faces et sur l'une des bases d'un prisme triangulaire. Cette dernière branche peut disparaître, et l'on a le *triode* formé de trois branches équiangles dans un plan, forme que nous avons rencontrée fréquemment chez les Éponges calcaires sous le nom de *spicule triradié*. On voit que, géométriquement, ce spicule est triaxial, tandis que morphologiquement, il est tétraxial. C'est un nouvel exemple de ces passages d'un système à l'autre.

4° *Polyaxones* (à axes multiples). — C'est une forme rare et peu variée. On peut lui rattacher les asters du groupe des microsclères.

5° *Sphères* (à axes en nombre infini). — Le spicule est ici de forme sphérique.

6° *Desmes*. — Ce n'est point un type géométrique spécial. Les desmes sont formés par le dépôt autour d'un corps central (ordinairement un spicule) de couches siliceuses qui reproduisent d'abord le contour du moule central, mais peu à peu s'en écartent en formant des apophyses, des branches de forme ordinairement irrégulière. Le noyau central, quand il est formé par un spicule, se nomme *crépide*.

---

[1] Rappelons qu'on donne le nom d'*actines* aux branches diverses d'un spicule qui en a plusieurs. Le triaxone primitif a donc six actines formant trois axes, parce que les six sont deux à deux sur une même droite. Dans les actines, SOLLAS distingue l'*ésactine* ou bout proximal et l'*écactine* ou bout distal, distinction qui n'est pas toujours pratiquement applicable.

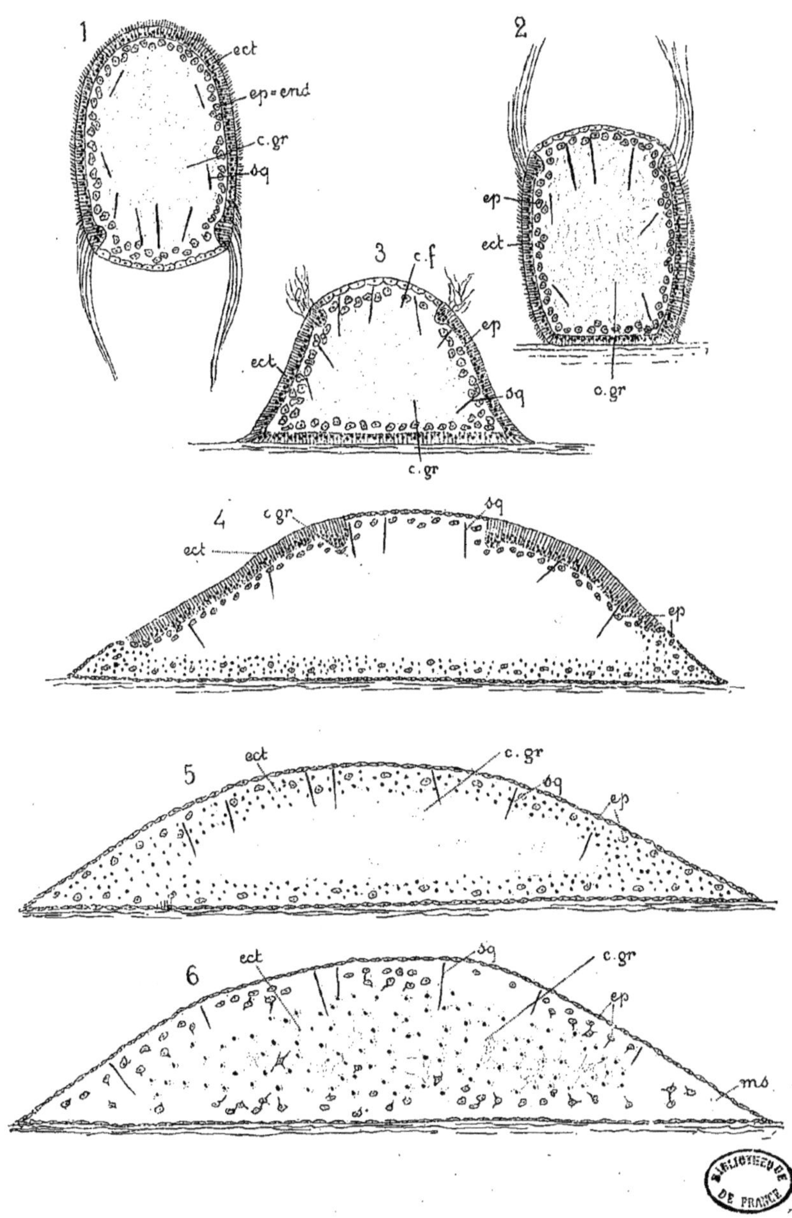
1
ect
ep=end
c.gr
sq
2
ep
ect
c.gr
3
c.f
ep
ect
sq
c.gr
4
c gr
sq
ect
ep
5
ect
c.gr
sq
ep
6
ect
sq
c.gr
ep
ms

Pl. 9.

INCALCARIA

(TYPE MORPHOLOGIQUE)

(*Suite*).

Développement.

Fig. 1. Larve libre en position morphologique (Sch.).

Fig. 2. Larve au moment de sa fixation par son pôle antérieur (Sch.).

Fig. 3. Larve pendant sa fixation, s'étalant sur son support (Sch.).

Fig. 4. Formation de l'épiderme définitif par les cellules endodermiques, et rentrée des ectodermiques (Sch.).

Fig. 5. Larve avec son épiderme définitif complètement formé et contenant encore, outre les cellules mésodermiques et ectodermiques, des cellules épidermiques qui formeront le revêtement des cavités inhalantes et exhalantes (Sch.).

Fig. 6. Les cellules contenues dans l'intérieur de la larve se fusionnent en un syncytium réticulaire (Sch.).

c. f., cellules mésodermiques fusiformes et étoilées;
cgr., cellules granuleuses;
ect., cellules ectodermiques;
end., cellules endodermiques;
ep., cellules épidermiques;
ep. = end., cellules endodermiques qui donneront l'épiderme définitif;
ms., mésoderme;
sq., spicules.

miques, en même temps que celles-ci se disloquent pour plonger dans la profondeur du corps (**9**, *fig. 4*). Le phénomène commence par l'aire de fixation pour s'étendre rapidement à toute la surface.

A peine arrivées au dehors, les endodermiques s'étendent en une couche épithéliale continue (**9**, *fig. 5*, *ep.* et fig. 121, *ep.*) qui constitue l'épiderme de l'Éponge; mais, comme elles s'aplatissent et s'étalent beaucoup dans cette transformation, il n'en faut qu'un petit nombre pour former l'épiderme superficiel, les autres restant sous la surface où elles seront employées bientôt à tapisser la cavité hypodermique et les canaux. Celles des cellules épidermiques qui forment le contour extérieur de la surface de fixation émettent des pseudopodes larges et aplatis (fig. 123, *m.*) par lesquels la jeune Éponge, qui jusqu'ici adhérait à peine par l'intermédiaire d'une faible sécrétion glutineuse, se fixe solidement au support (¹).

Fig. 123.

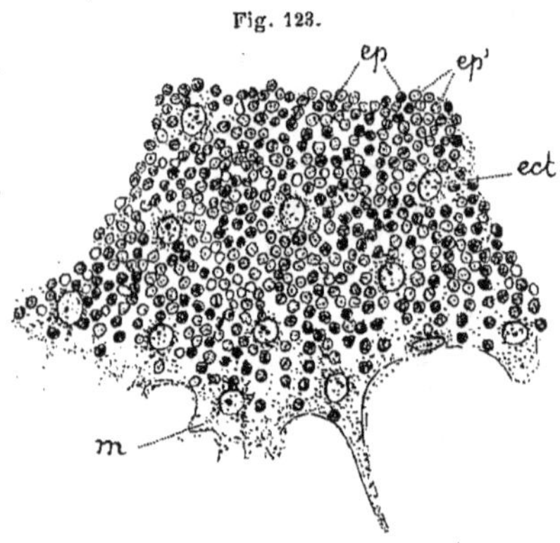

INCALCARIA. (Type morphologique.)
Bord d'un *Aplysilla* fixé depuis quelques heures (d'ap. Y. Delage).

ect., cellules ectodermiques; **ep.**, cellules épidermiques passant entre les cellules ectodermiques pour venir former l'épiderme définitif; **ep'.**, cellules épidermiques appartenant à la face opposée, c'est-à-dire à la base de fixation; **m.**, membrane marginale formée de cellules épidermiques émettant des pseudopodes.

Ces pseudopodes s'étendent rapidement; les cellules qui les ont formés, se halant sur eux, s'avancent, en émettent de nouveaux et ainsi, peu à peu, s'étalent en une mince mais large *membrane marginale* qui entoure la jeune Éponge d'une délicate aréole à contour déchiqueté. Cette membrane persiste toujours, sans cesse s'accroissant par la périphérie, tandis qu'à la partie proximale elle se dédouble en deux lames épidermiques entre lesquelles s'insinuent peu à peu des éléments mésodermiques, et c'est ainsi que se fait l'accroissement de l'Éponge en largeur.

Les cellules ectodermiques, en même temps qu'elles se disloquent pour faire passage aux épidermiques, rétractent leur flagellum et s'arrondissent, et c'est sous cette forme (**9**, *fig. 6*, *ect.* et fig. 121 *ect.*) qu'elles se disséminent dans toute l'épaisseur de l'Éponge, se mêlant aux éléments mésodermiques et aux endodermiques (*ep.*) restés sous l'épiderme.

A ce moment, tous les éléments sous-épidermiques, sauf peut-être les scléroblastes et les cellules fusiformes mésodermiques, quand il en existe

(¹) Chez diverses Siliceuses, on a trouvé des cellules glandulaires entre les ectodermiques; quand ces cellules sont absentes, la sécrétion n'en existe pas moins; elle se montre sous la forme de fines gouttelettes qui viennent tomber entre les bases des flagellums.

déjà à ce stade, émettent des pseudopodes et se fusionnent en un syncytium réticulaire très remarquable (**9**, *fig.* *6*) ([1]).

Grâce à leur mobilité dans ce syncytium, les cellules ectodermiques se groupent en masses arrondies qui sont les premiers rudiments des corbeilles (**10**, *fig.* *1* et *2*, *ect.*). Ces masses, d'abord pleines, se creusent peu à peu par distribution de leurs éléments à la surface. Ceux-ci se munissent d'un flagellum, puis d'une collerette, et voilà la corbeille formée (**10**, *fig.* *3* et *4*). Par suite de ce groupement (et, éventuellement, de la formation des spicules, qui en s'accroissant écartent les parties de l'Éponge), se forment des cavités irrégulières anfractueuses, sur lesquelles les cellules endodermiques restées à l'intérieur du corps s'étendent en couche épithéliale aplatie, et c'est ainsi que se forme le système des voies aquifères (**10**, *fig.* *1* à *4*, *ep.*). On voit par là que les voies inhalantes et exhalantes ont la même origine blastodermique et qu'il n'y a pas lieu de rattacher, comme on le faisait d'ordinaire avec F. E. Schulze [80], les inhalantes au même feuillet que l'épiderme et les exhalantes au même feuillet que les choanocytes; les unes et les autres proviennent des cellules endodermiques profondes restées sous-jacentes à celles qui se sont portées au dehors pour former l'épiderme. Celles des lacunes aquifères qui se trouvent sous la surface forment la cavité hypodermique (**10**, *fig.* *4*, *c. hy.*), dont la paroi externe est formée d'une double couche de cellules endodermiques entre lesquelles se sont insinués des éléments méso-

([1]) Cette fusion syncytiale se produit à des degrés très divers selon les types d'Éponges; et c'est pour avoir généralisé imprudemment ce qu'ils avaient vu sur un trop petit nombre de formes, que les auteurs ont en général mal interprété ce processus. Dans certains cas, il est à peine indiqué, ou même, ce qui demanderait peut-être vérification, n'existerait pas du tout (diverses Éponges cornées, d'après Maas); d'ordinaire, il est très marqué, mais les cellules gardent pour la plupart leur individualité dans le réseau, tandis qu'un petit nombre des ectodermiques se fusionnent plus ou moins complètement aux amœboïdes (*Esperella*, d'après Y. Delage); ailleurs, le nombre des cellules fusionnées devient plus grand (*Reniera*, *Aplysilla*, d'après Y. Delage); enfin, chez l'Éponge d'eau douce (*Spongilla*, d'après Y. Delage), presque toutes les ectodermiques sont, à un moment, complètement fusionnées aux amœboïdes en ce que cet auteur a nommé les *groupes polynucléés*. A ce degré, le phénomène ressemble fort à un acte de phagocytose et il a été à tort interprété comme tel (par Nöldeke [94]). Quelques cellules ectodermiques peuvent être en effet digérées, mais le plus grand nombre reprennent leur individualité, se séparent des amœboïdes, et se groupent en un réseau syncytial où chaque cellule garde son individualité, sauf dans les points où ses prolongements sont soudés à ceux des cellules voisines.

Ce fait, qu'un phénomène de phagocytose apparente puisse se terminer autrement que par la digestion de la plus petite des cellules fusionnées, a semblé étrange à quelques auteurs : il est fort naturel cependant. Quand deux cellules sont identiques et qu'elles se fusionnent, on ne peut dire que l'une a mangé l'autre. Une différence de taille n'introduit dans le phénomène aucune différence essentielle, car si les cytoplasmes restent identiques et si les noyaux ne se fusionnent point, aucune altération chimique ne peut résulter de cette fusion. C'est ce que l'on voit pour ces Héliozoaires qui forment des *associations* temporaires pour absorber de plus grosses proies (Voir vol. I, page 160). Si, au contraire, un des cytoplasmes est sensiblement plus actif que l'autre, il peut digérer celui-ci; c'est alors de la phagocytose vraie. Mais entre ce processus et la fusion syncytiale, il peut y avoir tous les intermédiaires : les groupes polynucléés des Éponges siliceuses en sont des exemples.

d'une mince couche mésodermique entre deux lames épithéliales. Au plancher de la cavité s'ouvrent de larges lacunes inhalantes de forme irrégulière mais très simple, communiquant par de minimes *prosopyles* avec ces corbeilles. D'autres lacunes, en tout semblables aux précédentes, mais plus profondes, plus centrales, communiquent par un large apopyle avec ces mêmes corbeilles. La paroi qui contient les corbeilles et sépare les lacunes inhalantes des exhalantes est mince, irrégulière et formée, en dehors des corbeilles, par des éléments mésodermiques noyés dans une gelée amorphe : scléroblastes, spicules, cellules fusiformes et amœboïdes. Les lacunes exhalantes débouchent dans une lacune centrale semblable aux autres mais plus grande, qui est la cavité atriale, s'ouvrant au dehors par l'oscule.

A partir de ce point, la jeune Éponge ne diffère de l'adulte que par des caractères secondaires dont l'acquisition progressive se conçoit sans difficulté, et qui consistent surtout dans des différenciations histologiques aboutissant à la formation des tissus fibreux et musculaires, des velums, des cônes, etc., et dans un accroissement localisé des lames de parenchyme qui renferment les corbeilles et sont interposées sous forme de cloisons aux lacunes inhalantes et exhalantes. Cet accroissement produit une complication progressive des canaux afférents et efférents, semblable à celle qui résulterait d'un accroissement uniforme de cette lame combiné avec son plissement, comme nous l'avons supposé dans la description de la complication progressive du type morphologique (1).

(1) C'est seulement dans ces dernières années que la question du développement des Siliceuses, tel que nous venons de le décrire, a reçu sa solution définitive. Jusqu'en 1890 on avait cru, d'après les descriptions unanimes des auteurs, que l'ectoderme flagellé de la larve formait l'épiderme de l'adulte. En 1890, tandis qu'un mémoire d'O. Maas [90] sur la Spongille décrivait encore ainsi les choses, parut une note préliminaire d'Y. Delage [90], où la sortie des épidermiques et la rentrée des flagellées étaient indiquées. L'année suivante une seconde note du même auteur (Y. Delage [91]) faisait connaître tous les faits essentiels du phénomène, formation de l'épiderme aux dépens de cellules intérieures, rentrée des flagellées, formation du syncytium, formation des corbeilles aux dépens des flagellées ectodermiques, et de l'épithélium des canaux aux dépens d'éléments intermédiaires, comme aspect et comme position, aux épidermiques et aux cellules centrales.

Ces assertions ne furent accueillies d'abord qu'avec la plus grande réserve : on crut à des erreurs d'observation. Cependant, dès 1892, avant même que le mémoire in extenso de Delage [92], retardé par un accident à l'atelier lithographique, eût paru, O. Maas [92] reconnaissait la sortie des épidermiques et la rentrée des flagellées pour former les corbeilles (Voir les notes des pages 62, 63). Mais Maas niait et nie encore dans ses derniers travaux [93] la formation du syncytium et cette demi-phagocytose si remarquable chez *Spongilla*. Cela est dû probablement au choix par cet auteur d'un fixateur imparfait ou à l'emploi de réactifs colorants mal appropriés. Elle est si évidente, en effet, que Nöldeke [94] la prend pour une phagocytose vraie et complète, aboutissant à la destruction totale des cellules ectodermiques, et fait provenir les corbeilles d'un bourgeonnement des cellules amœboïdes. Cependant, Nöldeke aurait dû être averti de son erreur par le fait qu'il n'a (pas plus que Delage) pu observer de divisions actives dans ces cellules, ce qui serait tout à fait inconcevable, étant donné qu'elles devraient, si son opinion était fondée, se diviser chacune une douzaine de fois en un temps qui parfois se réduit à une douzaine d'heures.

Nöldeke a été induit en erreur par le fait que, dans les Spongilles qui tardent à se fixer, ou

Pl. 11.

HEXACTINELLIDA

(TYPE MORPHOLOGIQUE)

Fig. 1. Coupe sagittale montrant l'ensemble de l'Éponge et indiquant la position du choanosome entre l'ectosome et la membrane atriale (Sch.).
Fig. 2. Figure montrant le plissement du choanosome (Sch.).
Fig. 3. Coupe montrant la disposition des corbeilles et du réticulum mésodermique (Sch.).
Fig. 4. Disposition des choanocytes sur la paroi des corbeilles (Sch.).

a., anastomoses principales des choanocytes;
a'., anastomoses secondaires des choanocytes;
cb., corbeilles;
chs., choanosome;
cv. hy., cavité hypodermique;
c., paroi du choanosome entre les corbeilles;
ects., ectosome ou membrane dermale;
esp. s.-atr., espace sous-atrial;
i., intervalles entre les corbeilles;
mb. atr., membrane atriale;
os., oscule;
p., pores inhalants;
p'., pores de la membrane atriale;
r., réticulum mésodermique de la cavité hypodermique;
r'., réticulum mésodermique de l'espace sous-atrial.

dedans de la couche des apopyles et une externe dont les branches cruciales sont immédiatement en dehors du niveau du fond des corbeilles, tandis que les branches axiales, passant entre les corbeilles, se croisent au milieu du choanosome.

En outre de ces spicules essentiels, on en trouve d'autres diversement modifiés et disposés. Les uns (*prostalia*) sont réduits à un seul axe et font saillie à la surface, soit à la base (*p. basalia*) pour servir à la fixation de l'animal dans la boue du fond, et ils sont alors armés de crochets au bout, soit à la surface externe (*p. lateralia*) pour écarter

Fig. 130.

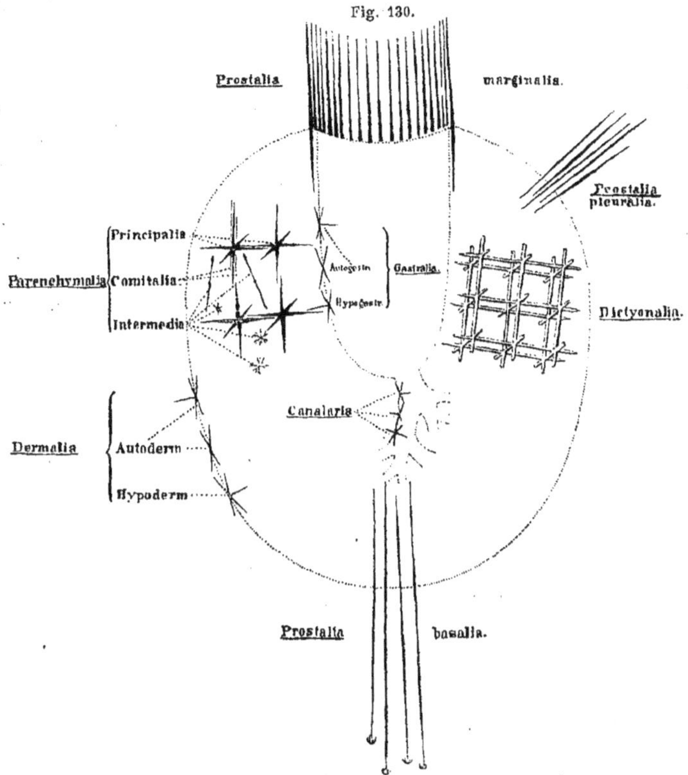

HEXACTINELLIDA. (Type morphologique.)
Disposition des spicules chez les Hexactinellides (d'ap. Schulze).

les ennemis, soit au bord de l'oscule (*p. marginalia*) pour défendre l'accès de la cavité atriale. Les autres sont dans le parenchyme comme les grands hexactines et pentactines ci-dessus décrits (*parenchymalia principalia*), mais réduits, tantôt sous le rapport du nombre des branches

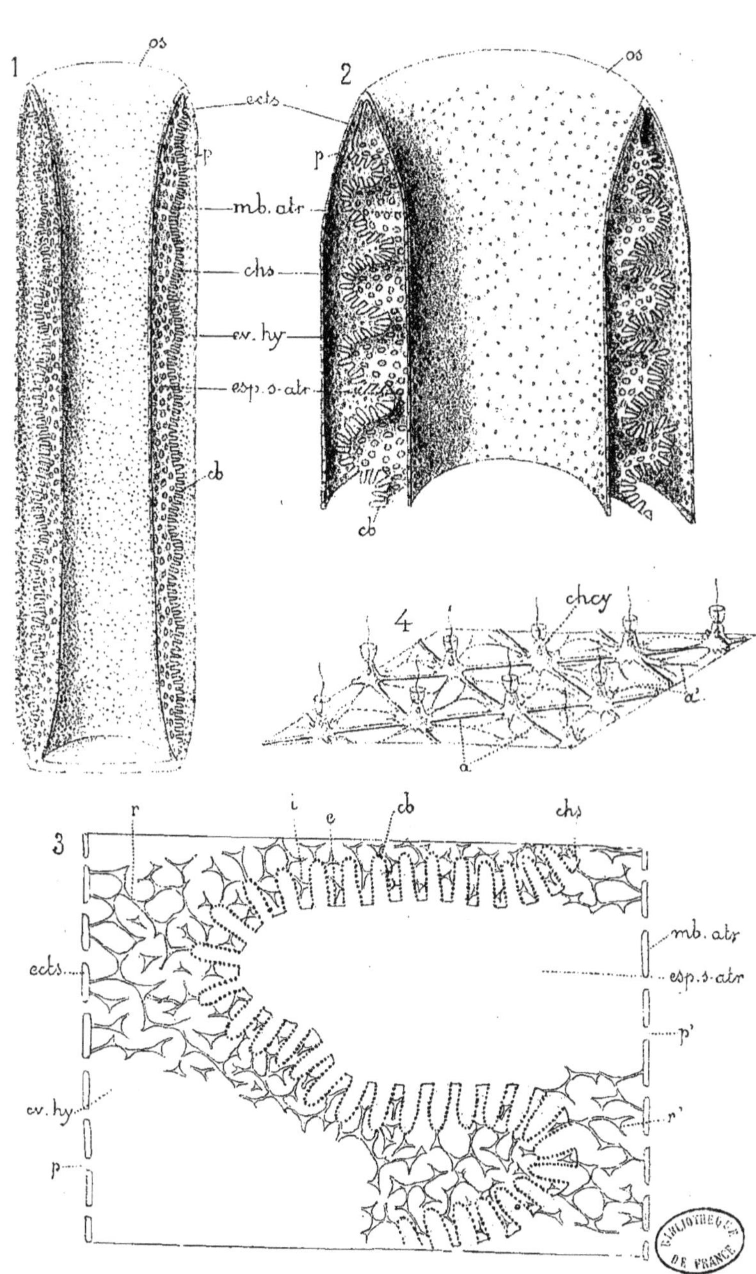
1
os
ects
p
mb. atr
chs
cv. hy
esp. s-atr
cb
2
os
p
cb
4
chcy
a'
a
3
r
i
e
cb
chs
mb. atr
esp. s-atr
ects
p'
r'
cv. hy
p

et accompagnant les principaux (*p. comitalia*), tantôt sous le rapport de la taille (microsclères) et disposés entre les principaux (*p. intermedia*) : ce sont alors de petits hexasters avec leurs nombreuses variétés, floricomes, etc. (1).

Physiologie.

L'animal est un hôte des grandes profondeurs (200 à 3 000 brasses). Sous le rapport de la nutrition et de la respiration, ce groupe d'Éponges est mal connu; mais il y a tout lieu de croire que les choses se passent comme d'ordinaire, l'eau entrant par les pores et sortant par les oscules.

Bourgeonnement. — Dans un très petit nombre de cas, le bourgeonnement a été observé (*Lophocalyx*)(fig. 131). On voit alors une partie de la surface faire saillie sous la forme d'un bourgeon qui s'étrangle à la base et se pédiculise de plus en plus. Ce bourgeon comprend toutes les couches de la paroi maternelle et renferme une cavité qui est un diverticule de la cavité atriale de celle-ci. Quand il est prêt à se détacher, un oscule se perce à l'opposé du pédicule, celui-ci achève de se couper et la jeune Éponge tombe au fond et se fixe par la partie correspondant au pédicule. Déjà pourvue de tous les organes et tissus de l'adulte, elle n'a plus qu'à grandir.

Fig. 131.

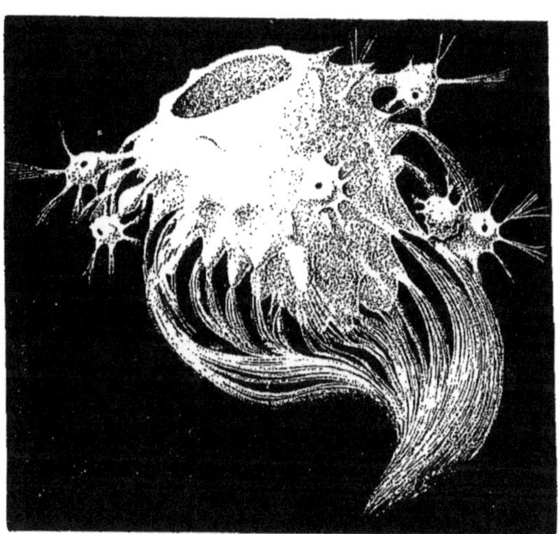

Lophocalyx philippinensis, chargé de ses bourgeons (d'ap. Schulze).

Le développement n'est pas connu.

(1) F. E. Schulze [87], dans sa magistrale monographie de ce groupe, distingue dans les dermalia les *autodermalia* situés dans la membrane et les *hypodermalia* placés un peu plus profondément, et de même les *autogastralia* et *hypogastralia*, le nom de gastralia venant de celui de cavité gastrique appliqué d'ordinaire à ce que nous nommons la cavité atriale. Dans les formes où l'atrium se prolonge en larges canaux précédant ceux qui sont tapissés par les corbeilles, il donne le nom de *canalia* aux spicules qui renforcent leurs parois. Il y aurait à propos du squelette bien des particularités encore auxquelles nous ne pouvons nous arrêter. Notons cependant que, dans les spicules très beaux de ces Éponges, surtout ceux de grande taille, la cavité centrale occupée par une substance protoplasmique est très visible et décrite comme un canal.

Les *Hexactinellida* se divisent en deux sous-ordres :

LYSSACIDÆ (Zittel), dont les spicules restent indépendants durant toute la croissance de l'animal mais peuvent, chez l'adulte, se souder entre eux, directement ou au moyen de synapticules transverses irréguliers;

DICTYONIDÆ (Zittel), dont les grands hexactines du parenchyme sont, régulièrement et dès le jeune âge, fusionnés par un dépôt commun de silice autour de leurs branches juxtaposées, de manière à former un grillage rigide (1).

1er Sous-Ordre

LYSSACIDÉS. — *LYSSACIDÆ*

[*LYSSACINA* (Zittel); — *LYSSAKINA* (Vosmär)]

TYPE MORPHOLOGIQUE

Nous n'avons rien à ajouter au type morphologique des *Hexactinellida* qui est celui des Lyssacidés, sauf en ce qui concerne ce phénomène tardif de soudure indiqué dans la diagnose.

Les spicules sont indépendants durant tout le temps de la croissance de l'animal. Mais, quand est arrivé l'âge adulte, il s'établit fréquemment, à la fois dans tout l'organisme, des soudures entre les spicules, soit directement, soit par l'intermédiaire de synapticules qui se forment irrégulièrement entre eux. L'Éponge est dès lors transformée en un tout inextensible dans lequel tout accroissement intercalaire est empêché. Aussi désormais cesse-t-elle de grandir : c'est pour elle l'état adulte.

On conçoit que, lorsqu'on n'a sous les yeux que les adultes, il puisse être difficile de les distinguer de certaines formes du second sous-ordre, celui des Dictyonidés.

GENRES

1re FAM. : *EUPLECTELLINÆ* [*Euplectellidæ* (Gray)].

Euplectella (Owen) (fig. 132) a la forme d'un long cylindre ordinairement courbe et plus ou moins tordu sur lui-même. Il est fixé par sa base dans la boue du fond, au moyen d'une puissante touffe de spicules qui ont l'aspect du verre filé et sont formés par un prolongement du système des branches longitudinales du squelette. L'ouverture osculaire est fermée par un *opercule* bombé, criblé de trous par où l'eau sort. Le bord de l'orifice osculaire dépasse un peu l'insertion de l'opercule et se prolonge en une collerette gaufrée, entière, membraneuse, ou formée de spicules dressés très longs. Les parois latérales, parfois lisses, plus souvent ornées de crêtes longitudinales saillantes séparant autant de sillons,

(1) A cette division, F. E. SCHULZE [93, 99], qui la trouve peu naturelle et non phylogénétique, propose d'en substituer une autre en deux sous-ordres : *Amphidiscophora* (des amphidisques et pas d'hexasters), comprenant *Semperella*, *Hyalonema* et les formes voisines; et *Hexasterophora* (des hexasters et pas d'amphidisques), comprenant les autres Hexactinellides.

sont percées de *trous pariétaux* à peu près aussi grands que ceux de l'opercule, qui traversent la paroi et débouchent directement dans la cavité atriale (1). Ces trous sont bordés d'une membrane dans laquelle des myocytes sont disposés en sphincters. Le squelette est formé comme dans notre type, avec cette particularité que les branches cruciales des hexactines (et pentactines) sont disposées les unes suivant les génératrices du cylindre, les autres suivant ses sections transversales, de manière à limiter des mailles carrées. Le squelette dermal contient de grands oxyhexactines en forme de glaive, avec le grand rayon figurant la lame dirigé en dedans et le petit rayon distal figurant la poignée souvent orné, au bout, d'un floricome très élégant. Les spicules sont intriqués entre eux et avec les spicules accessoires, tétractines, triactines et diactines, longs et filiformes, de manière à former une charpente solide (bien que très délicate). La cavité du tube donne asile à un Palémonide et fréquemment à un Isopode (*Æga*). Dans le chevelu qui sert à fixer l'Éponge, se trouvent des spicules en ancre, principalement des pentactines (Jusqu'à 30cm de long; Pacifique, Atlantique, Japon, Océan indien; jusqu'à 1 100 brasses).

Fig. 132.

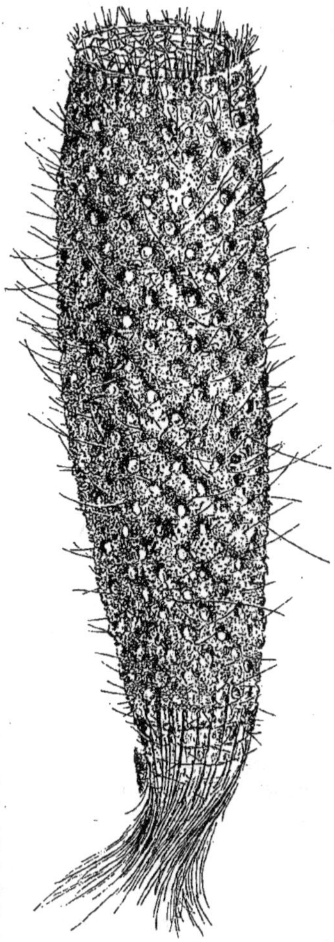

Euplectella (d'ap. Schulze).

Il n'y a point d'amphidisques et les corbeilles sont en forme de dé à coudre et bien séparées les unes des autres. Ces deux caractères joints à la présence d'hexasters dans le parenchyme sont donnés par SCHULZE comme définissant une tribu [*Hexasterophora* (F. E. Schulze)] contenant tous les genres suivants jusqu'à *Hyalonema* lequel, avec les petits genres qui en dépendent, constitue, par opposition, une deuxième tribu [*Amphidiscophora* (F. E. Schulze)] dont les membranes sont garnies d'amphidisques, tandis que les hexasters manquent dans le parenchyme, et dont les corbeilles sont disposées en diverticules irréguliers.

Tægeria (F. E. Schulze) diffère d'*Euplectella* par l'irrégularité des mailles du squelette, par des discohexasters dans le parenchyme et par la disposition irrégulière des *trous pariétaux* (Iles Fidji, Océan indien; 610 brasses).

(1) Cela constitue une exception apparente à la règle si générale d'après laquelle l'eau ne peut arriver à la cavité atriale qu'après avoir traversé les corbeilles; mais ces trous ne sont point à comparer aux voies aquifères qui conduisent l'eau aux corbeilles.

Regadrella (O. Schmidt) est attaché par une base ferme à un support solide et n'a pas de vrais discohexasters (Açores, golfe du Mexique, Océan indien, Barbades).

Dictyaulus (F. E. Schulze) (fig. 133) a la forme d'un tube cylindrique à parois lisses, avec des trous pariétaux ronds, bien rangés en séries longitudinales et transversales (Océan indien). Chez

Walteria (F. E. Schulze), la forme même des trous pariétaux devient irrégulière (Océan indien, Ile Kermandec; 630 brasses).

Holascus (F. E. Schulze) n'a pas de *trous pariétaux* (5 à 10cm; Buenos-Ayres, Australie, Philippines, Océan indien; 1 950 à 2 650 brasses).

Malacosaccus (F. E. Schulze) diffère d'*Holascus* par la paroi de la cavité atriale à laquelle de larges ouvertures exhalantes donnent l'aspect d'un gâteau d'abeilles (Jusqu'à 40cm; Océan indien, Sud de Sierra Leone; 1 375 à 2 450 brasses).

Ici se rattachent les formes suivantes, insuffisamment étudiées :

Habrodictyon (W. Thomson) (Moluques),
Eudictyum (Marshall) (habitat inconnu),
Dictyocalyx (F. E. Schulze) (Pacifique, 2 385 brasses),
Rhabdodictyum (O. Schmidt) (Atl., Bequia, 1 591 brasses),
Rhabdopectella (O. Schmidt) (Antilles, 994 brasses, Açores),
Hertwigia (O. Schmidt) (Antilles, 641 brasses),
Hyalostylus (F. E. Schulze) (Pacifique sud, 2 550 brasses).

Fig. 133.

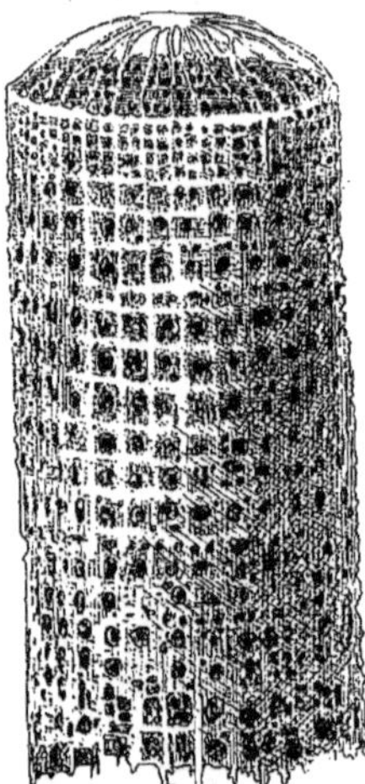

Dictyaulus elegans (d'ap. Schulze).

2e FAM. : *ASCONEMATINÆ* [*Asconematidæ* (Gray)].

Asconema (Sav. Kent) diffère essentiellement d'*Euplectella* par le fait que les hexactines des membranes dermique et atriale ont le rayon proximal (celui qui chez *Euplectella* formait la lame du glaive) rudimentaire ou nul, ce qui les transforme dans ce dernier cas en pentactines. L'actine distal est, au contraire, bien développé et épineux, ce qui transforme le pentactine en pinule. La forme est celle d'un entonnoir plus ou moins évasé à paroi mince et flexible. Les spicules principaux du parenchyme sont de longs diactines (5cm, Portugal, Maroc, Atlantique, Ecosse, 200 à 400 brasses).

Calycosoma (F. E. Schulze), en forme de coupe, à surface externe parsemée de papilles hérissées de spicules sétiformes, contient, entre autres formes spiculaires, des strobiloplumicomes au voisinage de la surface (Atl. amér.).

Calycosaccus (F. E. Schulze), caliciforme, a tous les caractères spiculaires d'*Aulosaccus* (qui est une Rosseline), mais s'en distingue par ses spicules dermiques en forme d'hexactines pinuliformes à rayon distal dirigé en dehors (Alaska).

Aulascus (F. E. Schulze) a, en plus, des oxhyhexactines dans le parenchyme (Ile Prince Edward; 310 brasses).

Sympagella (O. Schmidt) se distingue par son pédoncule ramifié portant un individu ovale au bout de chaque branche (Floride, Portugal, Iles du Cap-Vert; 98 à 128 brasses).

Caulophacus (F. E. Schulze) a, au sommet d'un long pédoncule non ramifié et lisse, un corps en forme de lentille, de coupe très évasée ou d'ombrelle, c'est-à-dire convexe en dessus, concave en dessous. La face supérieure correspond, dans les trois cas, à la cavité atriale étalée et sert à l'évacuation de l'eau, tandis que les pores sont confinés à la face pédonculaire (Ile Crozet, Japon; 1 600 à 2 300 brasses).

Saccocalyx (F. E. Schulze) (fig. 135) se caractérise par la présence de discospirasters et d'aspidoplumicomes (Golfe de Bengale).

Trachycaulus (F. E. Schulze) et
Pleorhabdus (F. E. Schulze) sont des genres douteux que leur auteur lui-même propose de supprimer.

3° FAM. : *Rossellinæ* [*Rossellidæ* (F. E. Schulze)].

Rossella (Carter) (fig. 134). Ici, c'est au contraire, l'actine distal des spicules dermiques qui

Fig. 134.

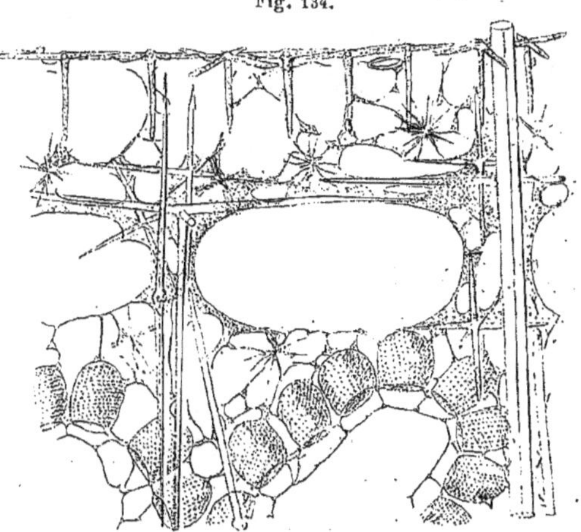

Partie de coupe transversale de *Rosella antarctica* (d'ap. Schulze).

Fig. 135.

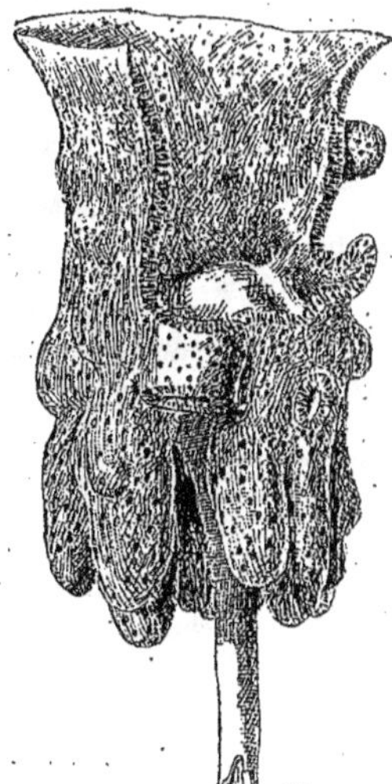

Saccocalyx pedunculata (d'ap. Schulze).

manque. Ceux-ci sont donc au plus des pentactines à rayon axial centripète, implantés sur de petites papilles. Mais ces pentactines sont très saillants et leurs actines tangentielles forment par leur ensemble une sorte de voile de dentelle siliceuse, à quelque distance de la surface du corps. La forme est ovoïde, sessile (10^{cm}; Ile Kerguelen, Ile Prince Edward, Japon, Buenos-Ayres, Gibraltar; 150 à 651 brasses).

Fig. 136.

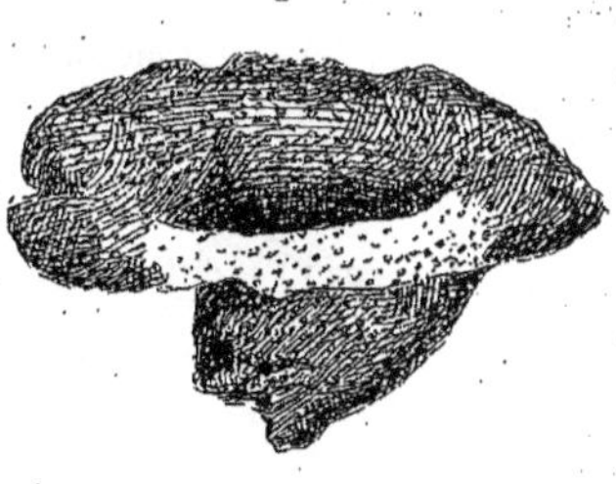

Bathydorus lævis (d'ap. Schulze).

Lophocalyx (F. E. Schulze) (fig. 131) n'a plus le voile de dentelle siliceuse; les spicules saillants sont divergeants et n'ont point de rayons tangentiels; mais ceux de la base sont très longs, terminés en ancres, réfléchis vers le bas et forment une forte touffe par laquelle l'Éponge se fixe dans la vase. C'est chez ce genre qu'a été observé le bel exemple de bourgeonnement décrit à propos du type morphologique (Voir page 121) (10^{cm}, Malaisie, 95 à 129 brasses).

Bathydorus (F. E. Schulze) (fig. 136) n'a plus de papilles, et les spicules qui peuvent le hérisser restent disséminés et ne forment plus de touffe; l'oscule est bordé de spicules dressés; l'Éponge elle-même a la forme d'une outre à parois flexibles (Pacifique nord et sud, Océan indien; 140 à 2 900 brasses).

Acanthascus (F. E. Schulze) diffère de *Bathydorus* par sa forme en coupe, ses parois épaisses, la présence de discoctasters et de diactines dans le derme et par l'absence de spicules au bord osculaire (Patagonie, Japon, 210 à 400 brasses).

Lanuginella (O. Schmidt) a la surface lisse, non hérissée de spicules; les spicules dermiques sont des tétractines; point de spicules au bord de l'oscule (Malaisie, Iles du Cap-Vert; 140 brasses).

Mellonympha (F. E. Schulze) est ovoïde, avec une enveloppe extérieure de pentactines (Gibraltar).

Rhabdocalyptus (F. E. Schulze) est semblable au précédent, mais il a des discoctasters; le derme contient en outre des pentactines à actine tangentielle armée de crochets (Patagonie, Japon, Vancouver; 100 à 400 brasses).

Acanthosaccus (F. E. Schulze) ne diffère du précédent que par l'absence d'oxyhexasters (Californie).

Staurocalyptus (Ijima) diffère du même par ses pentactines non crochus (Japon).

Euryplegma (F. E. Schulze) diffère des précédents par une tendance à former des synapticules qui, dans les parties âgées, se soudent en un tout rigide (Nouvelle-Zélande; 630 brasses).

Aulocalyx (F. E. Schulze) présente le même caractère et, en outre, son parenchyme contient de curieux hexasters dont les branches principales, courtes, portent un bouquet de longs bâtonnets épineux qui vont en grossissant vers le bout distal (Cap de Bonne-Espérance, Ile Crozet; 340 à 600 brasses).

Fig. 137.

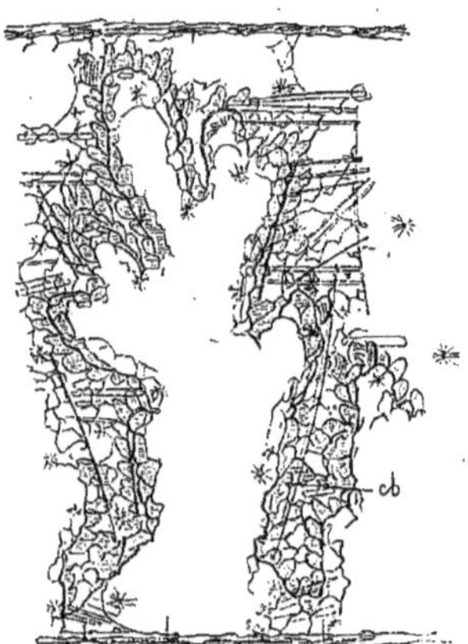

Crateromorpha Murrayi.
Coupe transversale (d'ap. Schulze).

Caulocalyx (F. E. Schulze) est hérissé de longs diactines et porté sur un haut pédoncule (Tristan da Cunha; 2 025 brasses).

Crateromorpha (Gray) (fig. 137) est aussi porté sur un long pédoncule; il est ovoïde et a le bord osculaire entouré d'une collerette membraneuse dressée (Malaisie, Japon, Iles Banda; 95 à 360 brasses).

Aulochone (F. E. Schulze) diffère du précédent par sa cavité atriale retroussée en dehors à peu près comme chez certains *Caulophacus*, avec les pores à la face inférieure concave (Célèbes, Iles Kermadec; 500 à 600 brasses).

Aulosaccus (Ijima) a au contraire la forme d'un sac ou d'un vase sans pied (Japon).

Leucopsacus (Ijima) est sacciforme, à spicules intermédiaires formés de discohexasters hexactines, c'est-à-dire à six branches et de deux sortes, grands et petits (Japon).

Chaunoplectella (Ijima) est cupuliforme ou oviforme, à discohexasters non hexactines, de deux sortes aussi (Japon, Golfe de Bengale).

Placopegma (F. E. Schulze) (fig. 138) diffère des précédents par ses discohexasters d'une seule sorte (Golfe de Bengale).

Hyalascus (Ijima) est cupuliforme, à paroi mince, et ses spicules dermiques sont des pentactines avec un rudiment d'un sixième rayon, ou parfois des hexactines parfaits (Japon).

Vitrollula (Ijima) n'a jamais que des pentactines dermiques ou des stauractines, jamais d'hexactines, même avec le sixième rayon rudimentaire (Japon).

Fig. 138.

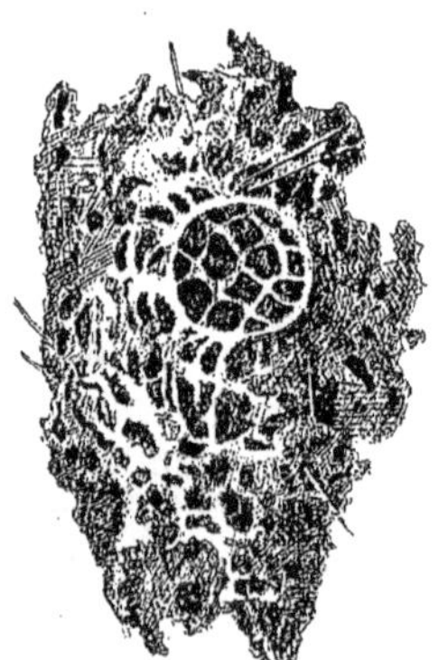

Placopegma solutum
(d'ap. Schulze).

Aphorme (F. E. Schulze) semblable pour la forme à *Calycosoma* s'en distingue, ainsi que de tous les *Hexasterophora* du même auteur, par l'absence d'hexasters (Californie).

Acanthop[h]ora (Sollas) fossile Crétacé, prend place ici.

F. E. SCHULZE [97], groupant ces genres d'après les caractères des spicules, distingue trois sous-familles; une [*Rossellinæ*] sans plumicomes ni discoctasters où il place *Bathydorus*, *Rossella*, *Crateromorpha*, *Aulosaccus*, *Aulocalyx*, *Placopegma* et *Euryplegma*; une [*Lanuginellinæ*] avec plumicomes sans discoctasters, où il place *Lophocalyx*, *Mellonympha*, *Lanuginella* et *Caulocalyx*; et une avec discoctasters sans plumicomes [*Acanthascinæ*] pour *Acanthascus* et *Rhabdocalyptus*. Dans cette revision, il ne parle plus du genre *Aulochone*, ni de *Vitrollula* et de *Leucopsacus* créés ultérieurement.

Fig. 139.

Hyalonema. Sur le pédoncule sont fixés des Cirripèdes (d'ap. Schulze).

IJIMA [98], dans un travail tout récent, préfère l'arrangement en quatre sous-familles : la première [*Leucopsacinæ*] à spicules dermiques non différenciés en auto- et hypodermiques, sans oxyhexasters parmi les intermédiaires, comprenant : *Euryplegma*, *Aulocalyx*, *Caulocalyx*, *Leucopsacus*, *Placopegma* et *Chaunoplectella*; la deuxième [*Lanuginellinæ*] à spicules dermiques différenciés en auto- et hypodermiques, avec oxyhexasters d'ordinaire dans les intermédiaires, des plumicomes et pas d'octasters, comprenant : *Lanuginella*, *Lophocalyx*, *Mellonympha*; la troisième [*Rossellinæ*] différant de la précédente par l'absence de plumicomes, comprenant : *Aulosaccus*, *Aulochone*, *Bathydorus*, *Hyalascus*, *Vitrollula*, *Crateromorpha*, *Rossella*; la quatrième enfin [*Acanthascinæ*] différant de la précédente par l'absence d'octasters et comprenant : *Staurocalyptus*, *Rhabdocalyptus* et *Acanthascus*.

A ces genres, SCHULZE [99] vient d'en ajouter trois, dans un travail préliminaire où il les indique seulement sans donner encore leurs diagnoses. Nous ne pouvons donc que donner leurs noms :

Schaudinnia (F. E. Schulze), | *Trichasterina* (F. E. Schulze).
Scyphidium (F. E. Schulze),

Tous les trois sont arctiques.

4° FAM. : HYALONEMATINÆ [*Hyalonematidæ* (Gray).

Hyalonema (Gray) (fig. 139) diffère d'*Euplectella* et des genres décrits après lui par l'absence complète d'hexasters dans le parenchyme et par la présence constante de grands amphidisques dans les membranes dermale et atriale. Il en diffère en outre par la forme des corbeilles qui, au lieu d'être bien limitées, régulières, en forme de dé à coudre, sont longues, lobées ou légèrement ramifiées et se continuent plus ou moins au niveau de leur région apopylaire. Le corps, infundibuliforme ou arrondi, est porté au sommet d'un long pédoncule formé par un faisceau de spicules terminés en bas par une extrémité ancreuse formée de quatre ou huit dents, qui sert à fixer l'animal dans la boue du fond et qui, en haut, forme un cône saillant à l'intérieur du corps; sur le pédoncule se fixe un Polype, le *Palythoa*

que l'on avait pris autrefois pour le constructeur de ce squelette (3 à 8^{cm}; pédoncule jusqu'à 30^{cm}; Atlantique, Japon, Philippines, Indes, Australie, Pacifique nord et sud, Portugal, Shetland; 345 à 2425 brasses).

Le caractère de l'absence d'hexasters et de la présence des amphidisques est considéré par F. E. SCHULZE [87] comme justifiant la création pour ce genre et pour les suivants jusqu'à la fin du sous-ordre d'une tribu [*Amphidiscophora*], s'opposant à une seconde tribu [*Hexasterophora*] comprenant tous les précédents.

Pheronema (Leidy) a un pédoncule formé d'un faisceau lâche de spicules en ancres à deux branches qui ne monte pas dans le corps au delà du milieu et ne forme pas de saillie intérieure. Ordinairement, sa surface est hérissée de nombreux spicules saillants (Atl., Inde, Malaisie, Portugal, Nord de l'Écosse; 140 à 1 600 brasses).

Fig. 140.

Semperella Schultzei jeune (d'ap. Schulze).
p., *Palythoa* parasite.

Fig. 141.

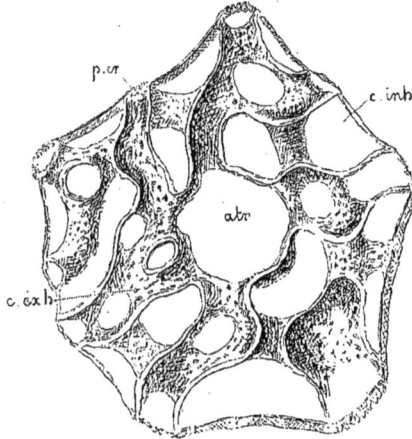

Section transverse schématique dans la portion moyenne de *Semperella Schultzei* (d'ap. Schulze).
atr., atrium; **c. exh.**, canaux exhalants; **c. inh.**, canaux inhalants; **p. cr.**, plaques criblées.

Fig. 142.

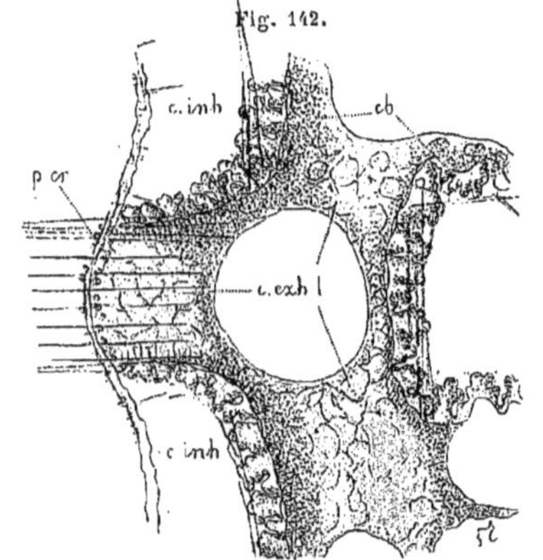

Coupe transversale des parties latérales de *Semperella Schultzei* (d'ap. Schulze).
cb., corbeilles; **c. exh. l.**, canaux exhalants latéraux; **c. inh.**, canaux inhalants; **p. cr.**, plaque criblée.

Semperella (Gray) (fig. 140 à 142) présente une structure très particulière. Fixé par un court pédoncule de fibres siliceuses, il est formé par un corps allongé de forme prismatique. Au sommet on ne trouve point d'oscule, mais toute la surface est percée d'orifices assez larges protégés par de petites plaques cribleuses. A l'intérieur, on trouve une cavité atriale centrale parcourant toute la hauteur, mais très réduite en diamètre et émettant latéralement des

canaux gros comme le petit doigt, qui s'anastomosent en un réseau à larges mailles dans toute l'épaisseur des parois et vont aboutir aux orifices cribleux latéraux, tandis que le canal atrial central débouche plutôt aux orifices cribleux de l'extrémité supérieure. Ces canaux ne sont pas creusés dans un parenchyme massif; ils sont libres et séparés les uns des autres par des espaces occupant les mailles de leur réseau et qui sont les lacunes inhalantes, tandis qu'eux-mêmes représentent le système exhalant. Les corbeilles sont, en effet, situées dans leur épaisseur et débouchent dans leur cavité par leur apopyle, tandis qu'elles communiquent avec les lacunes inhalantes par de petits orifices. Enfin, la surface de l'Éponge est revêtue d'une membrane dermale dans laquelle sont percés les pores (25cm; Philippines, Malaisie, Japon; 240 brasses).

Fig. 143.

Spicule de *Semperella Schultzei* (d'ap. Marshall).

Nous placerons ici un certain nombre de genres vivants, provenant tous du golfe de Mexique, qui appartiennent certainement aux Lyssacidés, mais dont les affinités précises n'ont pu être déterminées :

Leiobolidium (O. Schmidt),
Cyathella (O. Schmidt),
Joanella (O. Schmidt),
Diplacodium (O. Schmidt),
Pachaulidium (O. Schmidt),
Rhabdostauridium (O. Schmidt),
Placodictyon (O. Schmidt) et le genre fossile
Donatispongia (Malfatti) (Eocène).

Malgré la non-cohésion des spicules entre eux, les Lyssacidés comprennent certains genres fossiles, qui ont été classés par les paléontologistes en des familles différentes de celles des Lithishidés vivants.

Protospongia (Salter) a la forme d'un sac largement ouvert dont les parois minces sont formées d'une seule couche de spicules cruciformes, assez régulièrement disposés pour dessiner un réseau à mailles carrées, dans lesquelles d'autres croix plus petites dessinent des mailles carrées plus irrégulières (Camb., Sil.) (1).

Phormosella (Hinde) est un genre voisin (Camb., Sil.).

Ces deux genres sont considérés comme formant une famille [*Protospongidæ* (Hinde)] où doit peut-être aussi prendre place le genre

Eocoryne (Matthew) (Cambr.).

Dictyophytra (Hall) a son réseau formé de faisceaux de fins spicules (Sil., Dév.).

Actinodictya (Hall) (Dév.),
Uphantenia (Vanuxem) (Dév.),
Acanthodictya (Hinde) (Dév.)
Cryptodictya (Hall) (Dév.),
Rhombodictyon (Whitfield) (Sil.) et
Hydnoceras (Conrad) (Dév.)

sont des genres voisins formant avec *Dictyophytra* une famille [*Dictyospongidæ* (Hall)] à laquelle se rattachent avec doute les deux formes suivantes :

Rauffella (Ulrich) (Sil.)
Leptopoterion (Ulrich) (Sil.).

Les genres,

Cyathophycus (Walcott);
Palæosaccus (Hinde),
Plectoderma (Hinde),

tous Siluriens et à réseau squelettique plus irrégulier, ont été réunis en une famille [*Plectospongidæ* (Rauff)]. Ici se place peut-être le genre douteux

Placochlænia (Pomel) (Tert.).

---

(1) On trouvera dans le tome 1er de ce traité, à la page 333, la description d'un Protozoaire portant le même nom. Mais, en réalité, il n'y a pas homonymie, car Kent, après avoir créé son genre *Protospongia*, ayant reconnu que ce nom était préoccupé par une Éponge fossile, l'a transformé lui-même en celui de *Proterospongia* (Kent); en sorte que *Protospongia* (Éponge) persiste seul et que *Protospongia* (Protozoaire), remplacé par *Proterospongia*, tombe en synonymie.

Les suivants au contraire, tous des terrains primaires (Cambr. à Carb.), n'ont pu être distribués en famille, du moins dans les revisions modernes de la classification, ou bien l'on a fait pour eux des familles spéciales [*Pattersonidæ*, etc.].

Chirospongia (Miller), *Cyathospongia* (Dawson), *Dichoplectella* (Matthew), *Pattersonia* (Miller), *Amphispongia* (Salter), *Morteria* (de Koninck), *Astroconia* (Sollas), *Teganium* (Rauff), *Oncosella* (Rauff), *Pyritonema* (Mc Coy), *Hyalostelia* (Zittel), *Holasterella* (Carter), *Spiractinella* (Hinde), *Acanthinella* (Hinde), *Stauractinella* (Zittel), *Tholiasterella* (Hinde), *Asteractinella* (Hinde), ces deux derniers formant pour Hinde un ordre [*Heteractinellidæ*], en raison de leurs spicules cruciformes dont deux des quatre branches se diviseraient en deux dès leur base, en restant d'ailleurs dans le même plan.

Astræospongia (Römer) formerait à lui seul un ordre [*Octactinellidæ* (Hinde)] en raison de ses spicules cruciformes dont les quatre branches subissent une modification analogue (Sil., Dév.).

Marshall réunissait *Astræospongia* avec *Stauractinella* dans une famille [*Monakidæ*] et *Hyalostelia* avec *Holasterella* dans une autre [*Pollakidæ*], et plaçait *Askonema* dans une troisième [*Pleionakidæ*].

Citons ici le genre :

Botroclonium (Hinde?) (Eocène), Hexactinellide dont la place dans ce groupe est indécise.

C'est dans cet ordre que prendraient place, s'il était prouvé que quelques-uns d'entre eux fussent des Spongiaires, les Réceptaculiens, Receptaculea [*Receptaculitidæ* (Römer)], que nous avons décrits dans le premier tome de cet ouvrage (p. 153).

Il faut en tout cas y joindre les genres :

Cerionites (Meek et Worthen) (Sil.) et *Lepidolites* (Ulrich) (Sil.). Le genre *Pasceolus* (Billings), cité comme Réceptaculien dans ce traité (Tom. I, p. 154), serait, d'après Ulrich, une Éponge incontestable, et appartiendrait probablement à cette famille. Enfin, le même auteur a trouvé dans le genre

Anomalospongia (Ulrich), qu'il rapproche aussi des Réceptaculiens, des spicules tétraxiaux incontestables avec trois branches dans un plan et une quatrième branche perpendiculaire au plan des trois autres. Les trois premières ont ceci de particulier qu'elles sont formées de deux tigelles adossées comme les canons d'un fusil double, ce qu'Ulrich considère comme un mode spécial de ramification; en raison de ces faits, la nature spongiaire des Réceptaculiens devient plus probable.

2e Sous-Ordre

DICTYONIDÉS. — *DICTYONIDÆ*

[*Dictyonina* (Zittel)]

TYPE MORPHOLOGIQUE

(FIG. 144)

Chez les Lyssacidés, les spicules étaient libres et indépendants et leur soudure, quand elle avait lieu, était irrégulière, superficielle, ou se faisait par des synapticules, et seulement à la fin de la croissance, à laquelle elle opposait une barrière. Ici, les spicules se soudent d'une façon régulière et continue par d'épaisses couches de silice qui se déposent autour de leurs branches juxtaposées et les entourent d'un manchon commun de plus en plus épais (fig. 144) ; en sorte que le squelette se trouve transformé en un grillage rigide dont le dessin dépend de la forme et de la disposition des spicules, mais où ceux-ci disparaissent sous les couches d'opale qui les englobent et qui sont beaucoup plus épaisses que leurs branches. Ajoutons que cette disposition est le

plus souvent régulière, les hexactines voisins juxtaposant leurs branches homonymes ou opposées.

En outre, ce phénomène se produit pendant toute la vie de l'animal; aussi, tout accroissement intercalaire se trouvant interdit par la rigidité du squelette, celui-ci ne s'accroît-il plus que par juxtaposition et superposition de couches nouvelles à l'extrémité et sur les faces pariétales de l'animal. On ne saurait mieux comparer cet accroissement qu'à celui de la diaphyse d'un os long, en épaisseur par le périoste et en longueur par le cartilage épiphysaire, sans accroissement intercalaire.

Fig. 144.

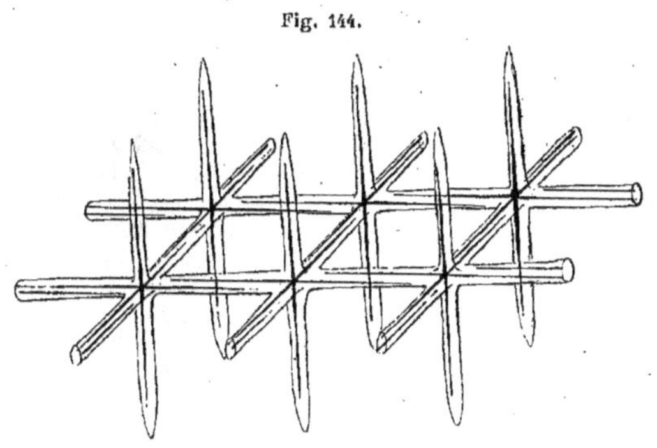

DICTYONIDÆ. (Type morphologique.) Schéma montrant la disposition des spicules enrobés dans une couche d'opale (Sch.).

Ajoutons qu'il n'y a jamais de faisceaux de spicules inférieurs servant de pédoncule à l'Éponge.

GENRES

1re FAM. : *FARREINÆ* [*Farreidæ* (F. E. SCHULZE)].

Farrea (Bowerbank) (fig. 145 et 146) a la forme d'un arbuscule de tubes assez larges et à parois minces dont les branches s'anastomosent irrégulièrement. Le tube qui sert de tronc se fixe au support par une base élargie. Ces tubes représentent le système exhalant; le système inhalant est constitué par les lacunes interposées aux corbeilles ; et l'eau arrive, par ces lacunes, des pores dont est criblée la surface externe, aux prosopyles des corbeilles. Celles-ci, souvent longues et ramifiées (fig. 146), sont situées dans la partie moyenne de la paroi du tube, au milieu du grillage rigide formé par les hexactines soudés, auxquels sont adjoints de

Fig. 145.

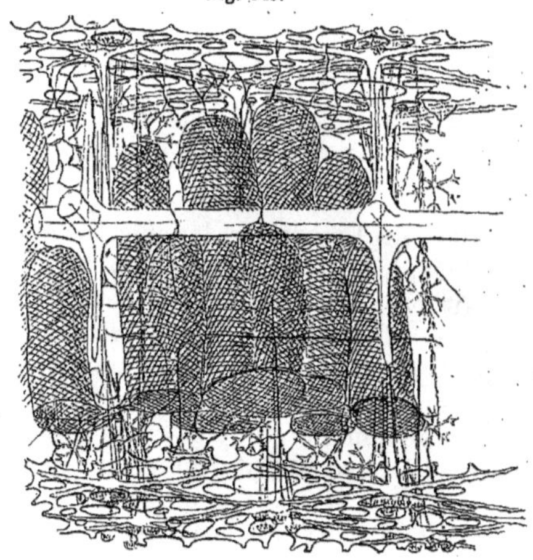

Section transversale de *Farrea occa* (d'ap. Schulze.).

grands uncinats libres; les membranes dorsale et atriale sont soutenues par des spicules libres, principalement par des pentactines à branche cruciale centripète, auxquels sont annexés des bouquets de clavules à tête saillante (5 à 12^{cm}; Japon, Manille, Océan indien, Iles Banda; 100 à 700 brasses).

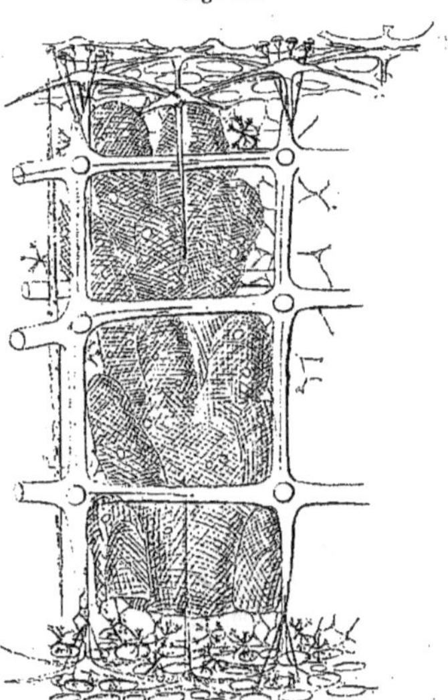

Fig. 146.

Corbeille et réseau squelettique de *Farrea occa* (d'ap. Schulze).

F. E. Schulze réunit ce genre et les suivants (jusqu'à *Sclerothamnus* inclus) en une tribu [*Uncinataria* (Schulze)], caractérisée par les uncinats, et les oppose aux autres genres du sous-ordre réunis en une seconde tribu [*Inermia* (Schulze)]. Il oppose aussi *Farrea* comme unique représentant d'une sous-tribu [*Clavularia* (Schulze)], aux autres genres, qu'il réunit en une deuxième sous-tribu [*Scopularia* (Schulze)], caractérisée par la présence de scopules en place de clavules.

Diaretula (O. Schmidt) diffère de *Farrea* par ses mailles irrégulières et l'absence de spicules libres. Sa place dans cette famille est douteuse (Antilles).

2° FAM. : *Euretinæ* [*Euretidæ* (F. E. Schulze)].

Eurete (Semper, Carter), diffère de *Farrea* par la substitution de scopules aux clavules; en outre, le grillage du squelette parenchymateux a plusieurs couches de mailles, même dans les parties jeunes (Philippines, Japon, Ile Little Ki; 100 à 200 brasses).

Claviscopulia (F. E. Schulze) présente la même forme qu'*Eurete*, mais il a à la fois des clavules et des scopules (Indes occid.).

Periphragella (Marshall) a ses tubes constitutifs disposés non en un arbuscule, mais en forme de coupe ou d'entonnoir (Atl., Japon, Moluques; 80 à 200 brasses).

Lefroyella (W. Thomson) se distingue de *Periphragella* par des côtes longitudinales saillantes dans la cavité de l'entonnoir (Bermudes; 1 075 brasses).

Hyalocaulus (Marshall) semble prendre place ici.

A cette famille appartiennent, en outre, un certain nombre de formes fossiles réunies par les paléontologistes sous un nom de famille [*Craticularidæ* (Rauff)], différent mais synonyme. Ce sont :

Tremadictyon (Zittel) (Jur.),	*Sphenaulax* (Etallon) (Jur.),	*Sestrodictyon* (Hinde) (Crét.),
Craticularia (Zittel) (Jur. à Mioc.),	*Verrucocœlia* (Etallon) (Jur., Crét.),	*Emploca* (Sollas) (Crét.),
Sporadopyle (Zittel) (Jur.),	*Strephinia* (Hinde) (Crét.),	*Mastodictyum* (Sollas) (Jur.).

Ici semblent aussi prendre place les genres primaires suivants, insuffisamment connus :

Calathium (Billings),	*Protocyathus* (Ford),	*Rhabdaria* (Billings),
Trachyum (Billings),	*Steganodictyum* (Mc Coy),	*Eospongia* (Billings) et peut-être

Brachiospongia (Marsh) (Sil.), pour lequel son auteur propose une famille [*Brachiospongidæ*].

3° FAM. : *Mellitioninæ* [*Mellitionidæ*, Zittel].

Aphrocallistes (Gray) (fig. 147) a la forme d'un tube ramifié ou d'une coupe

émettant des diverticules cœcaux. Son grillage squelettique est disposé de manière à limiter des espaces prismatiques radiaires, à peu près hexagonaux, dans lesquels sont les corbeilles. Celles-ci sont d'énormes *corbeilles composées*, en forme de cylindre, dont la base, ouverte en dedans dans les lacunes sous-atriales, représente un vaste apopyle primaire, tandis que, sur ses parois, sont les petites corbeilles primaires composantes en dé à coudre, s'ouvrant dans leur cavité par leurs apopyles primaires. En outre, la base distale et close des grandes corbeilles secondaires est invaginée en infundibulum dans la cavité de la corbeille. Les membranes dermale et atriale passent sur tous ces accidents de surface sans y pénétrer ; la première seule porte des scopules (5 à 12^{cm}; Malacca, Japon, Océan indien, Atlantique, y compris les côtes de France, canal de Bristol ; 80 à 700 brasses, et fossile Crétacé).

Fig. 147.

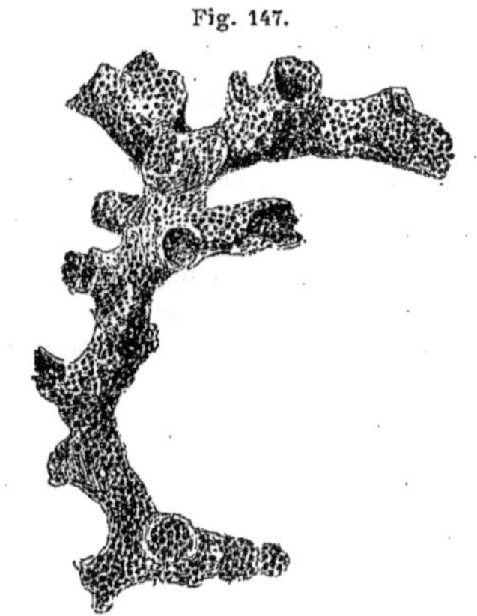

Aphrocallistes ramosus (im. Schulze).

En outre de cet unique représentant vivant, la famille comprend le genre fossile : *Stauronema* (Sollas) (Crétacé).

4° FAM. : Coscinoporinæ [*Coscinoporidæ* (Zittel)].

Chonelasma (F. E. Schulze) (fig. 148) est facile à se représenter d'après *Aphrocallistes*, en supposant que, chez celui-ci, les choanocytes aient été remplacés par des pinacocytes, à la face interne des corbeilles secondaires, transformant celles-ci en canaux exhalants, entourés d'une couche de corbeilles simples s'ouvrant à leur intérieur. En outre, l'invagination infundibuliforme du fond n'existe plus, au moins à titre de caractère régulier. Les espaces entre les canaux exhalants forment un système de canaux inhalants ; mais, comme chez *Aphrocallistes*, les canaux s'ouvrent tous dans les lacunes sous-dermales ou sous-atriales, et les membranes dermale et atriale passent

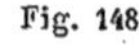

Fig. 148.

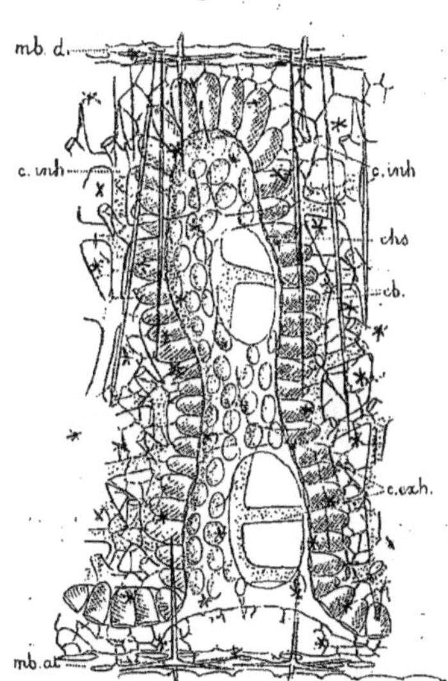

Chonelasma hamatum (d'ap. Schulze).

cb., corbeilles ; **c. exh.**, canaux exhalants ; **chs.**, choanosome ; **c. inh.**, canaux inhalants ; **mb. at.**, membrane atriale ; **mb. d.**, membrane dermale.

devant eux sans plonger à leur intérieur. La forme est lamelleuse ou infundibuliforme (12 à 15cm; Atl., Iles Kermadec, Kerguelen, Bermudes, Japon; 80 à 1 705 brasses).

En outre de cet unique représentant vivant, la famille comprend les genres fossiles suivants, dont le premier lui a donné son nom :

Coscinopora (Golfuss), en forme de coupe conique, fixée par un court pied radiciforme, à surface criblée par les orifices des canaux disposés en séries alternes; les nœuds du réseau sont renflés et la plupart percés d'un trou (Crét.).

Bathyxiphus (F. E. Schulze) se distingue de *Coscinopora* par sa forme d'épée flamboyante et par quelques différences dans les spicules (Californie).

Leptophragma (Zittel), | *Pleurostoma* (Römer), | *Guettardia* (Michelotti) sont des genres voisins (Crét.).

Conis (Lonsdale) et | *Bothroconis* (King) (Permien) sont des genres douteux.

5e FAM. : TRETODICTYINÆ [*Tretodictyidæ* (F. E. Schulze).

Hexactinella (Carter) (fig. 149 et 150) est aussi cupuliforme ou dendriforme; mais c'est dans la structure des parois que résident ses caractères. Le réseau grillagé du squelette du parenchyme n'occupe plus ici presque

Fig. 149.

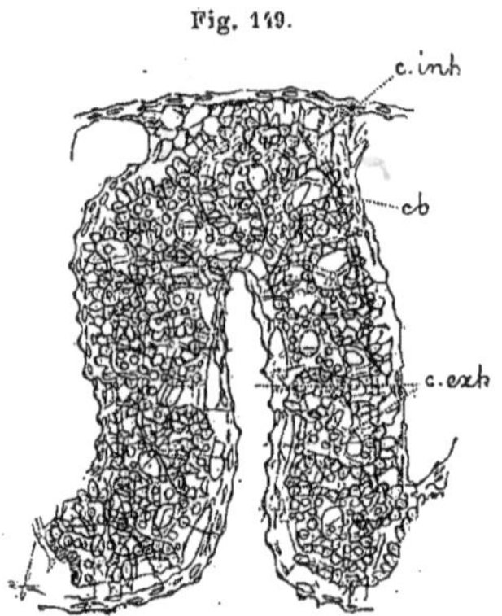

Partie d'une coupe transversale d'*Hexactinella lata* (d'ap. Schulze). **cb.**, corbeilles; **c. exh.**, cavités exhalantes; **c. inh.**, cavités inhalantes.

Fig. 150.

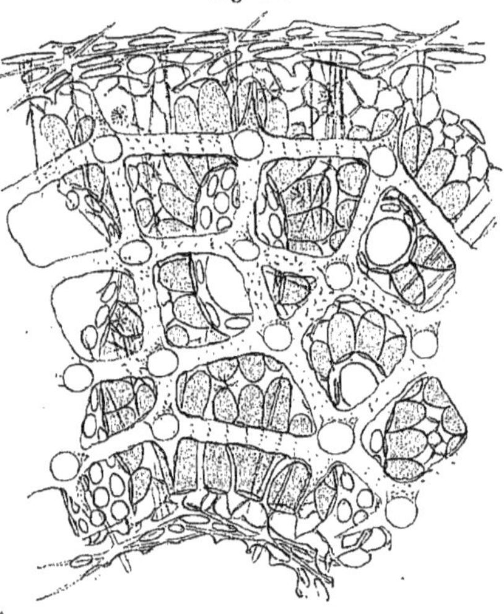

Hexactinella lata. Portion plus grossie de la figure précédente (d'ap. Schulze).

toute l'épaisseur de la paroi : il est beaucoup moins épais et, au lieu d'être parallèle aux membranes dermale et atriale, il décrit entre elles des sinuosités profondes et nombreuses, verticales ou obliques; ces membranes au contraire passent sur toutes ces sinuosités sans plonger à leur intérieur, et les transforment en canaux inhalants à la face externe, exhalants à la face interne, longitudinaux ou obliques, qui parcourent toute l'Éponge. Dans l'épaisseur de la lame onduleuse

formée par le parenchyme, les corbeilles ont la disposition normale (5 à 12cm; Atl., Japon, Ile Little Ki; 140 brasses).

Cyrtaulon (F. E. Schulze) diffère d'*Hexactinella* par l'irrégularité du plissement déterminant une irrégularité des canaux (Antilles, Ile Little Ki; 100 à 300 brasses).

Fieldingia (S. Kent) est enveloppé d'une capsule formée de pentactines réunis par un réseau de synapticules (Ile Little Ki, Portugal; 140 à 500 brasses).

Sclerothamnus (W. Marshall) forme un buisson rameux de branches pleines, cylindriques, relevées de saillies annulaires ou hélicoïdales, où s'ouvrent les canaux exhalants, tandis que les pores sont placés dans les sillons de même forme, interposés aux saillies (Philippines, Timor; 300 brasses).

6e FAM. : *Mæandrospongiæ* [*Mæandrospongidæ* (Zittel)].

Dactylocalyx (Stutchbury) (fig. 151) est une masse irrégulière ou cupuliforme de tubes ouverts aux deux bouts, d'un diamètre uniforme, anastomosés en un riche réseau irrégulier. La cavité des tubes représente un système exhalant, communiquant avec le dehors par les orifices terminaux libres des tubes, qui débouchent soit à la face externe soit à la face interne. Les espaces compris dans les mailles du réseau représentent le système inhalant qui, au moins du côté externe, est recouvert par une membrane dermale percée de pores. Dans le squelette, il n'y a plus ni uncinats, ni scopules (8 à 12cm; Indes, Barbades, Bermudes, Portugal; 1 075 brasses).

Fig. 151.

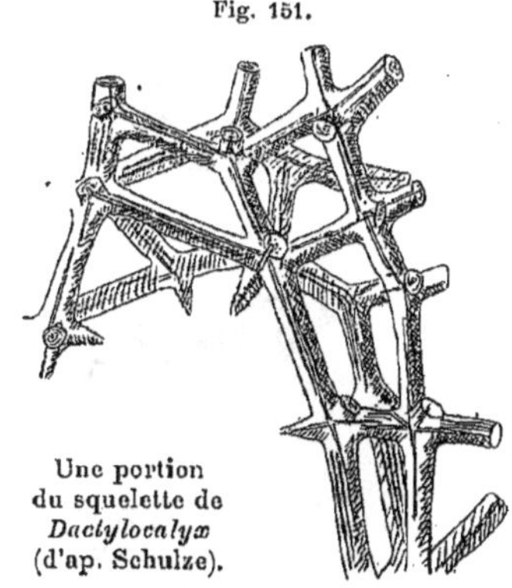

Une portion du squelette de *Dactylocalyx* (d'ap. Schulze).

L'absence d'uncinats dans le squelette du parenchyme est, pour F. E. Schulze, la caractéristique de cette famille qui forme pour lui un tribu [*Inermia* s'opposant aux *Uncinataria* (Voir page 132)].

Margaritella (O. Schmidt) à mailles polyédriques (La Havane; 158 brasses).

Scleroplegma (O. Schmidt) dont les tubes sont dirigés obliquement de dedans en dehors (Indes; 292 brasses).

Myliusia (Gray) où les nœuds du réseau squelettique sont renflés en tubercules (Indes, Ile Little Ki, Timor; 140 à 200 brasses).

Aulocystis (F. E. Schulze) où le réseau squelettique, à mailles cubiques régulières, a les nœuds non seulement renflés, mais à renflements creusés d'une cavité octaédrique régulière (Indes, Malaisie; 140 brasses).

Cystispongia (Römer) (fig. 152) est formé d'une masse ovoïde de tubes à parois minces, contournés, méandriformes, entourée d'une enveloppe commune épaisse de spicules, avec une ou plusieurs ouvertures bordées donnant accès à l'eau vers la masse intérieure (Antilles; 20-292 brasses et fossile depuis le Crétacé).

Fig. 152.

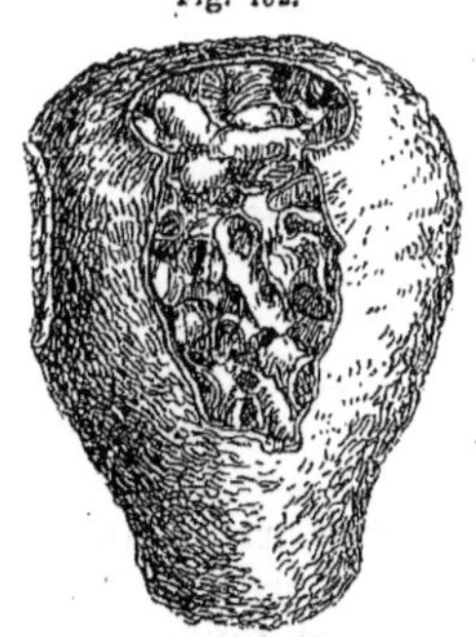

Cystispongia bursa (d'ap. Zittel).

Ce genre fait le passage à un certain nombre de formes fossiles, toutes du Crétacé :

Camerospongia (d'Orbigny) (fig. 153), n'ayant que la moitié supérieure pourvue d'une chemise spiculeuse et porté sur un pédoncule,

Placoscyphia (Reuss), n'ayant plus du tout de chemise siliceuse et formé de tubes ou de lamelles toujours contournées en méandres, et les genres suivants, tous Crétacés aussi, dont nous ne citerons que les noms :

Fig. 153.

Camerospongia fungiformis (d'ap. Zittel).

Becksia (Schlüter),	*Porochonia* (Hinde),
Tremabolites (Zittel),	*Marshallia* (Zittel),
Etheridgia (Tate),	*Pleurope* (Zittel),
Zittelispongia (Zinzoff),	*Diplodictyon* (Zittel),
Toulminia (Zittel),	*Sclerokalia* (Hinde).
Callodictyon (Zittel),	

7° FAM. : STAURODERMINÆ [*Staurodermidæ* (Zittel)]. **Famille entièrement fossile.**

Cypellia (Pomel) (fig. 154) a la forme d'une coupe sans pied ni racines (parfois rameuse), à parois épaisses traversées par des canaux sinueux, radiaires, s'ouvrant sur les deux faces de la coupe; le squelette du parenchyme forme un grillage irrégulier dont les nœuds sont perforés ; la surface est revêtue d'une membrane garnie de spicules cruciformes disposés à plat (Jur.).

Stauroderma (Zittel) (Jur.),
Porospongia (d'Orbigny) (Jur.),
Porocypellia (Pomel) (Jur.),
Purisiphonia (Bowerbank) (Jur.),
Casearia (Quenstedt) (Jur.),
Ophrystoma (Zittel) (Crét.),
Placoderma (Hinde) (Crét.),
Cinoliderma (Hinde) (Crét.).

Fig. 154.

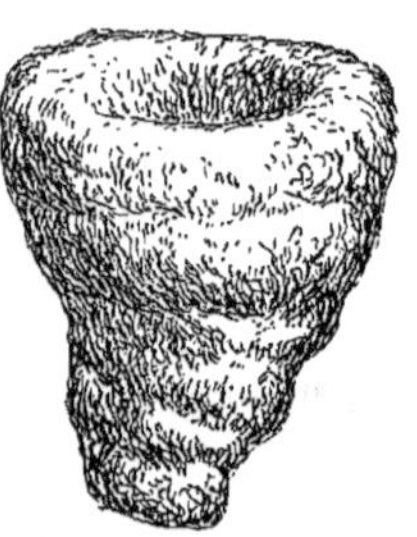

Cypellia rugosa (d'ap. Zittel).

Fig. 155.

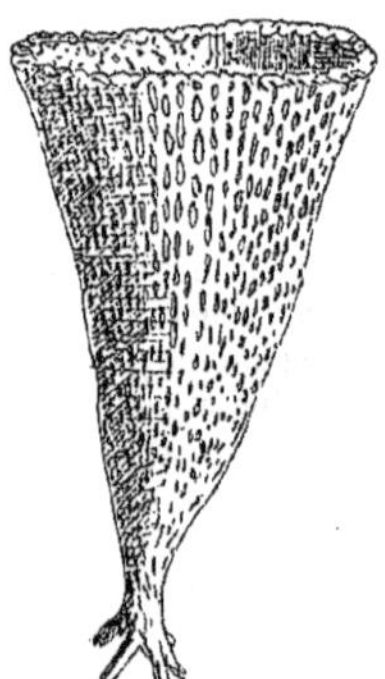

Ventriculites striatus Vue d'ensemble (d'ap. Zittel).

8° FAM. : VENTRICULITINÆ [*Ventriculitidæ* (T. Smith)]. **Famille entièrement fossile.**

Ventriculites (Mantell) (fig. 155 et 156) a aussi la forme d'une coupe plus ou moins cylindrique ou évasée, mais la paroi est mince et plissée verticalement de manière à déterminer sur les deux faces (parfois sur une seule) des sillons alternes. Les surfaces plissées sont d'ailleurs recouvertes par une chemise poreuse formée par l'étalement des spicules à six branches. Dans le parenchyme, les nœuds du réseau sont perforés. L'Éponge est fixée par de courtes racines formées de fibres siliceuses pleines, réunies par des synapticules (Crét.).

Fig. 156.

Ventriculites striatus. Coupe transversale (d'ap. Zittel).

Nous citerons seulement les noms des autres genres de la famille :

Pl. 12.

HEXACERATIDA

(TYPE MORPHOLOGIQUE)

Fig. 1. Vue d'ensemble de l'Éponge (Sch.).
Fig. 2. L'Éponge vue par sa face supérieure (Sch.).
Fig. 3. Section perpendiculaire à la paroi et dont une des faces montre la coupe longitudinale d'une fibre du squelette (Sch.).

cav., hyp., cavité hypodermique;
cb., corbeilles ciliées;
ch. p., champ poreux;
cli., conuli;
cn. atr., canal atrial;
cn. exh., canaux exhalants;
cn. inh., canal inhalant;
ects., ectosome;
fb., tractus reliant l'ectosome au plancher de la cavité hypodermique;
fnt., fenêtres perçées dans le plancher de la cavité hypodermique;
lc. inh., lacunes inhalantes;
mb., membrane marginale;
os., oscules;
p., pores inhalants;
sq., squelette.

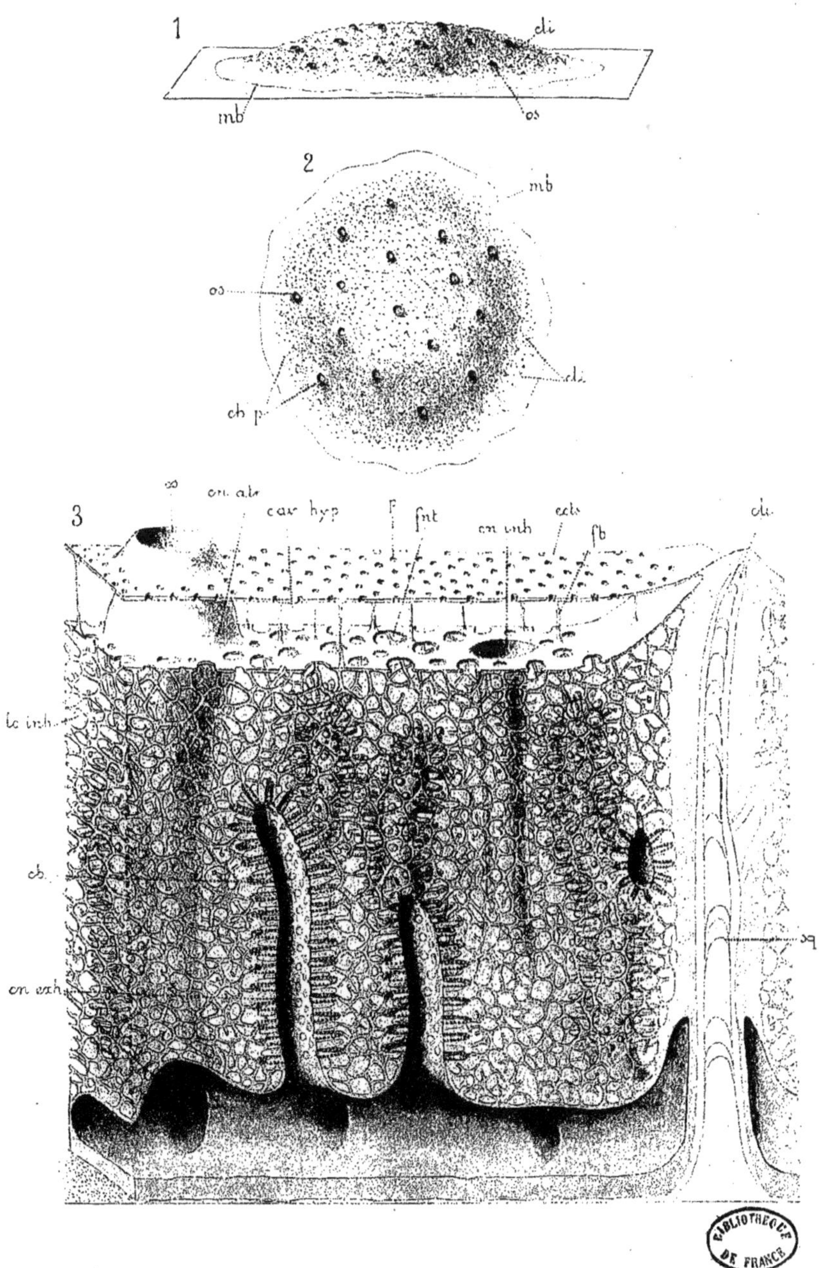
1
cl
mb
os
2
mb
os
cl
ch p
3
os
cn atr
cav hyp
cn inh
fb
cl
ch
cn exh
sq

TÉTRAXONES

1. Forme typique entière.	**Calthrope** ou **Chelatrope**	avec ses quatre actines. C'est ici que pourraient prendre place les *Triænes*. 
2. Forme réduite à trois axes qui diffère du triactine par le fait que ces axes ne sont pas perpendiculaires.	**Triode** ou **Triope**.	Suppression d'une actine, les trois autres étalées dans un plan. 

POLYAXONES. — SPHÈRES

Ces deux groupes n'ont pas de subdivision.

DESMES

1. Le corps central est un spicule et ce spicule est :	**Desme rhabdocrépide** ou **Rhabdocrepis** ou **Desme monocrépide** ou **Monocrepis**	monaxone. 
	Desme dicrépide ou **Dicrepis**	à deux actines. 
	Desme ticrépide ou **Ticrepis**	à trois actines.
	Desme tétracrépide ou **Tetracrepis**	à quatre actines. 
2. Le corps central n'est pas un spicule, mais une masse contenant un noyau cellulaire.	**Desme acrépide** ou **Acrepis**.	*(Une figure est ici inutile.)*

MICROSCLÈRES

1. En forme de bâtonnet courbé, représentant un segment d'hélice à pas très allongé. **Spire.**	1. Le segment d'hélice a conservé sa courbure typique.	**Sigmaspire.** — L'hélice fait un peu moins d'un tour. C'est un C gauchi par torsion de ses deux extrémités en sens inverse, en sorte que, selon la projection optique, il apparaît comme un S ou comme un C.
		Toxaspire. — L'hélice fait un peu plus d'un tour, en sorte que certaines projections donnent la figure d'un arc.
		Polyspire ou **Spirule.** L'hélice fait plus de deux tours, en sorte que le spicule prend l'aspect d'un bâtonnet onduleux.
	2. Le segment d'hélice est ramené dans un plan et transformé en un segment de spire.	**Microtylote.** — Microsclère en tylote. *(Même figure que pour le tylote.)* On conçoit la possibilité de toute une série de microsclères formés du préfixe *micro* et du nom de mégasclère correspondant.
		Sigma. — Sigmaspire ramené dans un plan en forme de véritable C.
		Labis. — Sigma à branches coupées, rapprochées, parallèles, en forme de pincettes.
		Toxe. — Toxaspire ramenée dans un plan en forme de véritable arc. 
		Chele. — En forme de C dont une ou deux extrémités sont ployées en dedans en forme de crochets.
		Amphichele. — Chele en crochet aux deux extrémités.
		Isochele. — Les deux crochets sont semblables.
		Anisochele. — Les deux crochets sont dissemblables.
		Diancister. — Est un amphichele en forme de ménisque, ployé, avec une encoche au milieu.
2. Spicules groupés en un faisceau, ayant pris naissance dans un même scléroblaste. **Dragme.**		**Sigmadragme.** — Dragme de sigmas. *(Une figure est inutile.)*
		Toxadragme. — Dragme de toxes. *(Une figure est inutile.)*
		Orthodragme ou **Rhabdodragme.** Petits bâtonnets rectilignes ou aiguilles appelées *trichodes*.

MICROSCLÈRES (*suite*) : ASTERS

3. Nombreuses actines partant d'un centre comme les rayons d'un astre. Aster.

1. Le centre est punctiforme. **Euaster.**	**Chiaster.** — Les rayons sont minces, cylindriques.	
	Tylaster. — Les rayons sont renflés au bout en tylotes.	
	Oxyaster. — Les rayons sont longs et pointus.	
	Pycnaster. — Les rayons sont courts, coniques, de manière à former une pomme épineuse.	
	Anthaster. — Les rayons sont courts, épineux, au nombre de 2 à 7.	
	Sterraster. — Les rayons sont très nombreux, le plus souvent pourvus à l'extrémité distale de 4-6 petits clades recourbés par lesquels ils s'appuient les uns sur les autres. En un point périphérique est une excavation logeant le noyau du scléroblaste. Les sterrasters servent d'insertion aux myocytes et aux cellules fusiformes du tissu fibreux.	
	Spheraster. — Le centre se dilate en une sphère de diamètre notable par rapport aux rayons (1/3 au moins).	
	Globule ou **Sphérule.** — Le centre seul persiste, les rayons ont disparu.	*(Une figure est inutile.)*
2. Le centre s'allonge en un bâtonnet.	**Plesiaster.** — Bâtonnet central court, parfois punctiforme; actines longues.	
	Metaster. — Bâtonnet central plus long, en forme de *spire* à moins d'un tour; actines assez longues.	
	Spiraster. — Bâtonnet central encore plus long, en forme de *spire*, à un ou plusieurs tours; actines courtes.	
Streptaster.	**Sanidaster.** — Bâtonnet long; actines étagées dans toute sa hauteur, inclinées sur lui à 90° au milieu, et de plus en plus obliques vers les bouts.	
	Amphiaster. — Actines rayonnantes aux deux extrémités d'un axe rectiligne.	

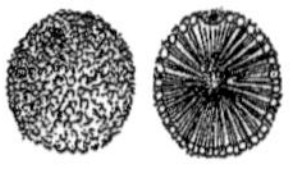

3. Par réduction du nombre des rayons à deux, trois ou quatre, l'aster prend la forme de certains mégasclères dont il ne diffère que par la taille. — Rayons réduits à :

1. quatre, simulant un tetraxone. **Microcalthrope.**	**Microcaltrope monolophe.** — Une des actines terminée en cladome.	
	Microcalthrope dilophe. — Deux des actines terminées en cladome.	
	Microcalthrope trilophe. — Trois des actines terminées en cladome.	
	Microcalthrope tetralophe. — Les quatre des actines terminées en cladome.	
	Candélabre. — Microcalthrope tetralophe, dont une des actines, la verticale, diffère des autres et simule les branches d'un candélabre dont les trois autres formeraient le pied.	
2. trois, figurant un triaxone. **Microtriode.**	**Microtriode.** — Caractérisé par ses trois branches.	
3. deux, diamétralement opposés figurant un monaxone. **Microrhabde.**	**Microxe.** — Les deux actines terminées en oxe.	
	Microstrongyle. — Les deux actines terminées en strongyle.	*(Même fig. que pour le strongyle.)*

Physiologie.

En ce qui concerne les phénomènes de la vie végétative, nous avons peu à ajouter à ce qui a été dit au sujet du type général. Quelle que soit la complication des systèmes de cavités et de canaux inhalants et exhalants, l'eau entre par les pores, baigne la cavité hypodermique, arrive aux corbeilles par les canaux inhalants et ressort par les canaux exhalants, la cavité sous-atriale (quand elle existe), l'atrium et l'oscule. Les *velums* et surtout les *cônes* règlent le cours de l'eau comme l'iris règle l'accès de la lumière dans l'œil. L'oscule et les pores peuvent aussi s'ouvrir et se fermer et, chez les formes où les éléments nerveux et les communications des cellules entre elles sont bien développés (*Pachymatisma*), on voit les oscules se fermer à la suite des excitations exercées à distance d'eux, mais très lentement.

Pour la *nutrition*, la *croissance*, le *bourgeonnement*, la *régénération*, la *coalescence*, l'*hivernation*, etc., il n'y a rien à ajouter à ce que nous en avons dit à propos du type général (1). Les particularités du bourgeonnement seront étudiées à l'occasion des genres qui les présentent (2).

Développement.

Le développement diffère considérablement de celui de notre type général, qui est celui des plus simples Éponges calcaires. Il en diffère surtout par ce fait que la larve, au lieu d'être creuse, *blastula*, est pleine, *parenchymula*, en sorte que l'invagination normale ne peut avoir lieu; et cette différence, bien contingente cependant, entraîne toute une série de différences s'étendant à toute la durée du développement (3).

L'œuf (fig. 115), fécondé dans l'organisme maternel, y subit aussi les phases du développement embryonnaire (4). La segmentation est totale

(1) Hundeshagen [96] trouve chez diverses Éponges cornées (*Luffaria*, *Cacospongia*, *Stelospongus*, *Aplysina*, *Verongia*) des pays chauds, de l'iode qu'il croit engagé dans une combinaison albuminoïde à laquelle il donne le nom d'*iodospongine*; il trouve de même de la *bromospongine* et de la *chlorospongine*.

(2) *Symbiose*. — Plusieurs Algues ont été rencontrées, vivant en symbiose avec des Éponges siliceuses. — Nous verrons, en parlant de la Spongille d'eau douce, qu'elle est fréquemment colorée en vert par des Zoochlorelles. Weber et Weber van Bosse [90] et Lendenfeld [97] donnent la liste suivante des cas qu'ils ont rencontrés : *Struvea* chez *Halichondria*; *Marchesettia* chez *Reniera*; *Spongocladia* chez *Reniera*; *Scytonema* chez *Spongia*; *Beggiatoa* chez *Suberites*; *Oscillaria* chez *Spongelia*, *Psammoclema*, *Phyllospongia*; *Callithamnion* chez *Spongelia*, *Aplysilla*; *Thamnoclonium* chez *Reniera*; *Trentepohlia* chez *Ephydatia*; une Floridée indéterminée chez *Dactylochalina*. Certains de ces cas, en particulier les trois derniers, seraient du parasitisme vrai, les autres paraissant être de simple commensalisme.

Mac Munn [90] trouve chez divers *Halichondria*, *Pachymatisma* et chez deux Calcaires, *Leuconia* et *Grantia*, de la chlorophylle qu'il croit formée par l'Éponge elle-même [?] et destinée à jouer un rôle, non dans la respiration, mais pour la formation de la graisse aux dépens de CO^2.

(3) Nous avons vu cependant que certaines Calcaires ont une larve *parenchymula*.

(4) On ne sait pas très bien comment il arrive au dehors. D'après Dendy [93], les œufs non fécondés traversent par des mouvements amiboïdes les parois des canaux inhalants. Mais Dendy ne dit pas comment ils passent de là dans les cavités exhalantes où ils restent jusqu'a leur arrivée au dehors par l'atrium et l'oscule.

et régulière jusqu'au stade 4 (fig. 116) et inégale à partir de ce stade. Deux plans méridiens perpendiculaires donnent d'abord naissance à quatre blastomères égaux et semblables à l'œuf primitif, c'est-à-dire formés d'un cytoplasma fortement granuleux, à gros grains, et d'un gros noyau où la chromatine est abondante et irrégulièrement distribuée pendant les phases de repos. Puis, un plan équatorial sépare au pôle animal quatre petites cellules ectodermiques de quatre gros blastomères qui représentent dès ce moment l'endoderme primitif, contenant en puissance l'endoderme définitif et le mésoderme. Les petites cellules se multiplient rapidement, en devenant de plus en plus petites et de moins en moins granuleuses, et entourent peu à peu la masse centrale par le procédé classique de l'épibolie (fig. 117 et 118). Dans cette masse centrale, les gros blastomères granuleux se multiplient (fig. 118), mais d'abord sans perdre leurs caractères, et ce n'est que plus tard, quand la segmentation est plus avancée, que se montrent, dans les produits de cette division, des cellules plus petites, moins granuleuses, à noyau plus clair, à chromatine moins abondante et plus régulièrement distribuée, tandis que d'autres gardent le caractère de l'œuf primitif. Ces dernières, de moins en moins nombreuses, deviendront les cellules amœboïdes de l'adulte et, plus tard, fourniront les éléments sexuels (¹),

Fig. 115. Fig. 116.

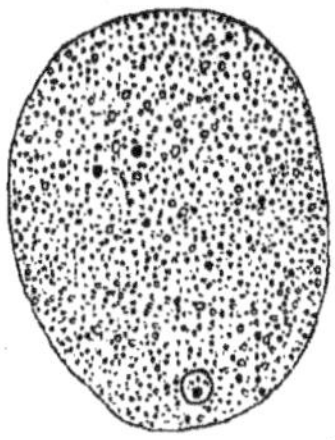

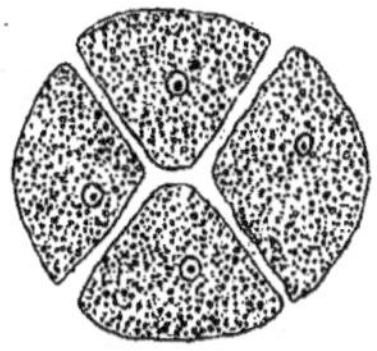

INCALCARIA. (Type morphologique.)
Œuf non segmenté et coupe transversale au stade 4 (d'ap. Maas).

Fig. 117.

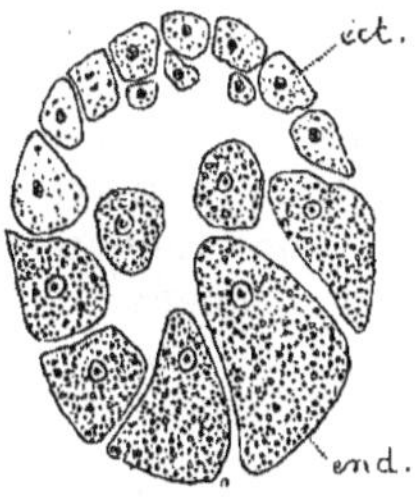

INCALCARIA.
(Type morphologique.)
Coupe sagittale d'un œuf en train de se diviser et montrant l'ectoderme qui commence à recouvrir l'endoderme par épibolie (d'ap. Maas).

ect., ectoderme; **end.**, endoderme.

Fig. 118.

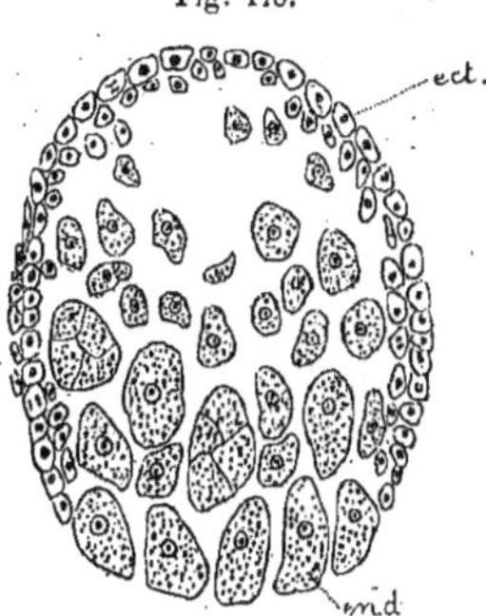

INCALCARIA.
(Type morphologique.)
Coupe sagittale d'un œuf dans lequel l'ectoderme a recouvert l'endoderme par épibolie (d'ap. Maas).

ect., ectoderme; **end.**, endoderme.

(¹) Les éléments sexuels dérivent donc directement des premiers blastomères non différenciés. Il y a là un cas très net de *continuité du plasma germinatif*, au sens où l'entendait Weismann dans ses premiers travaux, et ces cas sont assez rares pour que celui-ci mérite d'être signalé. Il a été mis en évidence par O. Maas [93].

tandis que les autres constituent le mésoderme et l'endoderme. Les blastomères ne sont encore différenciés que par leur situation, leur taille et quelques caractères de structure de leur cytoplasme et de leur noyau. Mais la différenciation s'accentue de plus en plus à mesure que l'embryon prend les caractères de la larve. Les cellules ectodermiques (fig. 119, *ect.*) continuent à se multiplier très activement et s'allongent beaucoup dans le sens radiaire, au point de prendre l'aspect de longs fils

Fig. 119.

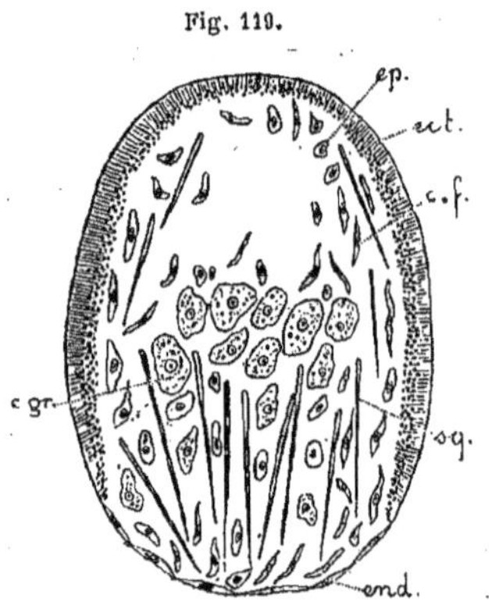

INCALCARIA. (Type morphologique.)
Coupe sagittale de la larve libre (d'ap. Maas).
c. f., cellules fusiformes ou étoilées; **c. gr.**, grosses cellules granuleuses; **end.**, cellules endodermiques formant partie de la paroi; **ect.**, ectoderme; **ep.**, futures cellules épidermiques; **sq.**, spicules.

Fig. 120.

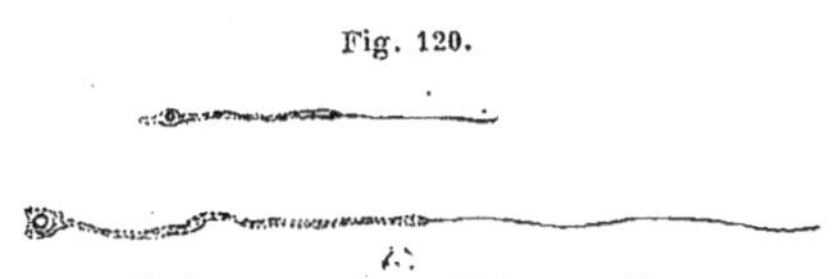

Petite et grande cellule flagellée de la larve de *Renicra densa* (d'ap. Y. Delage).

sur lesquels le noyau dessine un renflement (fig. 120); elles se tassent les unes contre les autres en une couche épithéliale simple dont leur longueur mesure l'épaisseur; elles disposent leurs noyaux à des niveaux différents dans la couche profonde de cette assise; enfin, elles se munissent chacune d'un long flagellum. Elles n'enveloppent pas, en général, l'endoderme tout entier, laissant au pôle postérieur une large lacune par où la masse centrale fait hernie. Souvent, les ectodermiques qui bordent cette lacune sont munies de flagellums beaucoup plus longs, qui forment une ceinture vibratile très développée (**9**, *fig. 1*).

Fig. 121.

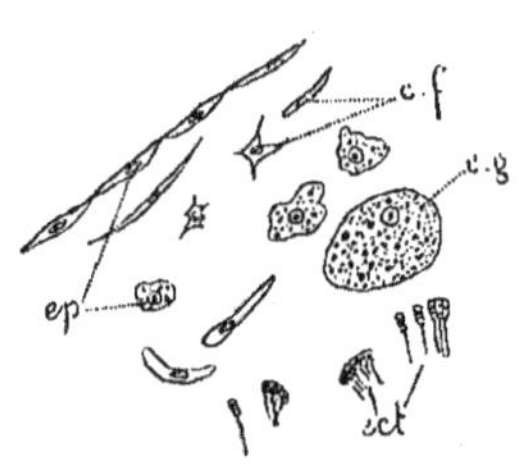

INCALCARIA.
(Type morphologique.)
Diverses espèces de cellules existant dans la larve après la fixation (d'ap. Maas).
c. f., cellules fusiformes et étoilées; **c. gr.**, cellules granuleuses; **ect.**, ectoderme; **ep.**, cellules épidermiques.

A l'intérieur, les produits de la première différenciation de l'endoderme primitif montrent les éléments suivants (fig. 119, 121) : 1° des cellules pâles arrondies ou un peu allongées et aplaties qui sont les futurs éléments épidermiques, et ceux qui plus tard tapisseront les cavités inhalantes et exhalantes (*ep.*); 2° des scléroblastes, peu distincts des précédents mais reconnaissables à la présence d'un spicule en formation à leur intérieur; 3° des cellules fusiformes, parfois étoilées (*c. f.*), représentant les futurs éléments conjonctifs, fibreux ou musculaires du mésoderne; 4° les grosses cel-

Les Acalcaires se divisent en deux sous-classes :

TRIAXONIÆ, à corbeilles grandes, allongées et spicules à trois axes (triaxones) (certaines formes à squelette corné ou nul se rattachant par les autres caractères de leur organisation à celles qui présentent les spicules typiques);

DEMOSPONGIÆ, à corbeilles petites, globuleuses, et spicules à un ou quatre axes (certaines formes à squelette corné ou nul se rattachant aux précédentes par les autres caractères de leur organisation) (1).

1re SOUS-CLASSE

TRIAXONIÉS. — *TRIAXONIÆ*

[HEXACTINELLIDES; — *HEXACTINELLIDÆ* (O. Schmidt); TRIAXONES; — *TRIAXONIA* (F. E. Schulze)]

TYPE MORPHOLOGIQUE

(FIG. 124 A 127)

Le caractère essentiel de ce type consiste moins dans la forme des spicules que dans celle des corbeilles et dans leur arrangement; car, d'une part, ces spicules manquent dans un des deux ordres de la sous-classe, et d'autre part, là où ces spicules existent, la forme et la disposition des corbeilles sont peut-être la cause déterminante de leur forme.

Les corbeilles sont allongées, cylindriques, fermées à l'extrémité distale tournée vers la surface, largement ouvertes à leur extrémité

---

trouve déjà quelques corbeilles avant la dissociation de l'ectoderme. Mais cela tient seulement à ce que, dans ces conditions, la rentrée des flagellées se fait, pour un certain nombre de ces éléments, avant la fixation et à ce que, tant que la larve nage, les autres flagellées se rapprochent et conservent la disposition épithéliale, masquant ainsi les disparitions de quelques-unes de leurs sœurs. L'erreur de Nöldeke vient aussi de ce que cet auteur n'a étudié qu'un genre. S'il eût étendu ses recherches au delà des Spongilles, qui seules présentent cette apparence de phagocytose, il eût comme Delage et Maas conclu à la formation des corbeilles aux dépens des flagellées de la larve. Chez les autres Siliceuses, la question d'une formation aux dépens des cellules amœboïdes ne se pose même pas, en sorte que les Spongilles feraient seules exception à une règle qui, aujourd'hui, s'étend à toutes les Éponges sans exception, Siliceuses et Calcaires.

Quant aux premiers phénomènes du développement, jusqu'à la formation de la larve, c'est à O. MAAS que nous en devons la connaissance, et les beaux travaux de cet auteur ont en outre corrigé, précisé, étendu en un grand nombre de points nos connaissances sur le développement postlarvaire de ces animaux. C'est lui qui a débrouillé la véritable nature des multiples éléments endo-mésodermiques et montré leur différenciation progressive. Par contre, les travaux de H. V. (non E. B.) WILSON [94] reproduisent bon nombre des anciennes erreurs et, comme le fait justement remarquer Maas [96], constituent un anachronisme dans l'histoire du développement des Spongiaires.

(1) Pour les autres classifications proposées, nous renvoyons à ce que nous en avons dit aux pages 64 et 65.

proximale tournée vers la cavité atriale ou vers les canaux exhalants, dans lesquels elles s'ouvrent par ce large apopyle. Leur communication avec les lacunes inhalantes dans lesquelles elles sont plongées se fait par de nombreuses et fines ouvertures prosopylaires disposées sur toute leur surface.

Ces corbeilles sont disposées les unes par rapport aux autres de manière à ménager entre elles des intervalles cruciaux disposés suivant deux plans perpendiculaires dont l'intersection détermine un axe parallèle à celui des corbeilles limitantes. Il résulte de cette disposition que les spicules (fig. 124, *sq.*) ont toute liberté pour étendre leurs actines dans trois directions perpendiculaires entre elles, une impaire radiale, suivant l'axe parallèle aux corbeilles, et deux symétriques tangentielles, dans les plans de séparation de celles-ci. De là résulte le spicule typique du groupe, à trois axes, formé, lorsqu'il est au complet, de six actines disposés sur trois lignes droites perpendiculaires, suivant les trois directions de l'espace [1], c'est-à-dire l'*hexactine* régulier.

Fig. 124.

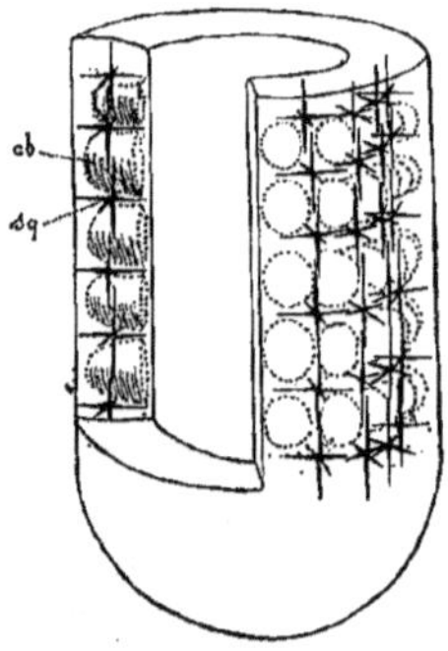

TRIAXONIÆ.
(Type morphologique.)
Disposition des hexactines dans les espaces compris entre les corbeilles (d'ap. Schulze).
cb., corbeilles; **sq.**, hexactines.

C'est là le trait caractéristique du groupe et ce n'est pas ici le lieu d'insister sur les modifications déjà indiquées de ce type de spicules (hexaster, pentactine, tétractine, diactine, etc., voir pages 100, 101), que nous rencontrerons en étudiant la classification.

Le développement des Triaxoniés n'a été étudié que chez les formes sans spicules, chez *Halisarca* par F.E. Schulze [78] et chez *Aplysilla* par Y. Delage [92]. Du premier de ces travaux, fait avec les idées anciennes sur la formation de l'ectoderme aux dépens des flagellées, on ne peut retenir que ce qui a trait à la segmentation, conforme ici, en ses traits essentiels, au type général. La larve est remarquable par le fait que le bouchon endodermique fait hernie par le

---

(1) On voit par là que la forme typique du spicule triaxone est l'hexactine à six branches et non le triactine comme l'admet Sollas [88]. Cette conception sur les relations entre la forme des spicules et la forme et l'arrangement des corbeilles est de Schulze [87]. Elle peut contenir du vrai, mais nous paraît trop simpliste; elle n'explique pas pourquoi les spicules ont, dès leur formation, leur forme caractéristique, alors qu'ils ont la place nécessaire pour se développer en tous sens, ni pourquoi les spicules, dermiques et autres, logés dans les régions où il n'y a pas de corbeilles sont aussi triaxiaux. En outre, il arrive souvent que les branches tangentielles des spicules, au lieu d'être dans les espaces entre les corbeilles sont en dedans ou en dehors de celles-ci, à une place où elles se développeraient aussi bien si elles avaient deux ou trois branches au lieu d'être cruciales. Il doit y avoir à leur forme quelque cause plus générale, ce qui n'exclut pas d'ailleurs la possibilité d'un consensus, d'une adaptation entre cette forme et la disposition des corbeilles (Voir pages 56 à 58).

pôle antérieur (fig. 125, *e.*). Au pôle postérieur, le revêtement ectodermique est complet et les flagellums, beaucoup plus longs, sont l'organe principal du mouvement. Les faits de la métamorphose ne diffèrent de ceux du type général des Siliceuses en rien d'essentiel. Seul un fait est remarquable et mérite d'être signalé. Les groupes qui forment les corbeilles (fig. 126, *t'*), au lieu de donner naissance chacun à une petite corbeille indépendante, se fusionnent (fig. 126, *t.* et fig. 127) pour donner naissance aux longues corbeilles cylindriques. Ici, chez *Aplysilla*, elles sont d'abord ramifiées chez la larve. Mais plus tard elles sont en cœcums cylindriques simples. On est donc en droit de penser que les Triaxoniés ont des *corbeilles composées*, résultant de la fusion de plusieurs corbeilles simples.

Fig. 125.

TRIAXONIÆ. (Type morphol.) Larve d'*Aplysilla* au moment de la fixation (d'ap. Y. Delage). **e.**, bouchon endodermique.

Fig. 126.

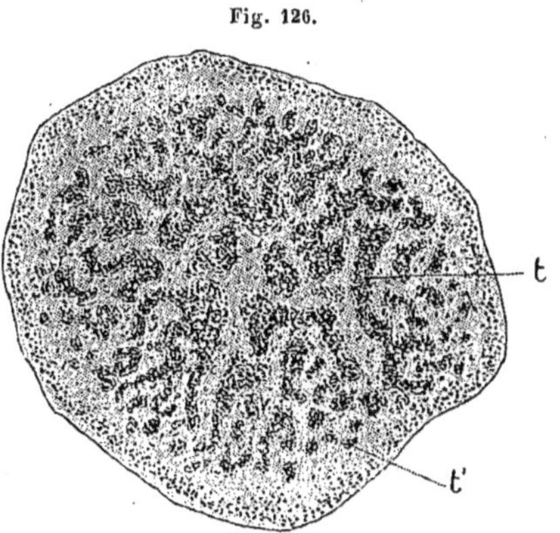

TRIAXONIÆ. (Type morphologique.) *Aplysilla sulfurea* de six à sept jours, vu de face et montrant les groupes polynucléés *t'* commençant à se fusionner en tubes *t*. L'oscule n'a pas encore fait son apparition (d'ap. Y. Delage).

t., tubes polynucléés devant former les corbeilles cylindriques; **t'.**, groupes polynucléés.

Fig. 127.

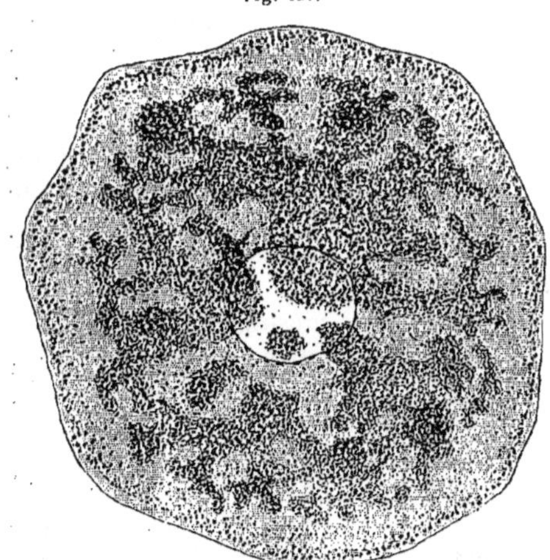

TRIAXONIÆ. (Type morphologique.) *Aplysilla sulfurea* fixé depuis sept jours. Les tubes ramifiés se sont ouverts dans la cavité atriale et l'oscule s'est percé (d'ap. Y. Delage).

La sous-classe des *Triaxoniæ* se divise en deux ordres :

HEXACTINELLIDA, pourvus de spicules;

HEXACERATIDA, dont le squelette est formé de fibres et parfois nul.

1er Ordre

HEXACTINELLIDES. — *HEXACTINELLIDA*

[*Hexactinellida* (Zittel, Lendenfeld); — Hyalosponges; *Hyalospongiæ* (Vosmär); — Éponges vitreuses; *Vitrea* (Wyville Thomson)]

TYPE MORPHOLOGIQUE

(Pl. **11** et fig. 128 a 131)

Anatomie.

Le type de cet ordre est tout à fait remarquable par une régularité et une symétrie qui le rendent éminemment propre à la schématisation.

La *forme* est celle d'un cylindre placé verticalement (**11**, *fig. 1*), fixé par l'extrémité inférieure qui est fermée, ouvert à l'extrémité supérieure libre qui représente l'*oscule* (os.). La *taille* est grande, la longueur pouvant atteindre et dépasser un décimètre, tandis que le diamètre serait de deux ou trois centimètres environ. Le cylindre est creux et ses parois sont modérément épaisses; toute la cavité intérieure libre représente un vaste *atrium*. La surface extérieure est revêtue d'une mince *membrane dermale* (**11**, *fig. 1* et 2, ects.) percée de *pores*, et la cavité atriale est de même revêtue d'une *membrane atriale* (mb. atr.), criblée aussi d'ouvertures toutes semblables aux vrais *pores inhalants* et que l'on pourrait nommer les *pores exhalants*.

Entre ces deux membranes, tendues parallèlement comme deux cylindres emboîtés, sauf qu'elles se réunissent en haut à l'oscule, est un troisième sac cylindrique, formé par le *choanosome* (**11**, *fig. 1* et 2, chs.). Mais celui-ci, au lieu d'être tendu comme ceux qui limitent la surface et l'atrium, est développé en larges sinuosités s'avançant vers le dehors, puis vers la cavité atriale, puis revenant vers la surface externe, etc. Ces sinuosités peuvent être simples ou se compliquer de replis de second ordre.

Ni d'un côté ni de l'autre, les sinuosités ne s'avancent jusqu'à la surface, et il reste sous la membrane dermale une *cavité hypodermique* (cv. hy.) et sous la membrane atriale une *cavité sous-atriale* (esp. s.-atr.), dans lesquelles s'ouvrent les espaces compris entre les replis du choanosome.

Dans ce choanosome, les corbeilles (**11**, *fig. 1*, *2* et *3*, cb.) ont une forme et une disposition très particulières. Elles sont allongées en forme de cylindre, fermées en calotte à un bout, ouvertes à l'autre, comme un dé à coudre, mais plus allongées que cet objet. Elles sont insérées par leur orifice, représentant l'*apopyle*, sur la face libre interne ou atriale du choanosome, et s'ouvrent ainsi largement dans l'espace sous-atrial ou dans ses diverticules; leur surface externe est saillante dans l'espace hypodermique ou dans ses diverticules, où les corbeilles s'ouvrent par de multiples petits prosopyles disséminés sur toute leur surface. Les corbeilles sont donc disposées sur une seule couche et radiairement par rapport à l'axe du repli auquel elles appartiennent, et par conséquent radiairement par rapport à l'axe morphologique de l'Éponge, dont ces replis représentent des incurvations. Elles sont si rapprochées qu'elles se touchent presque; cependant, il reste entre elles des intervalles fusiformes, et les espaces compris entre leurs apopyles sont comblés par une mince membrane (**11**, *fig. 3*, **e.**) en continuité avec les parois des corbeilles mais dépourvue de choanocytes. Le choanosome, à l'inverse de ce qui existe chez les autres Éponges, au lieu de former un parenchyme assez compact, est extrêmement délicat et caverneux. Il n'y a, en effet, outre les corbeilles, qu'un réseau délicat (**11**, *fig. 3*, **r.**) de fibrilles anastomosées à très larges mailles reliant les parois des corbeilles entre elles et à la membrane dermale.

La *cavité hypodermique* (**11**, *fig. 3*, cv. hy.) et le système des *canaux inhalants* sont moins distincts l'un de l'autre que d'ordinaire, la première étant représentée par la partie située en dehors du niveau du sommet des replis, les seconds par les espaces situés entre les replis et entre les faces distales des corbeilles. Le tout est occupé par le tissu réticulé (**r.**) dont nous venons de parler, avec cette seule particularité qu'il peut y avoir sous le derme de larges lacunes plus spécialement assimilables à la cavité hypodermique.

Du côté interne, on peut de même distinguer, par les mêmes caractères de connexion, la *cavité sous-atriale* (**11**, *fig. 3*, esp. s.-atr.) et les *canaux exhalants*, et l'on y trouve le même reticulum (**11**, *fig. 3*, **r'.**) mais moins développé, surtout dans les canaux exhalants; et cela se conçoit aisément : car, tandis qu'à la face externe, les trabécules du reticulum peuvent s'insérer en tous les points de la surface des corbeilles, du côté interne, ils ne peuvent s'attacher que dans les étroits espaces compris entre les corbeilles, le reste étant occupé par les larges apopyles et les cavités des corbeilles, qui restent toujours libres.

Il est à remarquer que la membrane (**11**, *fig. 3*, **e.**) sur laquelle sont insérées les corbeilles constitue une cloison de séparation *complète* entre le système inhalant et le système exhalant. Ce fait est intéressant en ce qu'il met sous les yeux, sous une forme très visible, un caractère qui d'ordinaire ne peut être décélé que par une étude pénible.

On a peu étudié l'histologie de ces Éponges qui ne vivent que loin de nous, dans les grandes profondeurs. Il est à peu près certain cependant que l'on doit trouver partout la structure ordinaire. La surface externe, celle de l'atrium et toutes les lacunes exhalantes et inhalantes, y compris leurs moindres trabécules et la surface externe des corbeilles qui fait partie de ces dernières, doivent être tapissées de pinacocytes, dont l'existence a été d'ailleurs reconnue en beaucoup de points. A part les spicules dont il va être bientôt question, le mésoderme est fort peu abondant. Il doit être cependant représenté dans tous les points où il doit normalement exister, c'est-à-dire dans l'épaisseur des membranes dermale et atriale et de tous les trabécules sous l'épithélium de pinacocytes, et dans l'épaisseur des parois des corbeilles, entre les pinacocytes externes et les choanocytes internes.

Les choanocytes des corbeilles ne se touchent pas à leurs bases (fig. 129 et **11**, *fig. 4*), mais s'étalent en prolongements qui vont de l'un à l'autre. En outre des nombreux prolongements fins et irréguliers (a'.), chacun en présente quatre réguliers en croix (a.) qui le mettent en rapport avec les quatre voisins et dessinent un large réseau à mailles carrées, dans lequel les fins prolongements forment un second réseau irrégulier. Ils sont disposés sur deux lignes hélicoïdales montant en sens inverse le long des parois de la corbeille et se coupant à angle droit, de manière à dessiner un réseau losangique dont ils occupent les points nodaux, tandis que leurs prolongements principaux en dessinent les côtés [1].

Fig. 128.

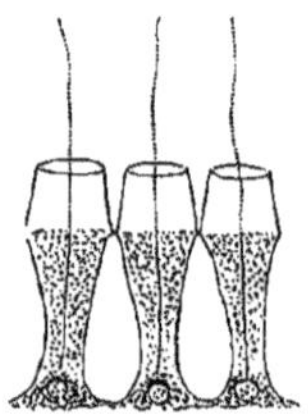

HEXACTINELLIDA. (Type morpholog.) Trois choanocytes de *Schaudinnia arctica* (d'ap. Schulze).

Les produits sexuels ont été observés et présentent les caractères habituels. On rencontre ceux des sexes mâle et femelle dans les mêmes individus.

Le *squelette* est formé essentiellement d'hexactines avec toutes leurs variétés et les diverses formes qui en dérivent par réduction du nombre des branches ou autrement.

Leur distribution est fort simple (fig. 130). Dans les membranes dermale et atriale, on trouve d'abord de petits hexactines ou pentactines, avec leurs branches cruciales dirigées tangentiellement et leur branche axiale radiairement (*dermalia* et *gastralia*); dans le parenchyme, on en trouve d'autres plus grands (*parenchymalia*), orientés de la même façon et souvent disposés en deux couches, une interne dont les branches cruciales sont en

Fig. 129.

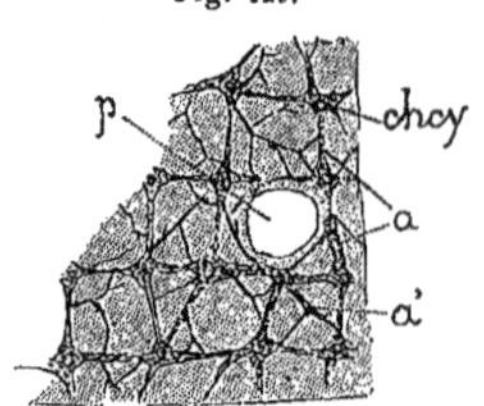

TRIAXONIÆ. (Type morphologique.) Reticulum des choanocytes (d'ap. Schulze).

a., anastomoses principales des choanocytes ; **a'.**, anastomoses secondaires des choanocytes; **chcy.**, choanocytes; **p.**, un prosopyle.

(1) F. E. Schulze [99] vient de publier un travail dans lequel il décrit les caractères des choanocytes qui n'avaient pu être encore observés chez les Hexactinellides d'une manière suffisamment nette. Ces éléments ont la forme d'un verre à pied mesurant environ 7μ de haut sous la collerette (fig. **128**). Leur base, légèrement étalée, renferme le noyau et émet tangentiellement les prolongements de deux ordres dont il est question ci-dessus. Vers leur partie distale, un peu au-dessous de la collerette, ils se touchent, tandis qu'un espace libre reste entre les parties inférieures de leurs corps. Enfin, leurs collerettes s'étalent sans devenir tout à fait tangentes. Le flagellum descend jusqu'au noyau et paraît se terminer au contact d'une sorte de calotte hémisphérique que forme la paroi de ce dernier du côté distal. Nous pouvons rappeler ici ce que nous disions plus haut (page 51, note) au sujet des rapports probables du flagellum avec le centrosome.

Pl. 10.

INCALCARIA

(TYPE MORPHOLOGIQUE)

Développement (*Suite*).

Fig. 1. Les cellules épidermiques restées à l'intérieur de la larve se disposent pour former le revêtement des cavités inhalantes et exhalantes (Sch.).
Fig. 2. Les mêmes phénomènes s'accentuent et les cellules ectodermiques se rassemblent en îlots (Sch.).
Fig. 3. Les cavités inhalantes et exhalantes sont formées et la cavité atriale communique avec le dehors par l'oscule. Les cellules ectodermiques se placent en cercle pour former les corbeilles (Sch.).
Fig. 4. La larve a atteint sa forme définitive (Sch.).

c. atr., cavité atriale;
c. gr., cellules granuleuses;
c. hy., cavité hypodermique;
ect., cellules ectodermiques;
ep., cellules épidermiques superficielles;
ep'., cellules épidermiques des cavités internes;
gtx., cellules génitales;
ms., mésoderme;
os., oscule;
p., pores;
sq., spicules.

dermiques (*ms.*). La couche superficielle n'est autre que l'épiderme (*ep.*), la couche profonde est formée par les éléments endodermiques restés immédiatement sous-jacents à celui-ci, tandis que ceux qui venaient immédiatement au-dessous de ces derniers ont formé le plancher de cette cavité. On voit par là que la cavité hypodermique ne provient nullement d'une invagination, comme le pensait SOLLAS [88], mais résulte de l'agrandissement, de la fusion et de l'orientation des lacunes interstitielles représentant une partie de la cavité de segmentation, tapissées après coup de cellules endodermiques sœurs de celles qui ont formé l'épiderme, mais qui n'ont pu arriver à la surface.

L'origine des voies inhalantes et exhalantes, y compris la cavité atriale, n'est pas différente : ce sont toujours des lacunes cœloblastiques orientées et fusionnées, tapissées d'éléments endodermiques restés plus profonds encore. On voit par là aussi que le mode de formation de l'Éponge n'est point en relation avec un reploiement réel d'une lame primitive, comme nous l'avons supposé un moment pour rendre plus compréhensible la complication progressive de l'animal (¹).

Dès le moment de la formation des corbeilles, les cellules flagellées laissent entre elles un large espace (*apopyle*) par lequel elles communiquent avec la lacune exhalante la plus voisine, tandis qu'un minime écartement (*prosopyle*) établit la communication avec la lacune inhalante la plus rapprochée.

Les pores (**10**, *fig.* 4, *p.*) se percent *après* que la cavité hypodermique a commencé à se constituer et, à ce qu'il semble, *dans* une cellule épidermique que l'on peut appeler, ici aussi, *porocyte*, mais qui est mince, fine, et ne ressemble en rien aux porocytes décrits par MINCHIN chez les Calcaires. L'oscule (*os.*) se forme certainement *entre* des cellules épidermiques dont un grand nombre servent à former son contour.

La jeune Éponge, qui a maintenant tous les organes essentiels de l'adulte, se présente sous l'aspect d'un petit ménisque plan convexe très aplati, mesurant un ou deux millimètres de diamètre sur une fraction de millimètre d'épaisseur. Tout autour d'elle est la *membrane marginale* largement étalée, déchiquetée en lanières pseudopodiques à sa limite externe en voie d'accroissement, tandis qu'en dedans, à l'union avec le corps du ménisque, elle se dédouble en deux feuillets entre lesquels s'insinuent des éléments mésodermiques. Sous la surface est une vaste lacune, la *cavité hypodermique* (**10**, *fig.* 4, *c. hy.*), continue dans toute son étendue, mais non pas libre, car, de distance en distance, sa voûte est réunie au plancher par des trabécules, généralement soutenus par un *spicule* dressé ou par une fibre cornée radiaire. Quelques rares *pores*, situés principalement vers les bords de l'Éponge, percent sa voûte formée

(¹) Nous verrons que, chez *Oscarella*, le développement montre un reploiement de ce genre. On pourrait soutenir que ce processus est primitif. En tout cas, il est actuellement exceptionnel.

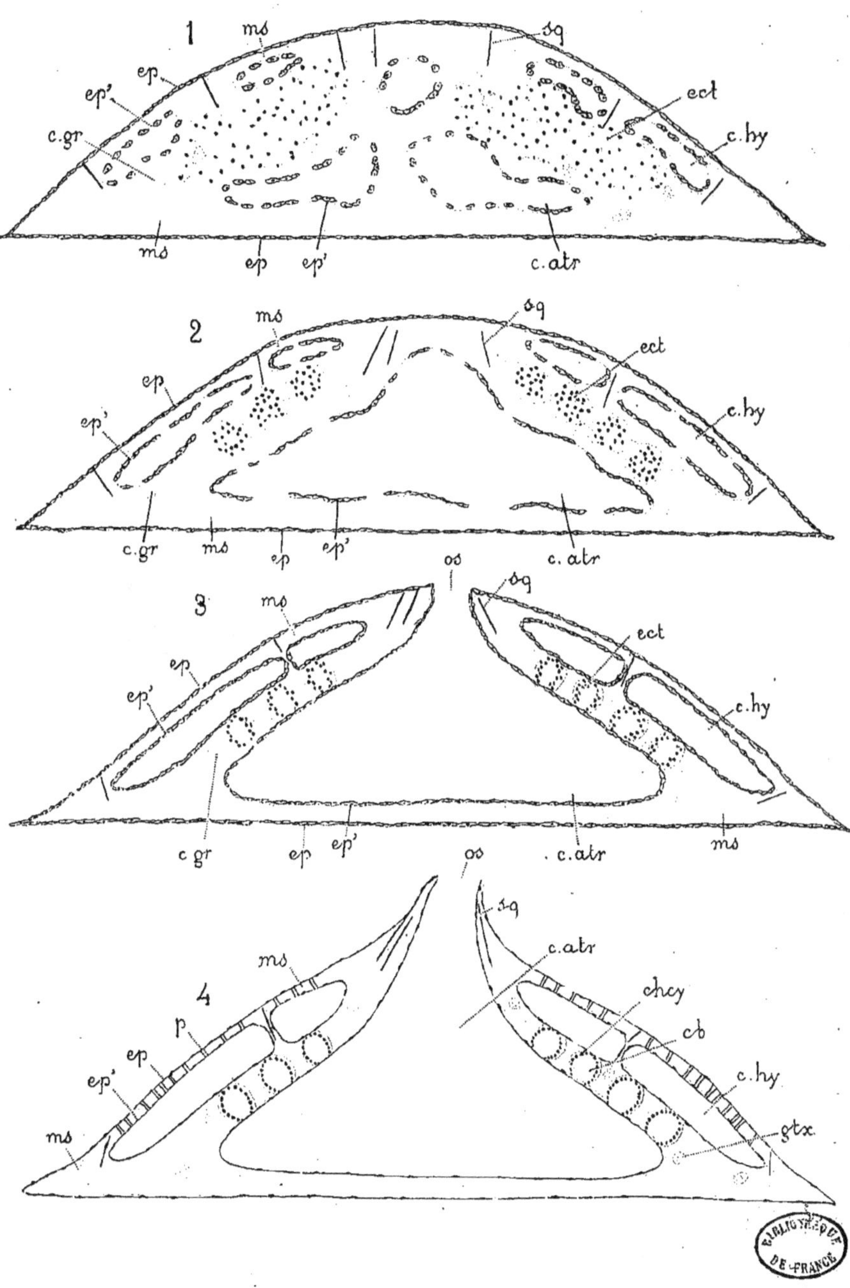
1
ms
sq
ep
ep'
c.gr
ect
c.hy
ms
ep
ep'
c.atr
2
ms
sq
ect
ep
ep'
c.hy
c.gr
ms
ep
ep'
c. atr
os
3
ms
sq
ect
ep
ep'
c.hy
c gr
ep
ep'
c.atr
ms
os
sq
c.atr
ms
4
chcy
cb
p
ep
ep'
c.hy
gtx
ms

lules granuleuses (*c. gr.*), contenant des reliquats vitellins, qui sont les futurs éléments amœboïdes du mésoderme et les cellules germinales primitives.

De ces quatre sortes d'éléments, on peut dès maintenant considérer la première comme représentant l'endoderme et les trois dernières comme représentant le mésoderme, mais sans distinction tranchée entre elles. La distinction entre l'ectoderme et les éléments endo-mésodermiques est au contraire très tranchée, et on n'observe point ici ces formes de transition décrites par Minchin chez *Leucosolenia*. Il n'y a point une distribution topographique tranchée des divers éléments de l'endo-mésoderme ; mais, d'une manière générale, les futures épidermiques (**9**, *fig. 1*, *ep.=end.*) sont les plus externes, placées immédiatement sous l'ectoderme (*ect.*) ; puis viennent les scléroblastes (*sq.*) et les cellules mésodermiques fusiformes, et enfin, vers le centre, les cellules amœboïdes (*c. gr.*) [1].

C'est dans cet état que la larve devient libre, émise au dehors par l'oscule maternel. A peine en liberté, elle nage activement à l'aide de ses cils, en dirigeant toujours en avant le pôle cilié opposé au bouchon endodermique qui obstrue la lacune de la couche ectodermique (**9**, *fig. 1*) [2].

Malgré l'absence d'yeux, elle est impressionnée par la lumière et se dirige d'ordinaire vers l'obscurité, peut-être sous l'influence d'une action directe de la lumière sur l'activité du mouvement ciliaire.

Après un court temps de vie active, elle se fixe par le pôle antérieur (**9**, *fig. 2*) ou par un point voisin, et immédiatement s'aplatit en un petit gâteau en forme de lentille plan-convexe (**9**, fig. *3*). Aussitôt, les cellules endodermiques les plus superficielles s'insinuent entre les ectoder-

---

[1] Souvent, les éléments de la deuxième et de la troisième espèce ne sont pas distincts, mais on peut dans ce cas les considérer comme représentés virtuellement par des cellules indiscernables des épidermiques sous-ectodermiques. Il se pourrait aussi que, là où cette distinction n'est pas apparente, elle fût réellement absente, les éléments les plus voisins de la surface se différenciant en épiderme par le fait même de leur situation, conformément aux vues des épigénistes. En tout cas, il en est certainement ainsi pour les cellules destinées à tapisser les canaux, qui ne se distinguent point des futures épidermiques. C'est certainement le hasard de leur distribution qui amènera les plus externes à former l'épiderme, les moyennes à revêtir la cavité hypodermique et les profondes à former la paroi épithéliale des canaux.

[2] Il arrive parfois que la larve présente, en avant, une lacune du feuillet ectodermique et que le bouchon polaire endodermique est antérieur (fig. 122) (*Aplysilla*). Dans tous les cas, les éléments intérieurs faisant partie d'une surface libre tendent à prendre la disposition épithéliale (fig. 119, *end.*). La cavité de segmentation est ordinairement obstruée chez la larve par la masse intérieure et n'est représentée que virtuellement par les lacunes interstitielles de ses éléments. Parfois, cependant (*Spongilla*), elle est vaste et occupe tout le pôle antérieur de la larve. Cette cavité, d'ailleurs, disparaît complètement après la fixation et n'a, ni par son origine ni par sa destinée ultérieure, la signification d'une cavité gastrulaire que O. Maas avait cru pouvoir lui attribuer.

Fig. 122.

INCALCARIA. (Type morphol.) Larve d'*Aplysilla* au moment de la fixation (d'ap. Y. Delage). e., bouchon endodermique.

Microsclères. — Dans les microsclères, on distingue trois catégories :

1° *Asters.* — Nombreuses actines partant d'un centre commun et s'accroissant dans le sens centrifuge seulement. Les asters typiques (*euasters*) donnent diverses formes dérivées par réduction et par le fait que le centre punctiforme peut s'allonger en un bâtonnet d'où partent à divers niveaux les actines de l'aster (*streptaster*).

2° *Spires.* — On donne ce nom aux microsclères qui ont plus ou moins la forme de bâtonnets onduleux ou courbes, parce que SOLLAS a reconnu que cette forme dérive toujours d'un fragment de spire ou d'hélice plus ou moins déformé, soit en apparence par la projection optique sur le champ du microscope, soit en réalité.

3° *Dragmes.* — Ce sont des faisceaux de microsclères qui ont pris naissance ensemble dans un même scléroblaste (¹).

Nous donnons ici une vue d'ensemble de la nomenclature des spicules, sous la forme de tableaux, avec la caractéristique et une figure pour chaque forme.

Fig. 114.

Spicule de *Semperella Schulzei* (d'ap. Marshall).

(¹) Les premiers auteurs qui ont cherché à établir une nomenclature des spicules ont eu la fâcheuse idée de donner des noms ayant une prétention descriptive, soit par des adjectifs, soit par des comparaisons. Tels sont les systèmes de CARTER, de GRAY et de BOWERBANK. Or, cet avantage n'est qu'illusoire, car ces adjectifs et ces comparaisons ne donnent qu'une idée vague de la forme et ne suppléent en rien la définition; ils ont en outre l'inconvénient de conduire à des termes très longs et de n'avoir aucune base méthodique permettant d'indiquer plus ou moins dans la classification les affinités des spicules. Ces nomenclatures seraient très longues à reproduire et sans grand avantage puisqu'elles n'ont guère été employées chacune que par son auteur. On les trouvera indiquées dans les ouvrages de ceux-ci et reproduites avec leur synonymie dans l'ouvrage de VOSMÄR [87]. Les exemples suivants suffiront à en donner une idée : spicules *acérés*, *acués*, *anchorés*, *bistellé-birotulés*, *attenuato-clavés*, *dentato-palmé-inéquianchorés*, etc.

O. SCHMIDT [69] le premier eut l'idée de faire intervenir les axes dans la classification. Mais son application de ce principe ne fut ni très complète ni très heureuse.

Il en faut dire autant de celle de VOSMÄR qui, en outre, compliqua la chose par des formules hiéroglyphiques impossibles à retenir : ainsi, le *spicule plumeux* de Carter, appelé par Schmidt *aiguille en sapin*, devient pour Vosmär le *sapin* et s'écrit *ha* [*4r* + *R sp*] ce qui veut dire que la forme est triaxone à branches toutes prolongées au delà du centre, ce qui fait un hexactine (*ha*) dont quatre actines (rayons) sont courts (*4r*) et un est grand (l'autre grand ayant disparu) et épineux (spinuleux) (*R sp*); et cela correspond à la forme représentée ci-contre (fig. 114). On voit qu'elle eût été assez difficile à deviner.

Un accord pour l'établissement d'une nomenclature nouvelle tend à s'établir sur les bases jetées par SOLLAS [88] de concert avec LENDENFELD et STEWART et par SCHULZE et LENDENFELD [89]. C'est celle dont nous avons indiqué ci-dessus les grandes divisions et que nous allons compléter dans les tableaux suivants en fusionnant les propositions de ces auteurs et en y ajoutant quelques formes importantes ajoutées depuis.

MONAXONES

1. Actines simples, non ramifiés ni coudés,	1. S'accroissant par une seule extrémité. **Monactine** ou **Style**.		**Style.** — Arrondi à un bout, pointu à l'autre.
			Tylostyle. — En tête à un bout, pointu à l'autre.
	2. S'accroissant par les deux extrémités **Diactine** (*) ou **Rhabde**. (*) Voir dans les Triaxones une autre sorte de *diactines* dont les deux branches, au lieu d'être, comme ici, en ligne droite, forment un coude.	1. Les deux bouts semblables et	**Oxe** ou **Amphioxe** ou **Oxydiactine** } progressivement effilés.
			Uncinat. — progressivement effilés et, en plus hérissés d'épines droites ou recourbées, toutes dirigées dans le même sens.
			Tornote ou **Amphitorne** } terminés en pointes brusques.
			Strongyle ou **Amphistrongyle** } mousses, arrondis.
			Tylote ou **Amphityle** } renflés en tête.
			Raphide. — Spicule en aiguille très fine, à peu près de même diamètre dans toute sa longueur.
		2. Les deux bouts dissemblables, l'un proximal *ésactine*, l'autre distal *écactine*.	**Strongyloxe.** — Ésactine en strongyle, écactine en oxe. (*Même figure que le style.*)
			Oxystrongyle. — Ésactine en oxe, écactine en strongyle. (*Même figure que le style.*)
			Tylotoxe. — Ésactine en tylote, écactine en oxe. (*Même figure que le tylostyle.*)
			Oxytylote. — Ésactine en oxe, écactine en tylote. (*Même figure que le tylostyle.*)
			Exostyle. — Ésactine en oxe, écactine en tylote. (*Même figure que le tylostyle.*)
			Tylotoxe ou **Oxytylote** } sans distinction entre ésactine et écactine. (*Même figure que le tylostyle.*)

N. B. — Disons une fois pour toutes que les désinences de tous ces termes varient selon l'esprit de la langue qui les emploie; ainsi l'on rencontre indifféremment *ox*, *amphityl*, *rhabd*, *raphis*, ou *oxe*, *oxea*, *amphytile*, *rhabd*, *rhabdus*, *raphide*, etc., etc. De même (voir tableaux suivants) *triæn* ou *triæne*, *amphidisc* ou *amphidisque*, *floricome* ou *floricom*, *isochèle* ou *isochel*, *dragme* ou *dragma*, *desme* ou *desma*, *candélabre* ou *candelaber* ou *candelabrum*, *hexact*, *pentact* ou *hexactin*, *pentactin* ou *hexactine*, *pentactine*, etc., etc. Enfin, les uns font ces mots ou certains d'entre eux invariables, tandis que d'autres les déclinent selon leur langue : au pluriel, les Anglais diront *strongyls*, les Français *strongyles*, les Allemands *Strongylen*.

Nous nous sommes dispensés d'inscrire dans ce tableau certaines variétés des formes typiques différant de celles-ci seulement par leur taille et dont le nom seul indique immédiatement les caractères, telles que : *microxe*, *microstyle*, *micramphidisque*, *mésamphidisque*, *macramphidisque*, *micro-oxyhexactine*, *microtylote*, etc.

2. Actines branchues au bout. Les ramifications constituent le *cladome* qui est formé d'un [n]ombre variable de branches ou *clades*. Ceux-ci peuvent être, à leur tour, ramifiés *pro*dichotomiquement. Dans ce cas, le clade devient le [prot]*oclade* et les ramifications des ordres successifs forment le *deutéroclade*, le *tritoclade*, le *tétraclade*, etc. L'actine primitive [q]ui porte le cladome prend le nom de *rhabdome*. — Cladome formé de :

1. un nombre de clades indéterminé. En comptant les clades du cladome, on ferait passer ces formes dans les catégories suivantes. Les trois premières de ces formes sont de Sollas, qui n'admet que les triænes et définit les autres comme ayant plus ou moins de trois clades.	**Oxyclade.** — Ésactine en oxe, écactine en cladome.
	**Strongyloclade.** — Ésactine en strongyle, écactine, en cladome.
	**Tyloclade.** — Ésactine en tylote, écactine en cladome.
	**Cladotyle.** — Tyloclade sans distinction entre ésactine et écactine. (*Même figure que le tyloclade.*)
2. un seul clade. **Monæne.**	**Promonæne.** — Clade dirigé en avant, formant un angle obtus avec le rhabdome.
	**Anamonæne.** — Clade recourbé en arrière, formant un angle aigu avec le rhabdome.
	**Orthomonæne.** — Clade à angle droit.
	Dichomonæne. — Clade bifurqué.
3. deux clades. **Diæne.**	**Prodiæne.** — Les deux clades dirigés en avant, à angle obtu avec le rhabdome.
	**Anadiæne.** — Les deux clades recourbés en arrière, à angle aigu avec le rhabdome.
4. trois clades. **Triæne.** Il est aisé de voir qu'on pourrait aussi bien rapporter le triæne au système tétraxonial en comptant les trois branches du cladome comme autant d'actines principales de valeur égale à celle de l'actine plus grande qui le porte. Cela serait d'autant plus légitime que l'on range dans les Tétraxonides les Éponges qui les portent. Nous le laissons ici avec Sollas parce que, les transporter dans les Tétraxones, entraînerait à déplacer aussi les monænes, diænes, etc., qui ne trouvent place dans aucun autre groupe naturel.	**Anatriæne.** — Clades recourbés en arrière sous un angle < 45° (*ancres* de Carter).
	**Plagiotriæne.** — Comme le précédent, mais angle > 45°.
	**Orthotriæne.** — Comme le précédent, mais angle > 50°, = ordinairement 90°.
	Protriæne. — Clades dirigés en dehors, formant avec le prolongement du rhabdome un angle < 45°.
	**Dichotriæne.** — Clades bifurqués.
	**Trichotriæne.** — Clades trifurqués.
	**Phyllotriæne.** — Clades élargis en feuilles.
	**Discotriæne.** — Clades élargis et soudés en un disque.
	**Clavule.** — Clades élargis et soudés en un disque, et rhabdome pointu, le tout en forme de clou.
	**Gomphostyle.** — Clou à tête aplatie et à tige tordue.
	**Amphitriæne.** — Un cladome à 3 branches à chaque bout du rhabdome.
	Amphidisque (1). — A chaque bout du rhabdome, qui est court, un cladome soudé en un disque.
	Diaspis. — A chaque bout du rhabdome, un cladome formant une lame en bouclier, au lieu d'un disque régulier.
	Paramphidisque ou **Paradisque** — Diaspis dont l'axe est oblique et s'insère au bord des lames terminales, d'un côté sur l'une, de l'autre sur l'autre.
	**Centrotriæne** ou **Mesotriæne** — Un seul cladome à 3 branches (éventuellement fusionné en disque), au milieu du rhabdome.
	**Discorhabde** (2). — Plusieurs disques transversaux tout le long du rhabdome.
5. quatre clades. **Tetræne.**	**Anatetræne.** — Les quatre clades recourbés en arrière en crochets.
	Scopule. — Les quatre clades capités, le rhabdome pointu à l'autre bout.

(1) Avec les variétés de taille : Macramphidisque, Mésamphidisque, Micramphidisque.

(2) La place de cette sorte n'est sans doute pas exacte, mais il faudrait faire pour lui seul une catégorie à part.

TRIAXONES

1. Les trois actines primitives prolongées chacune au delà du centre. **Hexactine.** Rappelons que l'on dit également *hexact* et *hexactin*, et de même pour les autres termes à désinence semblable.	**Oxyhexactine.** — Les six actines terminées en pointe. **Tylhexactine.** — Les six actines terminées en tête. **Discohexactine.** — Les six actines terminées en disque à bord lisse ou denté.
2. Les six branches de l'hexactine ramifiées au bout en un cladome. **Hexaster.**	**Orthohexaster.** — C'est l'hexaster normal dont les trois axes sont perpendiculaires entre eux. (*Même fig. que l'hexaster.*) **Oxyhexaster.** — Les clades terminés en pointe. **Hemioxyhexaster.** — Oxyhexaster dont certaines des branches principales se divisent seules en clades, les autres restant simples comme dans l'oxyhexactine. **Tylhexaster.** — Les clades terminés en tête. **Discohexaster.** — Les clades terminés en disque. **Discospiraster.** — Discohexaster à branches contournées en spirale. **Graphiocome** ou **Graphiohexaster.** — Les cladomes formant des pinceaux de fines branches. **Floricome.** — Les clades en S, élargis et dentés au bout, le tout simulant une sorte de fleur. **Plumicome.** — Les clades en S, non élargis ni dentés, mais étagés comme les barbes d'une plume. **Aspidoplumicome.** — Les 6 branches principales élargies au bout en un bouclier qui porte les clades. **Strobiloplumicome.** — Comme le précédent, mais le bouclier porte, en outre des clades, une pointe qui est comme le prolongement de l'actine principale. **Calicocome.** — Les actines terminées en cupule lisse des bords de laquelle partent les branches du cladome. **Codonhexaster.** — Discohexaster dont les disques terminant les branches des clades sont incurvés en hémisphères à concavité tournée vers le centre et à bord denté prolongé en épines parallèles au clade qui porte le disque. **Drépanocome.** — Floricome dont les clades sont pointus et recourbés en faux. **Sigmatocome.** — Drépanocome, mais clades non recourbés. **Onychaster.** — Oxyhexaster ou discohexaster dont les clades portent au bout des épines crochues.
3. Hexactine compliquée par la présence de deux branches additionnelles. **Octaster.**	**Discoctaster.** — Les huit branches terminées par un petit disque. (*Voir pages 93, 94.*)
4. Hexactine réduite à cinq branches par disparition du prolongement d'une des actines primitives. **Pentactine.**	**Oxypentactine.** — Les cinq actines terminées en pointe. **Pinule** ou **Pentactinpinule.** — Pentactine, parfois hexactine, dont l'actine impaire est épineuse. (Appelé aussi *Sapin.*)
5. Hexactine réduite à quatre branches par disparition d'une des actines primitives et de son prolongement. **Tétractine.**	**Stauractine.** — Les quatre branches en croix, mousses au bout et ordinairement épineuses. **Oxytetractine** ou **Oxystauractine.** — Les quatre branches pointues.
6. Hexactine réduite à trois branches par disparition de trois quelconques des six branches. **Triactine.**	**Oxytriactine.** — Les trois branches pointues.
7. Actines réduites à deux quelconques. 1. Les deux actines formant un angle. **Diactine.**	**Orthodiactine.** — Angle formé par les actines = 90°.
2. Les deux actines sur le prolongement l'une de l'autre. **Monactine.** Ces formes ne diffèrent des monaxones correspondantes que par la présence de rudiments des actines disparues.	**Clavule.** **Scopule.** — Certaines scopules et clavules montrent par des restes d'actines disparues qu'elles dérivent de la forme triaxone. Peut-être en est-il de même pour toutes. (*Voir aux Monaxones*).

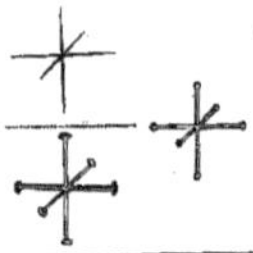

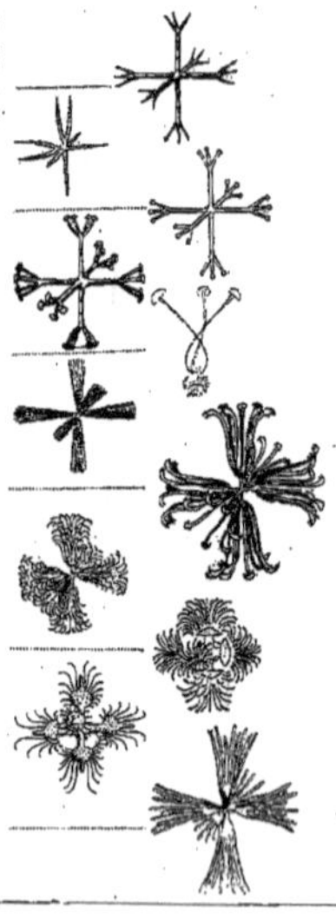

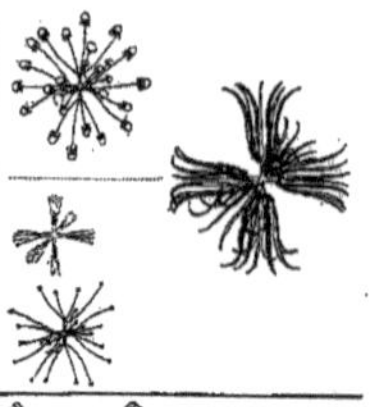

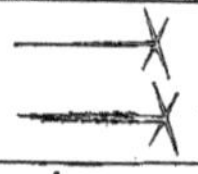

Trochobolus (Zittel),
Phlyctænium (Zittel),
Calathiscus (Sollas),
Pachyteichisma (Zittel), tous les quatre jurassiques,
Tretostamnia (Pomel) (Tertiaire).
Schizorhabdus (Zittel),
Rhizopoterion (Zittel),
Polyblastidium (Zittel),
Sestrocladia (Hinde),
Cœloscyphia (Tate),
Lepidospongia (Römer).
Sporadoscinia (Pomel),
Licmosinion (Pomel),
Cephalites (T. Smith *emend.*), tous du Crétacé, et

9° FAM. : CŒLOPTYCHINÆ [*Cœloptychidæ* (Zittel)].

Cœloptychium (Goldfuss) (fig. 157 à 159) diffère de *Ventriculites* par sa forme en champignon ou en parapluie avec la face convexe seule recouverte

Fig. 157.

Cœloptychium agaricoides vu de profil (d'ap. Zittel).

Fig. 158.

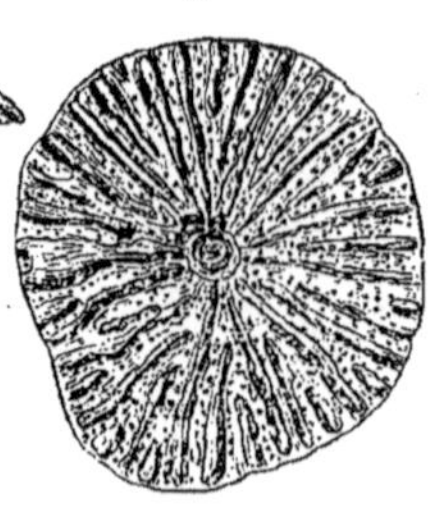

Cœloptychium agaricoides vu de dessous (d'ap. Zittel).

Fig. 159.

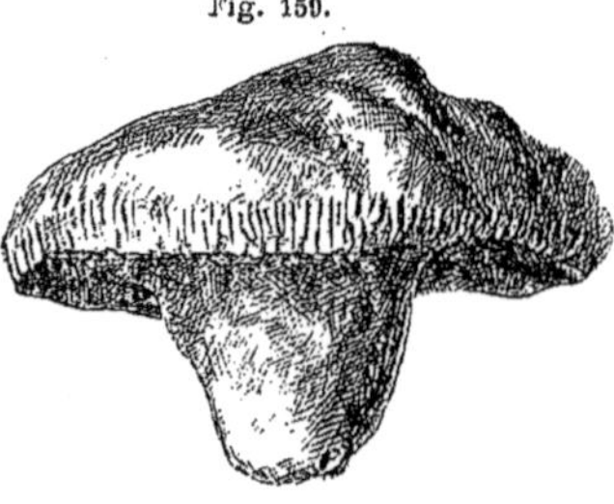

Cœloptychium boletoides (d'ap. S. Meunier).

d'une enveloppe cachant les plis qui se voient en dessous, radiaires, bifurqués plus ou moins distalement, et portant sur les parties saillantes les orifices des canaux. Le squelette du parenchyme forme un grillage très régulier (Crét.).

Ce genre est l'unique représentant de la famille.

2° ORDRE

HEXACÉRATIDES. — *HEXACERATIDA*

[*HEXACERATINA* (Lendenfeld)]

Les Hexacératides sont des Éponges sans squelette siliceux, rangées précédemment par tous, et encore aujourd'hui par quelques-uns, dans les Éponges cornées ou *Keratosa*. Leur squelette est en effet formé de fibres cornées. Mais, comme elles se rattachent par tous leurs autres caractères aux Hexactinellides, il semble que LENDENFELD ait été bien inspiré en les retirant du groupe peu homogène des Éponges cornées pour les placer ici. Quelques-unes ont même de véritables spicules à trois axes, ne différant de ceux des Hexactinellides que par la nature de leur substance qui est organique (spongine) au lieu d'être minérale (silice). D'ailleurs, les spicules des Éponges siliceuses contiennent toujours, même après destruction de leur filament axile, une certaine quantité de substance organique intimement unie à la silice.

TYPE MORPHOLOGIQUE

(Pl. 12 et FIG. 160 A 165)

Nous prendrons pour type une forme moyenne bien caractéristique, le genre *Aplysilla*.

La *forme* n'a rien de remarquable. C'est un petit gâteau en forme de ménisque plan convexe mais de contour irrégulier, adhérent par sa large base au support (**12**, *fig. 1* et *2*). La *taille* est aussi très modérée, le diamètre moyen mesurant quelques centimètres et l'épaisseur quelques millimètres seulement. C'est ce qu'on appelle une Éponge encroûtante. Çà et là, se voient quelques larges orifices osculaires (*os.*), légèrement bombés et, entre eux, la surface est toute hérissée de petites saillies appelées les *conuli* (*cli.*). Malgré cela, l'Éponge est douce au toucher, ce qui tient à ce que ces conuli sont déterminés par une fibre cornée souple, élastique, qui, venant des parties profondes, se termine là en pointe en soulevant la membrane dermale de l'Éponge comme le piquet d'une tente soulève la toile de celle-ci. Ces conuli, assez rapprochés les uns des autres, laissent entre eux de petites vallées concaves que l'on appelle les *champs poreux* (**12**, *fig. 2*, *ch. p.*), car c'est là en effet que sont groupés les pores, qui ne montent point sur les pentes des conuli.

Fig. 160.

HEXACERATIDA. (Type morphologique.) Ensemble du squelette d'une Éponge cornée (d'ap. Lendenfeld).

A l'intérieur, le *squelette* (fig. 160) est formé de nombreux petits arbuscules cornés, qui partent tous d'une couche basale commune et se ramifient en montant vers la surface. Leurs branches, d'ailleurs peu nombreuses, se terminent par des extrémités, les unes perdues dans le parenchyme, les autres saillantes et formant l'axe des conuli (**12**, *fig. 3*, *cli.*). Nous indiquerons bientôt leur structure.

La surface est revêtue d'une mince membrane dermique (**12**, *fig. 3*, *ects.*), sous laquelle règne une vaste cavité hypodermique (*cav. hyp.*). Cette cavité s'étend à toute la surface de l'Éponge, et elle est continue dans toute son étendue; mais elle est interrompue au niveau des conuli, car les fibres cornées soulèvent le parenchyme aussi bien que la membrane dermique, et, en ces points, celle-ci se soude à celui-là et efface la cavité hypodermique qui, présentant son maximum d'épaisseur au centre des champs poreux, va mourir en s'atténuant peu à peu sur les flancs des conuli. De nombreuses fibres (*fb.*) s'étendent en outre directement de la membrane au parenchyme et maintiennent la première solidement attachée au second.

Le plancher de la cavité hypodermique est formé par une lame fenestrée, criblée d'orifices ronds (*fnt.*), notablement plus larges que les pores (*p.*) et qui conduisent dans un système de lacunes inhalantes (*lc. inh.*) où sont plongées les corbeilles (*cb.*). En outre de ces pores hypodermiques et des lacunes, il existe de larges canaux inhalants (*cn.*

inh.) qui partent de la membrane fenestrée et plongent directement dans la profondeur du parenchyme, où ils se perdent dans les lacunes inhalantes profondes auxquelles ils servent à amener l'eau par une voie plus directe.

Les *corbeilles* (**12**, *fig. 3, cb.*) ont la forme en dé à coudre (sauf leur longueur relativement plus grande), caractéristique des Triaxoniés. Leurs parois sont percées de minimes orifices prosopylaires s'ouvrant directement dans les lacunes ambiantes. Elles sont groupées le long de *canaux exhalants* (**12**, *fig. 3, cn. exh.*) dans lesquels elles s'ouvrent par leur large apopyle et qui, terminés distalement en cul-de-sac, viennent déboucher vers la base de l'Éponge dans un système de canaux exhalants plus larges, ramifiés parallèlement à la base de l'Éponge et dans sa partie la plus profonde. Ceux-ci se réunissent à des carrefours d'où part un canal atrial qui débouche à un des oscules (*os.*).

Fig. 161.

HEXACERATIDA. (Type morphol.) Coupe transversale d'une fibre à un faible grossissement (d'ap. Lendenfeld).

L'*histologie* présente quelques particularités à noter. La membrane dermique contient des cellules glandulaires qui, lorsque l'Éponge est trop longtemps hors de l'eau, sécrètent une mucosité qui se durcit en une sorte de cuticule sous laquelle l'épiderme se détruit pour se reformer ensuite. Les pores sont très mobiles, grâce à des bandes circulaires de myocytes dont ils sont entourés.

Mais c'est surtout la *structure des fibres cornées* qui doit nous arrêter. Sur une coupe transversale (fig. 161 et 162) on les trouve formées des couches suivantes : 1° un axe médullaire (fig. 162, *m.*) formé d'une substance molle, non réfringente,

Fig. 162.

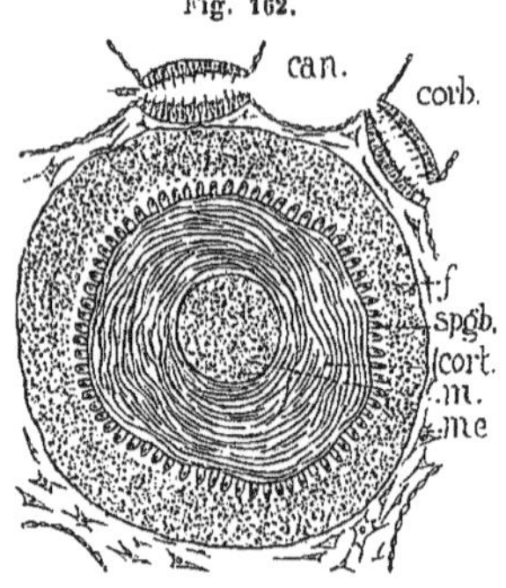

HEXACERATIDA. (Type morpholog.) Coupe transversale d'une fibre (d'ap. Lendenfeld).

can., canaux aquifères; **corb.**, corbeilles; **cort.**, couches corticales de spongine; **f.**, enveloppe de fibres; **m.**, moelle de la fibre; **me.**, mésoderme.

Fig. 163.

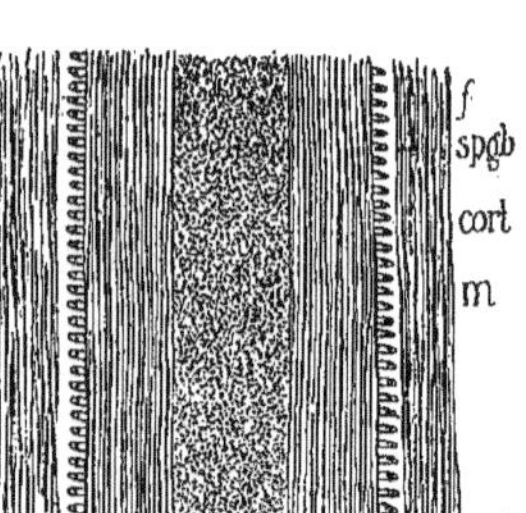

HEXACERATIDA. (Type morphologique). Coupe longitudinale d'une portion de fibre très grossie (d'ap. Lendenfeld).

cort., couches corticales de spongine; **f.**, fibres; **m.**, moelle de la fibre; **spgb.**, spongoblastes.

Fig. 164.

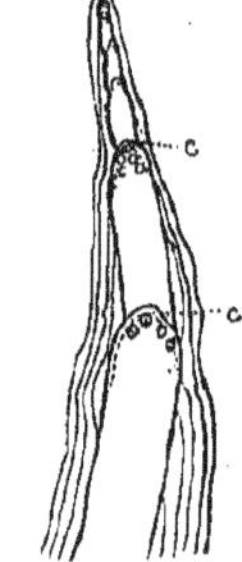

HEXACERATIDA. (Type morphol.) Extrémité d'une fibre de *Dendrilla rosea*, var. *typica* (d'ap. Lendenfeld).

c., coupoles.

granuleuse, et composé de segments successifs séparés par surfaces, en forme de dômes convexes (fig. 164, *c.*) vers le bout distal; 2° des couches emboîtées d'une substance cornée, réfringente, ferme et élastique, résistante, appelée *spongine*, qui n'est pas sans analogie avec la soie (fig. 162 et 163, *cort.*) [1]; 3° une couche de cellules cylindriques les *spongoblastes* (fig. 162 et 163, *spgb.*) qui sécrètent la *spongine;* 4° enfin, un épais fourreau de cellules conjonctives, toutes disposées longitudinalement (fig. 162 et 163, *f.*).

Aux extrémités en voie d'accroissement (fig. 165), le fourreau de cellules conjonctives (*f.*) se ferme par dessus la fibre, en réduisant sa cavité à un canal virtuel et se prolonge un peu au delà, et le bout de la fibre est coiffé d'un champignon de cellules polyédriques (*ch.*) qui se continue par ses bords avec la gaine de spongoblastes (*spgb*). A ce niveau, la partie médullaire existe seule, et les couches cornées (*cort.*) ne commencent qu'un peu au delà du sommet, d'abord très minces, puis de plus en plus épaisses, si bien que, vers la base des fibres, les rapports sont renversés, la partie cornée devenant beaucoup plus épaisse que la partie médullaire.

Fig. 165.

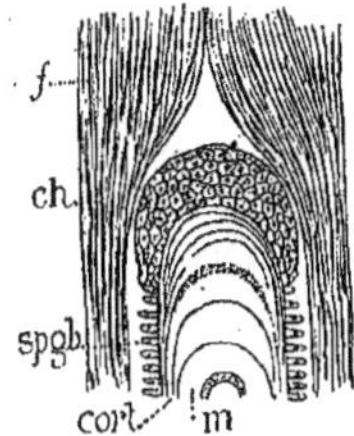

HEXACERATIDA. (Type morphologique.) Coupe longitudinale de l'extrémité d'une fibre en voie d'accroissement (d'ap. Lendenfeld).

ch., capuchon terminal des spongoblastes; **cort.**, couche corticale de spongine; **f.**, fibres; **m.**, moelle de la fibre; **spgb.**, spongoblastes.

L'accroissement de la fibre et la formation de ses couches sont faciles à comprendre. Le champignon terminal sécrète la substance médullaire et détermine ainsi l'allongement de la fibre. Celle-ci, en s'allongeant, repousse un peu plus loin le champignon, qui laisse une rangée circulaire de spongoblastes à la place qu'il a abandonnée, et ainsi de suite. Les spongoblastes sécrètent la spongine par dépôts successifs de dedans en dehors; aussi, le manteau de spongine est-il d'autant plus épais à mesure que l'on s'éloigne du sommet, tandis que la partie médullaire ne s'accroît plus en épaisseur à quelque distance au-dessous du sommet [2].

---

(1) Elle en diffère en ce qu'avec SO^4H^2, elle donne de la leucine et du glycocolle, au lieu de leucine et de tyrosine, ce qui la rapproche de la gélatine.

(2) Il y a encore quelques obscurités dans la formation de ces fibres. Il est bien certain que ce sont les spongoblastes polyédriques du champignon terminal qui forment la moelle. Poléjaev [89] montre en effet que ces cellules existent seules chez *Korotnevia*, dont les fibres n'ont que de la moelle. Mais est-ce par sécrétion ou par transformation?

LENDENFELD [89] admet que les cellules du champignon sont englobées dans la substance médullaire et forment ces petites coupoles qui séparent les segments de cette substance, et dont il montre l'existence chez *Dendrilla* (fig. 164). Ces cellules englobées contribueraient à l'accroissement de la substance médullaire aux dépens de la spongine par une action destructive secondaire sur la spongine, agissant en *spongoclastes*, comparables aux ostéoclastes qui creusent dans l'os en voie de formation la cavité médullaire. Mais cette action n'est pas bien démontrée.

La formation des ramifications se comprendrait sans difficulté si elle avait pour origine une division du champignon terminal. Mais Lendenfeld la décrit comme résultant de la formation d'un nouveau champignon au-dessous du sommet végétatif, par foisonnement des spongoblastes en un point. Il faut alors nécessairement que ces cellules agissent en spongoclastes pour détruire les couches cornées à ce niveau, puisque les axes médullaires sont en continuité.

La *physiologie* ne présente rien de spécial.

Le *développement* a été décrit à propos du type général des Triaxoniés parce que c'est le seul que l'on connaisse dans cette sous-classe.

L'ordre des *Hexaceratida* est fort restreint et n'a été divisé ni en sous-ordre ni même en tribus. Nous passerons donc tout de suite à l'étude de ses genres.

GENRES

1re FAM. : DARWINELLINÆ [*Darwinellidæ* (Lendenfeld, *nec* Merejkovsky)].

Darwinella (F. Müller) (fig. 166) est encroûtant, parfois formé de lames saillantes méandriques. Sa structure ne diffère de celle de notre type que par un caractère essentiel, mais ce caractère est très remarquable. Outre les fibres, on trouve dans le parenchyme de véritables spicules; mais ces spicules sont formés de spongine, en sorte que ce genre établit une transition des Éponges cornées aux Siliceuses et en particulier aux Hexactinellides, car ses spicules sont du type à trois axes. On y trouve, en effet, des hexactines typiques et les formes spiculaires qui en dérivent par réduction, pentactines, tétractines, triactines et diactines (5 à 10cm; Méditerranée, côtes Européennes et Américaines de l'Atlantique, Australie; 0 à 36 mètres).

Fig. 166.

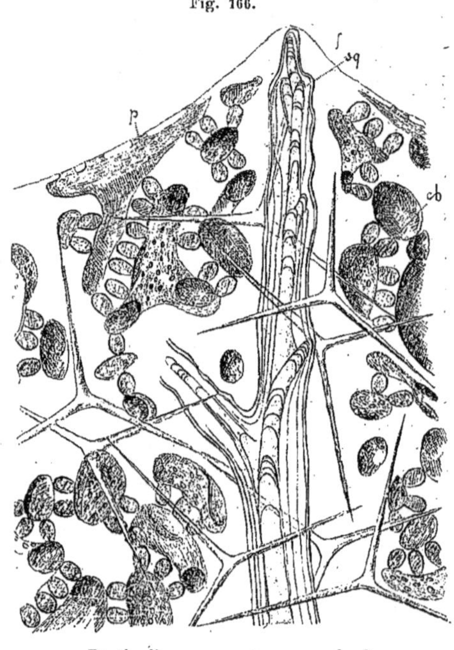

Partie d'une coupe transversale de *Darwinella australiensis* (d'ap. Lendelfeld).
cb., corbeilles; p., pores inhalants; sq., fibres de spongine.

La cavité hypodermique n'est pas traversée par des fibres et paraît n'avoir pas de plancher cribleux. A remarquer qu'il y a des triactines à trois branches équiangles dans un plan, qui dériveraient plutôt du type tétraxone. Mais on sait que rien n'est plus incertain que ces modes de dérivation. Le genre

Korotnevia (Poléjaev) en diffère par ses fibres réduites à la partie médullaire et n'ayant que des spongoblastes polyédriques.

2e FAM. : APLYSILLINÆ [*Aplysillidæ* (Lendenfeld)].

Aplysilla (F. E. Schulze). C'est le genre que nous avons décrit comme type morphologique (Comme pour toutes les Éponges encroûtantes, la largeur est très variable, l'épaisseur est de 2 à 15mm; Méditerranée, Mer rouge, Atlantique, Manche, Mer blanche, Australie; 0 à 600 mètres).

Dendrilla (Lendenfeld) (fig. 167 et 168) s'en distingue par sa forme dressée sur un pédoncule et par son squelette qui forme un petit arbuscule unique très ramifié. A remarquer, en outre, que les fibrilles d'attache de la membrane dermique au parenchyme sont très nombreuses et que les canaux exhalants qui portent les corbeilles se jettent, non directement dans le système atrial, mais dans une couche de lacunes sous-atriales, séparées des canaux atriaux par une membrane atriale percée d'orifices. Les pinacocytes peuvent porter un flagellum (Méditerranée, Austral., Océan indien; 0 à 50 mètres).

Fig. 167.

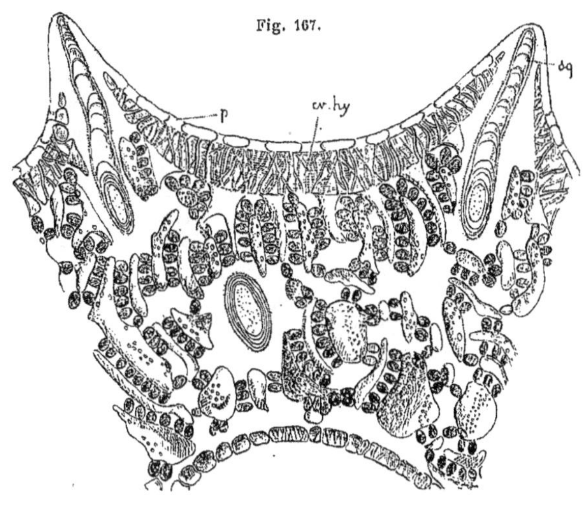

Coupe transversale de *Dendrilla rosea* var. *typica* (d'ap. Lendenfeld).

cv. hy., cavité hypodermique; **p.**, pores inhalants; **sq.**, fibres de spongine.

Janthella (Gray) a la forme d'un cornet pédonculé, souvent fendu et étalé en une lame. Dans tous les cas, les pores sont restreints à la surface interne du cornet ou à la face de la lame étalée qui lui correspond, l'autre face portant des oscules réunis par petits groupes. Les pores sont munis de sphincters de myocytes et très mobiles; ils ont en outre une bordure de cellules sensitives, sans doute en relation avec des cellules nerveuses sous-jacentes. Les particularités les plus remarquables appartiennent au squelette. D'un pied assez massif, correspondant à la base du pédoncule d'attache, partent des fibres rayonnantes en éventail sur un petit nombre de couches correspondant à la faible épaisseur de la paroi. Ces fibres sont réunies par des fibres transversales formant avec elles un réseau à mailles carrées avec soudure aux points nodaux; enfin, de ces points nodaux partent de petits arbuscules ramifiés, perpendiculaires à la surface. Ces fibres ont, en outre, une structure très particulière. Les spongoblastes sont, en effet, régulièrement englobés dans les couches de spongine qu'ils sécrètent; il en reste une couche externe qui ne sécrète de la spongine qu'en dedans, tandis que ceux englobés dans la masse en sécrètent tout autour d'eux. Les couches périmédullaires les plus anciennes ne contiennent pas de spongoblastes. La structure des couches externes rappelle celle du cartilage, sauf la disposition régulièrement concentrique des éléments cellulaires (Australie, Océan indien; 13 à 50 mètres).

Fig. 168.

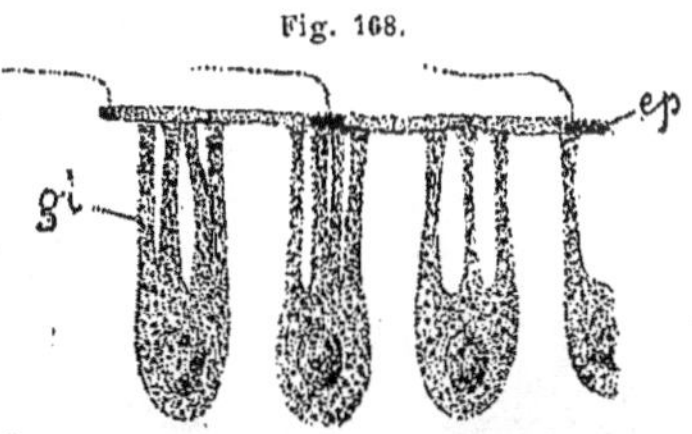

Épithélium plat cilié et cellules glandulaires de *Dendrilla acrophoba* (d'ap. Lendenfeld).

ep., cellules épidermiques portant un flagellum; **gl.**, cellules glandulaires.

Il semble que ces particularités pourraient justifier la création pour ce genre d'une famille qui serait celle des *Janthellinæ*.

C'est ici sans doute que prennent place les genres douteux :

Dendrospongia (Hyatt) (Atlantique?),

Taonura (Carter) (Australie) et
Callyspongia (Duchassaing et Michelotti) (Antilles).

3ᵉ FAM. : *Halisarcinæ* [*Halisarcidæ* (Vosmär)].

Halisarca (Dujardin) (fig. 169) est une petite Éponge, encroûtante mais assez épaisse, entièrement lisse et d'un toucher très doux. Il n'y a point de conuli et l'on ne voit à la surface que les oscules plus ou moins saillants. A l'intérieur, ni spicules ni fibres cornées. Le parenchyme, massif et très abondant, est seulement traversé par un système de fibrilles conjonctives anastomosées, microscopiques. L'épiderme est, par une exception unique, formé de cellules à peu près cubiques (fig. 169), et des cellules glandulaires déversent à sa surface un mucus abondant. Les pores sont irrégulièrement disséminés. Le système des canaux est à peu près semblable à celui d'*Aplysilla*. Les cavités hypodermiques sont peu développées et se continuent insensiblement avec les canaux inhalants dont elles ne sont que l'entrée dilatée en trompette. Les corbeilles, très longues et ramifiées, s'ouvrent dans de larges canaux exhalants ramifiés, qui se réunissent de proche en proche pour former les canaux osculaires représentant des cavités atriales tubuliformes et peu spacieuses (Quelques centimètres sur quelques millimètres; Méditerranée, Manche au niveau des marées, Océan arct.).

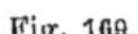
Fig. 169.

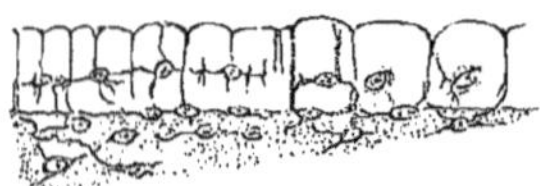
Épithélium externe d'*Halisarca Dujardini* (d'ap. Schulze).

Bajulus (Lendenfeld) (fig. 170) se distingue d'*Halisarca* par l'absence complète de fibres dans le parenchyme et par le caractère de ses canaux. Les pores sont réunis par petits groupes. La cavité hypodermique, très vaste et continue, est encombrée par un très riche système de grosses fibres anastomosées en un réseau à mailles étroites. C'est seulement au-

Fig. 170.

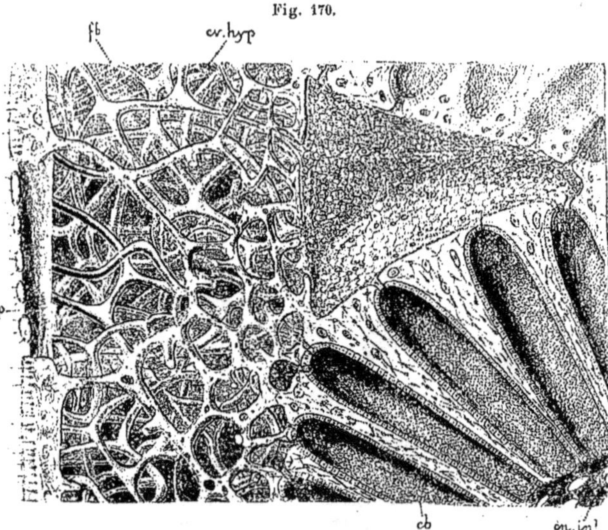

Bajulus laxus. Coupe perpendiculaire à la surface (d'ap. Lendenfeld).

dessous des groupes de pores que se trouvent de petits espaces libres. Les fibres de ce réseau sont creuses et remplies par la substance mésodermique en continuité avec celle du parenchyme et où circulent des cellules amœboïdes. De la cavité hypodermique partent des canaux inhalants coniques à base distale, radiaires, qui communiquent par de courts et fins canalicules avec des corbeilles, qui sont longues, ovales et n'ont de prosopyles qu'à leurs extrémités distales et en petit nombre. Ses canaux exhalants aboutissent à des cavités atriales dont les oscules sont saillants, au sommet de prolongements digités ou lobés (Australie, zone des Laminaires).

Hexadella (Topsent) n'a non plus ni spicules, ni fibres. Mais son ectosome épais lui forme une sorte de squelette extérieur (Médit.).

2e Sous-Classe

DÉMOSPONGIÉS. — *DEMOSPONGIÆ*

[*Tetraxonia* (F. E. Schulze); — *Demoterellida* (Vosmär); *Demospongiæ* (Sollas)]

TYPE MORPHOLOGIQUE

(FIG. 171 ET 172)

Pour tout ce qui concerne la conformation générale du corps, la structure des tissus, la physiologie et le développement, le type de cette sous-classe ne se distingue en rien de celui de la classe des Acalcaires dont nous avons donné une description détaillée. Le trait caractéristique des Démospongiés consiste, par opposition avec les Triaxoniés, dans la forme de ses corbeilles qui sont petites, arrondies, munies d'un unique prosopyle, et dans celle de ses spicules qui sont tétraxiaux ou monaxiaux.

Ici, comme pour les Triaxoniés, F. E. Schulze [87] a établi, entre la forme et la disposition des corbeilles d'une part, et la forme des spicules d'autre part, une relation qui nous semble bien un peu artificielle mais qui est certainement fort ingénieuse et qu'il est utile de faire connaître parce qu'elle a tout au moins l'avantage de donner lieu à des associations d'idées qui viennent puissamment en aide à la mémoire.

Fig. 171.

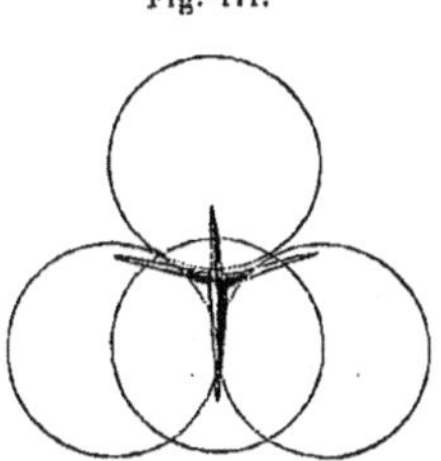

Spicule tétractine en contact avec quatre sphères.

Les corbeilles étant approximativement sphériques se groupent, pour tirer le meilleur parti possible de l'espace qui leur est laissé, comme des boulets empilés, c'est-à-dire de telle façon que quatre corbeilles voisines dessinent un tétraèdre, trois en triangle dans un plan, formant une base sur le milieu de laquelle est posée la quatrième. Si maintenant on se place par la pensée au centre de l'espace limité par les quatre sphères (fig. 171), on verra que les échappées vers le dehors sont au nombre de quatre, dirigées perpendiculairement aux faces du tétraèdre circonscrit. C'est dans ces directions que tendront à se développer les actines du spicule qui revêtira ainsi d'emblée la forme tétraxiale typique (fig. 172). C'est, on le voit, la théorie même que Dreyer [92] a développée quelques années plus tard, avec cette différence que Schulze s'en tient à la notion macroscopique de la meilleure utilisation de la place entre les organes.

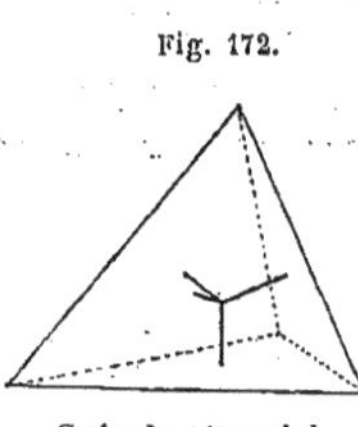

Fig. 172.

Spicule tétraxial et sa dérivation du tétraèdre (Sch.).

Quant aux spicules monaxiaux, ils ne seraient, d'après Schulze, que des tétraxiaux réduits, comme les pentactines, tétractines, triactines, etc., sont des réductions de l'hexactine typique.

Cette réduction peut se faire par suppression complète de trois actines sur quatre, et on a alors le spicule monaxial typique; elle peut aussi se faire par réduction d'importance d'un certain nombre d'actines, qui deviennent des appendices d'une actine principale. Cela permet de rattacher aux tétraxiaux les triænes et, par réduction, les diænes et les monænes. De la sorte, tous les spicules non triaxiaux entreraient dans la catégorie des tétraxiaux ([1]).

La sous-classe de Démospongiés se divise en trois ordres ([2]) :

([1]) Il faudrait aussi supposer, ce qui est un peu plus malaisé, que le tétraxial typique peut augmenter le nombre de ses actines pour donner les tétrænes. On pourrait par le même procédé lui rattacher les polyaxiaux. Une autre difficulté plus grave, à laquelle on ne paraît pas avoir songé, est que l'actine du spicule tétraxial se développe uniquement par l'extrémité distale, en direction centrifuge, en sorte que, l'actine unique restant après la disparition des trois autres devrait ne se développer que dans un sens, comme le rhabde de notre tableau. Comment alors expliquer les amphioxes et tous ceux qui se développent dans les deux sens? On le pourrait en supposant qu'ils résultent de la persistance de deux actines du tétraxone, placées sur le prolongement l'une de l'autre. On voit combien d'hypothèses gratuites s'entassent. En outre, ici comme chez les Triaxoniæ, les corbeilles ne sont pas régulièrement placées en disposition tétraédrique et les spicules n'envoient pas régulièrement leurs branches dans leurs intervalles. Enfin, ils ont leurs formes typiques à un moment où ils sont encore tout petits et hors d'état d'être influencés par la forme des interstices, où ils sont à l'aise dans tous les sens.

Nous pensons que tout cela est très artificiel et qu'en réalité chaque scléroblaste engendre d'emblée la forme de spicule qui lui est propre, parce que son protoplasma est structuré physico-chimiquement de manière à faire ainsi; et nous ne sommes point autorisés à dire que, phylogénétiquement, une Éponge qui forme des monaxones dérive nécessairement d'une qui formait des tétraxones. S'il en fallait une preuve, on la trouverait dans les Calcaires dont certaines ont des spicules monaxiaux tandis que, chez elles, la forme fondamentale est triaxiale. C'est pour ces raisons que nous préférons donner à la sous-classe le nom de *Demospongiæ* plutôt que celui de *Triaxoniæ*.

([2]) La classification des Démospongiés est beaucoup plus difficile que celle des autres groupes, car ces Éponges forment des séries continues, de formes très variées, réunies les unes aux autres par des termes de transition. Aussi, les ordres des Démospongiés sont-ils beaucoup moins nettement séparés que ceux des autres Éponges. Les *Cliona* et les *Tethya* font le passage entre les Tétraxinellides et les Monaxonides; les *Chalina* établissent une transition des Monaxonides aux Monocératides; enfin, dans les Éponges charnues dont on fait souvent un ordre [*Carnosa*], on trouve des formes à microsclères tétraxiaux, *Plakina*, qui conduisent

Tetractinellida, à squelette formé de mégasclères tétraxiaux, principalement de triænes, rarement réduit à des microsclères ou nul;

Monaxonida, à squelette contenant des mégasclères à un seul axe;

Monoceratida, dépourvus de mégasclères, à squelette formé de fibres de spongine avec ou sans microsclères.

1er Ordre

TÉTRACTINELLIDES. — *TETRACTINELLIDA*

[*Tetractinellida* (Marshall)]

TYPE MORPHOLOGIQUE
(FIG. 173)

La classification étant fondée, ici comme dans la plupart des Démospongiés, sur la forme des spicules, sans égard aux autres caractères de structure, il est impossible de constituer un type morphologique représentant la conformation générale des Éponges réunies dans ce groupe. Aussi, devons-nous nous borner à indiquer ici des formes de spicules, les caractères de l'organisation interne ne pouvant trouver place que dans l'étude des genres, où nous décrirons plus en détail ceux qui présentent des particularités intéressantes.

Fig. 173.

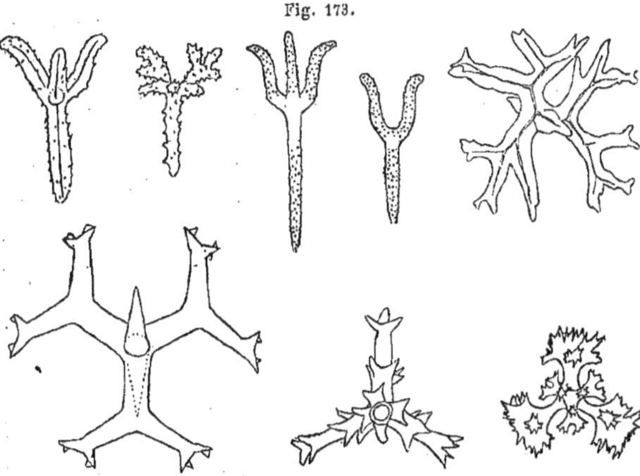

Tetractinellida. (Type morphologique.) Formes diverses de spicules. (Pour les noms de ces spicules, voir page 156.)

Le caractère spiculaire caractéristique du groupe consiste dans la présence de mégasclères en forme de triænes (parfois de calthropes), ayant l'extrémité trifurquée tournée vers le dehors et souvent saillante à l'extérieur (fig. 173).

aux Tétraxinellides et des formes tout à fait dépourvues de squelette (*Oscarella*) que, n'était la forme des corbeilles, on devrait rapprocher des Hexacératides sans squelette (*Halisarca*).

Les auteurs sont donc loin de s'entendre sur cette classification. Vosmär [89] et Lendenfeld [93] les divisaient en deux groupes, les *Chondrospongiæ* (Lendenfeld) ou *Spiculispongiæ* (Vosmär), et les *Cornacuspongiæ* (Vosmär), le premier à mégasclères plutôt tétraxones et à

Les Tétractinellides se divisent en deux sous-ordres :

Choristidæ dépourvus de desmes engrenés et dont le squelette n'est pas rigide ;

Lithistidæ, chez lesquels le squelette contient, outre les mégasclères libres, des desmes engrenés qui lui donnent une rigidité absolue.

1er Sous-Ordre

CHORISTIDÉS. — *CHORISTIDÆ*

[*Choristida* (Sollas)]

Ce sont les Tétractinellides dépourvus de desmes engrenés entre eux et n'ayant que des spicules indépendants et libres, laissant à l'Éponge, même lorsqu'elle est dure et compacte, une certaine souplesse, une certaine compressibilité.

Les *Choristidæ* se divisent en trois tribus :

Sigmatophorina, des mégasclères, microsclères en sigmaspires ou nuls ;

Astrophorina, des mégasclères, microsclères en asters ;

Microsclerophorina, pas de mégasclères.

1re Tribu

SIGMATOPHORINES. — *SIGMATOPHORINA*

[*Sigmatophora* (Sollas)]

Il y a des mégasclères, et les microsclères quand ils existent sont des sigmaspires.

GENRES

1re FAM. : *Tetillinæ* [*Tetillidæ* (Sollas), *Tethyina* (Carter)].

Tetilla (fig. 174 et 175) (O. Schmidt) est de forme ellipsoïde, fixé au sol par un pinceau de longs spicules partant de

Fig. 174.

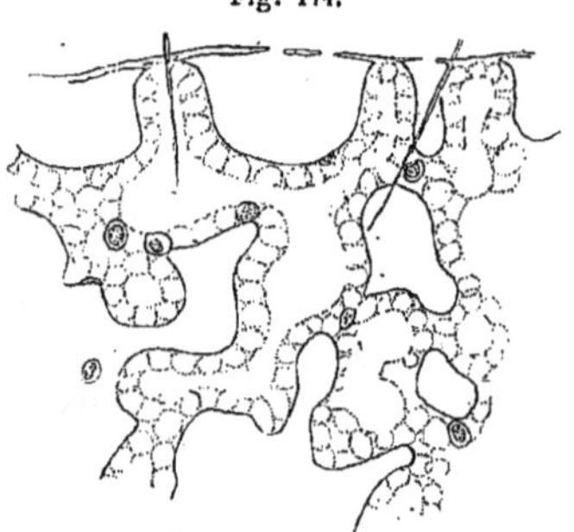

Coupe perpendiculaire à la surface du corps de *Tetilla pedifera* (d'ap. Sollas).

microsclères en asters, jamais en ménisques, le second à mégasclères plutôt monaxones, plus ou moins unis entre eux par de la spongine et à microsclères en ménisques, jamais en asters. Aujourd'hui, Lendenfeld [97] préfère les dénominations de *Tetraxonida* et *Monaxonida*, définies à peu près de la même manière, fondant en tous cas les formes à squelette fibreux ou nul dans les groupes spiculifères dont ils se rapprochent le plus par le reste de leur organisation.

petites papilles. La membrane dermique est mince, sans spicules; sous elle, le choanosome forme des ondulations d'où résulte un système très simple de canaux continus, les inhalants avec la vaste cavité hypodermique, les exhalants avec la cavité atriale; les corbeilles sont eurypyles, les grands spicules sont principalement des protriænes disposés radiairement, croisés par des oxes transversaux (jusqu'à 20cm; Atlantique, Mer des Indes, Japon, Australie, Océan arct.; de 0 à 1 000 brasses).

Fig. 175.

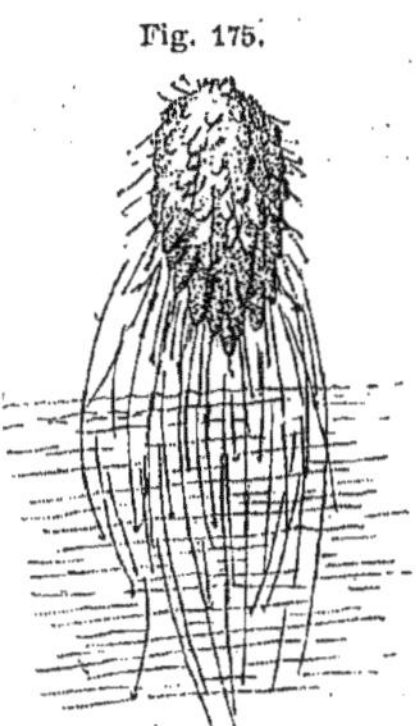

Tetilla polyura (im. O. Schmidt).

Tethyopsilla (Lendenfeld) qui est un *Tetilla* de forme régulièrement sphérique (Australie).

Chrotella (Sollas) qui diffère de *Tetilla* par l'épaississement de la membrane dermique en un cortex creusé de cavités hypodermiques et contenant des spicules (Philippines, Australie; 18 à 150 brasses).

Craniella (O. Schmidt) a aussi un cortex épais et creusé de cavités hypodermiques; mais celles-ci sont dans la couche externe collenchymateuse du cortex, tandis que la couche fibreuse profonde forme le plancher de ces cavités et est traversée par les cônes situés à l'entrée des canaux inhalants. Les corbeilles sont aphodales (Médit., Manche, Atl., Japon, mer du Nord, Australie; 0 à 632 brasses).

Cinachyra (Sollas) (fig. 176 et 177) est de forme arrondie, a le cortex épais et non creusé de cavités hypodermiques; mais l'Éponge est remarquable

Fig. 176.

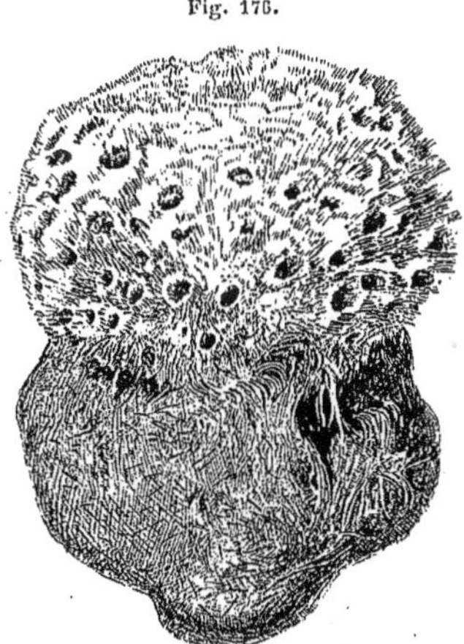

Cinachyra barbata (d'ap. Sollas).

Fig. 177.

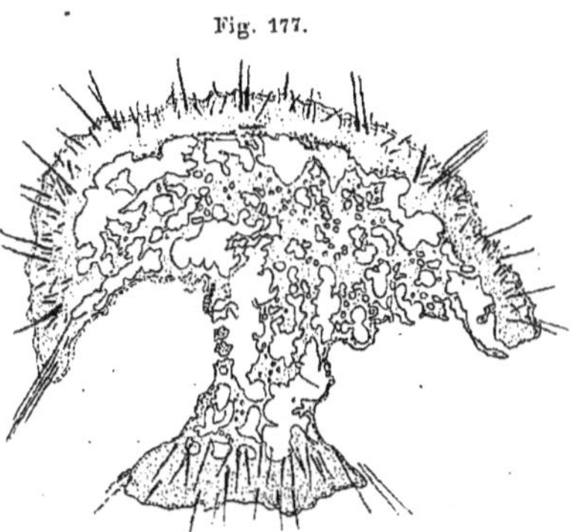

Cinachyra barbata vu en coupe sagittale (d'ap. Sollas).

surtout par l'absence de pores et d'oscules sous leur forme ordinaire : sa surface est creusée d'invaginations dites *chambres osculaires*, assez profondes, dont l'entrée est munie d'un sphincter et dont l'intérieur est criblé d'orifices communiquant avec les canaux, sans doute avec les inhalants pour les unes et les exhalants pour les autres, en sorte que les premières seraient des champs poreux invaginés et les secondes seules des chambres osculaires. Mais rien ne les distingue les unes des autres (10cm; Zanzibar, Ile Kerguelen; 25 à 60 brasses).

Fangophilina (O. Schmidt), genre insuffisamment caractérisé, semble prendre place ici (Golfe du Mexique).

2e Tribu

ASTROPHORINES. — *ASTROPHORINA*

[*Astrophora* (Sollas)].

Il y a des mégasclères, et les microsclères, toujours présents, sont des asters.

GENRES

1re FAM. : *Theneinæ* [*Theneidæ* (Sollas), *Theneanina* (Carter)].

Thenea (Gray) (fig. 178 et 179) a plus ou moins la forme d'un Champignon fixé par son pied. La face supérieure convexe porte vers le centre l'oscule, tandis que les pores sont sur la zone équatoriale séparant la face supérieure de l'inférieure et, souvent, groupés dans des dépressions de cette zone. Mais la distinction peut aussi s'effacer entre les faces; la symétrie devient alors bilatérale au lieu de radiaire, et les pores sont à l'opposé de l'oscule, dans une dépression qui fait le pendant de celui-ci. Les mégasclères sont des dichotriænes disposés radiairement (1 à 6cm; Manche, Méditerranée, Atlantique septentrional et équatorial, Japon, Philippines, Ile Marion; 95 à 1600 brasses).

Fig. 178.

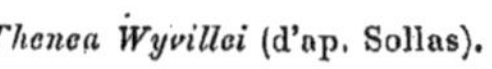

Thenea Wyvillei (d'ap. Sollas).

Fig. 179.

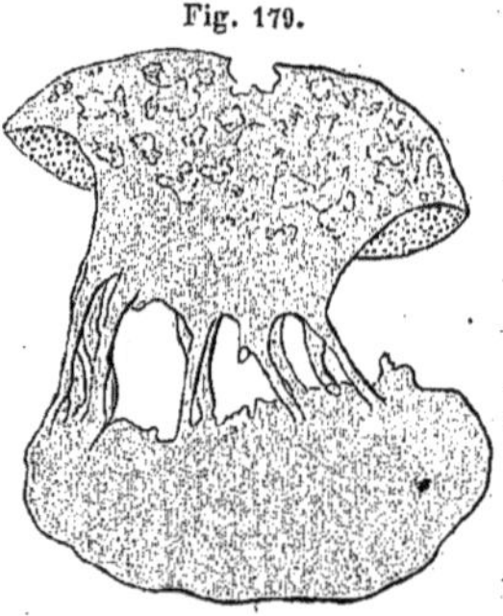

Coupe longitudinale de *Thenea Wyvillei* (Sch.).

Characella (Sollas) différant de *Thenea* par son asymétrie et la forme de ses microsclères (Grenade, Cap Saint-Vincent, Japon, Atlantique; 164 à 374 brasses).

Pœcillastra (Sollas), de forme aplatie avec les oscules d'un côté, les pores de l'autre, ceux-ci non groupés dans des dépressions (Manche, Atlantique, Méditerranée, Indes; 100 à 238 brasses).

Sphinctrella (O. Schmidt), différant de *Pœcillastra* par ses oscules bordés de longs oxes saillants (Atl., Japon).

Stœba (Sollas) (Iles de la Sonde) et

Nethea (Sollas) (Iles de la Sonde) sont des genres voisins, établis provisoirement par leur auteur.

2e FAM. : *Pachastrellinæ* [*Pachastrellidæ* (Carter), *Pachastrellina* (Carter)].

Pachastrella (O. Schmidt) (fig. 180) est caractérisé par ses mégasclères qui sont des calthropes et non des triænes (Médit. Atl., Floride, Japon, et fossile Crétacé).

Calthropella (Sollas) (Atlantique) est caractérisé seulement par des différences dans ses microsclères. Le genre fossile *Ditriænella* (Hinde et Holmes) (Tert.) semble prendre place ici.

Sollas fait des deux familles ci-dessus un *dème* des [*Streptastrosa* = *Spirastrosa* (Sollas)] caractérisé par la présence soit de spirasters dans les microsclères, soit de calthropes dans les mégasclères.

Fig. 180.

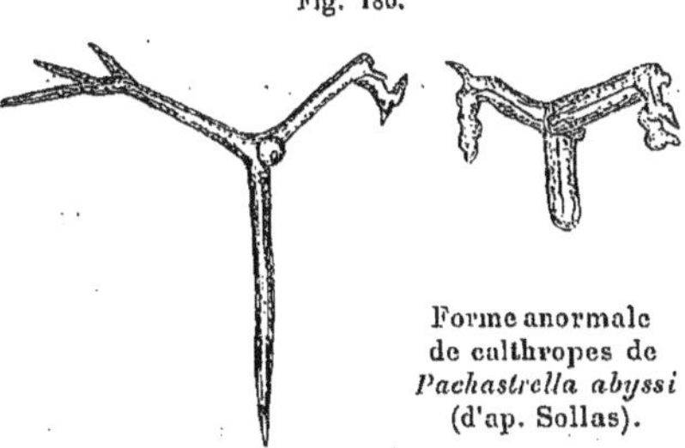

Forme anormale de calthropes de *Pachastrella abyssi* (d'ap. Sollas).

3e FAM. : *Stellettinæ* [*Stellettidæ* (Sollas), *Stellettina* (Carter)].

Stelletta (O. Schmidt) (fig. 181) est une Éponge de forme massive, à oscules petits et peu évidents. Sa surface est ordinairement hérissée de faisceaux de grands triænes et d'oxes radiaires, le long desquels la paroi est soulevée comme dans les conuli d'*Aplysilla*. Dans les vallées concaves entre ces saillies sont des groupes de pores. Mais ces pores ne conduisent pas, comme d'ordinaire, dans une cavité hypodermique : il y a un cortex très épais qui s'avance jusqu'au choanosome et ce cortex est traversé par de petits arbuscules de canaux ramifiés. Il y a un de ces arbuscules pour chaque groupe de pores; ceux-ci sont à l'extrémité des branches, tandis que le tronc débouche au-dessous du cortex dans un canal inhalant, parfois dilaté en une *crypte sous-corticale*. Au point où le tronc commun de ces canaux corticaux

Fig. 181.

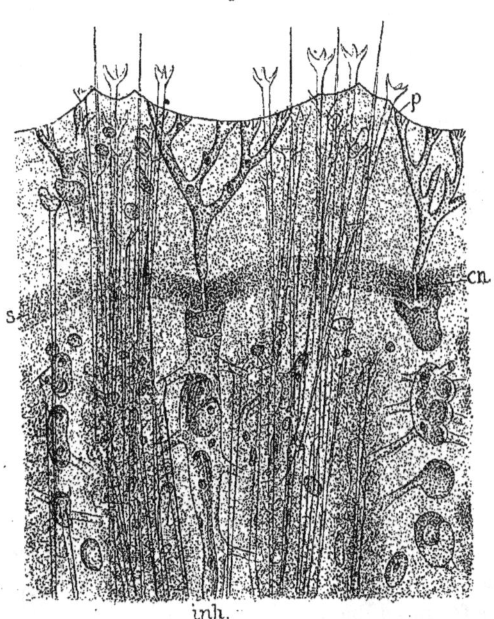

Steletta hispida (d'ap. Lendenfeld).
cn., cônes; **inh.**, canaux inhalants; **p.**, pores; **s.**, couche fibreuse.

traverse la couche inférieure fibreuse du cortex (que SOLLAS rapporte à la couche superficielle du choanosome), ces canaux deviennent très étroits sur une certaine longueur et sont là entourés par un sphincter puissant de myocytes, qui fait même saillie dans la partie distale dilatée du canal inhalant où débouche brusquement le canal cortical. C'est un exemple typique de la formation que nous avons décrite sous le nom de *cônes*, et qui sert à régler le cours de l'eau. Le sphincter des cônes peut, en effet, s'ouvrir ou se contracter jusqu'à effacer complètement le canal qui le traverse. — Les canaux inhalants, nés au-dessous des cônes, plongent dans la profondeur de l'Éponge et s'y ramifient; leurs dernières branches communiquent avec le prosopyle de petites corbeilles arrondies, tandis que de l'apopyle part un canal cylindrique, l'aphodus, qui va s'ouvrir dans les voies exhalantes (système aphodal). Dans le parenchyme et dans le cortex, sont des microsclères de deux formes (3 à 8cm; Manche, Médit., Adriat., Atl. Japon; 0 à 50 brasses et plus, et fossile Crét.).

Dragmastra (Sollas) (Atl., Norvège),
Aurora (Sollas) (Ceylan),
Pilochrota (Sollas) (Atlantique, Manche, Médit., Ceylan),
Astrella (Sollas) (Atl., Médit., Adriatique),
Psammastra (Sollas) (Australie),
Algol (Sollas) (Australie),
Ancorina (O. Schmidt) (Médit., Adriatique, Zanzibar),
Penares (Gray) (Médit.) qui n'est peut-être qu'un synonyme d'*Ecionemia*,
Sanidastrella (Topsent) (Médit.),
Tethyopsis (Zittel, Stewart) (Philippines, Nouvelle-Zélande, et fossile, Crétacé),
Stryphnus (Sollas) (Médit., Manche, Atlant., Cap Nord),
Seiriola (Hanitsch) (Côte anglaise),
Trikentrion (Ehlers) qui peut-être serait mieux placé près d'*Axinella* (Atl., Antilles) et
Ophirhaphidites (Carter) (Vivant et fossile, Crétacé) diffèrent principalement de *Stelletta* par leurs microsclères.
Myriastra (Sollas) (Australie, Japon),
Anthastra (Sollas) (Australie) et
Ecionemia (Bowerbank) (Japon. Australie, Iles Fidji) en diffèrent en outre par la minceur de leur membrane dermique qui n'est pas développée en cortex.

A cette même famille appartient le genre :

Fig. 182.

Disyringa dissimilis (d'ap. Sollas).

Fig. 183.

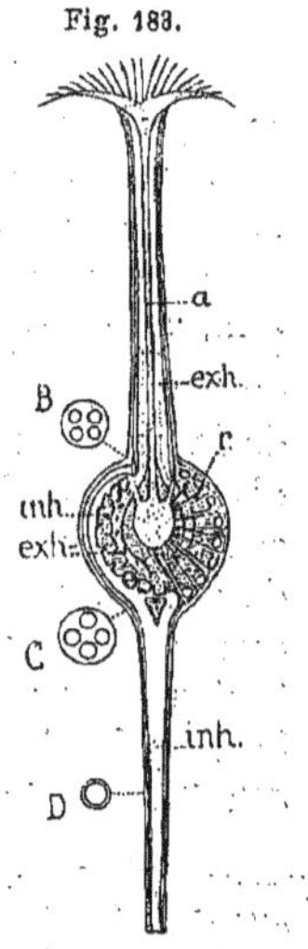

Coupe longitudinale de *Disyringa dissimilis* (d'ap. Sollas).
B, C, D, coupes transversales; **a.**, axe contenant de longs spicules; **exh.**, cavités exhalantes; **inh.**, cavités inhalantes; **r.**, spicules radiaux.

Disyringa (Sollas) (fig. 182 à 184) est une des formes d'Éponges les plus curieuses.

Par les caractères de ses spicules, il ne diffère guère de *Stelletta*, mais sa conformation est tout autre. Il est formé d'un corps sphérique où l'on distingue un choanosome central avec des mégasclères radiaires et un cortex. Ce dernier se prolonge, aux deux pôles de la sphère, en deux tubes beaucoup plus longs que le diamètre de la sphère, dont l'un est inhalant, l'autre exhalant. Le tube inhalant n'a pu être observé complet, en sorte qu'on ne sait comment il se termine au bout; ses parois ne contiennent de spicules qu'à la base; dans le reste de son étendue, il est souple. La cavité centrale est entièrement libre; sa paroi est percée de pores par où l'eau entre à son intérieur (ainsi que peut-être aussi par son extrémité si elle est ouverte). Arrivé au corps sphérique, son canal central se divise en quatre branches, qui passent entre le cortex et le choanosome suivant quatre méridiens rectangulaires et se ramifient. Il n'y a pas trace de cônes. Le choanosome contient des corbeilles ordinaires. La partie centrale du choanosome contient, autour d'un noyau de spicules, quatre canaux exhalants principaux, disposés suivant quatre méridiens alternes avec ceux des canaux inhalants : ces canaux se continuent à l'intérieur du tube exhalant ou tube cloacal. Celui-ci contient ces quatre canaux (dans les intervalles desquels il en peut exister un cycle de quatre secondaires et un second cycle de huit tertiaires), disposés autour d'un axe central formé par un faisceau de longs spicules, le tout légèrement tordu en hélice (un demi-tour en tout). Au bout, le tube cloacal est dilaté en trompette et le faisceau central de spicules s'étale de la même manière. Mais cette dilatation infundibuliforme n'a pas de trou central. On y trouve seulement de fins pores exhalants, donnant dans de petites cavités sous-jacentes où aboutissent les quatre canaux. Dans les formes très adultes ayant toutes leurs cycles de canaux (en fait, 15 au plus), la dilatation terminale manque (0m12 avec les deux tubes ; détroit de Torrès ; 3 à 28 brasses).

Fig. 184.

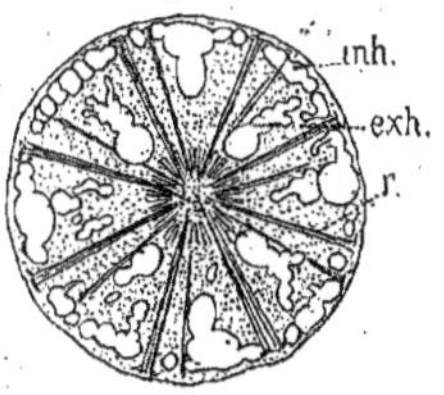

inh. exh. r.

Coupe transversale du corps de *Disyringa dissimilis* (d'ap. Sollas).
exh., cavités exhalantes; **inh.**, cavités inhalantes; **r.**, spicules radiaux.

Tribrachium (Weltner, *emend.* Sollas) (fig. 185) est prolongé en tube du côté cloacal seulement. Ce tube est percé, sur ses parois, de petits oscules secondaires et se termine, au bout, par un diaphragme en iris dont le trou central, muni d'un sphincter, représente l'oscule principal; la cavité centrale est libre et se prolonge en cône renversé jusqu'au centre de l'Éponge (Bahia; 7 à 400 brasses).

Fig. 185.

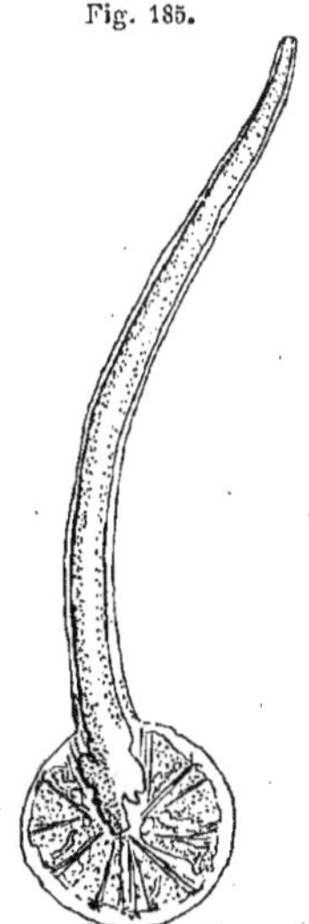

Coupe longitudinale de *Tribrachium Schmidti* (im Sollas).

4e FAM. : GEODINÆ [*Geodidæ* (Gray)].

Geodia (Lamarck) (fig. 186, 187 et 188) est une Éponge massive, de forme sphérique, dure au toucher. Ce dernier caractère tient à la constitution tout à fait spéciale de l'animal. La surface est formée par un épais cortex dont la couche superficielle, collenchymateuse, n'offre rien de bien particulier, mais dont la couche profonde, beaucoup plus épaisse, est bourrée de sterrasters unis entre eux par des cellules conjonctives fusiformes, qui vont de l'un à l'autre en se fixant par leurs extrémités aux crochets, souvent recourbés, que portent à la surface les épines constitutives du sterraster. Sous cette couche si dense, il n'y a pas de cavités hypodermiques et le choanosome est traversé par des faisceaux radiaires de triænes dont les extrémités distales, avec leurs cladomes, s'appuient les unes sur les autres de manière à former des sortes de voûtes très solides.

Fig. 186.

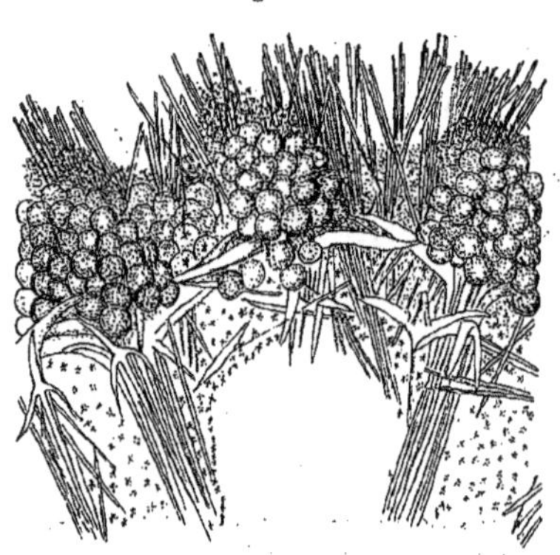

Coupe à travers les couches superficielles de *Geodia Barretti* (d'ap. Bowerbank).

Le cortex est traversé par de courts canaux corticaux qui, vers la périphérie, s'évasent et débouchent au dehors par l'intermédiaire d'une mince lamelle percée de pores, et, vers le dedans, se terminent chacun par un cône bien dessiné auquel fait suite un canal inhalant centripète. Les canaux

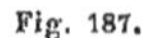

Fig. 187.

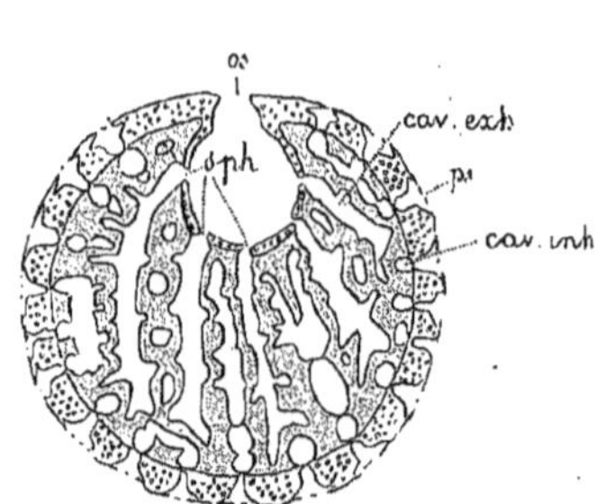

Schéma des canaux de *Geodia* (d'ap. Sollas).

cav. exh., cavités exhalantes; **cav. inh.**, cavités inhalantes; **os.**, oscule; **p. i.**, pores inhalants; **sph.**, sphincters.

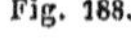

Fig. 188.

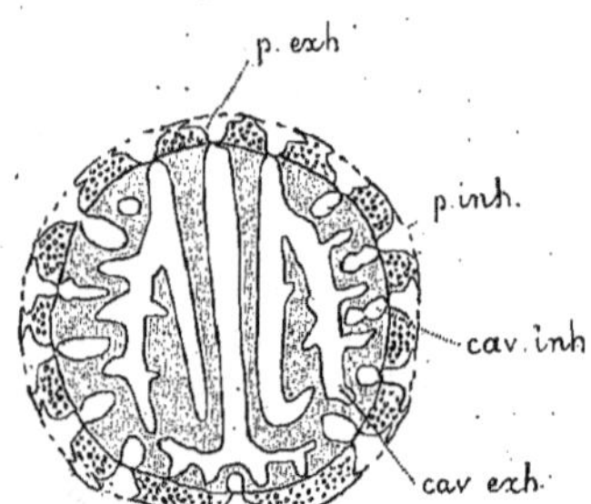

Schéma des canaux de *Geodia* (*Cydonium*) (d'ap. Sollas).

cav. exh., cavités exhalantes; **cav. inh.**, cavités inhalantes; **p. exh.**, pores exhalants; **p. inh.**, pores inhalants.

exhalants débouchent, par l'intermédiaire d'orifices munis de sphincters (*cônes exhalants*), dans une cavité atriale peu profonde, s'ouvrant au dehors par un oscule (4 à 6cm, Norvège, Manche, Méditerranée, Atl., Antilles, La Plata, Japon; 0 à 632 brasses et fossile, Carbonifère à Crétacé).

Stellogeodia (Czerniawski) est un simple sous-genre de *Geodia*.

Pachymatisma (Bowerbank) (fig. 189 et 190) a une structure semblable, sauf que les oscules sont petits et multiples, réunis par groupes, et que chacun n'a qu'un cône exhalant unique situé au

Fig. 189.

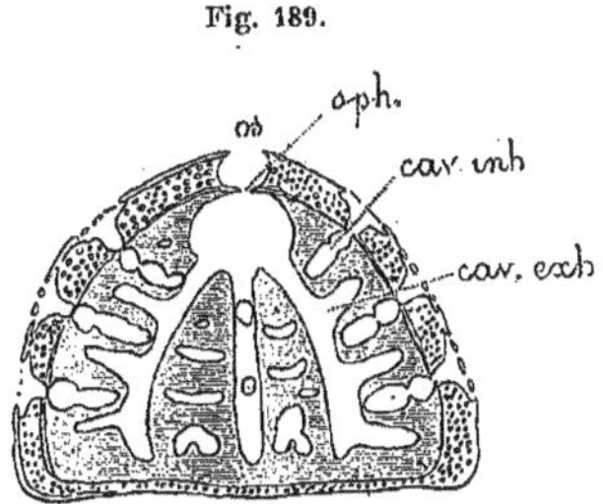

Schéma des canaux de *Pachymatisma* (d'ap. Sollas).

cav. exh., cavités exhalantes; **cav. inh.**, cavités inhalantes; **os.**, oscule; **sph.**, sphincter.

Fig. 190.

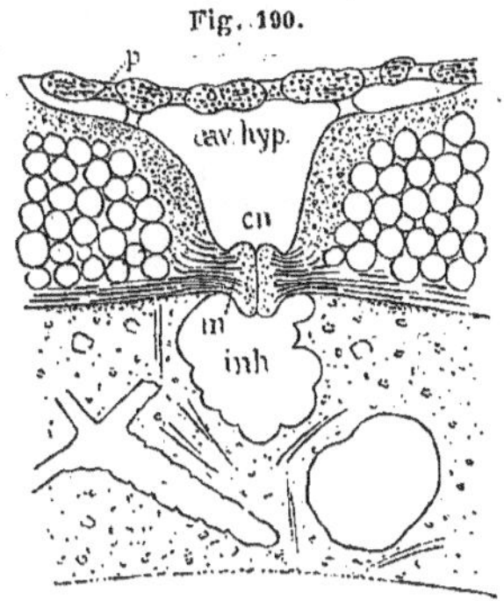

Disposition d'un cône chez *Pachymatisma johnstonia* (d'ap. Sollas).

cav. hyp., cavité hypodermique; **cn.**, cône; **inh.**, lacune inhalante; **m.**, muscle du cône; **p.**, pore.

fond d'une petite dépression osculaire s'ouvrant dans un atrium où les canaux exhalants débouchent par des extrémités librement ouvertes. La couche des sterrasters est mince, les mégasclères comprennent des oxes irrégulièrement distribués (Manche, mer du Nord, mer Rouge).

Caminus (O. Schmidt) (Bahia, Méditerranée, Adriatique) et *Erylus* (Gray) (Médit., Atl., Japon, Oc. indien et fossile, Miocène) ont des oscules multiples assez larges, dépourvus de cônes soit à l'orifice, soit à l'embouchure des canaux exhalants.

Isops (Sollas) (fig. 191) a aussi les pores et les oscules identiques, mais formés les uns et les autres par les ouvertures librement ouvertes des cônes inhalants et exhalants, sans plaques criblées ni cavités atriales (Méditerranée, Bermudes, Zanzibar, Australie, Japon).

Sidonops (Sollas), très belle Éponge en forme de vase, pouvant atteindre près d'un demi-mètre de haut, a les oscules comme *Isops* et les pores comme *Geodia* (Médit., Atl., Brésil).

Geodites (Carter) (Carbonifère) et le genre *Antares* (Sollas), (Mexico, Grenade, Indes), insuffisamment caractérisés, semblent prendre place ici.

Fig. 191.

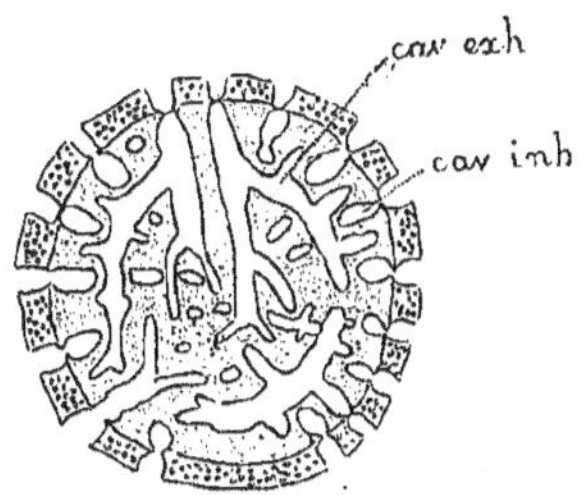

Schéma des canaux d'*Isops* (d'ap. Sollas).

cav. exh., cavités exhalantes; **cav. inh.**, cavités inhalantes.

3e TRIBU

MICROSCLÉROPHORINES. — *MICROSCLEROPHORINA*

[*Carnosa* (Carter, *emend.* Topsent); — *Microsclerophorina* (Sollas); *Tetradina* (Sollas) + *Oligosilicina* (Vosmär, *emend.* Lendenfeld)]

Pas de mégasclères; les microsclères, quand ils existent, sont des asters sous diverses variétés ou de petits triænes ou des microxes [1].

[1] Rien n'est plus variable que l'opinion des spongologistes sur la place à assigner aux

GENRES

1re FAM. : PLAKININÆ [*Plakinidæ* (Schulze)].

Plakina (F. E. Schulze) est un genre anatomiquement bien différent des précédents et qui ne se rattache à eux que par le lien (n'est-il pas plus artificiel qu'on ne pense) des spicules. C'est une forme très peu différenciée et qui représente un stade intéressant de la complication progressive de l'organisation. C'est une petite Éponge encroûtante, de forme irrégulière, fixée à la face inférieure des rochers par le bord seulement de sa large base dont la partie moyenne est séparée du support par un espace vide.

Fig. 192.

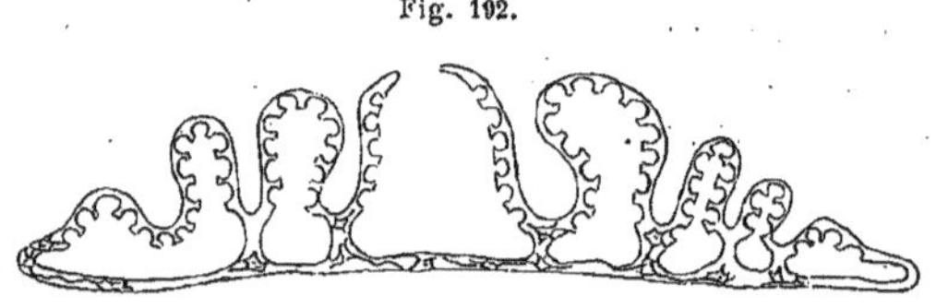

Coupe sagittale schématique d'une Éponge, à choanosome lâchement plissé, et dépourvue d'ectosome (d'ap. Sollas).

Au point de vue de la structure, on ne saurait mieux la comparer qu'à une Éponge à choanosome lâchement plissé (fig. 192) (1) de manière à laisser communiquer librement la cavité hypodermique avec de larges infundibulums inhalants, et à laquelle on aurait enlevé son ectosome ou membrane dermique. De la sorte, la cavité hypodermique disparaît et les larges infundibulums inhalants compris entre les plis débouchent directement au dehors. A l'intérieur est un système simple de canaux exhalants qui s'ouvrent au dehors par un petit nombre d'oscules saillants. Les corbeilles, très simples, s'ouvrent directement dans les canaux exhalants par un large apopyle et, comme la lame du choanosome est mince, leur prosopyle entre en relation avec les pores, soit directement, soit par un système très réduit de petits canaux inhalants. Dans le parenchyme est un squelette de microsclères comprenant des asters à deux et quatre branches et des candélabres (3cm de large; Manche, Méditerranée, Japon; niveau des marées).

Plakortis (Schulze) est pourvu d'un ectosome recouvrant des cavités hypodermiques; les corbeilles ont un court aphodus (Méditerranée).

Plakinastrella (Schulze) se distingue de *Plakortis* par la forme de certains spicules (Méditerranée).

---

genres de cette section. Jusqu'à l'établissement des Hexacératides par Lendenfeld, on les réunissait avec *Halisarca* ou bien on les plaçait, avec quelques autres, dans un ordre spécial [*Myxospongiæ* (Häckel)] où l'on établissait deux sous-ordres, un premier [*Myxinæ* (Lendenfeld)] pour les formes sans spicules et à mésoderme mou (*Halisarca, Oscarella, Bajulus*), et un second [*Gumminæ* (O. Schmidt)] pour celles où le mésoderme, sans spicules ou garni de petits microsclères, était rendu ferme comme du caoutchouc par des fibrilles conjonctives (*Chondrosia, Chondrilla, Corticium, Osculina, Columnites, Cellulophana*). La tendance actuelle à classer les Éponges d'après les spicules seulement nous paraît exagérée.

(1) Comme toujours, il s'agit non d'un plissement véritable, mais de dépressions semblables à celles qu'on obtiendrait en plongeant un instrument mou dans de la cire, ainsi qu'on le voit en considérant, non les coupes schématiques, mais la surface grossie de l'animal réel.

Il en est de même de

Plakinolopha (Topsent) (Amboine).

Corticium (O. Schmidt) (fig. 193) se distingue de *Plakortis* par la structure plus ferme de son

Fig. 193.

Spicule de *Corticium versatile* (d'ap. Topsent) (*).

Fig. 194.

Spicule de *Rhachella complicata* (d'ap. Topsent) (*).

Fig. 195.

Spicule de *Rhachella Bowerbanki* (d'ap. Topsent) (*).

Fig. 196.

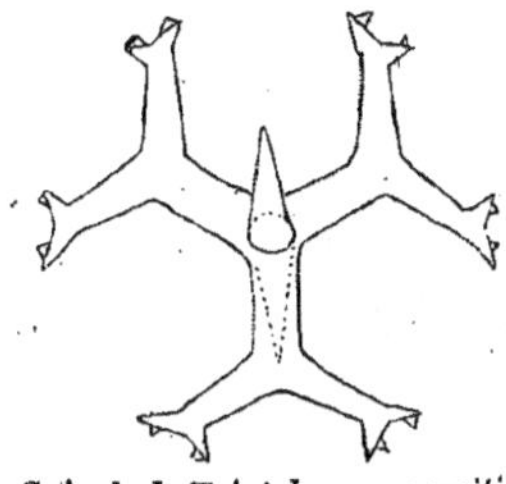

Spicule de *Triptolemus parasiticus* (d'ap. Topsent) (*).

Fig. 197.

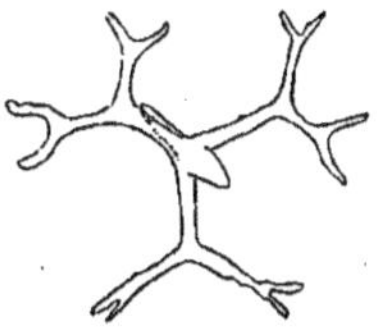

Spicule de *Triptolemus (sp.)* (d'ap. Topsent) (*).

Fig. 198.

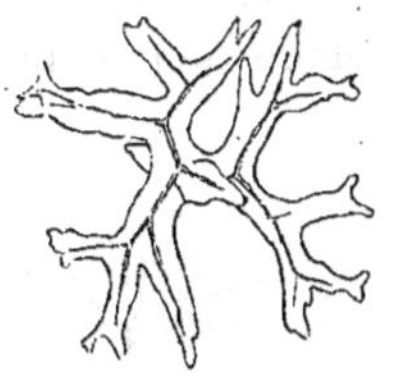

Spicule de *Triptolemus cladosus* (d'ap. Sollas).

mésoderme (chondrenchyme) (Médit., Adriat., Antilles).

On en a fait le type d'une famille [*Corticidæ* (Vosmär)] contenant aussi les genres :

Dercitus (Gray) (Manche, Médit.),

Corticella (Sollas) Méditerranée),

Rhachella (Sollas) (fig. 194 et 195) (Seychelles),

Triptolemus (Sollas) (fig. 196 à 199) (Iles de la Sonde, Nouvelle-Guinée), qui n'en diffèrent que par des formes de spicules.

Thrombus (Sollas) (fig. 200 et 201) à ectosome mince et à corbeilles diplodales (Manche, Nouvelles-Hébrides) est élevé aussi, en raison de caractères spiculaires, au rang de chef d'une famille [*Thrombidæ* (Sollas)].

Fig. 199.

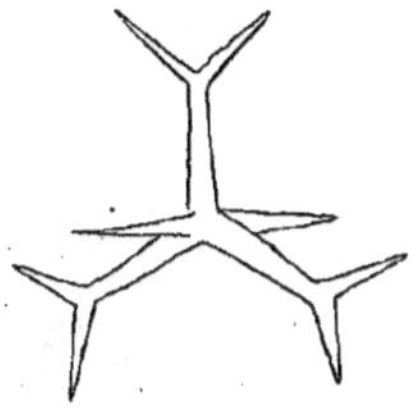

Spicule de *Triptolemus intextus* (d'ap. Topsent) (*).

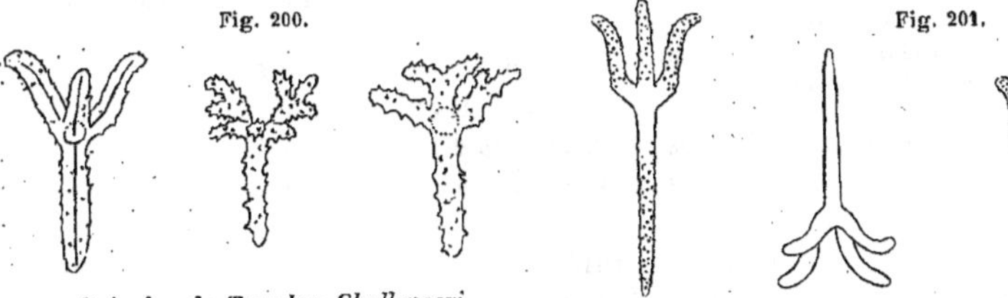

Fig. 200.

Spicules de *Trombus Challengeri* (d'ap. Sollas).

Fig. 201.

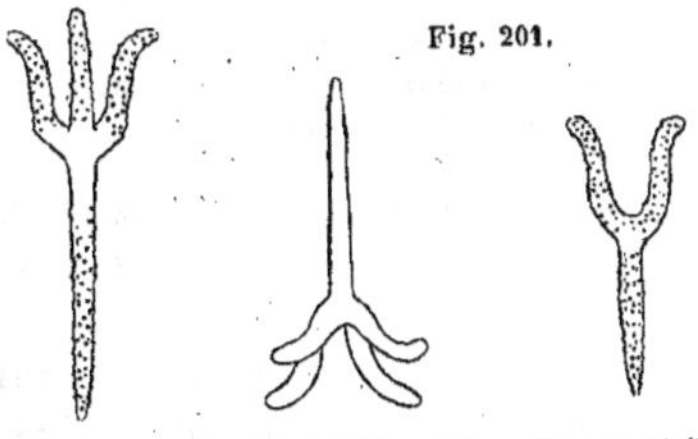

Spicules de *Trombus Kittoni* (d'ap. Topsent) (*).

(*) Ces figures sont empruntées à Topsent qui les a reproduites sans indications d'origine.

C'est ici, d'après Topsent, que devrait prendre place le genre

Samus (Gray), (fig. 202 et 203), Éponge perforante comme les Cliones (Voir p. 173, 174), mais sans affinité avec ces dernières, et qui se rapproche des *Tetillinæ* par ses sigmaspires; mais ses triænes sont des amphitriænes et non des protriænes comme chez ces derniers (Baya, Seychelles, Indes, Australie; faible profondeur).

Sollas fait une famille [*Samidæ*] pour ce seul genre.

Fig. 202.

Fig. 203.

Spicules de *Samus anonymus*. (d'ap. Topsent).

2° FAM. : OSCARELLINÆ [*Oscarellidæ* (Lendenfeld)].

Oscarella (Vosmär) (fig. 204 à 210) diffère essentiellement de *Plakina* par l'absence complète de squelette et par ses corbeilles diplodales. C'est une Éponge encroûtante, mais assez épaisse, de contour irrégulier, fixée, par quelques points du pourtour de sa base seulement, à la face inférieure des rochers, où elle se fait remarquer par sa coloration variant du bleu au rouge en passant par toutes les nuances du violet. La surface, souvent ridée, porte, de place en place, des oscules. Il n'y a ni membrane dermique ni cavités hypodermiques. La structure présente deux couches, une superficielle formée par une lame ondulée mais à plis serrés, recoupés dans tous les sens et fréquemment soudés entre eux, en sorte qu'il serait plus exact de dire qu'elle est formée de projections tubuliformes, arrivant toutes au même niveau, s'ouvrant par leur canal intérieur dans la partie centrale de

Fig. 204.

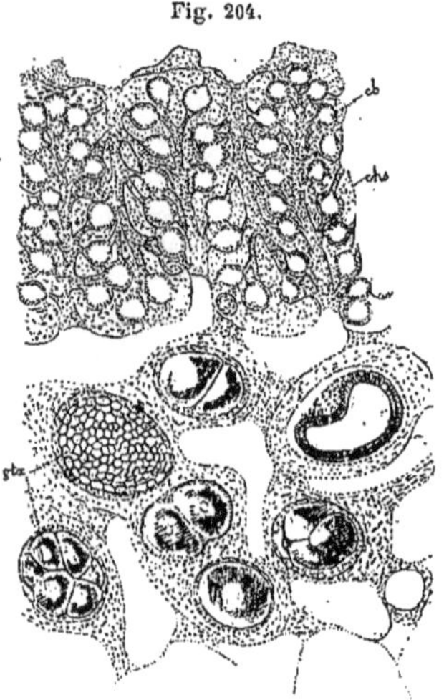

Coupe d'*Oscarella* (*Halisarca*) *lobularis* (d'ap. F. E. Schulze).

cb., corbeilles; **chs.**, choanosome; **gtx.**, produits génitaux.

Fig. 205.

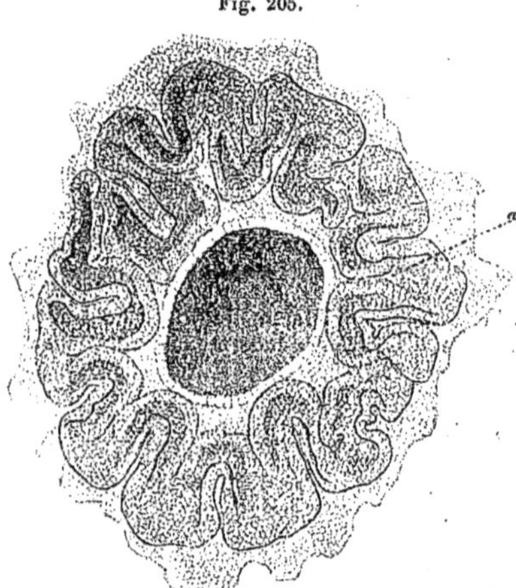

Oscarella lobularis. Larve vue par la face de fixation, montrant le blastopore au centre et, en *a*, l'endoderme plissé (d'ap. Heider).

l'Éponge et soudés les unes aux autres aux points où elles sont tangentes par leur surface externe, de manière à délimiter entre elles des sortes de puits profonds, dirigés de la surface vers la profondeur où ils se terminent en culs-de-sac. Les corbeilles, de forme sphérique, s'ouvrent d'une part dans ces puits (les plus superficielles directement au dehors);

Fig. 206.

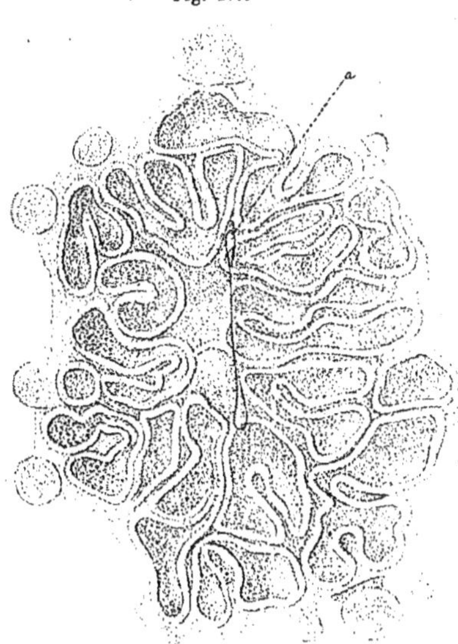

Oscarella lobularis. Stade correspondant à la fermeture du blastopore (*a*), et montrant la lame plissée de l'endoderme se segmentant en îlots destinés à former les corbeilles (d'ap. Heider).

a, reste du blastopore vu par la base de fixation.

Fig. 207.

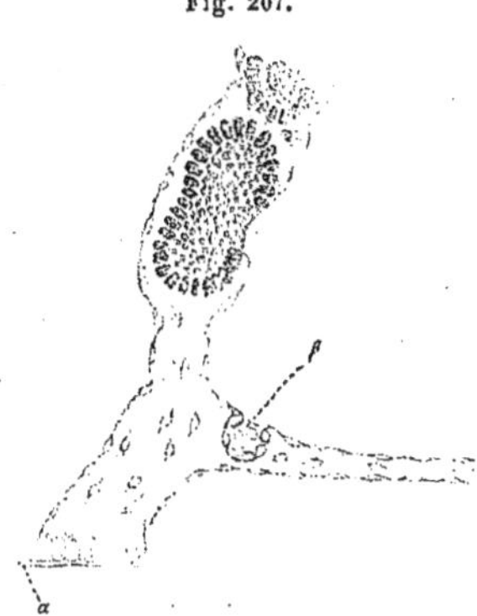

Oscarella lobularis. Coupe verticale radiale passant par un des lobes fixant l'Éponge à son support et par une corbeille (d'ap. Heider).

α, ciment fixant le lobe au support; β, corbeille anormale dans la lame basilaire.

Fig. 208.

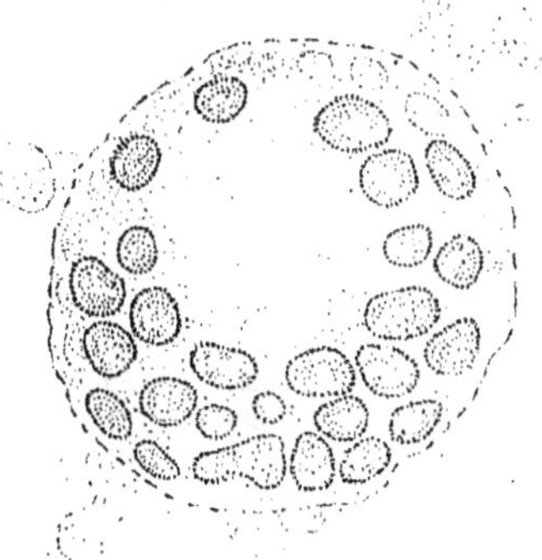

Oscarella lobularis. Aspect de la base de fixation après la fermeture du blastopore et la formation des corbeilles (d'ap. Heider).

Fig. 209.

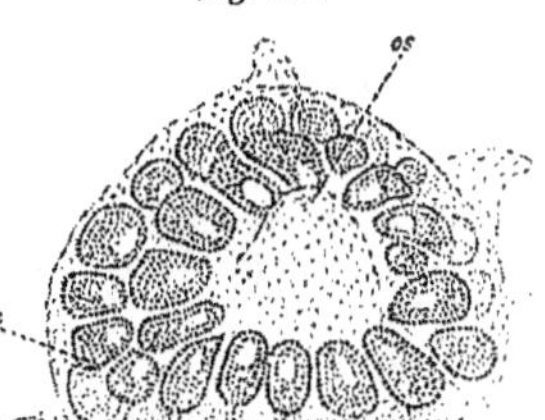

Oscarella lobularis vu par la face supérieure, montrant la disposition des corbeilles et le cône terminal portant l'oscule à son sommet (d'ap. Heider).

a, corbeilles;
os., oscule au sommet du cône terminal.

d'autre part dans les canaux qui occupent l'axe des saillies tubuliformes. Mais, au lieu de s'ouvrir, comme chez *Plakina*, directement, elles se prolongent dans les deux sens en un court canal étroit, prosodal d'un côté, aphodal de l'autre, parfois réuni aux canaux homonymes d'un petit nombre de corbeilles voisines. Les corbeilles sont donc diplodales. — La partie centrale est un réseau de gros cordons parenchymateux dont les cavités, communiquant toutes entre elles, reçoivent les canaux exhalants axiaux centripètes de la couche superficielle et s'ouvrent de distance en distance au dehors par des oscules. Les cordons formant les mailles de ce réseau ne possèdent pas de corbeilles mais contiennent des produits sexuels à divers états du développement, œufs segmentés, blastulas, etc. Les sexes sont séparés. Il n'y a ni fibres ni spicules. Les pinacocytes portent un flagellum (2^m à 4^{cm}; Manche, Méditerranée; près de la surface).

Fig. 210.

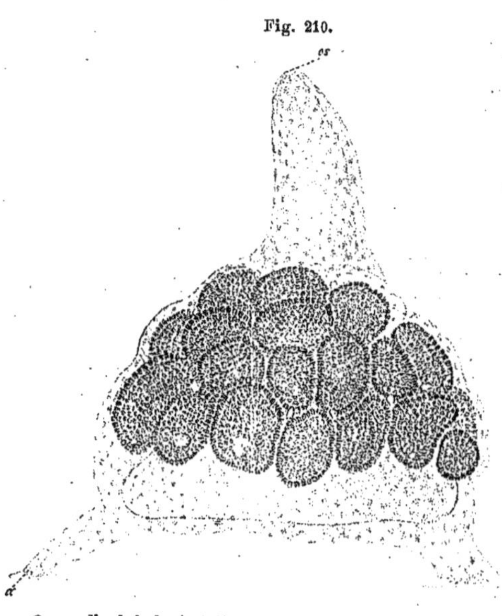

Oscarella lobularis à l'état de *Rhagon*, vu de profil (d'ap. Heider).

a., lobes de fixations; **os.**, oscule au sommet du cône terminal.

Cette remarquable Éponge a été autrefois confondue avec le genre *Halisarca* dont elle diffère essentiellement par la forme courte de ses corbeilles, tandis que la forme allongée des corbeilles d'*Halisarca* rattache celle-ci aux Hexacératides.

Le *développement* d'*Oscarella* est non moins remarquable que sa structure. D'après Heider [86], la segmentation, qui a lieu dans les tissus maternels, est entièrement égale et donne lieu à une blastula creuse dont les cellules sont toutes semblables (*archiblastula*), toutes prismatiques, toutes flagellées et même fournies d'un rudiment de collerette. Il n'y aurait donc pas de distinction en endoderme et ectoderme. Aussi, l'un quelconque des pôles pourrait-il s'invaginer dans l'autre. Cependant, en y regardant de près, on constaterait que les cellules du pôle postérieur (colorées d'un pigment rougeâtre) seraient un peu plus granuleuses que les antérieures et, sauf exception assez rare, s'invagineraient pour former l'endoderme. Il y aurait donc là une exception à la règle ordinaire, d'après laquelle ce sont les cellules granuleuses qui restent (ou passent) au dehors pour former l'ectoderme. Cette exception perdrait de sa signification par le fait que la différenciation des feuillets est à peine indiquée et que le sens de l'invagination pourrait se trouver exceptionnellement inverse, sans que le développement cessât d'être normal. Mais récemment, O. Maas [98], ayant repris la question, a corrigé et complété les observations de Heider et montré que, loin de faire exception, les *Oscarella* confirment la règle embryogénique du renversement du sens de l'invagination chez les Éponges par rapport aux autres Métazoaires. Le pôle qui est antérieur dans la locomotion reste formé de cellules petites, courtes, pâles, et ce sont ces cellules qui s'invaginent, tandis qu'au pôle postérieur, les cellules, pendant la phase blastulienne, grossissent, deviennent granuleuses, fournissent par division des éléments mésodermiques internes, prennent en un mot tous les caractères des endodermiques des Siliceuses et restent à l'extérieur pour former l'épiderme de la future Éponge.

Comme chez les Calcaires, la gastrula se fixe par son blastopore qui peu à peu se ferme (fig. 211). Le feuillet invaginé se plisse (fig. 212) et forme des culs-de-sac qui sont les premières corbeilles (fig. 213); un oscule se perce au sommet (fig. 214 et 215), un orifice prosodal met les corbeilles en communication avec le dehors; enfin, le mésoderme prend naissance aux dépens de cellules émigrées des parois dans le blastocœle.

A ce stade (fig. 216), la jeune Éponge représente le *Rhagon* qui nous a servi de point de départ dans l'histoire des complications progressives des Éponges acalcaires.

L'achèvement de l'Éponge se fait par des invaginations superficielles et par des refoulements centrifuges qui déterminent les puits inhalants et les canaux exhalants.

Schulze [79] a montré l'existence d'une reproduction par *bourgeonnement* : il se forme à la surface de l'Éponge une tumeur qui se pédiculise, se détache et se développe en une nouvelle Éponge, qui a, dès l'origine, toutes les parties nécessaires, étant formée par l'assise superficielle avec toutes ses couches, épiderme, canaux, corbeilles, mésoderme et paroi externe de la cavité exhalante centrale.

Oscarella est le seul représentant de cette famille.

3ᵉ FAM. : *Chondrosinæ* [*Chondrosidæ* (Lendenfeld)].

Chondrosia (Nardo) est une petite Éponge massive, à contours arrondis, à surface lisse, pourvue d'un ou quelques oscules. Il a, comme *Oscarella*, un abondant parenchyme sans squelette et des corbeilles diplodales. Mais il en diffère par la présence d'une couche corticale qui revêt tout le choanosome et que les canaux inhalants traversent pour s'ouvrir à la surface. Ces canaux se divisent dans la couche superficielle du cortex en un arbuscule de ramifications aboutissant chacune à un pore. A l'intérieur, les canaux exhalants convergent en s'anastomosant vers la (ou les) cavité atriale, sans former le réseau de lacunes que nous avons décrit chez *Oscarella* (2 à 4 cm; Médit., Galapagos, Australie; Atlant., 0 à 20 mètres).

Fig. 211.

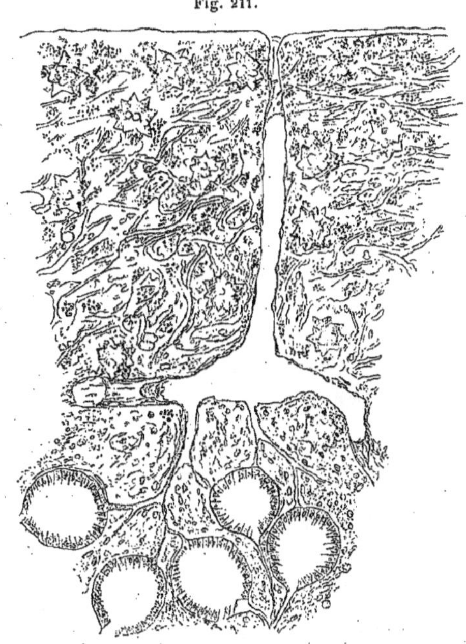

Coupe transversale de la région corticale de *Chondrilla Nucula* (d'ap. Schulze).

Chondrilla (O. Schmidt) (fig. 211) qui en diffère par la présence de canaux hypodermiques où débouchent d'une part les canaux corticaux, d'autre part les canaux inhalants du parenchyme, et par la présence de sphérasters (Médit., Atl., Antilles, Australie, Océan indien, Zanzibar, Mer rouge) et

Thymosia (Topsent) qui a pour squelette des fibres composées de rognons de spongine (Atl.).

2e Sous-Ordre

LITHISTIDÉS. — *LITHISTIDÆ*

[*Lithistidæ* (O. Schmidt)]

Ce sont des Tétractinellides dont le squelette contient, outre les mégasclères libres, des desmes (fig. 212) portant, parfois sur leur continuité, mais surtout aux extrémités de leurs branches, des ramifications irrégulières ou des renflements garnis de tubercules qui s'engrènent avec ceux des desmes voisins, en sorte que ces desmes forment tous ensemble un réseau siliceux cohérent, immobile, indépressible, qui traverse toute la masse de l'Éponge et lui communique la dureté de la pierre. On peut souvent reconnaître dans les desmes le spicule initial, qui est ordinairement une petite forme du système tétraxial ou monaxial [1].

Fig. 212.

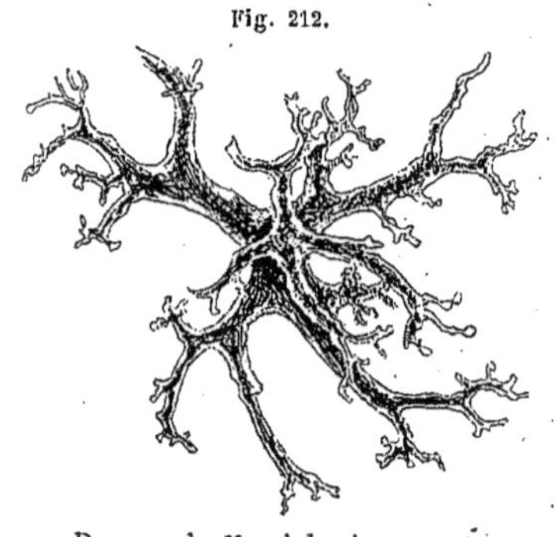

Desmas de *Neosiphonia superstes* (d'ap. Sollas).

Les *Lithistidæ* se divisent en trois tribus :

Triænina, ayant des triænes dans l'ectosome;

Rhabdosina, ayant dans l'ectosome des microstrongyles isolés ou servant de centre à des desmes;

Anoplina, à ectosome sans spicules.

---

(1) En raison de la solidité et surtout de l'agencement de leur squelette, les Lithistidés sont très bien représentés à l'état fossile, en particulier dans le Jurassique et le Crétacé, et les paléontologistes, surtout Zittel [76 à 95] et Rauff [93], en ont établi la classification. Mais c'est le choanosome seul qui a ses spicules intriqués de manière à ne pas se désagréger après la mort; aussi, sauf de rares exceptions, a-t-il seul été conservé. L'ectosome à spicules libres a disparu. Or, il se trouve que c'est précisément sur les caractères des spicules de l'ectosome qu'a été établie la classification des Lithistidés vivants, en sorte qu'elle ne concorde point avec celle des Lithistidés fossiles. La fusion des deux classifications ne pourrait résulter que d'une étude originale et comparative de tous les Lithistidés vivants et fossiles. Sollas a établi une homologation de ses groupes avec ceux de Zittel, mais il n'entre pas dans le détail. Il faut donc n'admettre qu'avec certaines réserves la réunion des formes vivantes et fossiles dans une classification commune.

1re Tribu

TRIÆNINES. — *TRIÆNINA*

Hoplophora triænosa [Sollas)]

L'ectosome contient des spicules du groupe des triænes; en outre, il y a des microsclères (spirasters, amphiasters ou microrhabdes) et les corbeilles sont diplodales ou aphodales.

GENRES

1re FAM. : *Tetracladinæ* [*Tetracladidæ* (Zittel)].

Theonella (Gray) (fig. 213, 214) est de forme quelque peu variable, tantôt cylindrique avec un seul oscule terminal, tantôt cupuliforme avec plusieurs oscules sur la surface concave; en tout cas, fixé par un pied rétréci. Il y a un cortex modérément épais creusé de petites cavités hypodermiques irrégulières dans lesquelles s'ouvrent des pores distribués par petits groupes sur toute la surface. Le système des canaux et les corbeilles rondes et diplodales ne présentent rien de particulier. Les desmes sont tétracrépides : il y a des phyllotriænes dans l'ectosome et, en fait de microsclères, des microstrongyles (10 à 15cm : Formose, Indes, Philippines; 18 brasses).

Fig. 213.

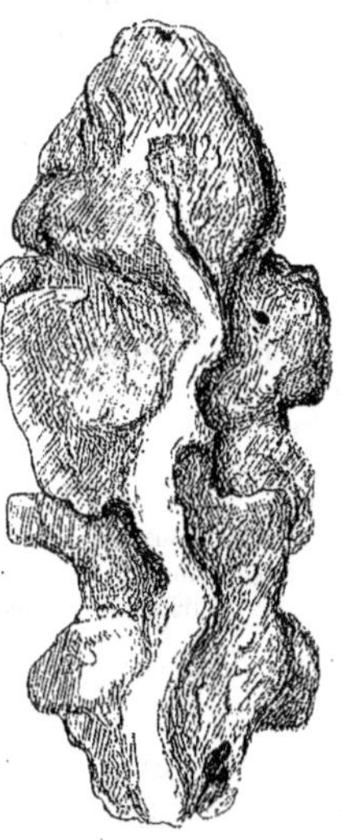

Theonella Swinhoei (d'ap. Sollas).

Fig. 214.

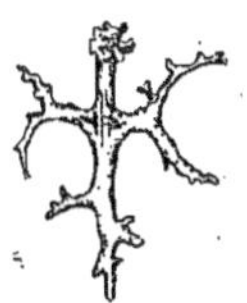

Desme tétracrépide de *Theonella Swinhoei* (d'ap. Sollas).

Discodermia (Barboza du Bocage) (Atl., îles de la Sonde et fossile depuis le Crét.),
Compsaspis (Sollas) (Crét.),
Kaliapsis (Bowerbank) (Océan antarctique),
Rimella (O. Schmidt) (La Havane),
Collinella (O. Schmidt) (Golfe du Mexique),
Collectella (O. Schmidt) (Golfe du Mexique) et
Sulcastrella (O. Schmidt) (Golfe du Mexique) qui en diffèrent surtout par des caractères de forme et de spicules.

2e FAM. : *Desmanthinæ* [*Desmanthidæ* (Topsent)].

Desmanthus (Topsent) mince, encroûtant, diffère de *Theonella* par ses desmes tricrépides, l'absence de microsclères et la présence de mégasclères accessoires monactinaux dressés dans l'ectosome. Il est intéressant en tant que seul Lithistidé de nos côtes (Banyuls et Golfe du Mexique).

Rhacodiscula (Zittel) est intéressant parce qu'il représente la continuation dans nos mers des Lithistidés fossiles de l'époque mésozoïque (Atl., Pacif., et fossile depuis le Crétacé).

Monocrepidium (Topsent), encroutant, à desmes monocrépides, non ramifiés, tordus, noueux (Açores).

Neosiphonia (Sollas) (fig. 212) (îles Fidji) présente un intérêt de même nature par ses relations avec

Siphonia (Goldfuss, Parkinson) (fig. 215) qui commence la série des formes [*Tetracladina* (Zittel)] fossiles appartenant à ce groupe, auquel appartiennent aussi les *Rhacodiscula* Crétacés et Tertiaires. Il est piriforme, porté généralement sur un pédoncule terminé en bas par des racines. A son sommet s'ouvre un oscule qui conduit dans une cavité atriale, étroite relativement à l'épaisseur des parois, où viennent s'ouvrir les canaux exhalants orientés, les uns radiairement, les autres suivant des lignes parallèles à l'axe vers le centre, et de plus en plus courbées parallèlement à la surface à mesure qu'elles sont plus voisines de celles-ci ; un système de canaux inhalants beaucoup plus fins part des pores situés dans de profonds sillons de la surface et se ramifie dans l'Éponge (Crétacé). — Nous citerons seulement les noms des autres genres fossiles de ce groupe :

Fig. 215.

Siphonia tulipa (d'ap. Zittel).

Archæoscyphia (Hinde) (Cambrien),
Aulocopium (Oswald),
Aulocopella (Rauff), sous-genre du précédent,
Aulocopina (Billings),
Dendrocolonella (Rauff),
Chiastocolonella (Rauff), tous les cinq siluriens et formant une sous-tribu [*Onchocladinæ*] et une famille [*Chiastoclonellidæ*],

Pemmatites (Dunikovski) (Carb., Perm.),
Callopegma (Zittel),
Phymatella (Zittel),
Aulaxinia (Zittel),
Hallirhoa (Lamouroux),
Trachysycon (Zittel),
Jerea (Lamouroux),
Nelumbia (Pomel),
Marginospongia (d'Orbigny),
Thamnospongia (Hinde),
Kalpinella (Hinde),
Bolospongia (Hinde),
Pholidocladia (Hinde),
Polyjerea (Fromentel),
Astrocladia (Zittel),
Thecosiphonia (Zittel),
Calymnatina (Zittel),
Plinthosella (Zittel),
Turonia (Michelotti),
Rhagadinia (Zittel),
Spongodiscus (Zittel),
Phymaplectia (Hinde),
Rhopalospongia (Hinde), tous du Crétacé.

Rauff [93] place dans un groupe spécial [*Eutaxicladina*] celles de ces formes dont l'une des branches du desme tétracrépide est beaucoup plus courte que les autres (*ennomoclone*).

Astylospongia (Römer, *emend*, Rauff),
Trochospongia (Römer),
Caryospongia (Rauff),
Carpospongia (Rauff),
Palæomanon (Römer),
Astylomanon (Römer, Rauff),
Caryomanon (Hinde, Rauff),
Carpomanon (Rauff),
Hindia (Duncan),
Mastosia (Zittel),
Lecanella (Zittel),
tous siluriens, les trois derniers se continuant dans le Crétacé.

3e FAM. : CORALLISTINÆ [*Corallistidæ* (Sollas)].

Corallistes (O. Schmidt) (fig. 216) a ses desmes monocrépides. C'est une Éponge, en forme de lame épaisse, fixée par une large base, avec un ectosome assez épais, des pores disséminés, des oscules multiples (Atl., Portugal, Madère, 65 à 374 brasses).

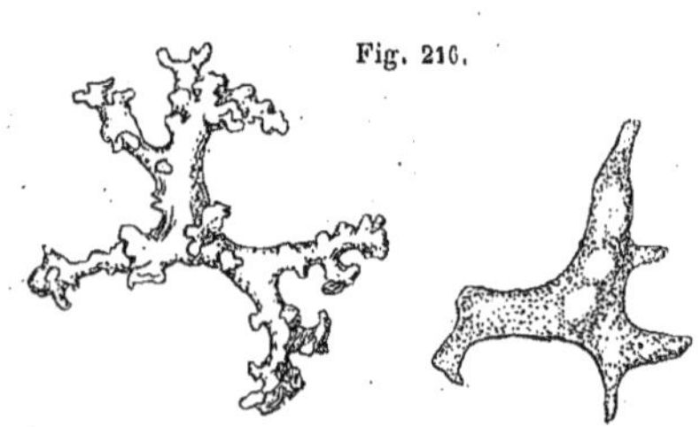

Fig. 216.

Desmes de *Corallistes Masoni* (d'ap. Sollas).

Arabescula (Carter) (Manche, Atl., Pacif.),
Macandrewia (Gray) (Écosse, Açores, Atl.),
Dædalopelta (Sollas) (Golfe du Mexique),
Heterophymia (Pomel) (Chine),
Callipelta (Sollas) (Polynésie),
Pomelia (Zittel) (Floride)
qui n'en diffèrent que par des caractères de forme et des spicules.

Ici se placent les formes fossiles [*Rhizomorina* (Zittel)] :

Cnemidiastrum (Zittel) (fig. 217), de forme plus ou moins conique, avec un oscule et une cavité atriale. La surface est formée d'une mince couche, sur laquelle sont des rangées méridiennes de petites papilles qui sans doute portaient les pores. Sous ces rangées, sont des canaux méridiens au fond desquels s'ouvrent les canaux inhalants qui plongent radiairement dans la profondeur (Juras. et peut-être Carb.).

Hyalotragos (Zittel),
Corallidium (Quenstedt),
Pyrgochonia (Goldfuss),
Discostroma (Zittel),
Leiodorella (Zittel),
Epistomella (Zittel),
Platychonia (Zittel),
tous jurassiques;
Scytalia (Zittel) (Jur. et Crét.),
Jereica (Zittel),
Bolidium (Zittel),
Astrobolia (Zittel),
Chonella (Zittel),
Stichophyma (Pomel),
Plococonia (Pomel),
Chenendopora (Lamouroux),
Pœcilospongia (Courtiller),
Dimorpha (Courtiller),
Verruculina (Zittel),
Amphithelion (Zittel),
Cœlocorypha (Zittel)),
Stachyspongia (Zittel),
Pachinion (Zittel),
Seliscothon (Zittel),
Perimera (Pomel),
tous crétacés;
Allomera (Pomel),
Pleuromera (Pomel),
Meta (Pomel),
Marisca (Pomel),
tous les quatre tertiaires;
et les genres douteux,
Nipterella (Hinde) (Cambrien),
Trichospongia (Billings) (Cambrien),

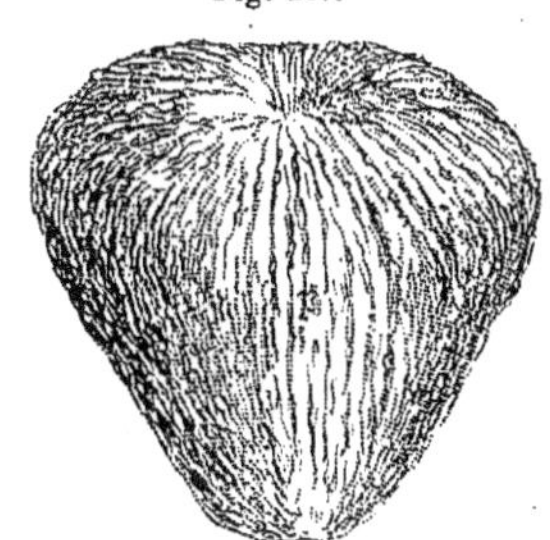

Fig. 217.

Cnemidiastrum stellatum (d'ap. Zittel).

Ici semblent prendre place les genres fossiles suivants, tous miocènes :

Adelopia (Pomel),
Tretolopia (Pomel),
Pliobunia (Pomel),
Psilobolia (Pomel),
Pliobolia (Pomel),
Streblia (Pomel),
Scythophymia (Pomel),
Pleurophymia (Pomel),
Histiodia (Pomel),

et les trois genres vivants ci-dessous, trouvés dans la Méditerranée :

Œgophymia (Pomel),
Pumicia (Pomel),
Cisselia (Pomel).

Pomel distribue ces genres en divers groupes qui n'ont pas été acceptés [*Adélotrétidés*, *Diatrétidés*, *Epitrétidés*, appartenant à ses *Pétrospongiaires psammosclérosés*, *Hyalosclérés*, etc.].

4e FAM. : *Pleromninæ* [*Pleromidæ* (Sollas)].

Pleroma (Sollas) (fig. 218) a les desmes monocrépides comme *Corallistes*; mais leurs branches, au lieu d'être tuberculeuses ou armées de petites ramifications de manière à s'engrener facilement, sont simples et lisses, et terminées par une expansion par laquelle elles s'appuient sur le corps des desmes voisins. Les corbeilles sont grandes, munies d'un court aphodus (2cm; Iles Fidji; 315 brasses).

Fig. 218.

Desme rhabdocrépide de *Pleroma turbinatum* (d'ap. Sollas).

Lyidium (O. Schmidt) (Cuba).

Ici prennent place un certain nombre de formes caractérisées, entre autres, par la grande taille de leurs spicules [*Megamorina* (Zittel), *Rhabdomorina* (Rauff)].

Podaspis (Sollas) (Crét.).
Doryderma (Zittel) (Crét. et peut-être Carb.).
Megalithista (Zittel) (Jur.),
Placonella (Hinde) (Jur.),
Carterella (Zittel) (Crét.),
Isorhaphinia (Zittel) (Crét.),
Heterostinia (Zittel) (Crét.),
Holodictyon (Hinde) (Crét.),
Pachypoterion (Hinde) (Crét.),
Nematinion (Hinde) (Crét.),

2e TRIBU

RHABDOSINES. — *RHABDOSINA*

[HOPLOPHORA RHABDOSA (Sollas)]

Les spicules de l'ectosome sont des microstrongyles isolés ou servant de centre à des desmes. Les autres desmes sont aussi monocrépides.

GENRES

FAM. : NEOLPELTINÆ [*Neopeltidæ* + *Scleritodermidæ* + *Cladopeltidæ* (Sollas)].

Neopelta (O. Schmidt), de forme aplatie ou massive irrégulière, à oscules mutiples, a, outre les grands desmes habituels, dans son ectosome, de petits desmes en forme de disques à crépide strongyliforme; ses microsclères sont des microrhabdes et des spirasters (golfe du Mexique, Barbades; 103 brasses).

Scleritoderma (O. Schmidt) (Golfe du Mexique, Australie) et
Aciculites (O. Schmidt) (La Havane)
ont, au contraire, dans leur ectosome les microstrongyles libres.
Siphonidium (O. Schmidt) a les oscules au bout de prolongements longs et minces; les desmes de son ectosome sont très ramifiés parallèlement à la surface (Atl., Australie).

3e TRIBU

ANOPLINES. — *ANOPLINA*

[ANOPLIA (Sollas)]

L'ectosome est dépourvu de spicules et l'Éponge entière est privée de microsclères.

GENRES

1re FAM. : AZORICINÆ [*Azoricidæ* (Sollas), *Micromorinidæ* (Sollas)].

Azorica (Carter) est lamelliforme avec les pores sur une face et les oscules sur l'autre. Les desmes sont monocrépides. L'ectosome est mince, les cavités hypodermiques sont peu développées; les corbeilles sont diplodales; le système des canaux ne présente rien de particulier (10cm; la plupart des Océans; 15 à 1075 brasses).

Petromica (Topsent), à cônes dressés, papilleux, à pores dispersés, à oscules membraneux, à ectosome sans spicules (Açores),
Tretolophus (Sollas), à oscules disposés sur des saillies linéaires (Mélanésie),
Gastrophanella (O. Schmidt), à oscule unique et atrium central (Indes, Iles de la Sonde, Nouvelle-Guinée),
Amphibleptula (O. Schmidt), à oscule unique terminal, avec des champs poreux situés au bout de courts prolongements latéraux irréguliers (Barbades, La Havane),
Leiodermatium (O. Schmidt), cupuliforme, avec les pores à la face interne et de larges oscules à la face externe (Portugal, Santiago, Porto Praya),
Sympyla (Sollas) de forme analogue au précédent, mais avec les pores disposés sur des aires criblées (Barbades),

Setidium (O. Schmidt) (La Havane),
Poritella (O. Schmidt) (Golfe du Mexique) et
Tremaulidium (O. Schmidt) (Antilles),
sont des genres voisins douteux ou insuffisamment caractérisés.

═══ 2ᵉ FAM. : ANOMOCLADINÆ [*Anomocladina* (Zittel), *Didymmorina* (Rauff)].

Vetulina (O. Schmidt) diffère des précédents par ses desmes acrépides joints par leur centre avec les bouts dilatés des branches des desmes voisins (Barbades, Indes).

Anomoclonella (Rauff), | *Pycnopegma* (Rauff),
l'un et l'autre Silurien et formant pour Rauff une tribu [*Pœcilocladinidæ*] et
Cylindrophyma (Zittel), | *Melonella* (Zittel) et | *Protachilleum* (Zittel),
tous les trois Jurassiques.
Douteuse est la place dans cet ordre du genre fossile
Astrophora (Deecke) (Eocène).

2ᵉ ORDRE

MONAXONIDES. — *MONAXONIDA*

[*MONAXONIDA* (Ridley et Dendy); — *MONAXONA* (Sollas); *CLAVULINA* (Vosmär) + *HALICHONDRINA* (Vosmär)]

Ces Éponges sont seulement caractérisées (outre leur caractère de Démosponges consistant dans la forme de leurs corbeilles petites, arrondies, à prosodus unique) par leurs spicules principaux à un axe.

Les Monaxonides se divisent en deux sous-ordres :

HADROMERIDÆ : le plus souvent un cortex; mégasclères d'ordinaire disposés radiairement et groupés en faisceaux; microsclères en asters ou nuls, jamais en sigmas ou en spires;

HALICHONDRIDÆ : ordinairement pas de cortex; mégasclères formés en majeure partie d'oxes disposés en réseau.

1ᵉʳ SOUS-ORDRE

HADROMÉRIDÉS. — *HADROMERIDÆ*

[*SPINTHAROPHORA* (Sollas); — *CLAVULINA* (Vosmär *emend.*) + *PSEUDOTETRAXONIDA* *p. p.* (Vosmär) (¹) *HADROMERINA* (Topsent)]

TYPE MORPHOLOGIQUE

(Pl. 13 ET FIG. 219 A 221)

Comme type nous décrirons un genre important présentant bien les caractères du groupe, le genre *Tethya*.

(¹) La classification de ce groupe est extrêmement contestée. SOLLAS y place *Astropeplus* dans un groupe des *Homosclera* et divise les autres, *Heterosclera*, d'après les caractères des microsclères en *Centrospinthara* et *Spiraspinthara*. Nous suivons principalement, sauf en quelques points, les modifications apportées aux vues de Sollas par TOPSENT [92].

L'animal a la taille et la forme d'une petite orange (**13**, *fig. 1*) et aussi, parfois, sa couleur. Il est fixé par une base relativement étroite. Sa surface est hérissée de petits *conuli* (**13**, *cli.*) déterminés par la saillie des spicules. Dans les étroites vallées qui les séparent sont des champs poreux et, çà et là, des oscules (**13**, *fig. 1*, os.) souvent à peine plus grands que les pores et difficiles à voir.

Une section méridienne montre une structure très caractéristique. D'un point subcentral partent, en rayonnant, des faisceaux de grands strongyloxes qui s'appuient les uns sur les autres, au centre, et dont les pointes déterminent les conuli (1). Les autres parties sont, au contraire, disposées en couches concentriques. On trouve d'abord un épais cortex (**13**, *ctx.*) rempli de petits asters (fig. 219) et creusé de cavités intracorticales où débouchent les pores. La couche profonde du cortex est fibreuse et musculaire (**13**, *f.*) et, en se contractant, rapproche les faisceaux de spicules comme les lames d'un éventail, en même temps que l'Éponge diminue notablement de volume. Dans le choanosome, on peut distinguer aussi deux couches, une superficielle épaisse où sont les corbeilles diplodales et les canaux, et une centrale où sont les produits sexuels (**13**, *gtx.*). Les canaux inhalants (**13**, *fig. 2*, *cv. inh.*) partent des cavités corticales et plongent dans le choanosome en se ramifiant, tandis que les exhalants (**13**, *fig. 2*, *cr. exh.*) suivent une marche semblable en sens inverse et aboutissent directement aux oscules (**13**, *fig. 2*, os.) (2).

Fig. 219.

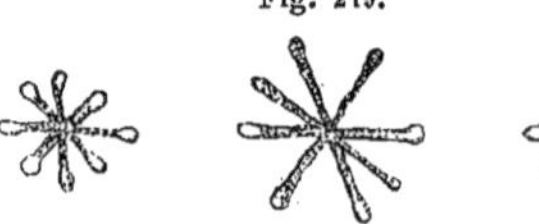

Petits aster de *Tethya lyncurium* (d'ap. Deszö).

Fig. 220.

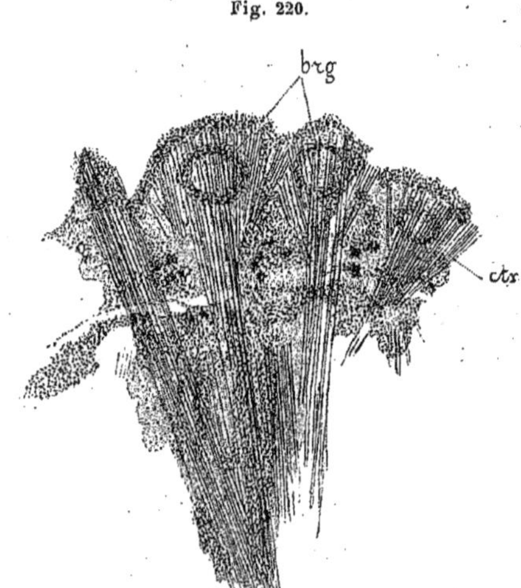

Tethya lyncurium. Coupe transversale montrant la disposition des bourgeons dans le cortex maternel (d'ap. Deszö).

(1) Cette disposition rayonnante n'est pas un caractère absolu du groupe.

(2) La Téthye se reproduit par bourgeonnement; mais, comme d'ordinaire chez les Éponges, ce caractère est très sporadique parmi les genres et on ne saurait l'attribuer au type du groupe.

Le *bourgeonnement*, si l'on s'en rapporte aux descriptions de Deszö [79] serait ici très différent du processus habituel et rappellerait un développement par œufs, ou plutôt ce serait le second qui rappellerait le premier, car celui-ci serait phylogénétiquement antérieur. Dans la couche superficielle du cortex, une cellule (fig. 220, *brg.*) s'individualise,

Les *Hadromeridæ* se divisent en deux tribus :

Aciculina, à mégasclères diactinaux;
Clavulina, à mégasclères monactinaux.

1re Tribu

ACICULINES. — *ACICULINA*
[*Aciculidæ* (Topsent)]

Les Mégasclères sont diactinaux.

GENRES

1re FAM. : *Tethyinæ* [*Tethyadæ* (Vosmär)].

Tethya (Lamarck) (**13**, et *fig.* 219 à 222); c'est le genre que nous avons décrit comme type morphologique (1 à 6cm; Cosmopolite; 0 à 145 brasses).

Columnitis (O. Schmidt), genre douteux, diffère de *Tethya* par sa forme irrégulière, encroûtante, d'où résulte que les faisceaux des spicules, au lieu d'être radiaires, se dressent verticalement entre la base et la surface (Atlant., Antilles).
Tethyorrhaphis (Lendenfeld) (Australie) en diffère surtout par la nature des microsclères.

Fig. 221

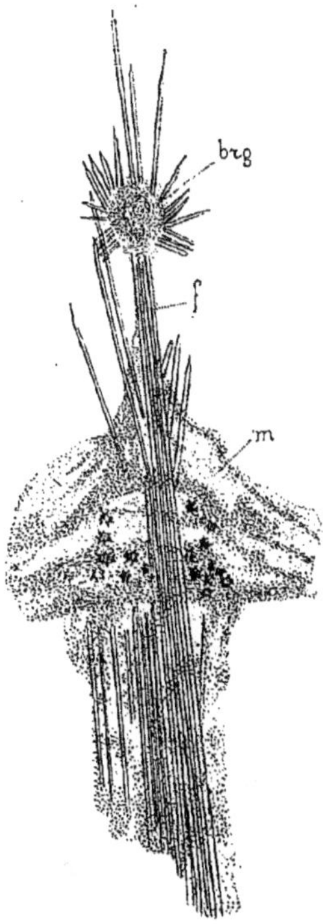

Tethya lyncurium. Expulsion du bourgeon à l'extrémité d'un faisceau de spicules appartenant à la mère (d'ap. Deszö).
brg., bourgeon; **f.**, faisceau de spicules; **m.**, mère.

---

grossit, se segmente en deux, puis en quatre, dont une endodermique, puis en un grand nombre d'éléments, les uns endodermiques intérieurs, les autres ectodermiques superficiels donnant des mésodermiques à situation intermédiaire, le tout dans une capsule formée par les tissus voisins. Quand le bourgeon est assez avancé, la capsule se rompt et il est peu à peu poussé au dehors (fig. 221, *brg.*) par les spicules (*f.*) jusqu'à ce qu'il se détache pour se développer en un nouvel individu (fig. 222).

Deszö a aussi constaté que le courant d'eau peut (il ne s'agit plus du bourgeon mais de l'adulte) entrer aussi bien par les oscules que par les pores

Fig. 222.

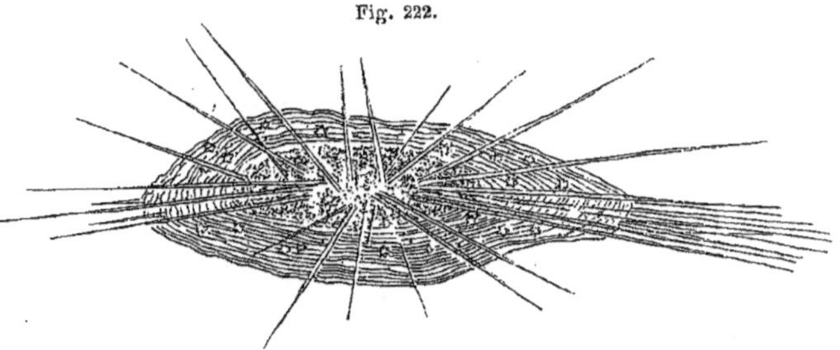

Coupe transversale d'un jeune *Tethya lyncurium* (d'ap. O. Schmidt).

Pl. 13.

HADROMERIDÆ

(TYPE MORPHOLOGIQUE)

Fig. 1. Tethya dont une tranche a été enlevée pour montrer l'organisation interne (Sch.).
Fig. 2. Tethya, coupe perpendiculaire à la paroi (Sch.).

cli., conuli;
ctx., cortex;
cv. ctx., cavités corticales;
cv. exh., cavités exhalantes;
cv. inh., cavités inhalantes;
f., faisceaux;
gtx., organes génitaux;
os., oscule;
p., pores;
sq., spicules.

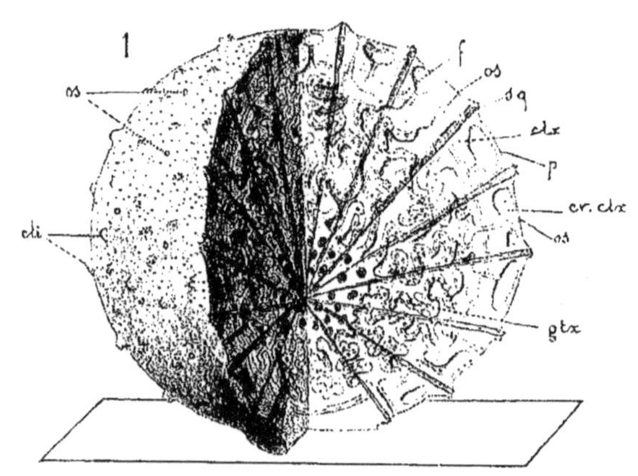
1
os
f
os
sq
clx
p
cr. clx
os
f.
cli
gtx

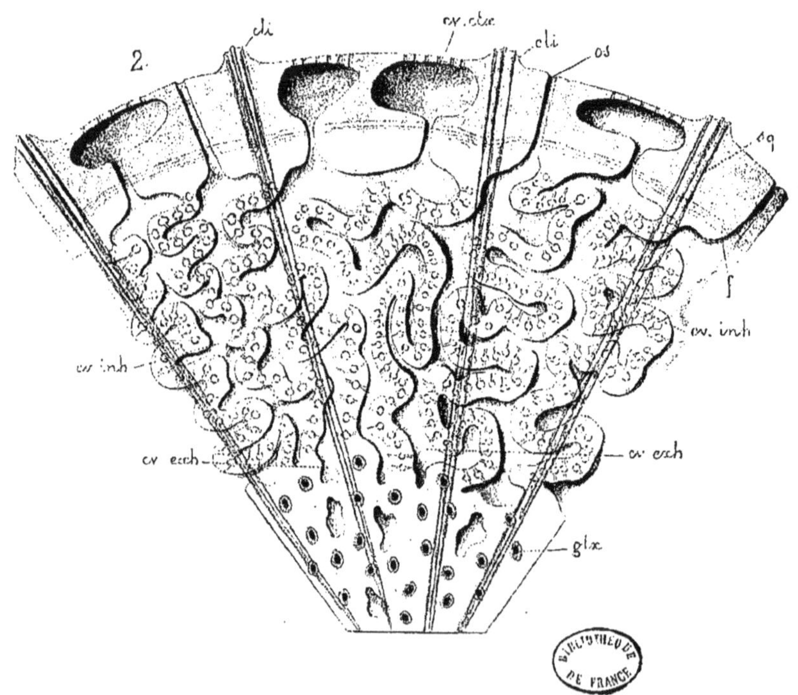
2.
cli
cv. clx
cli
os
sq
f
cv. inh
cv. inh
cv. exh
cv. exh
glx

Tuberella (Keller) (Médit.) s'en distingue par l'absence des microsclères.

Trachya (Carter) est un genre voisin (Atl., Vera-Cruz).

Heteroxya (Topsent) est aussi dépourvu de microsclères; il a le choanosome presque sans spicules et l'écorce armée de deux sortes de spicules dressés (Açores).

2ᵉ FAM. : *Coppatiinæ* [*Coppatiidæ* (Topsent)].

Hemiasterella (Carter) (fig. 223) est une jolie Éponge en forme de coupe, fixée par un petit pied. Il n'y a pas un épais cortex, mais un ectosome mince, sous lequel le choanosome est ployé en ondulations alternes déterminant deux systèmes de canaux, un exhalant à l'intérieur de la coupe, un inhalant à la base externe. Le plissement étant radiaire, ces canaux ont aussi la disposition radiaire et alternent d'une face à l'autre, ceux du dedans portant des rangées radiaires d'oscules, ceux du dehors des rangées radiaires de champs poreux. Les spicules sont de grands styles, les uns divergeants intérieurs, réunis en faisceaux par de la spongine, les autres hérissant la surface; en outre, des asters sont répandus partout (7 à 8 cm; entre Melville et la terre des Papous; 140 brasses).

Fig. 223.

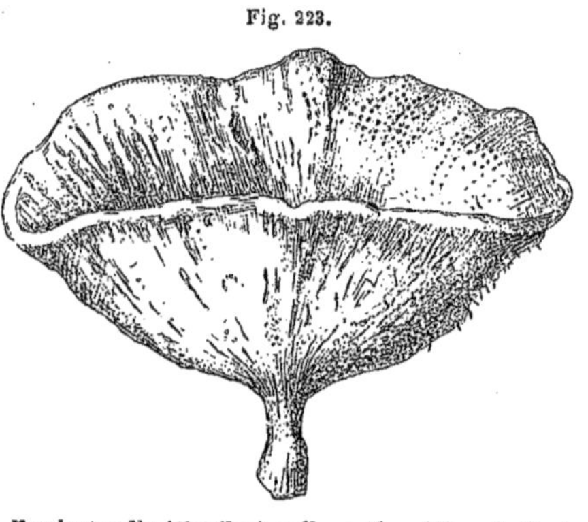

Hemiasterella (*Epallax*) *callocyathus* (d'ap. Sollas).

Magog (Sollas) charpente sans ordre, ectosome formant une écorce fibreuse épaisse, oxes confinés au choanosome; des sphérasters (île Maurice).

Asteropus (Sollas) possède à la fois deux sortes d'asters (Australie).

Coppatias (Sollas) charpente sans ordre, les seuls microsclères sont des euasters (Médit., Australie, Polynésie, Iles Papua); ce dernier genre est mis par Sollas dans une famille spéciale [*Epipolasidæ*] voisine des *Stellettinæ*.

Spongosorites (Topsent) à structure compacte et dépourvu de microsclères (Manche).

Anisoxya (Topsent) à ectosome mince, choanosome caverneux, sans microsclères, ayant pour macrosclères des oxes de plusieurs tailles (Açores).

2ᵉ Tribu

CLAVULINES. — *CLAVULINA*

[*Clavulina* (Vosmär, *emend.*); — *Clavulidæ* (Topsent)]

Les Mégasclères sont monactinaux.

GENRES [1]

1ʳᵉ FAM. : *Spirastrellinæ* [*Spirastrellidæ* (Ridley et Dendy)].

Spirastrella (O. Schmidt) est une Éponge, d'ordinaire massive, à oscules multiples, à pores irrégulièrement disséminés, à membrane dermique

[1] Lendenfeld [97] divise les Clavulines en trois groupes de familles, comprenant l'un les formes pourvues d'euasters [*Euastrosa*], la seconde les formes à spirasters sans euasters [*Spirastrosa*], la troisième les formes sans microsclères [*Anastrosa*].

bourrée de microsclères (spirasters) ; les mégasclères sont des rhabdes ou des styles ; canaux non décrits (3 à 8^{cm} ; Médit., Manche, Atl., Australie, Philippines, Japon ; 0 à 50 brasses).

Latrunculia (Barboza du Bocage) (fig. 224), massif, sessile, couvert de papilles dont les unes portent au bout un oscule, les autres étant des champs poreux saillants ; les microsclères sont des discasters (Atlant.).

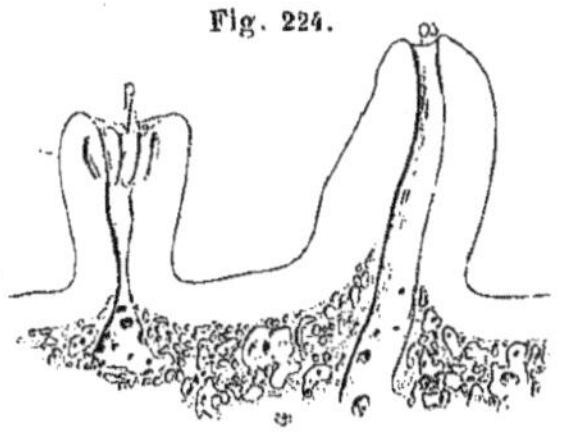

Hymedesmia (Bowerbank), encroûtant, à tylostyles dressés et à euasters accumulés à la surface (Atl. Médit.).

Xenospongia (Gray), libre, patelliforme, possèdant des styles et deux sortes d'euasters (Australie).

Sceptrintus (Topsent), massif, sans papilles, à discasters gigantesques, répandus dans tout le corps (Açores).

Fig. 224.

Portion de coupe perpendiculaire à la paroi de *Latrunculia apicalis* (d'ap. Ridley et Dendy). **os.**, oscule ; **p.**, pore.

Ici semble devoir prendre place :

Placospongia (Gray) ayant pour méglasclères des tylostyles, dont on fait le type d'une famille et que l'on plaçait précédemment près de *Geodia* (Adr., Malacca, Australie, Terre-de-Feu).

Il faut sans doute déplacer en même temps :

Physcaphora (Hanitsch) voisin du précédent, dont il diffère par ces microsclères qui sont des sélénasters (côtes du Portugal).

Rhaxella (Hinde) (Jur.) prend aussi place ici.

2e FAM. : *Streptasterinæ* [*Streptasteridæ* (Topsent)].

Scolopes (Sollas), grande Éponge massive, sans pied, asymétrique, à charpente rayonnante et possédant pour microsclères des amphiasters et des microxes (Bahia) ;

Amphius (Sollas) à corbeilles diplodales (Nouvelles-Hébrides).

Trachycladus (Carter) à encroûtement de spicules (Australie).

Rhaphidhistia (Carter) à spirasters par tout le corps, spiculation rappelant celle de certaines Cliones, mais sans pouvoir perforant (Carbonifère).

Spiroxya (Topsent) possédant deux sortes de spirasters (Médit.).

Holoxea (Topsent) ayant les microsclères de *Stryphnus* (Médit.).

3e FAM. : *Suberitinæ* [*Suberitidæ* (O. Schmidt)].

Suberites (Nardo) (fig. 225 et 226) est de forme très variable, le plus souvent, massive, arrondie, sessile, parfois allongée et portée sur un pédoncule qui peut même se ramifier. Dans ce dernier cas, chaque renflement peut être terminé par un oscule, mais d'ordinaire l'Éponge porte un petit nombre d'oscules disséminés. La surface est lisse et les pores sont très petits et difficiles à voir. La consistance est ferme, ce qui tient moins au squelette qui est peu développé qu'à la structure compacte du parenchyme, dépourvu de grandes lacunes et traversé seulement par les fins canaux inhalants et exhalants, ramifiés, sur la distribution desquels on ne possède d'ailleurs que peu de renseignements. Il y a un mince cortex contenant de petits spicules monactines, disposés perpendiculairement à la surface et dont la pointe forme en général à la surface une très faible saillie qui donne à l'Éponge un toucher âpre particulier ; dans le parenchyme sont des spicules, monactines aussi, disposés dans des faisceaux fibreux qui traversent tout le parenchyme (3 à 15cm; Méditerranée, Manche, Alt., Japon, tous les grands Océans; 0 à 2 050 brasses).

Une espèce, fréquente sur nos côtes, *S. domuncula* (fig. 225) présente un cas de symbiose remarquable avec le Crustacé décapode anomoure *Pagurus*, qui lui-même habite les coquilles abandonnées par les Gastéropodes turbinés. L'Éponge se fixe sur ces coquilles, selon toute

Fig. 225.

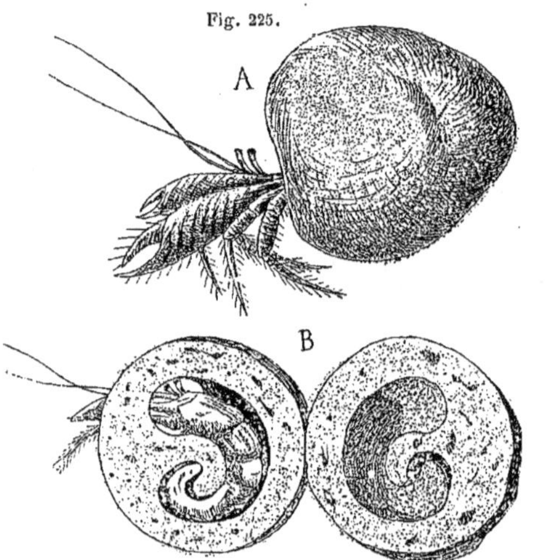

Suberites domuncula (d'ap. Celesia).
A, aspect extérieur; B, coupe montrant la cavité dans laquelle est logé le *Pagurus*.

Fig. 226.

Suberites ramulosus var. *cylindrifera* (d'ap. Ridley et Dendy).

vraisemblance lorsqu'elles sont déjà habitées par un Pagure, car on n'en trouve point (au moins de bien développées) sur les coquilles vides. L'Éponge englobe peu à peu toute la coquille, mais le Pagure maintient une ouverture dans ses tissus en face de l'orifice. A mesure que l'Éponge s'accroît, le Pagure est obligé de se rapprocher de cet orifice qui recule devant lui et abandonne peu à peu la coquille, déterminant dans les tissus mêmes de l'Éponge une cavité turbinée qui est la continuation géométrique de l'hélice du Gastéropode. Aussi, quand la coquille primitive était petite, se trouve-t-elle pendue au centre de l'Éponge ce qui a fait croire que celle-ci l'avait dissoute. Mais il n'en est rien, ainsi que l'a montré CELESIA [93]. Il résulte de la présence du Pagure que l'Éponge est obligée de tourner à mesure que l'hôte allonge l'hélice, puisque celui-ci maintient invariablement en bas l'extrémité de l'hélice correspondant à sa tête.

L'Éponge donne, en outre, asile, d'une façon presque constante, à un Amphipode, *Atylus gibbosus*, qui se creuse une cavité dans l'Éponge et y réside.

D'autres *Suberites*, après s'être fixés sur une coquille, sont saisis par un Crabe, *Dromia*, qui maintient sa capture sur son dos avec ses pattes de la cinquième paire et grandit avec elle, se servant d'elle comme abri et comme ruse de guerre, l'Éponge étant non comestible et dédaignée des animaux en quête de proies. Certaines Dromies prennent parfois d'autres Éponges, *Axinella*, Éponges Cornées, etc., et s'en servent pour le même usage.

Certains *Suberites* produisent des gemmules (Topsent [88]).

Ficulina (Gray) est un *Suberites* ayant des microsclères à la surface, microstrongyles lisses, centrotylotes (Oc. arctique).

Prosuberites (Topsent) est mince, a ses mégasclères verticaux et pas de microsclères (Manche, Médit., Atl., Japon).

Terpios (Duchassaing et Michelotti) revêtant, très mou (Atl., Pacif.).

Pseudosuberites (Topsent) a une membrane dermique spiculeuse tendue sur des espaces hypodermiques spacieux (Manche).
Laxosuberites (Topsent) est massif, mais sa charpente est lâche et sa surface hérissée (Méd.).
Axosuberites (Topsent) a un axe distinct de tylostyles réunis par de la spongine (Aden).
Semisuberites (Carter), cyathiforme ou flabelliforme, pédonculé; surface égale, réticulée; structure lâche; charpente en réseau irrégulier (Oc. arctique).
Rhizaxinella (Keller), corps globuleux ou cylindracé, porté sur un pédicelle; charpente rayonnante (Médit., Açores).
Poterion (Schlegel) (fig. 227) est une énorme et magnifique Éponge en forme de vase à pied avec les pores à la face externe et les oscules, à peine plus gros que les pores, à la face interne (jusqu'à 75 centim.; Pacifique).

Fig. 227.

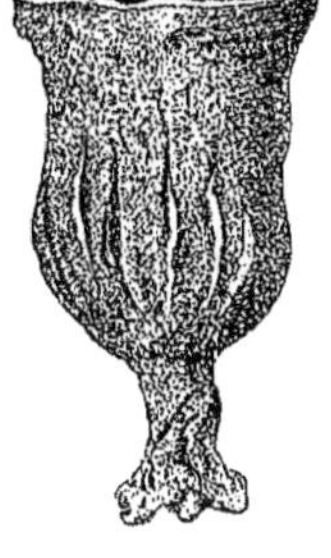

Poterion Neptuni hypocrateriforme (d'ap. Harting).

Plectodendron (Lendenfeld) a la forme d'un éventail pédonculé (Australie).
Spheciospongia (Marshall) (Australie).
Apathospongia (Marshall) (Australie).
Tethyspira (Topsent) a des mégasclères monactinaux rayonnants à partir de la base; les microsclères sont des tylostrongyles épineux (Manche, Atl.).
Mesapos (Gray) (Manche, Côtes angl.) est voisin du précédent.
Topsent a proposé pour ces deux genres une famille [*Mesapidæ*].

4e FAM. : POLYMASTINÆ [*Polymastidæ* (Topsent)].

Polymastia (Bowerbank) diffère de *Suberites* par sa surface garnie de petites protubérances en forme de mamelons dont certaines, mais pas toutes, sont percées au bout d'un oscule, et par ses spicules du parenchyme disposés radiairement (Manche, Médit., Atlant., Japon).

Rhaphidorus (Topsent) est un *Polymastia* ayant des raphides dans le choanosome (Açores).
Proteleia (Dendy et Ridley) diffère de *Polymastia* par ses spicules de forme un peu différente et dont certains, terminés en grappins, font saillie à la surface (Cap de Bonne-Espérance).
Tylexocladus (Topsent) est un genre voisin, à cladostyles superficiels (Açores).
Sphærotylus (Topsent) de même, à sphérotylostyles superficiels (Mers arctiques).
Trichostemma (Sars) (fig. 228) est très remarquable en raison de ce qu'il n'est pas fixé et a une forme régulière définie, discoïde ou hémisphérique. A la face supérieure, un ou un petit nombre d'oscules fait saillie au sommet d'autant de tubes osculaires; une ceinture équatoriale de grands spicules faisant fortement saillie sert à le maintenir en place dans la vase. Certains auteurs le considèrent comme synonyme d'un genre bien différent, *Halicnemia* (Mers arctiques, Atlantique nord, entre l'Écosse et la Norvège, Açores, Golfe du Saint-Laurent, Australie, Atlantique sud; 120 à 2 160 brasses).

Fig. 228.

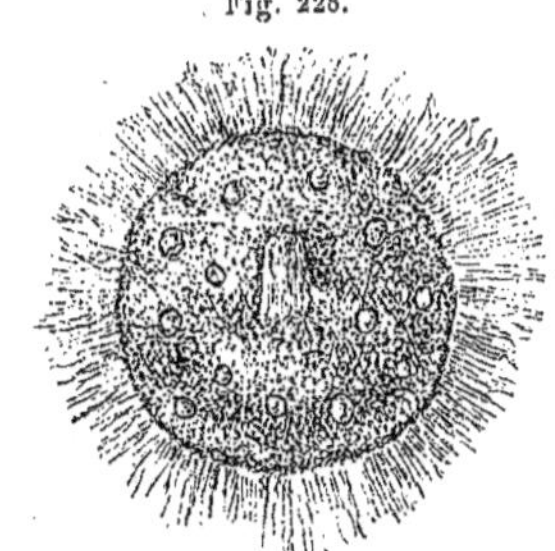

Trichostemma Sarsii vu de dessus (d'ap. Ridley et Dendy).

Tentorium (Vosmär) a la forme d'un cylindre ou d'un cône avec les pores et l'oscule (parfois multiples) au sommet; l'Éponge est revêtue d'une couche dense de spicules longitudinaux (Atlantique nord, Oc. arct.).
Stylocordyla (W. Thomson) (fig. 229 et 230) est formé d'une tête sphérique portée par un long pédoncule formé presque entièrement par un gros faisceau de spicules longitudinaux. Au pôle opposé, la tête porte un oscule. Dans la tête sont des faisceaux radiaires, ramifiés, de spicules régulièrement disposés et parfois tordus en spirale comme si, le centre restant immobile, la surface avait tourné d'un demi-tour au moins autour d'un

axe joignant l'oscule au pédoncule. Il y a, en outre, une couche corticale hérissée de petits spicules radiaires saillants au dehors. Tous les spicules sont des oxes (Atl., Oc. arct. et antarct., Oc. indien, Japon).

Topsent [92] a proposé pour ce remarquable genre une famille [*Stylocordylidæ*] comprenant aussi les genres
Cometella (O. Schmidt) (Floride) et
Halicometes (Topsent) (Cuba), auxquels Lendenfeld a récemment ajouté le genre douteux
Astrominus (Lendenfeld) qui en diffère par la structure réticulée de sa surface (Adriatique).
Quasillina (Norman) a le pédoncule plus court que *Stylocordyla* et les spicules tout autrement disposés, ceux du cortex montant du pédoncule en lignes parallèles, croisées par des spicules transversaux (Méditer., Angleterre, Manche, Atl. et Oc. arct.).
Ridleya (Dendy) (Atl.).

Fig. 229.

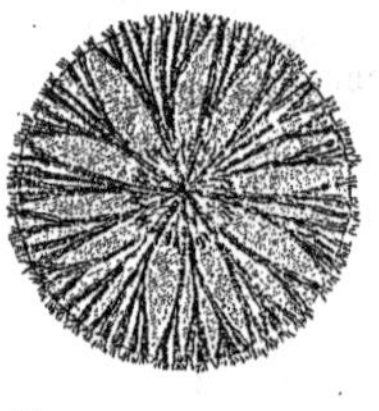

Coupe transversale de *Stylocordyla stipitata* var. *globosa* (d'ap. Ridley et Dendy).

Fig. 230.

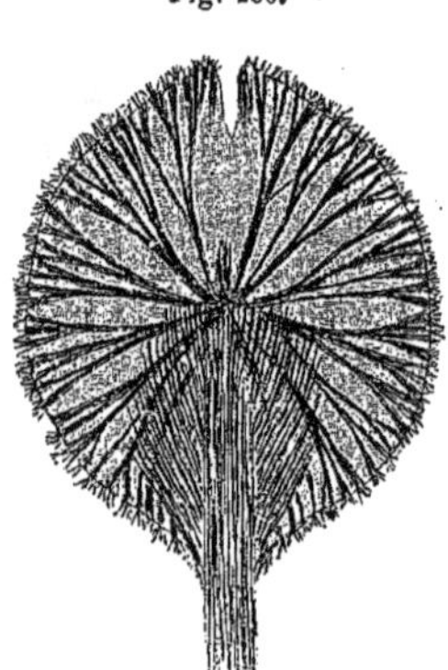

Coupe sagittale de *Stylocordyla stipitata* var. *globosa* (d'ap. Ridley et Dendy).

5e FAM. : CLIONINÆ [*Clionidæ* (Topsent) = *p. p.*, *Clioniadæ* (Gray), *p. p.*, *Eccœlonida* (Carter)].

Cliona (Grant). Ce genre est extrêmement polymorphe. Sous sa forme la plus habituelle, il est situé à l'intérieur d'objets calcaires (cailloux, coquilles de Mollusques) et ne se montre au dehors qu'en des points disséminés, correspondant à autant de *papilles* cylindriques portant les orifices de communication avec le dehors : les unes, osculaires, sont percées d'un petit oscule central ; les autres, porifères, sont percées de pores ; d'autres enfin, mixtes, ont un oscule au centre et des pores à la périphérie de leur base distale. La partie située à l'intérieur forme un réseau, contenu dans des galeries creusées par l'Éponge dans son support. C'est la *forme réticulée* (fig. 231). Dans certains cas, le support étant criblé dans toute son étendue, l'Éponge, pour continuer à s'accroître, déborde en un point et devient *revêtante* (fig. 232). Enfin, elle peut se développer si considérablement que son support, englobé, dispa-

Fig. 232.

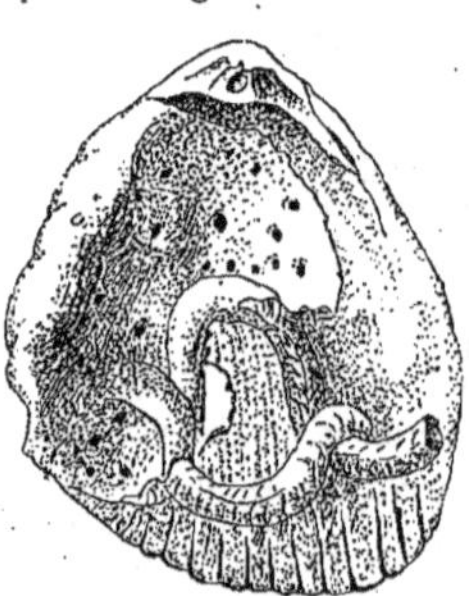

Cliona celata revêtant (d'ap. Topsent).

Fig. 231.

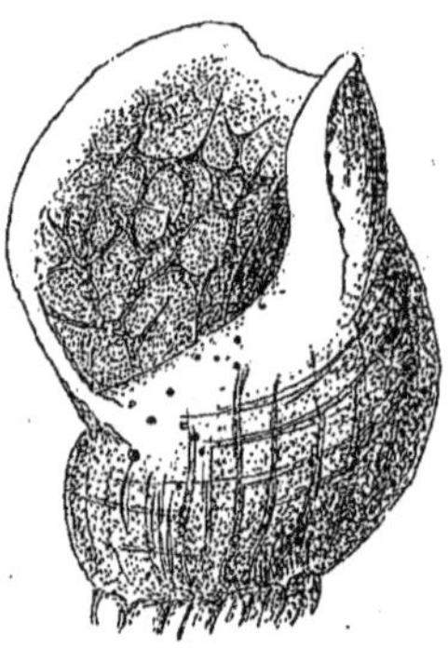

Réseau des galeries de *Cliona celata* perforant, dans la coquille d'un *Buccinum undatum* (d'ap. Topsent).

raît : elle prend alors une forme *massive* (fig. 233) pour laquelle on avait proposé un genre *Raphyrus*. Sous cette forme massive, elle présente les mêmes papilles porifères, osculaires et mixtes; mais sa surface est revêtue d'un ectosome spiculeux beaucoup plus développé que dans les parties abritées des autres formes. L'Éponge est en tout cas parcourue par un système de canaux relativement larges, recevant les canalicules des corbeilles et cloisonnés par des *velums* contractiles placé à peu de distance les uns des autres. Les spicules sont des tylostyles, des oxes et, en fait de microsclères, des spirasters, ou bien sont réduits à une ou deux de ces catégories. Il y a quelquefois des gemmules (Topsent) (Taille très variable, pouvant devenir très grande. Lendenfeld a trouvé en Australie un Raphyrus de 60^{cm} de large sur 35 de haut, pesant frais 200 kilogr. et sec 14 kilogr. Cosmopolite et fossile depuis le Crétacé; 0 à 28 brasses).

Fig. 233.

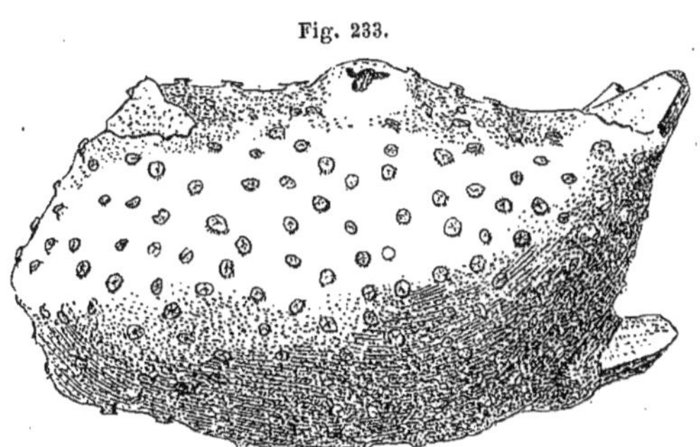

Cliona celata massif (d'ap. Topsent).

La distinction entre les canaux inhalants et exhalants n'a pas été bien établie. Lendenfeld [86], chez un gros Raphyrus, décrit ces systèmes comme s'ils ne différaient pas de la disposition ordinaire, mais sans donner assez de détails pour permettre de se prononcer en face d'une assertion contraire et postérieure. Topsent [88], dans son intéressante étude de cette famille, déclare que les deux sortes de canaux sont indiscernables et paraît admettre qu'il n'y en a qu'une sorte, servant indistinctement aux deux usages, les corbeilles étant en quelque sorte en dérivation sur eux, ce qui serait une exception bien étrange à la règle ordinaire et qui ne pourrait être accepté qu'après constatation formelle. Dans la forme massive où l'Éponge est criblée de canaux, il se pourrait que certains soient inhalants et d'autres exhalants; mais dans la forme réticulée où chaque branche est occupée par un seul canal axial, ce canal ne peut être qu'exhalant et l'on se demande où sont les inhalants.

La question du procédé par lequel l'Éponge creuse ses galeries, a été très discutée. Il est certain que l'animal ne dispose point d'armes spéciales, ne se sert point de ses spicules, ni de la sécrétion d'un acide. Cela résulte de ce que la galerie n'est pas *rongée* dans le calcaire, mais taillée à petits blocs, appelés *lunules*, mesurant au plus un demi-dixième de millimètre de diamètre, régulièrement convexes sur la face distale, tandis que leur face proximale est taillée de facettes concaves résultant de l'arrachement des blocs précédents. Cette forme et le fait que la conchyoline est attaquée de la même manière que le calcaire prouvent qu'il y a arrachement et non pas usure ou dissolution chimique. Letellier [94] a émis l'avis que l'Éponge s'attache par simple adhérence protoplasmique et exerce des mouvements de traction et peut-être de torsion auquel une particule de calcaire finit par céder. Il a montré en effet que l'on pouvait arracher des blocs (de forme et de taille différentes, il est vrai) en imprimant avec patience des mouvements de cette sorte à des filaments de gutta ou de caoutchouc, collés sur le calcaire; l'effort à exercer est sensiblement inférieur à celui que peuvent supporter les tissus de l'Éponge qui, en outre, est très contractile. Mais Topsent [93] lui objecte que la forme spéciale des *lunules* arrachées par la Clione montre que celle-ci a usé d'un procédé différent.

Les Clionos ne paraissent pas faire grand mal aux Huîtres. Du moins, les individus les plus attaqués ne se montrent-ils ni moins vivants, ni moins gros, ni moins chargés de produits de sexuels. Les ostréiculteurs cependant les considèrent comme un ennemi très funeste et déclarent que les bancs atteints subissent de grands dommages. Ils disent atteintes de la *maladie du pain d'épice* les huîtres parasitées qui, en effet, présentent des taches dont la couleur rappelle celle de ce gâteau. Pour remédier au mal, TOPSENT [88] a suggéré deux remèdes qui, sans nul doute, produiraient d'excellents résultats : 1° Mettre à l'entrée des parcs des sortes de filtres formés de vieilles coquilles, préalablement desséchées, pour détruire les embryons qu'elles pourraient contenir et que l'on dessécherait de nouveau tous les ans pour détruire les jeunes qui se seraient fixés sur elles. Certainement la plupart des larves seraient arrêtées par cette barrière physiologique. 2° Laver à l'eau douce les Huîtres âgées de deux ans et plus : la Clione, en effet, ne se fixe pas sur les Huîtres plus jeunes. Pendant le lavage, l'Huître, agitée avec des rateaux, resterait fermée et ne souffrirait point, tandis qu'une osmose énergique ferait éclater les cellules des Clioncs. De grands nettoyages dans lesquels on détruit avec soin toutes les Cliones des régions infestées ont produit des résultats assez satisfaisants.

Thoosa (Hancock) dont les spicules sont des microsclères (amphiasters, oxyasters, sterrasters) avec ou sans mégasclères (Açores, Océan indien).

Alectona (Carter) qui a, outre des mégasclères (oxes), des amphiasters et des oxyasters réduits (Atlantique nord).

Dotona (Carter) (Açores, Golfe de Manaar) qui est un genre voisin.

L'existence de Clionines fossiles, d'ailleurs indéterminables bien entendu, a été reconnue grâce aux galeries creusées dans les coquilles par ces Éponges.

2° SOUS-ORDRE

HALICHONDRIDÉS. — *HALICHONDRIDÆ*

[*HALICHONDRINA* (Vosmär) ; — *p. p.* *CORNACUSPONGIÆ* (Vosmär) : *MENISCOPHORA* (Sollas) + *SPINTHAROPHORA CENTROSPINTHARA* (Sollas) *p. p.* ; *HAPLOSCLERIDÆ* (Topsent) + *PŒCILOSCLERIDÆ* (Topsent)]

Ce sous-ordre contient un nombre considérable de formes qui ne diffèrent les unes des autres que par des caractères très secondaires empruntés surtout à la forme et à l'arrangement des spicules. Nous prendrons pour type une forme qui, par ses caractères moyens et sa fréquence dans les eaux douces, se recommande pour ce choix : c'est la spongille, *Spongilla*.

TYPE MORPHOLOGIQUE

(Pl. 14)

La Spongille est une Éponge de taille moyenne, de la grosseur du pouce à celle du poing, parfois plus, d'une couleur jaune sale souvent tachée de vert ou de brun (¹) et d'une forme assez variable : tantôt en

(¹) La couleur normale est le blanc jaunâtre sale ; mais il y a des échantillons complètement bruns, ou verts, ou blancs et bruns, ou blancs et verts, ou bruns et verts, par plaques. La couleur brune est due à un pigment sécrété dans les cellules amœboïdes. Les conditions de sa formation ne sont pas connues. La couleur verte est due à des *Zoochlorelles* renfermées aussi dans les cellules amœboïdes et contenant un à trois chloroplastes. Ces Algues ont sans doute été capturées à titre d'aliments et sont restées vivantes à titre de parasites intracellulaires. On les rencontre également, ainsi que le pigment brun, dans les gemmules provenant des parties de l'Éponge ainsi colorées.

plaques irrégulières et assez épaisses, tantôt dressée avec des prolongements, comme un petit buisson peu ramifié (**14**, *fig. 1*). La surface est soulevée par les extrémités saillantes des spicules (**14**, *fig. 2, cnli.*) qui lui donnent un aspect hérissé; çà et là se voient quelques oscules (*os.*) assez larges, irrégulièrement distribués. L'Éponge est partout, sauf naturellement au niveau des oscules, revêtue d'une mince membrane dermique (**14**, *fig. 2, ccts.*) dans laquelle sont percés les pores (*p.*) et qui forme la voûte d'une vaste cavité hypodermique. Cette voûte, malgré sa minceur, contient des éléments mésodermiques, parmi lesquels des cellules contractiles, et est tapissée sur ses deux faces d'un mince épithélium de pinacocytes. La cavité hypodermique (**14**. *fig. 2, cv. hy.*) est continue, mais traversée çà et là par des spicules ou des faisceaux de spicules qui, se dressant des parties profondes, soulèvent sans la percer la membrane dermique. Le plancher de la cavité hypodermique formé par la surface du choanosome est criblé de trous, de taille très inégale, qui sont les orifices d'entrée du système inhalant. Les canaux inhalants (**14**, fig. 2, *cn. inh.*) plongent dans le choanosome et s'y ramifient largement, mais sans aucune régularité ni dans la forme, ni dans la distribution de leurs branches. — De chaque oscule part un large canal (**14**, *fig. 2, cn. atr.*) qui plonge directement dans la profondeur, formant une cavité atriale irrégulière (*cv. atr.*) d'où partent en tous sens des canaux exhalants (*cn.*) d'abord à direction tangentielle, puis ramifiés dans toute l'épaisseur du choanosome sans plus de régularité que les canaux inhalants, ni sous le rapport de la forme, ni sous celui de la distribution. — De la sorte, l'Éponge tout entière est réduite à un système caverneux de cavités extrêmement irrégulières, les unes inhalantes plus étroites, plus canaliformes, les autres exhalantes plus spacieuses, plus camériformes, intriquées en tous sens, réduisant le parenchyme (*chs.*) à des cloisons peu épaisses. — Mais, au milieu de cette irrégularité, une règle persiste, absolue : c'est la non-communication directe des systèmes inhalant et exhalant qui restent séparés. Toutes les lacunes inhalantes communiquent entre elles, toutes les exhalantes de même; mais pour aller des premières aux secondes, on se heurterait partout à une cloison de choanosome.

Dans ces cloisons sont les corbeilles, petites, arrondies, dépourvues de prosodus et d'aphodus, s'ouvrant d'une part dans les lacunes inhalantes par deux à cinq petits orifices prosopylaires et d'autre part dans les lacunes exhalantes par un large orifice apopylaire, ce qui permet de distinguer sur les coupes les deux sortes de lacunes. Dans ces cloisons sont aussi, entre les autres éléments mésodermiques qui ne présentent ici rien de bien remarquable, les spicules, tous monaxones, diactinaux, amphioxes et amphistrongyles, disposés sans ordre, croisés en tous sens et formant dans le réseau du choanosome un réseau squelettique qui forcément reproduit en gros la disposition du premier. Ces spicules sont soudés entre eux, soit dans toute leur longueur, soit par leurs extrémités seu-

Pl. 14.

HALICHONDRIDÆ

(TYPE MORPHOLOGIQUE)

Fig. 1. Forme rameuse de ***Spongilla lacustris*** (d'ap. Bowerbank).
Fig. 2. Morceau de la paroi détaché par des sections perpendiculaires à la surface externe (Sch.).
Fig. 3. Coupe à travers une larve de ***Spongilla*** après sa fixation, montrant la capture des cellules ectodermiques par les cellules amœboïdes et la sortie des épidermiques (d'ap. Y. Delage).
Fig. 4. Gemmule de ***Spongilla fluviatilis*** (im. Vejdovsky).

a., couche aérifère;
amph., amphidisques;
c., cellules amœboïdes contenant des matières en réserve;
cl., cellules amœboïdes;
chs., choanosome;
cn. atr., canal atrial;
cn. inh. canaux inhalants;
cnli., conuli;
cv. atr., cavité atriale;
cv. hy., cavité hypodermique;
ect., cellules ectodermiques;
ects., ectosome;
ep., cellules épidermiques;
ex., capsule externe;
in., capsule interne;
os., oscules;
p., pores;
m., micropyle.

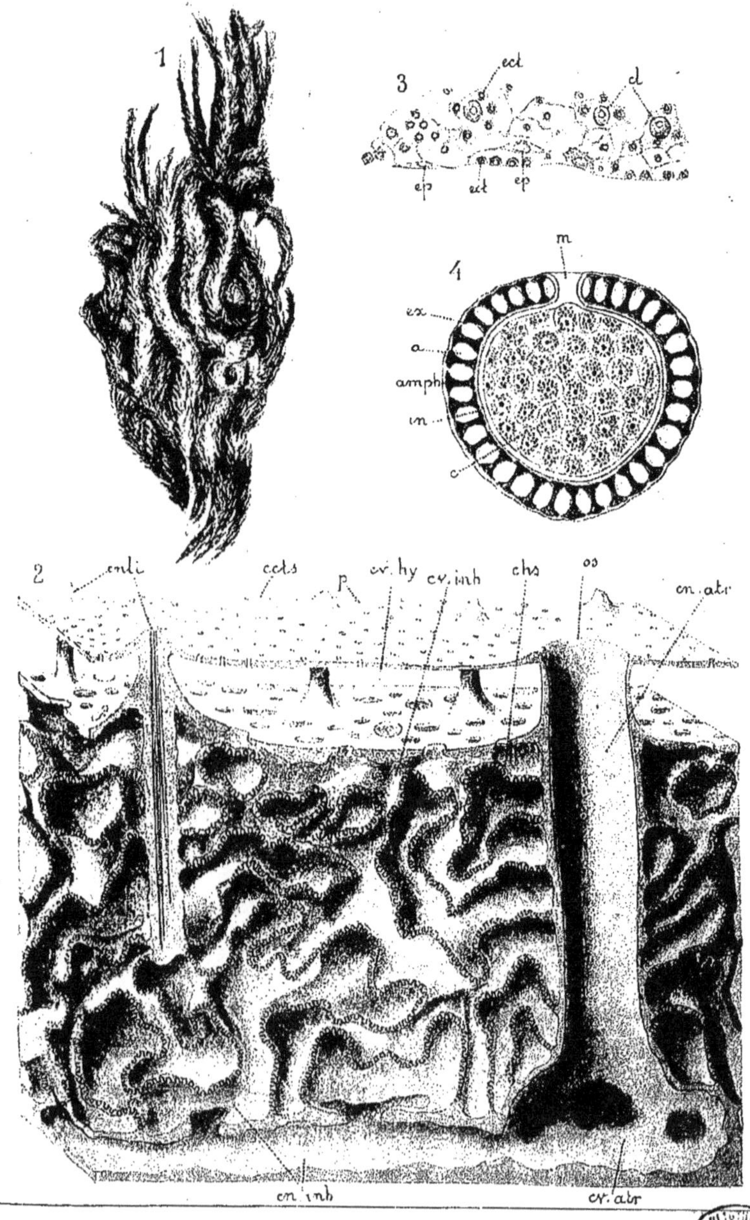
1
3
ect
d
ep
ect
ep
m
4
ex
a
amph
in
c
2
enli
ccts
p
cv. hy
cv. inh
chs
os
cn. atr
cn. inh
cv. atr

lement, par de la spongine. (Notons que ce dernier caractère ne se rencontre pas chez tous les Halichondridés, dont beaucoup ont leurs spicules entièrement isolés) (1).

(1) Nous devons décrire ici la reproduction de la Spongille par des bourgeons spéciaux appelés *gemmules*, mais en notant bien que c'est un caractère particulier de ce genre, qui ne peut en aucune façon être considéré comme appartenant au type morphologique du groupe.

Gemmules. — A l'approche de l'hiver, on voit l'Éponge garnie d'une multitude de petits grains très visibles à l'œil nu, qui sont mis en liberté par la mort et la désagrégation des parties de l'Éponge qui les a formés. Ce sont les gemmules, qui tombent au fond ou flottent et, au printemps, germent et donnent naissance à une nouvelle Éponge. — Les gemmules sont formées d'une masse de cellules grosses, bourrées de grains lenticulaires d'une substance nutritive de réserve, qui n'est point de l'amidon, et munies d'un à quatre noyaux. Elles sont nues et manifestent des mouvements amiboïdes; la forme polyédrique par pression est un effet des réactifs. Dans les gemmules provenant d'Éponges brunes ou vertes, certaines de ces cellules contiennent du pigment brun ou des Zoochlorelles. Entre les cellules de la gemmule se trouvent quelques spicules. Cette masse centrale est entourée d'une coque épaisse formée de trois couches : une *capsule interne* et une *capsule externe* minces, et une couche moyenne formée de petites cellules séparées par de nombreux méats pleins d'air; c'est la *couche aérifère*, appelée aussi *couche des amphidisques*, parce qu'elle contient une (parfois deux ou trois) assise de ces microsclères, très régulièrement disposés et contigus, un disque en dedans, un en dehors, et l'axe orienté radiairement. Cet axe est ordinairement perforé d'un canal ouvert aux deux bouts qui met l'intérieur de la gemmule en rapport avec l'eau

Fig. 234.

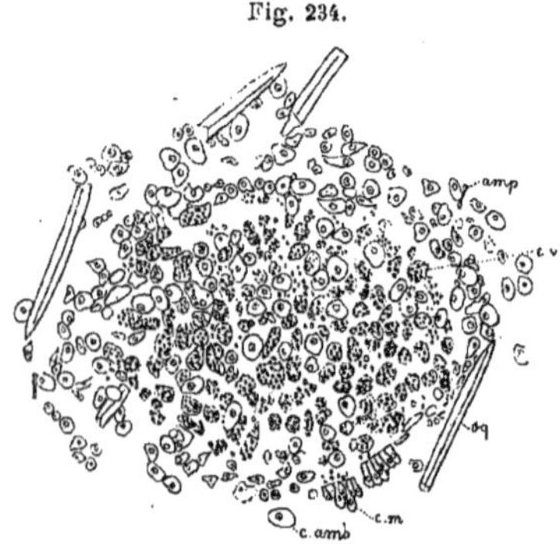

Différenciation et groupement des éléments de la gemmule (d'ap. Zykov).
amp., amphidisques; **c. amb.**, cellules amœboïdes; **c. v.**, cellules vitellines; **sq.**, spicules de l'Éponge mère.

Fig. 235.

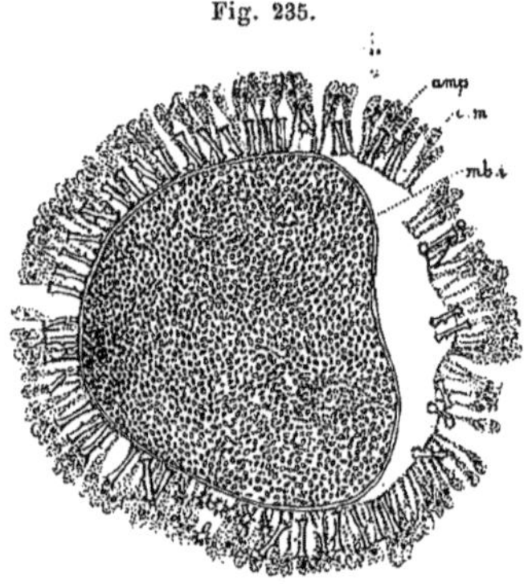

Formation des couches et arrangement des amphidisques (d'ap. Zykov).
amp., amphidisques; **c. m.**, cellules en massue; **mb. i.**, membrane chitineuse interne.

ambiante. Dans la capsule est ménagé un (parfois plusieurs) large micropyle qui est fermé, à l'état normal, par une membrane et ne s'ouvre qu'au moment de l'éclosion.

Le mode de formation des gemmules a été déterminé d'abord, mais d'une façon incomplète par Marshall [84] qui a reconnu qu'ils provenaient d'un groupe de cellules amœboïdes du mésoderme, qui se rassemblent, se multiplient et s'encapsulent. Les gemmules ne proviennent donc pas d'une seule de ces cellules et ne peuvent, par suite, être comparées à des œufs parthénogénétiques, en sorte que le nom d'*œufs d'hiver* qu'on leur a donné n'est point justifié.

Mais c'est surtout aux recherches de Zykov [92], d'accord avec celles de Viersejsky [86],

GENRES

1re FAM. : *Spongillinæ* [*Spongillidæ* (Gray)].

Spongilla (Lamarck) (**Pl. 14**). C'est le genre que nous venons de décrire comme type du groupe. Génériquement et au sens étroit, il est caractérisé

---

que l'on doit de connaître leur mode de formation. Voici comment se passent les choses d'après le premier de ces auteurs.

Dans le parenchyme de la base vivante de l'Éponge, on observe, parmi les cellules amœboïdes, des cellules riches en corpuscules vitellins de forme naviculaire, très réfringents. Ces cellules à vitellus, que l'auteur nomme « Dotterzellen », sont, d'après lui, la première ébauche d'une gemmule. Bientôt, les cellules vitellines et un certain nombre de cellules amœboïdes ordinaires se rassemblent autour d'un centre d'attraction et forment une masse grossièrement sphérique (fig. 234). *Ni les canaux ni les chambres vibratiles ne prennent part à la formation des ébauches des gemmules*. Autour d'une masse centrale formée des cellules vitellines (*c. v.*) avec quelques cellules amœboïdes ordinaires (*c. amb.*), se disposent plusieurs rangées de cellules amœboïdes. Ces cellules périphériques se transforment successivement en *cellules en massues*, dont la tête renflée contient le noyau. Il se forme ainsi une couche de cellules à disposition radiaire, qui sécrète une membrane chitineuse ne laissant qu'un petit espace à découvert, le futur pore du hyle de la gemmule.

Les amphidisques se forment en dehors de la gemmule, dans le corps de l'Éponge, et l'auteur a vu, autour des gemmules en voie de développement, des cellules incontestablement amœboïdes, mêlées avec des amphidisques à tous les stades, mais il n'a pu réussir à voir les jeunes amphidisques dans ces cellulles; en somme, il n'a pas vu leurs scléroblastes. Les amphidisques sont capturés par les cellules en forme de massue et rangés par elles régulièrement à la surface de l'enveloppe chitineuse (fig. 235). Entre deux cellules en massue (*c. m.*), se place ainsi un amphidisque (*amp.*). Lorsque tous les amphidisques sont placés, les cellules en massue décollent leur base proximale de l'enveloppe chitineuse et émergent en dehors de la couche d'amphidisques, où elles se rangent en un épithélium continu. Leur base proximale sécrète alors une seconde enveloppe cuticulaire, ce qui donne à la gemmule sa constitution définitive (fig. 236). Les cellules en massue se déforment peu à peu et sont finalement résorbées.

Les gemmules sont très résistantes aux diverses causes de destruction, en particulier à la dessiccation et à la putréfaction du liquide. La gelée est même une condition adjuvante qui hâte leur développement dès que la température est devenue plus douce; mais elle n'est pas une condition nécessaire.

Au moment de l'éclosion, la masse centrale fait issue par le micropyle ouvert et reproduit une nouvelle Éponge par un processus dont le détail, encore imparfaitement connu, a été étudié aussi par Zykov [92]. Il est à remarquer que la masse cellulaire contenue dans la gemmule donne naissance à tous les feuillets de la future Éponge, par différenciation locale de certains de ses éléments, bien qu'elle soit, de par son origine, entièrement mésodermique. Une couche superficielle se dessine d'abord, différant de la masse profonde par l'absence de granulations nutritives à son intérieur et par la propriété d'émettre des pseudopodes. Sous l'action de ceux-ci, la masse gemmulaire s'étale en une sorte de gâteau qui (chez *Ephydatia Muelleri* du moins) flotte sur l'eau. Dans le parenchyme central se forment d'abord les canaux, par écartement des cellules d'abord contiguës, et les cellules qui les bordent, devenues plates, forment leur revêtement épithélial. A ce moment, vers le troisième jour, alors qu'il n'y a point encore de corbeilles, se forme l'oscule, au centre de la face inférieure convexe du gâteau flottant et, d'après Zykov, sous l'influence purement mécanique de la pression de l'eau dans les parties les plus déclives [pression inconcevable, puisque le point où elle s'exercerait est immergé]. Cet oscule se perce d'abord, puis s'élève en forme de cheminée. Les corbeilles se forment aux dépens de petits groupes de cellules mésodermiques qui se multiplient, se disposent

Fig. 236.

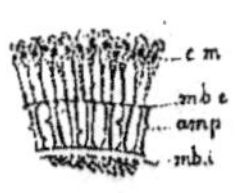

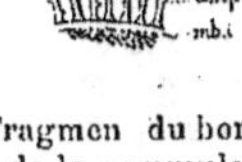

Fragmen du bord de la gemmule achevée (d'ap. Zykov).

amp., amphidisques; **mb, e.**, membrane chitineuse externe; **mb. i.**, membrane chitineuse interne.

par les microsclères de ses gemmules qui sont de petits bâtonnets et non des amphidisques (Plaques pouvant atteindre 20cm et plus; cosmopolite et fossile, Jurassique; eau douce et saumâtre; du fond des lacs jusqu'à l'altitude de 2 150 mètres; en profondeur jusqu'à 350 brasses dans le lac Tanganyika).

Dans cette famille, WELTNER [95] distingue trois sous-familles: une [*Spongillinæ* (Carter)], à gemmules pourvues de microsclères en bâtonnets, contenant le seul genre *Spongilla*; une [*Meyeninæ* (Vejdovsky)] contenant les genres à gemmules pourvus d'amphidisques ou sans gemmules, et une [*Lubomirskinæ* (Weltner)] sans gemmules, mais à mégasclères du corps de l'Éponge épineux.

Trochospongilla (Vejdovsky), à amphidisques non crénelés (Europe, Amérique).
Ephydatia (Lamouroux), à amphidisques crénelés, de tailles irrégulièrement inégales (Cosmopolite).
Heteromeyena (Potts), à amphidisques crénelés, de deux tailles (Europe, Amérique).
Tubella (Carter), à amphidisques en trompette, un des disques plus grand que l'autre (Cosmopolite).
Parmula (Carter), à amphidisques dépourvus de disque distal; ce ne sont donc plus des amphidisques, mais des discotriænes ou des clavules (Amérique du Sud).
Carterius (Potts), à micropyle des gemmules prolongé en un tube élargi au bout et terminé en un disque lobé ou en longs filaments (Amérique, Russie, Hongrie).
Urugaya (Carter), à amphidisques non crénelés, mégasclères du corps de l'Éponge en forme d'amphistrongyles (Amérique du Sud).
Potamolepis (Marshall), sans gemmules; mégasclères en amphistrongyles et peut-être en amphioxes (Congo, lac de Tibériade).
Lubomirskia (Dybovsky), sans gemmules; mégasclères épineux et disposés en réseau rectangulaire; c'est la seule Spongilline marine (Lac Baïkal et mer de Behring).
Dosilia (Gray) (Bombay, États-Unis),
Drulia (Gray) (Anglet., fleuve des Amazones),
Siphydra (H.-J. Clark) et
Trachyspongilla (Dybovsky) (Lac Baïkal) sont des formes voisines dont la valeur générique est douteuse.

Fig. 237.

Chalina palmata (d'ap. Ridley et Dendy).

2e FAM.: *HOMORRHAPHINÆ* [*Homorrhaphidæ* (Ridley et Dendy)].

Chalina (Grant) (fig. 237). Éponge de forme variable, en lame dressée ou

autour d'une cavité centrale et prennent le caractère de choanocytes. Les spicules, apparus dès le deuxième jour, sont d'abord tangentiels, puis deviennent radiaires et, soulevant la couche superficielle, déterminent ainsi la cavité hypodermique. Les grains nutritifs des cellules parenchymateuses qui, jusqu'à la formation des corbeilles, ont dû fournir les matériaux de l'accroissement se sont peu à peu dépensés et ont disparu. La coque siliceuse de la gemmule, vide par suite de l'issue de la masse qu'elle contenait, est d'abord englobée au centre du parenchyme qui s'est simplement épanché autour d'elle, mais elle finit par être abandonnée. On avait pensé que la substance siliceuse de ses amphidisques était utilisée par la jeune Éponge pour former ses nouveaux spicules, mais il n'en est rien, les amphidisques restent inaltérés jusqu'au moment où la coque vide est rejetée. [A notre avis le travail de ZYKOV, certainement exact dans ses grandes lignes, demanderait à être repris pour le détail de la formation des organes et des tissus].

Développement. — Dans le développement, rappelons le curieux phénomène constaté par Y. DELAGE [92], de capture des cellules ectodermiques (**14**, *fig. 3*, *ect.*) par les amœboïdes du mésoderme (*cl.*), phénomène intermédiaire à une phagocytose et à la formation du syncytium habituel. Les cellules ectodermiques (*ect.*) sont complètement englobées dans les amœboïdes et ne se dégagent qu'un peu plus tard pour former les corbeilles.

ramifiée, remarquable par son squelette formé d'un réseau rectangulaire de fibres de spongine dans lequel sont noyés des spicules sur une seule file. Pas de microsclères. Quelques espèces ont des *gemmules* (TOPSENT) (Manche, Médit., Atl., Océan arctique, Australie, Indes; 0 à 50 brasses).

Ce genre est le chef d'une sous-famille [*Chalininæ* (Ridley et Dendy)] contenant aussi les genres suivants, dont un bon nombre de ceux créés par LENDENFELD sont sujets à caution :
Cacochalina (O. Schmidt), de forme massive, à squelette formé de fibres minces, à grosses mailles, riches en spicules grêles de longueur modérée (Atl.).
Chalinopora (Lendenfeld) (Australie) et
Cladochalina (Lendenfeld) (Atl.) sont des genres voisins.
Pachychalina (O. Schmidt) est encroûtant, lobé ou digité, de consistance ferme grâce à un squelette de fibres fortes garnies de spicules nombreux et massifs (Manche, Atl., Médit., Pacifique, Océan indien, Océan arctique).
Ceraochalina (Lendenfeld) (Mer rouge),
Lessepsia (Keller) (Canal de Suez) et
Chalinissa (Lendenfeld) (Australie) sont des genres voisins;
Antherochalina (Lendenfeld), mince, encroûtant, a son squelette formé, non de fibres, mais de minces et étroites lamelles qui lui donnent une consistance très dure (Australie).
Euplacella (Lendenfeld) (Australie),
Placochalina (Lendenfeld) (Australie) et
Platychalina (Ehlers) (Cap de Bonne-Espérance) sont des genres voisins.
Siphonochalina (O. Schmidt) (fig. 238) est formé de tubes dressés sur une base commune, ouverts au bout, lisses en dedans et en dehors, à squelette réticulé (Indes, Australie, Zanzibar).
Spinosella (Vosmär) diffère du précédent par des prolongements épineux qui hérissent la surface externe des tubes (Atl., Pacif., Oc. indien).
Sclerochalina (O. Schmidt) (Médit., Mer rouge),
Philosiphonia (Lendenfeld) (Mer rouge, Australie),
Siphonella (Lendenfeld) (Australie),
Pseudochalina (O. Schmidt) (habitat inconnu) et
Acervochalina (Ridley) (Manche, Atl.) sont des genres voisins.

Fig. 238.

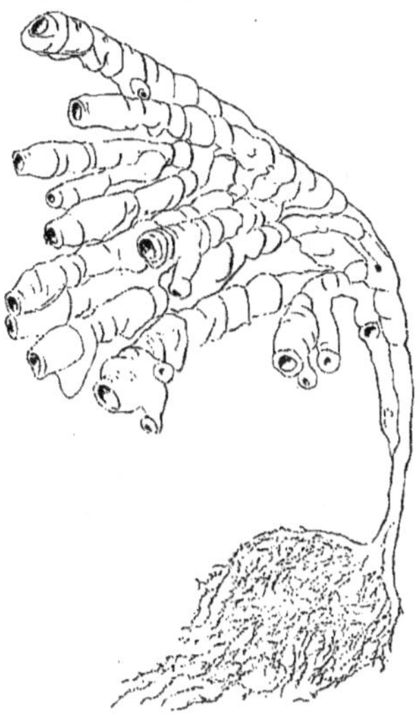

Siphonochalina annulata (d'ap. Ridley et Dendy).

Dactylochalina (Lendenfeld) est régulièrement digitiforme et pourvu de spicules de grosseur moyenne et assez nombreux (Australie).
Euchalina (Lendenfeld) (Australie),
Euchalinopsis (Lendenfeld) (Australie) et
Chalinodendron (Lendenfeld) (Australie) sont des genres voisins.
Arenochalina (Lendenfeld) a des grains de sable dans les fibres principales du squelette et des spicules seulement dans les fibres anastomotiques (Australie).
Chalinorrhaphis (Lendenfeld) a dans son réseau fibreux de très gros spicules irrégulièrement disposés (Australie).
Hoplochalina (Lendenfeld) a un squelette arborescent et non plus ramifié, déterminant à la surface des *conuli* (Australie).
Cavochalina (Carter) est insuffisamment connu et douteux (Australie).

Reniera (Nardo) (fig. 239 et 240). Éponge massive, mais fragile, qui diffère de *Chalina* par l'absence des fibres de spongine; les spicules sont unis entre eux, seulement à leurs extrémités, par une petite quantité de spongine ; ce sont des oxes ou des strongyles courts, disposés en un réseau

Fig. 239.

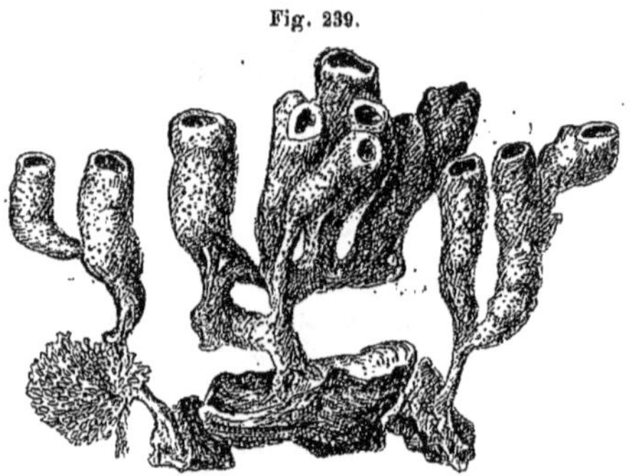

Reniera implexa var. (d'ap. Ridley et Dendy).

Fig. 240.

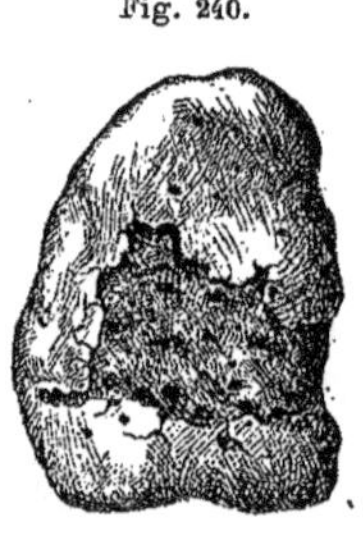

Reniera tufa (d'ap. Ridley et Dendy).

à mailles la plupart rectangulaires (quelques-unes triangulaires ou polygonales) et dont les côtés sont formés le plus souvent par un seul spicule (taille modérée ; Manche, Méditerranée, Atlantique, Zanzibar, Patagonie ; 0 à 450 brasses et fossile, Carbonifère).

Ce genre est le chef d'une sous-famille [*Renierinæ* (Ridley et Dendy)] contenant aussi :
Halichondria (Fleming), forme massive, à spicules disposés confusément sans réticulation distincte (Mer et eau saumâtre, Cosmopolite) ;
Metschnikovia (Grimm), qui en diffère par un squelette à réseau plus ou moins régulier, à spicules épineux (Mer Caspienne) ;
Pellina (O. Schmidt), qui en diffère par un derme spiculeux très distinct, isolable (Adriatique) ;
Eumastia (O. Schmidt), à surface couverte de proéminences coniques creuses (*fistulæ*) (Groenland) ;
Petrosia (Vosmär), massif et de consistance presque pierreuse, grâce au nombre et à la grosseur des spicules, massés en paquets irrégulièrement disposés (Médit., Atlantique et Pacif., Océan indien) ;
Menanetia (Topsent), à ectosome épais très coriace, bourré de spicules enchevêtrés (Manche) ;
Foliolina (O. Schmidt), Éponge molle en forme d'arbuscule à tronc dressé, à branches lamelleuses, horizontales, embrassantes à la base ; spicules en faisceaux longitudinaux dans le tronc, divergents en éventail dans les branches (Floride) ;
Reniochalina (Lendenfeld), en lamelles disposées comme des pétales avec des spicules isolés et en faisceaux cimentés par une quantité notable de spongine (Australie).
Protoschmidtia (Czerniavsky) (Mer noire et Caspienne),
Pseudohalichondria (Carter) (Australie),
Triposphærilla (Visniowski) (Jur.) et probablement
Pulvillus (Carter) (Carb.)
appartiennent aussi à ce groupe.

Fig. 241.

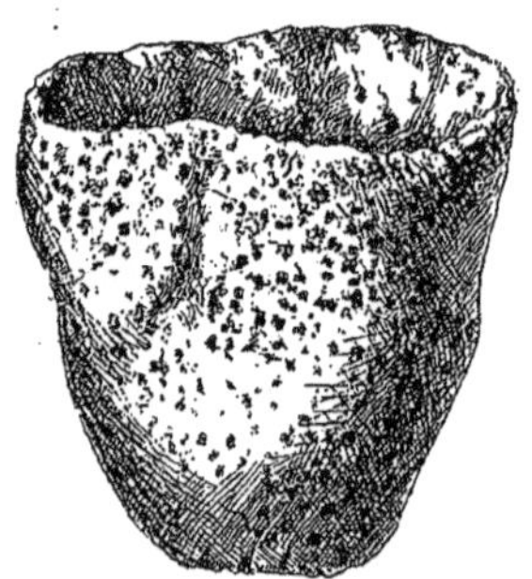

Tedania infundibuliformis (d'ap. Ridley et Dendy).

3e FAM. : HETERORRHAPHINÆ [*Heterorrhaphidæ* (Ridley et Dendy)].

Tedania (Gray) (fig. 241 à 243) est une Éponge très polymorphe, tantôt massive ou plus ou moins digitée, tantôt en forme de coupe ou de vase plein, avec oscules saillants à la face supérieure. Le caractère typique réside dans le squelette où l'on trouve des mégasclères tous grêles, allongés, mais de deux sortes, les uns monactinaux (styles) dans le parenchyme, les autres diactinaux (amphityles ou amphistrongyles) dans le derme; il y a, en outre, des microsclères en forme de raphides ou de sigmas, mais jamais de chèles (taille moyenne; Angleterre, Atl., Médit., Mer rouge, Zanzibar, Atl. équat. et mérid.; 0 à 2160 brasses).

Fig. 242.

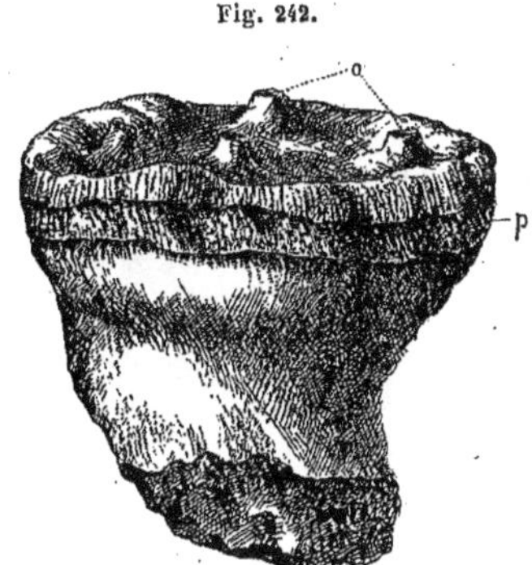

Tedania actiniformis (d'ap. Ridley et Dendy). **o.**, oscules; **p.**, zone de pores.

Fig. 243.

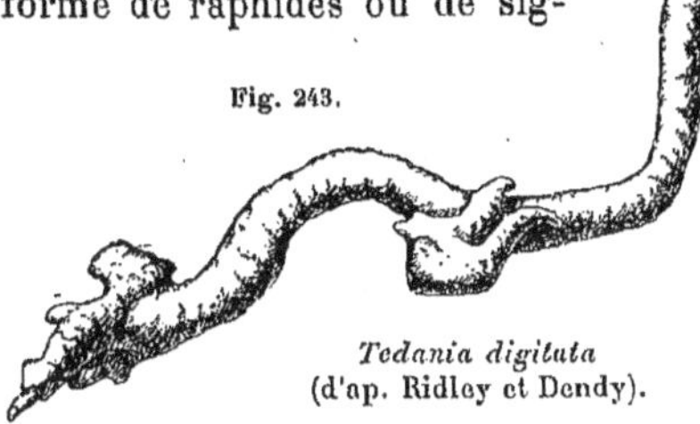

Tedania digitata (d'ap. Ridley et Dendy).

Cette famille contient aussi les genres suivants groupés en nombreuses sous-familles.

Trachytedania (Ridley) ne diffère du précédent que par ses styles épineux (Chili, Patagonie).

Gellius (Gray), massif ou cupuliforme, en diffère par ses mégasclères tous diactinaux (oxes ou strongyles) et ses microsclères en sigmas ou en toxes (Médit., Manche, Atl., Magellan, Pacif., Malaisie).

Gelliodes (Gray) (Atl., Australie, Iles de la Sonde).

Rhaphisia (Topsent) a un squelette ne formant pas de réseau régulier, formé d'oxes et de microsclères trichodragmes (Méditerranée).

Spirophora (Lendenfeld) (Australie),

Tedanione (Wilson) (Bahama) et

Toxochalina (Ridley) (Australie) sont des genres voisins.

Calyx (Vosmär) est cupuliforme, brun sépia sans microsclères (Médit.).

Cladocroce (Topsent) est lamelliforme, à squelette formé de fibres coniques ramifiées et anastomosées (Atl.).

Rhizochalina (O. Schmidt) est une grosse Éponge massive dont la surface forme une croûte dure qui lui donne l'aspect d'un *Suberites* et qui est garnie de prolongements creux, *fistulæ*, qui paraissent fermés au bout; les spicules sont des amphioxes ou des amphistrongyles (Açores, Atlantique, Golfe du Mexique, Brésil).

Oceanapia (Norman) (Côtes Anglaises, Shetland, Barbades, Bahia) ne diffère que par la présence de microsclères (sigmas) du genre précédent auquel on l'a réuni en une sous-famille [*Phlœodictyinæ* (Carter, *emend.* Ridley et Dendy)].

Chondropsis (Dendy) (Australie) prend aussi place ici.

Fig. 244.

Anisochèle palmé d'*Esperella mammiformis* (d'ap. Ridley et Dendy).

Fig. 245.

Sigma d'*Esperella Simonis* (d'ap. Ridley et Dendy).

4e FAM. : DESMACIDONINÆ [*Desmacidonidæ* (Ridley et Dendy)].

Esperella (Vosmär) (fig. 244 et 245) est une Éponge, amorphe sans écorce, d'aspect nullement remarquable qui a, comme *Tedania*, des mégasclères de formes diverses quoique tous monactinaux et, en fait de microsclères, des chèles (taille petite à moyenne; Médit., Manche, Atl., Pacif.; 0 à 1 600 brasses).

WILSON [91] a décrit chez *Esperella* une reproduction par *gemmules*. Celles-ci se formeraient, par groupement et multiplication d'éléments amœboïdes du mésoderme, sous une enveloppe constituée par les cellules voisines des gemmules. A maturité, celles-ci arrangeraient leurs cellules sous une forme tout à fait semblable à celle des larves et sortiraient munies de leurs cils pour se développer comme des larves. Ce serait de vraies *larves asexuelles*. Ces notions auraient, à notre avis, grand besoin d'être confirmées.

Fig. 246.

Esperiopsis Challengeri (d'ap. Ridley et Dendy).

Nous ne donnerons pas en général les diagnoses des autres genres de la famille parce qu'elles ne reposent que sur des caractères oiseux de formes et de spicules.

Desmacidon (Bowerbank) (Cosmopolite).
Homœodictya (Ehlers) sous-genre du précédent.
Strongylacidon (Lendenfeld) (Zanzibar).
Batzella (Topsent) (Manche).
Gomphostegia (Topsent) (près de Terceira).
Stylotella (Lendenfeld), sans microsclères ni ciment de spongine (Manche, Atl., Médit.).
Esperiopsis (Carter) (fig. 246) (Manche, Atl., Indes, Pacif.).
Artemisina (Vosmär) (Océan arct.).
Microtylotella (Dendy) (Australie).
Melonanchora (Carter) (Atlant., Océan arct.).
Forcepia (Carter) (Angleterre, Atlant., Océan arct.).
Amphilectus (Vosmär), genre provisoire formé d'espèces indécises (Cosmopolite).
Artemisina (Vosmär) (Atl., Oc. arct., 140 brasses).
Amphiastrella (Dendy) (Australie).
Biemna (Gray) (Manche, Atl.).
Desmacella (O. Schmidt) (Manche, Atlant., Floride).
Hamacantha (Gray) (Manche, Atlant., Oc. arctique).
Pozziella (Topsent) (Açores).
Vomerula (O. Schmidt) (Atl., Brésil, La Plata).
Monanchora (Carter) (Médit.).
Histoderma (Carter) (Côtes d'Irlande, Australie, Nouvelle-Guinée).
Pseudoesperia (Carter) (Australie).
Yvesia (Topsent), à mégasclères lisses dans la charpente, épineux dans le derme (Atl., Médit.).
Tetranthella (Lendenfeld), malgré quelques caractères de Lithistidé, semble devoir prendre place ici (Médit., Adriatique).
Phelloderma (Ridley et Dendy), pourvu d'un cortex épais présentant l'apparence du liège (La Plata).
Guitarra (Carter) (Atlant.).
Leptosia (Topsent) (Médit.).
Dendoryx (Gray) (Cosmopolite).
Lissodendoryx (Topsent) (Atlant.).
Damiria (Keller), à squelette d'amphityles et d'amphistrongyles et écorce distincte (Mer rouge).
Iotrochota (Ridley) (Australie, Océan indien) et
Iophon (Gray) (Atlant., Mer du Nord.),
qui ont de même une écorce et se distinguent par des caractères de spicules;
Protoesperia (Czerniawsky), qui prend place ici avec doute (Caspienne).
Cladorhiza (fig. 247 et 248) (Sars, *emend.*) est une forme très remarquable par les caractères que

son squelette revêt dans certaines espèces. Sa constitution fondamentale est assez simple : c'est un long et gros faisceau dressé de spicules cimentés par de la spongine, qui émet des branches latérales. Quand ces branches restent courtes et étagées tout le long de l'axe, il n'en résulte aucune particularité de forme remarquable. Mais il arrive qu'elles deviennent grandes et réunies toutes à l'extrémité de l'axe d'où elles divergent, soit en tous sens comme les rayons

Fig. 247.

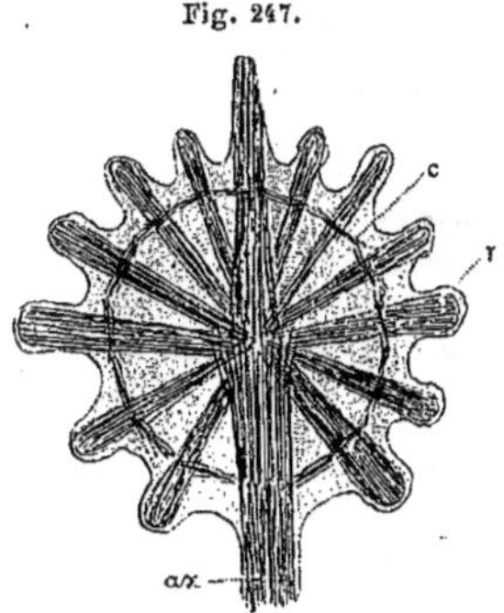

Coupe sagittale de *Cladorhiza moruliformis* montrant la disposition du squelette. (d'ap. Ridley et Dendy).

ax., squelette axial ; **c.**, squelette de la capsule ; **r.**, squelette radial.

Fig. 248.

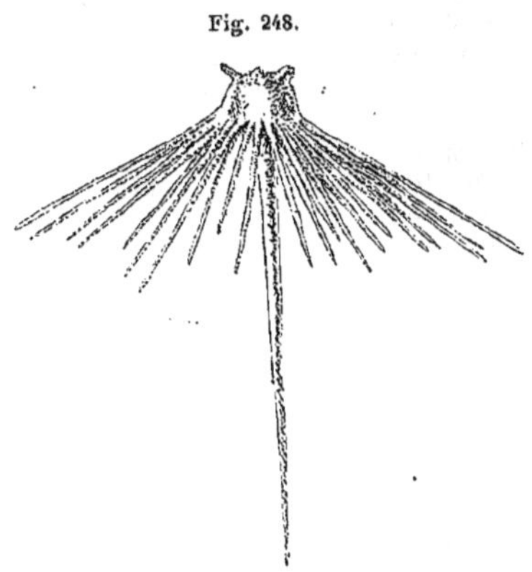

Cladorhiza longipinna (d'ap. Ridley et Dendy).

d'une sphère, et l'Éponge prend alors l'aspect d'une sphère hérissée au sommet d'un pédoncule (*C. moruliformis*), soit (en devenant très longues) à la manière des baleines d'un parapluie ouvert dont l'axe formerait le manche ; le corps de l'Éponge ne s'étend que sur la base de ces branches qui lui servent à se soutenir sur la vase molle sans s'enfoncer. C'est ce que Ridley et Dendy ont appelé la forme *Crinorhiza*, qui n'est pas un genre mais un aspect spécifique (2 à 8^{cm} ; côtes de Norvège, golfe du Mexique, toutes les grandes mers ; 140 à 300 brasses).

On a donné la valeur générique aux deux formes suivantes qui s'en distinguent par des caractères de spicules :

Axoniderma (Ridley et Dendy) et
Chondrocladia (Wyv. Thomson).
Meliiderma (Ridley et Dendy), genre voisin en forme de tête pédonculée, avec une écorce (Atl. sud, Austr.),
Asbestopluma (Norman) (Mer du Nord),
Joyeuxia (Topsent) sans spicules dans le parenchyme, mais pourvu d'un derme spiculeux (Atl.),
Sceptrella (O. Schmidt) (Atl., Oc. arct.),
Sclerilla (O. Schmidt) (Méd.) et
Esperites (Carter) (Médit., Oc. arct.) prennent place ici avec doute.

Fig. 249.

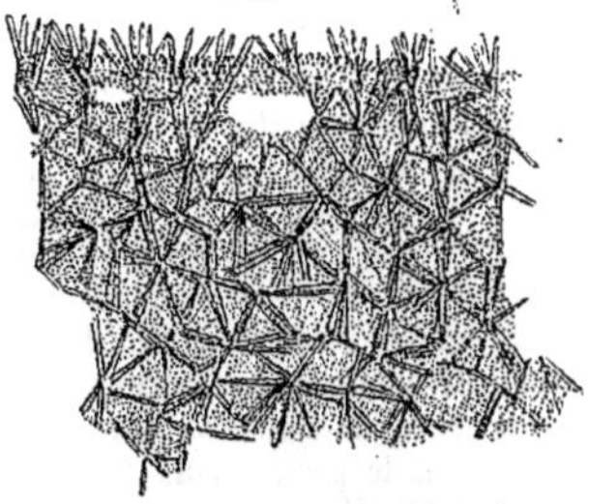

Myxilla rosacea, var. *japonica*. Coupe perpendiculaire à la paroi pour montrer l'arrangement du squelette (d'ap. Ridley et Dendy).

Myxilla (O. Schmidt) (fig. 249) se distingue par l'apparition d'un caractère nouveau. Dans certaines de ses espèces au moins, les spicules formant les faisceaux cimentés par une quantité plus ou moins grande de spongine, ne sont pas tous entièrement noyés dans le faisceau, parallèlement à son axe ; quelques-uns divergent et leurs pointes, saillantes hors du faisceau donnent à celui-ci un aspect hérissé (Manche, Méditerranée, Atlantique, Iles de la Sonde, Australie).

C'est sur ce caractère assez insignifiant que l'on a fondé une division des *Desmacidoninæ* en deux sous-familles, une [*Esperellinæ* (Ridley et Dendy)] contenant *Esperella* et tous les genres décrits après lui jusqu'à *Myxilla* exclus, l'autre [*Ectioninæ* (Ridley et Dendy)] contenant, outre *Myxilla*, tous les autres genres de la famille. Ce caractère des fibres squelettiques épineuses, qui se rencontre sans exception d'espèces dans tous les autres genres de la sous-famille, est avantageux dans le rare cas où les chèles caractéristiques de la famille viennent à manquer.

Pocillon (Topsent) (Manche, Atl.).
Clathria (O. Schmidt) (Cosmopolite).
Clathriodendron (Lendenfeld).
Clathrissa (Lendenfeld) (Côtes anglaises, Australie).
Pseudoclathria (Dendy) (Australie).
Fusifer (Dendy) (Australie).
Raspailia (Nardo) (Médit., Manche, Atl., Brésil, Japon, Australie).
Ophlitaspongia (Bowerbank) (Manche, Angleterre).
Echinonema (Carter) (Atl., Australie).
Rhaphidophlus (Ehlers) (Médit., Brésil.).
Plumohalichondria (Carter) (Manche, Angleterre, Australie).
Stylopus (?) (Fristedt) (Cattegat).
Stylostichon (Topsent) (Angl., Atl., Manche).
Microciona (Bowerbank) (Cosmopolite).
Tylosigma (Topsent) (Atl.).
Acheliderma (Topsent) (Méd.).
Pytheas (Topsent) (Atl.).
Spanioplon (Topsent) (Manche, Atl., Médit.).
Hamigera (Gray) (Médit., Floride).
Ectyonopsis (Carter) (Australie).
Suberotelites (O. Schmidt) (Atl.).
Bubaris (Gray) (Manche, Atl., Médit.).
Cerbaris (Topsent) (Açores).
Rhabderemia (Topsent) (Atl., Médit.).
Hymerhabdia (Topsent) (Médit.).
Hymeraphia (Bowerbank) (Manche, Atl., Antilles).
Plocamia (O. Schmidt) (Manche, Alt., Açores, et Crétacé).
Acarnus (Gray) (Côtes anglaises, Indes, Tahiti).
Echinodictyum (Ridley) (Mer rouge, Nouvelle-Guinée, Tahiti.).
Agelas (Duchassaing et Michelotti) (Côte d'Amér., Ile Maurice).
Kalykenteron (Lendenfeld) (Australie).
Plectispa (Lendenfeld) (Australie).
Thalassodendron (Lendenfeld) (Australie).
Clathriopsamma (Lendenfeld) (Australie).

Tous ces genres ne diffèrent de *Myxilla* que par des caractères de forme et de spicules d'intérêt très relatif.

Echinoclathria (Carter) (fig. 250), appartenant à la même série, est particulièrement remarquable par sa structure générale, caverneuse, réticulée qui lui donne l'apparence d'un gâteau d'abeilles massif ou ramifié, et par son squelette dont les fibres très fortes ne contiennent plus que peu ou point de spicules, en sorte que cette forme fait le passage aux Éponges cornées (5 à 20^{cm}; Manche, Floride, Australie; 30 à 120 brasses).

Fig. 250.
Echinoclathria Carteri (d'ap. Ridley et Dendy).

5ᵉ FAM. : AXINELLINÆ [*Axinellidæ* (Ridley et Dendy)].

Axinella (O. Schmidt) (fig. 251) est une Éponge typiquement ramifiée mais qui peut devenir massive, comme par soudure de ses branches. La caractéristique réside dans la disposition du squelette dont les spicules ne sont plus épars ou disposés en réseau, mais sont, dans chaque branche, groupés par une quantité modérée de spongine en un gros faisceau axial d'où se détachent en gerbe des branches qui se portent vers la surface. Ces spicules sont des styles ou des amphioxes; il n'y a pas de microsclères (3 à 30^{cm}; Cosmopolite); 0 à 2 385 brasses et fossile, Calcaire carbonifère).

Fig. 251.

Axinella profunda (d'ap. Ridley et Dendy).

Acanthella (O. Schmidt) rameux ou foliacé, à surface ridée et épineuse (Médit., Adriat., Mer rouge, Japon, Détr. de Torres, Iles de la Sonde).

Amorphinopsis (Carter) (Méd.) et

Vosmæria (Fristedt) (Côte suédoise, Manche)

sont des formes voisines à spicules de deux sortes entremêlés (oxes et styles ou tylostyles). Ce dernier genre est homonyme d'une Éponge calcaire créée la même année (Voir page 79).

Ciocalypta (Bowerbank), massif ou ramifié, a un derme pourvu d'un réseau spiculeux propre sous lequel s'étend une vaste cavité hypodermique (Manche, Mer du Nord, La Plata).

Phacellia (Bowerbank) est en forme de coupe ou d'éventail (Médit., Manche, Zanzibar, Atlantique, Oc. arct., Australie).

Tragosia (Gray) en coupe ou en éventail, parfois rameux ou réticulé (Atlantique, Manche) ne diffère peut-être pas génériquement du précédent.

Axinyssa (Lendenfeld) est massif, couvert de protubérances coniques (Zanzibar).

Hymeniacidon (Bowerbank) est de forme massive, à squelette s'écartant de la forme typique pour prendre une disposition réticulée, aussi le placerait-on plutôt auprès de *Reniera*, n'étaient ses spicules monactinaux styles ou tylostyles (Manche, Atl., Médit., Japon, Pacif.).

Amorphilla (Thiele) est une forme voisine présentant par ses oscules multiples et proéminents une certaine ressemblance avec *Halichondria* et *Reniera* (Manche, Japon).

Thrinacophora (Ridley), de forme rameuse, a des microsclères (trichodragmes) (Atl., Brésil, Philippines).

Halicnemia (Bowerbank) a ses mégasclères monactinaux, lisses, dressés, dans l'ectosome des tornotes fasciculés autour des précédents, et des microsclères qui sont des microxes épineux ou des oxyasters (Manche, Atl.).

Higginsia (Higgin) a également des microsclères, mais de forme différente, des microrhabdes (Antilles, Baie d'Amboine).

Dactyletta (Nobis). Nous proposons de transformer en *Dactyletta* le nom de *Dactylella* (déjà employé par Gray), proposé par Thiele pour des formes de cette famille caractérisées par des prolongements digitiformes portant au sommet un oscule et dont le centre est occupé par un faisceau puissant de spicules contournés (Japon).

Sollasella (Lendenfeld), à faisceaux irréguliers de grands styles et oxes dispersés dans le choanosome, avec des touffes de petits spicules dressés formant une écorce (Australie, Açores).

Adreus (Gray), à faciès de *Raspailia*, sans acanthostyles; microsclères spéciaux (Manche, Atl.).

Vibulinus (Gray), à faciès de *Raspailia*, sans acanthostyles; des asters (Manche, Atl., Médit.).

Syringella (Schmidt et Topsent), à faciès de *Raspailia*, sans acanthostyles ni microsclères (Médit. Açores, Australie).

Sigmaxinella (Dendy) (Australie).

Auletta (O. Schmidt) est insuffisamment connu et sa place, ici ou auprès de *Chalina*, est douteuse (Atl., Japon, Oc. arct.)). Il en est de même pour

Dictyonella (O. Schmidt) (Méd.).

Les Monaxonides sont représentés dans des couches plus ou moins anciennes, car on trouve leurs spicules en grande abondance, mais ayant perdu leurs rapports, ce qui rend les genres indéterminables, sauf un petit nombre que nous avons signalés. Ajoutons ici les genres :

Climacospongia (Hinde) (Sil.) et

Haplistion (Young et Young) (Sil.) qui appartiennent certainement à ce groupe, mais dont les affinités précises sont indéterminables.

Terminons par un certain nombre de genres douteux, insuffisamment décrits, mais appartenant très vraisemblablement à cette famille :

Amphimedon (Duchassing et Michelotti (Atl.),
Phorbas (Duchassaing et Michelotti) (Atl.),
Hyrtios (Duchassaing et Michelotti) (Manche, Atl.),
Arcesios (Duchassaing et Michelotti) (Atl.),
Plicatella (O. Schmidt) (Atl.),
Phycopsis (Carter) (Australie),
Ptilocaulis (Carter) (Indes, Australie),
Lasiocladia (Hinde) (Dévon.),
Acanthoraphis (Hinde) (Crét.),
Leucophlœus (Carter) (Australie, Japon), ce dernier peut-être non distinct d'*Hymeniacidon*.

Plus douteuse encore est la place des suivants dont on peut dire seulement que ce sont des Monaxonides :

Lasiothrix (Hinde ?) (Camb., Sil.),
Opetionella (Zittel) (Jur.),
Scoliorhaphis (Zittel) (Crét.).

3e Ordre

MONOCÉRATIDES. — *MONOCERATIDA*

[*Keratosa* (Grant); — *Ceraospongia* p. p. (O. Schmidt); *Euspongiæ* p. p. (Duchassaing et Michelotti); — *Ceratina* p. p. (Carter) + *Psammonemata* (Carter); — p. p. *Cornacuspongiæ* (Vosmär); *Monoceratida* (Lendenfeld)]

TYPE MORPHOLOGIQUE

Pl. 15

Nous prendrons pour type morphologique le genre *Euspongia* dont l'espèce principale est l'Éponge si connue pour ses usages domestiques (*E. officinalis*). C'est une Eponge de taille assez grande (fig. 252), atteignant environ 20cm de haut. Sa forme varie avec l'âge, car elle pousse d'abord en hauteur en s'élargissant peu, puis cesse de s'allonger et s'accroît en largeur, en sorte qu'elle est d'abord étroite, puis de plus en plus renflée jusqu'à devenir beaucoup plus large que haute. Sa forme moyenne est ovoïde ou arrondie, avec une base de fixation étroite, mais

Fig. 252.

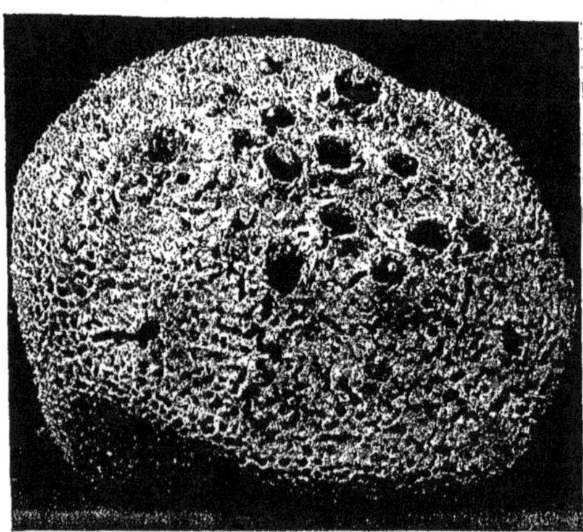

Euspongia. (Photographie originale, d'après nature.)

sans pédoncule. Sa surface, ordinairement uniforme, peut se projeter en saillies qui, lorsqu'elles sont bien individualisées, portent chacune au bout un oscule. Il y a en général une dizaine de ces orifices épars sur la partie supérieure.

Examinée d'un peu plus près, la surface se montre toute hérissée de petits *conuli*, hauts d'environ 1^{mm} (**15**, *fig. 1*, *cli.*), séparés les uns des autres par des espaces environ doubles de leur hauteur et confluents à leur base. Ces conuli sont dus, comme d'ordinaire, au soulèvement de la membrane dermique par les extrémités libres des branches du squelette, qui sont ici des fibres cornées (**15**, *fig. 1* et *2*, *f.*). Dans les vallées qui les séparent sont les pores, larges de $0^{mm}02$ environ.

La surface tout entière est rendue gluante, par une sécrétion abondante qui semble être un mélange de mucus et de spongine, sécrété par des cellules glandulaires superficielles. La couleur est sombre, variant du brun au noirâtre, mais elle est plus claire, jaune ou orangée, à l'intérieur.

La surface est formée par une mince membrane dermique (**15**, *fig. 1*, *ects.*) revêtant une vaste cavité hypodermique (*cv. hyp.*). Cette membrane est soutenue par un réseau de fibres semblables à celles que nous décrirons bientôt dans le squelette du parenchyme, mais beaucoup plus fines. Ces fibres descendent du sommet des conuli dans les vallées intermédiaires où elles se ramifient et s'unissent en un réseau dans les mailles duquel sont les pores. De la face profonde de la membrane partent des trabécules (**15**, *fig. 1*, *tb.*) qui vont s'unir au choanosome sous-jacent et transforment la cavité hypodermique en un système aréolaire, parfois même en un système de canaux tangentiels séparés par des intervalles pleins. Du plancher de la cavité hypodermique partent des canaux inhalants (**15**, *fig. 0*, *inh.*) très nombreux et très étroits ($0^{mm}1$ de diamètre environ), moniliformes, qui plongent dans la profondeur en se ramifiant (*cv. inh*,) si fréquemment que leurs parois sont criblées par les orifices de leurs branches. Celles-ci, quand elles ont atteint un diamètre de $0^{mm}01$ environ, s'ouvrent dans les corbeilles. Les corbeilles (**15**, *fig. 1*, *cb.*) sont sphériques, mesurent 3 à 4 centièmes de millimètre de diamètre et sont pourvues de deux ou trois fins prosopyles qui se mettent directement en rapport avec les terminaisons des canaux inhalants. De leur apopyle, unique et assez large, part un aphodus court qui va s'ouvrir dans les premières origines des canaux exhalants (**15**, *fig. 1*, *cv. ex.*). Ces derniers se réunissent en troncs de plus en plus gros qui aboutissent à autant de *canaux osculaires* qu'il y a d'oscules (**15**, *fig. 1*, *os.*). Mais il n'y a pas à proprement parler de chambres atriales, ces canaux terminaux n'étant pas spécialement renflés.

Le mésoderme est granuleux et opaque. Les produits sexuels sont dans la profondeur du parenchyme (fig. 253) ; l'Éponge est dioïque et les mâles sont beaucoup plus rares que les femelles.

Pl. 15.

MONOCERATIDA

(TYPE MORPHOLOGIQUE)

Fig. 1. Coupe perpendiculaire à la paroi. Dans cette figure, les fibres squelettiques secondaires ont été supprimées pour montrer plus nettement les rapports des cavités exhalantes et inhalantes (Sch.).

Fig. 2. Coupe réelle perpendiculaire à la paroi chez *Euspongia officinalis* var. *adriatica*, montrant la disposition des fibres du squelette (d'ap. F. E. Schulze).

cb., corbeilles vibratiles;
cli., conuli;
cv. exh., cavités exhalantes;
cv. hyp., cavité hypodermique;
cv. inh., cavités inhalantes;
ects., ectosome;
f., fibres principales du squelette;
f'., fibres secondaires du squelette;
gtx., organes génitaux;
o. inh., orifices hypodermiques des cavités inhalantes;
os., oscules;
p., pores;
tb., trabecules.

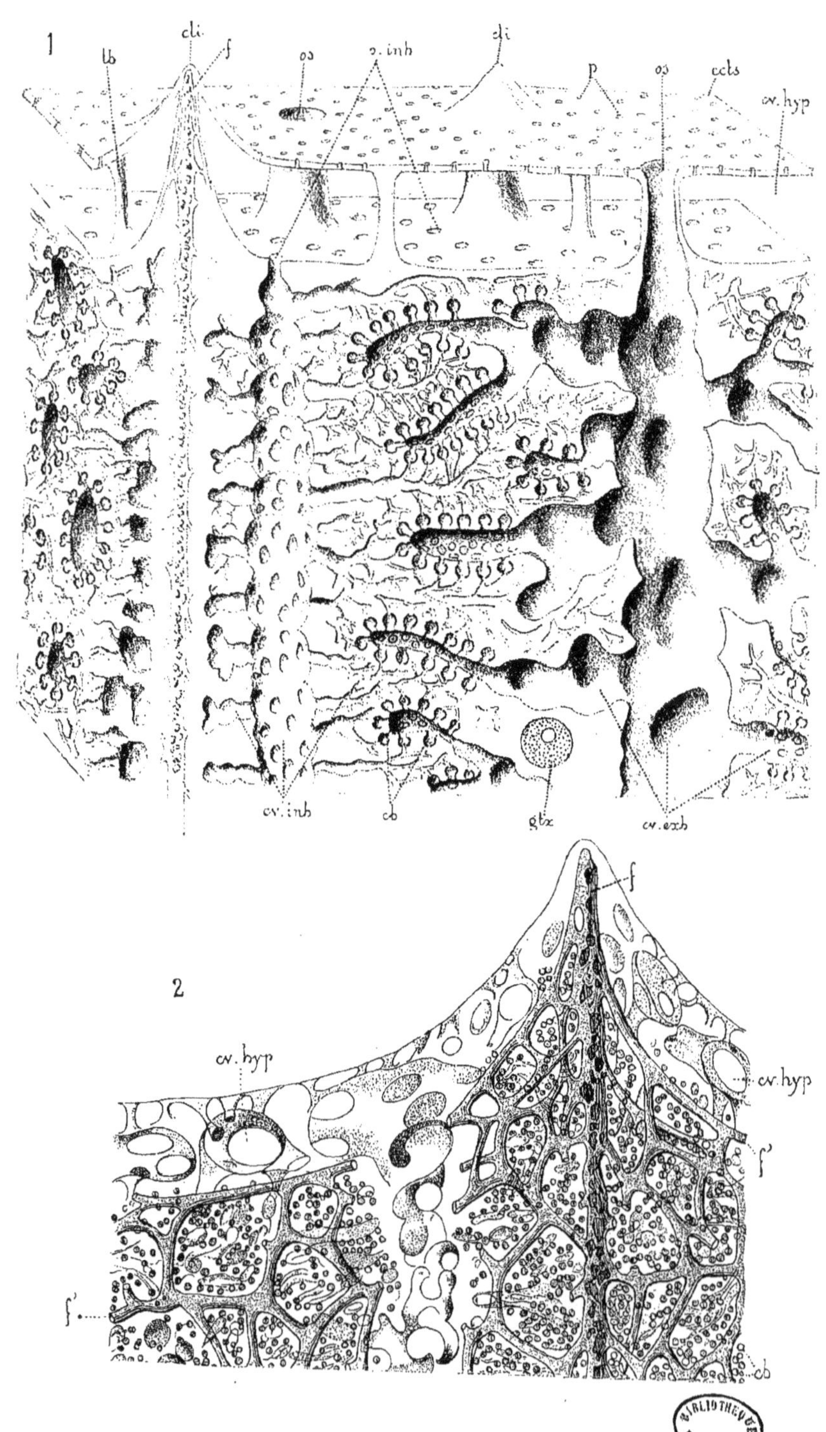
1
lb
cli
f
os
o. inh
cli
p
os
ccts
cv. hyp
cv. inh
cb
gtx
cv. exh
2
f
cv. hyp
cv. hyp
f'
f'
cb

La partie la plus caractéristique de l'Éponge est son squelette, entièrement fibreux. D'une mince lame basilaire de spongine correspondant à la surface de fixation et qui peut n'être pas continue, partent les *fibres principales* (**15**, *fig.* 2, *f.*) qui mesurent de 1/2 à 1 dixième de millimètre de diamètre et montent en divergeant vers la surface. Elles se ramifient (*f'*) de manière à combler les intervalles résultant de leur divergence, en maintenant entre elles un espace d'environ 1 à 2 millimètres. Elles arrivent toutes à la surface où elles se terminent par des extrémités libres qui forment l'axe des conuli; aucune ne se termine dans l'épaisseur de la masse. Elles émettent, à titre de ramifications secondaires, les *fibres connectives* qui vont de l'une à l'autre en formant un réseau qui remplit tous les intervalles. Ces fibres sont beaucoup plus fines que les principales, ne mesurant que 2 à 3 centièmes de millimètre, et les mailles de leur réseau sont à peine plus larges que leur diamètre. Le réseau de la membrane dermique est formé par des fibres analogues aux connectives. Aucune fibre connective ne se termine par une extrémité libre.

Fig. 253.

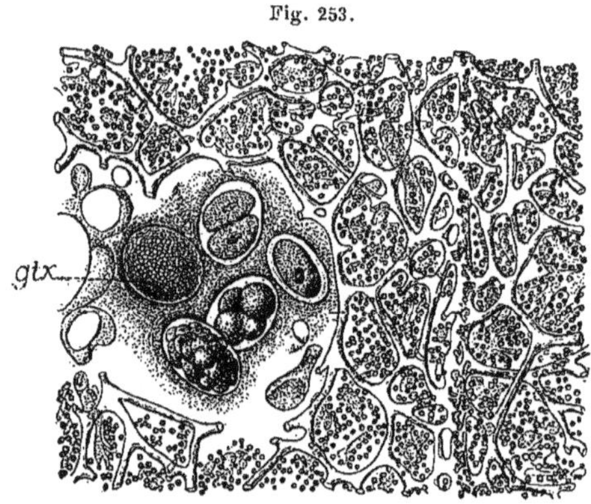

Coupe d'*Euspongia officinalis* var. *adriatica* montrant la position des produits génitaux (d'ap. F. E. Schulze).

Le mode de formation et la structure des fibres sont semblables à ce que nous avons décrit chez les *Hexaceratida* (p. 139, 140, fig. 160 à 165). Ce sont les mêmes couches de spongine autour d'un axe médullaire, le tout entouré d'une couche de spongoblastes qui, au bout des extrémités en voie de croissance, s'accumulent en forme de dôme. Les fibres connectives (**15**, *fig.* 2, *f'*) ne montrent rien de plus; les fibres principales (*f*), au contraire, se distinguent par la présence constante de grains de sable à leur intérieur. Ce n'est pas là un fait accidentel devenu normal par sa fréquence : la capture de grains de sable d'une grosseur déterminée et leur incorporation régulière dans les fibres est un phénomène normal, comparable à la formation des coquilles arénacées de certains Foraminifères, mais beaucoup plus perfectionné. Les particules sableuses qui tombent sur l'Éponge sont retenues par les sécrétions de sa surface, et celles qui sont de nature et de volume convenables sont incorporées dans les fibres en voie d'accroissement par dépôt de spongine autour d'elles. Les particules de sable ne sont donc pas libres dans un canal central, mais toutes individuellement empâtées de spongine, comme une pierre au milieu d'un mur est empâtée de mortier.

C'est à ces caractères du squelette que l'Éponge de toilette doit ses usages. Elle est en effet éminemment élastique grâce à la nature de ses fibres et apte à s'imbiber par capillarité, grâce à la finesse de son réseau. Mais ces caractères sont, bien entendu, plus ou moins variables dans le groupe et en particulier ceux relatifs aux dimensions des fibres, à leur élasticité et à la finesse des mailles du réseau.

Les Monocératides semblent former un groupe moins naturel que les Hexacératides. Ils montrent en effet un parallélisme remarquable avec diverses familles de Monaxonides, en sorte qu'on pourrait, à l'exemple de Lendenfeld, les réunir à ces familles en considérant la structure du squelette comme une modification subordonnée.

GENRES

Euspongia (Bronn) (fig. 252, 253). C'est le genre même que nous venons de décrire comme type morphologique (10 à 20^{cm}; Cosmopolite dans les mers chaudes; de quelques mètres à 120 brasses).

1re FAM. : *Sponginæ* [*Spongidæ* (F. E. Schulze)].

L'Éponge de toilette (*E. officinalis*) est cosmopolite aussi, dans les mers de température suffisante, mais les variétés de la Méditerranée sont supérieures aux autres par la finesse et l'élasticité de leur tissu. Elle existe dans cette mer, le long de toutes les côtes, sauf dans la partie N.-E., de Gibraltar à Venise. On la pêche, dans les points où elle est peu profonde, au moyen de harpons, en répandant de l'huile à la surface ou en regardant au moyen d'un tube fermé par un disque de verre plongé dans l'eau, lorsque l'agitation de la surface empêcherait de la voir. Quand elle est plus profonde, on la recueille en plongeant, avec ou sans scaphandre. C'est ainsi qu'on obtient les plus belles, dans le meilleur état. Enfin, au-delà d'une dizaine de brasses, on la drague. Les particules de sable normalement contenues dans ses fibres sont si fines et si régulières qu'elle prennent part aux qualités générales du tissu ; mais on dissout par des acides, après avoir laissé se détruire les parties molles par macération, les masses calcaires plus grosses (cailloux, Serpules, coquilles) qui compromettraient ses usages. On ne connaît pas au juste sa vitesse d'accroissement et de multiplication, mais, d'après E. Lamiral (*Bull. soc. d'acclim.* de Paris, 1861-1863), les pêcheurs peuvent, après trois années de repos, recommencer à exploiter un banc épuisé.

Ce genre est le chef de cette grande famille, caractérisée surtout par la petite taille de ses corbeilles [*Microcameræ*] et l'opacité de son mésoderme à structure granuleuse, alliée aux *Homorrhaphinæ* parmi les Éponges à spicules, et qui, subdivisée d'ailleurs en diverses sous-familles, comprend aussi les genres ci-dessous.

Fig. 254.

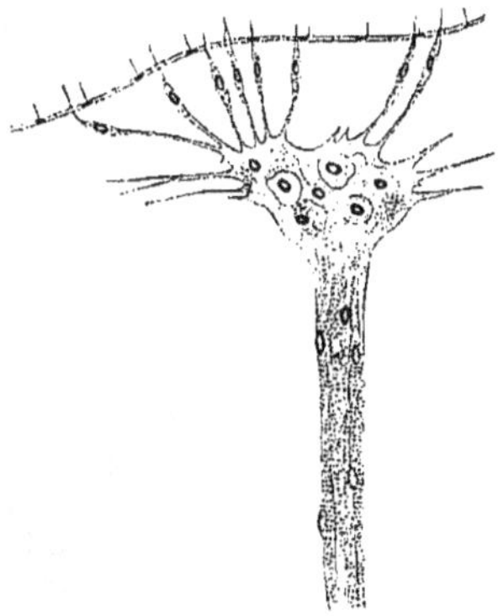

Coupe du tronc nerveux et de la lame musculaire d'*Hippospongia*. (d'ap. Lendenfeld).

c. n., cellules sensitives; **ep. mcl.**, lame musculaire; **n.**, tronc nerveux.

Hippospongia (F. E. Schulze) (fig. 254 à 256) est massif dans sa forme générale, mais son parenchyme est formé de lamelles aplaties anastomosées, séparées par de larges lacunes appelées *vestibules*, anastomosées entre elles et communiquant directement avec l'extérieur par des fentes méandriformes. Mais l'entrée de ces fentes peut être rétrécie par l'élargissement du bord distal libre des lamelles, qui même

Fig. 255.

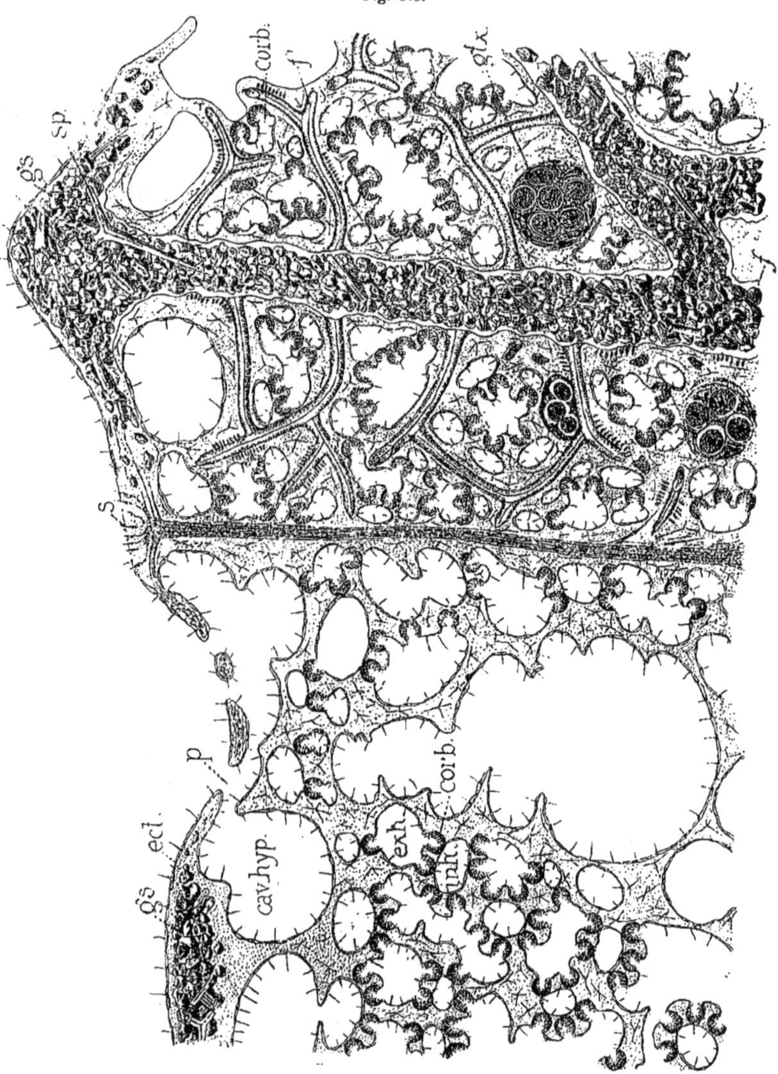

Coupe d'*Hippospongia* (d'ap. Londenfeld).

f., fibres principales; **f'.**, fibres conjonctives; **ect.**, épiderme; **sp.**, spicule d'une autre Éponge inclus dans une fibre à titre de corps étranger; **gs.**, grains de sable dans les fibres et dans l'ectosome; **corb.**, corbeilles; **cav. hyp.**, cavité hypodermique; **p.**, pores; **inh.**, canaux inhalants; **exh.**, canaux exhalants; **gtx.**, organes génitaux; **s.**, cellules sensitives.

peut se souder de place en place au bord des lamelles voisines, de manière à réduire l'entrée des vestibules à des trous plus ou moins allongés. La membrane dermique est plus épaisse que chez *Euspongia* et contient souvent des grains de sable semblables à ceux des fibres; squelette solide, élastique, formé de fibres plus grossières à mailles plus larges (Cosmopolite dans les mers tropicales et subtropicales; Méditerranée).

Fig. 256.

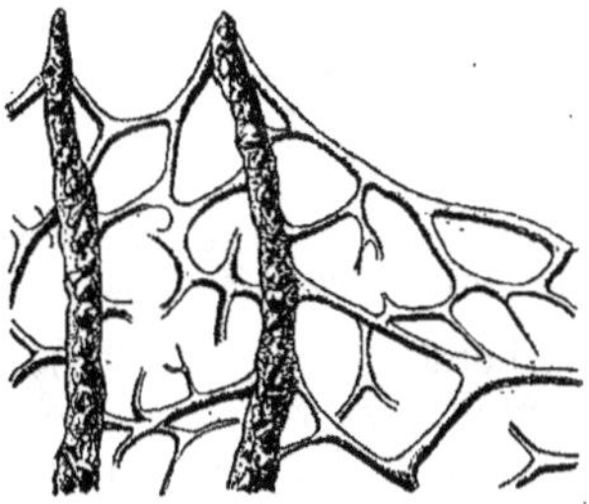

Fibres du squelette d'*Hippospongia*. (d'ap. Lendelfeld).

Coscinoderma (Carter), de forme massive ou étalée, n'a pas de cavité vestibulaire, sa surface est lisse, sans conuli; il a un cortex chargé de grains de sable (Côtes du Portugal, Australie, Floride, cap de Bonne-Espérance).

Chalinopsilla (Lendenfeld) a le port de *Chalina*, pas de conuli, pas de grains de sable dans la membrane dermique, les fibres connectives non ramifiées et formant des mailles carrées (Australie).

Phyllospongia (Ehlers) est formé de ramifications ordinairement aplaties en lamelles; nombreux oscules, pas de conuli, pas de sable dans la membrane dermique; fibres connectives simples, formant un réseau très fin (Australie, Malaisie, Bahama, Mer rouge, Zanzibar).

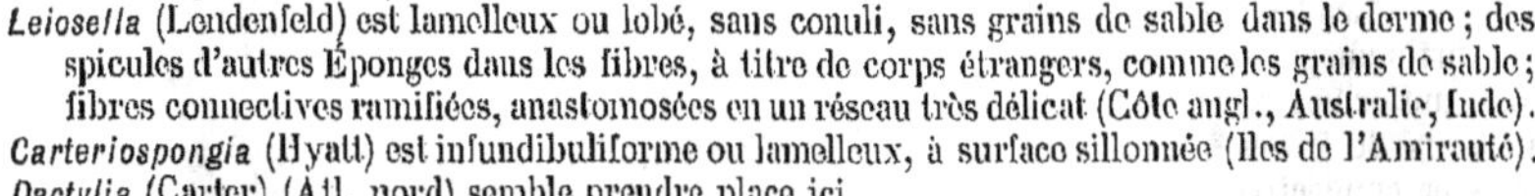

Leiosella (Lendenfeld) est lamelleux ou lobé, sans conuli, sans grains de sable dans le derme; des spicules d'autres Éponges dans les fibres, à titre de corps étrangers, comme les grains de sable; fibres connectives ramifiées, anastomosées en un réseau très délicat (Côte angl., Australie, Inde).

Carteriospongia (Hyatt) est infundibuliforme ou lamelleux, à surface sillonnée (Iles de l'Amirauté).

Dactylia (Carter) (Atl. nord) semble prendre place ici.

On considère ces genres comme formant avec *Euspongia* une sous-famille [*Euspongina*: (Lendenfeld)].

Aplysina (Nardo) (fig. 257) diffère d'*Euspongia* par ses fibres formant un réseau beaucoup plus lâche et dont l'axe est occupé par la substance médullaire normale abondante, sans grains de sable; la forme, très variable, est ordinairement digitée (Cosmopolite).

Fig. 257.

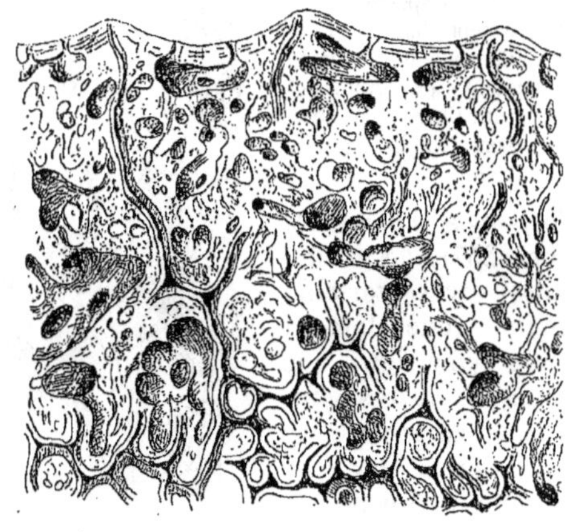

Coupe d'*Aplysina ramosa* (d'ap. Lendenfeld).

Ce genre appartient à la famille des *Spongina*, mais on le place avec les suivants dans une sous-famille [*Aplisininæ* (Lendenfeld)] :

Aplysinopsis (Lendenfeld) diffère à peine du précédent (Australie).

Luffaria (Poléjaev) a moins de moelle dans ses fibres, et les fibres secondaires sont de deux ordres (Pacifique tropical).

Stelospongus (Carter) a peu de moelle dans ses fibres et la surface lisse, malgré un cortex sableux épais (Australie et régions voisines du Pacifique et de l'Océan indien, Atlantique américain).

Thorectandra (Lendenfeld) diffère du précédent par sa surface sillonnée d'un réseau de rides dû à la saillie du sable du cortex (Australie).

Druinella (Lendenfeld) (fig. 258) est une petite forme dressée, digitée, remarquable par ses corbeilles diplodales avec canaux prosodal et aphodal très longs; ses fibres ne contiennent que de rares grains de sable (5cm; Australie; 50 mètres).

Ce genre est considéré comme formant à lui seul une sous-famille [*Druinellinæ* (Lendenfeld)].

Fig. 258.

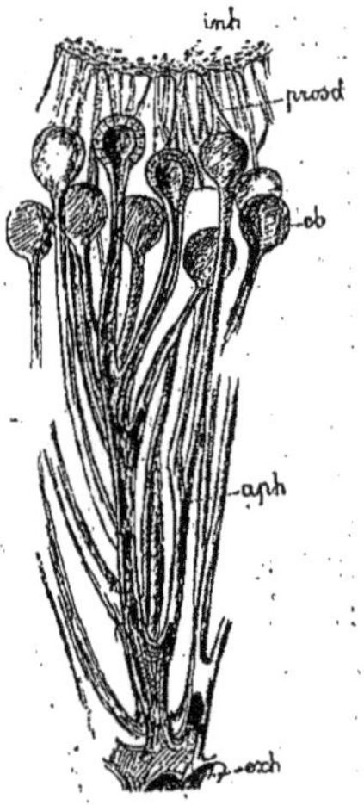

Druinella rotunda. Coupe au niveau des corbeilles (d'ap. Lendenfeld).

aph., aphodus; **cb.**, corbeilles; **exh.**, canaux exhalants; **inh.**, canaux inhalants; **prosd.**, prosodus.

Halme (Lendenfeld) (fig. 259), de forme lamelleuse réticulée, est remarquable par la grosseur des grains de sable, supérieure à celle des fibres qui les contiennent, au point de déterminer sur celles-ci des varicosités (Australie, Maurice, Atlantique sud).

On a fait de ce genre le chef d'une sous-famille [*Halminæ* (Lendenfeld)] où se placent aussi les suivants :

Dysideopsis (Lendenfeld) qui s'en distingue par son squelette uniforme, sans distinctions de fibres principales et connectives (Australie et mers voisines) et *Oligoceras* (F. E. Schulze) à squelette presque réduit à des grains de sable orientés, par suite de la disparition de la spongine. On trouve cependant çà et là des filaments de spongine réunissant des grains et même des fibres, mais complètement remplis par eux (Australie).

Fig. 259.

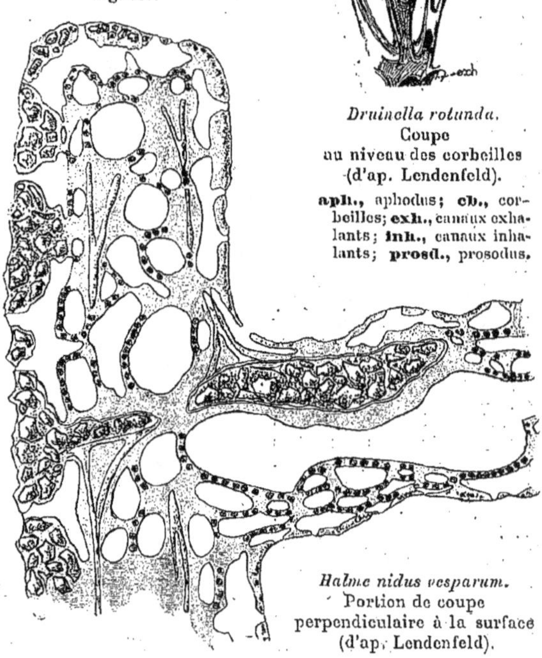

Halme nidus vesparum. Portion de coupe perpendiculaire à la surface (d'ap. Lendenfeld).

Stelospongia (O. Schmidt) (fig. 257), de forme aussi très variable mais généralement plus symétrique que dans les autres genres de ce groupe, se caractérise par son squelette formé de fibres pleines, sans moelle ni grains de sable, et dont les *principales* sont groupées en faisceaux (Cosmopolite dans les mers chaudes; de quelques mètres à 750 mètres).

Ce genre forme dans les *Sponginæ* une dernière sous-famille [*Stelosponginæ* (Lendenfeld)].

2e FAM. : *Filiferinæ* [*Filifera* (O. Schmidt)].

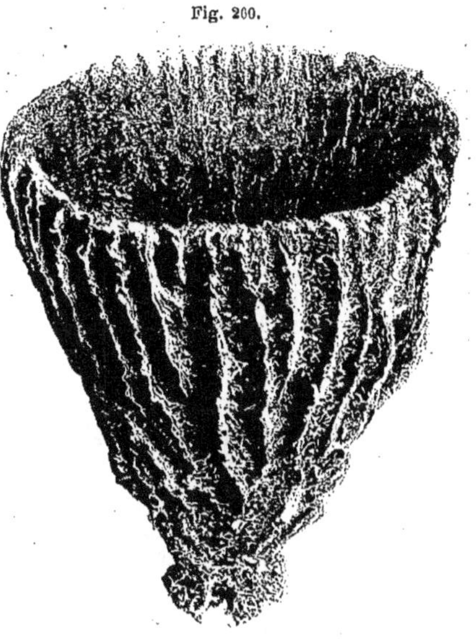

Fig. 260.

Stelospongia pulcherrima (d'ap. Lendenfeld).

Hircinia (Nardo) (fig. 261 et fig. 262), de forme absolument variable, a comme le précédent des fibres sans moelle et toutes, les connectives comme les principales, groupées en faisceaux qui, eux-mêmes, forment un réseau. Mais le caractère le plus remarquable consiste dans la présence de productions qu'on trouve dans toutes les espèces du genre (et de ses sous-genres) et nulle part ailleurs (sauf, paraît-il, chez une espèce de *Spongelia*, d'après Keller), et que l'on appelle les *filaments* (fig. 262). Ce sont des filaments, en effet, longs de 3 à 4 millimètres, extrêmement fins (20μ au plus, au milieu), renflés aux deux bouts et contenant un axe granuleux, une partie moyenne médullaire et une cuticule superficielle. H. Fol [90] a montré que ce ne sont point des parasites comme on l'avait cru, mais des formations normales, prenant naissance aux dépens de cellules fusiformes du mésoderme (Taille moyenne à très grosse, *H. gigantea* pouvant atteindre 1 mètre et peser 50 kil.; cosmopolite dans les mers chaudes y compris la Méditerranée; 6 à 732 mètres).

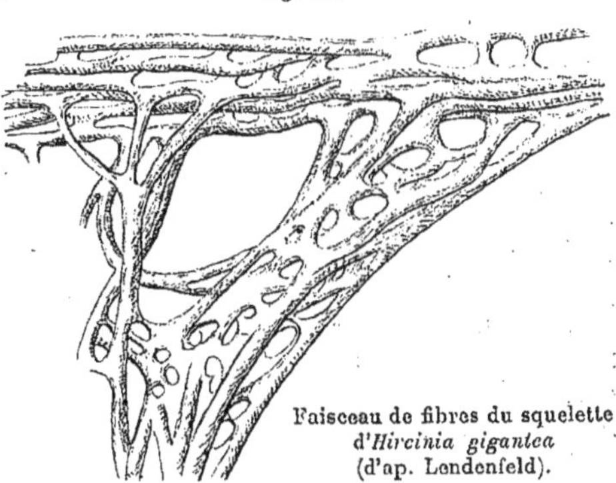

Fig. 261.

Faisceau de fibres du squelette d'*Hircinia gigantea* (d'ap. Lendenfeld).

Les filaments étaient considérés comme des parasites, surtout parce qu'on ne trouvait pas de formes jeunes. On les prenait tantôt pour des Champignons, tantôt pour des Algues, et Carter avait même créé pour ces prétendues Algues un nouveau genre *Spongiophaga*. Lendenfeld [89] avait émis que ce pouvaient être des *Oscillaires* ayant servi de moule à un dépôt de spongine. Poléjaev [84] pensait avoir trouvé leur origine dans de petits corps sphériques qui les auraient produits par une sorte de bourgeonnement. Mais Schulze a montré que ces derniers sont des Algues unicellulaires sans aucun rapport avec les filaments. Le même auteur [79] avait fait voir aussi que les filaments ne contiennent pas de cellulose.

Fol [90] a montré : 1° qu'elles étaient régulièrement disposées en cloisons incomplètes alternant avec celles des fibres, ce qui ne serait pas le cas pour un parasite; 2° que dans les parties jeunes, on trouve à leur place des files de cellules fusiformes qui disparaissent après leur avoir donné naissance.

Fig. 262.

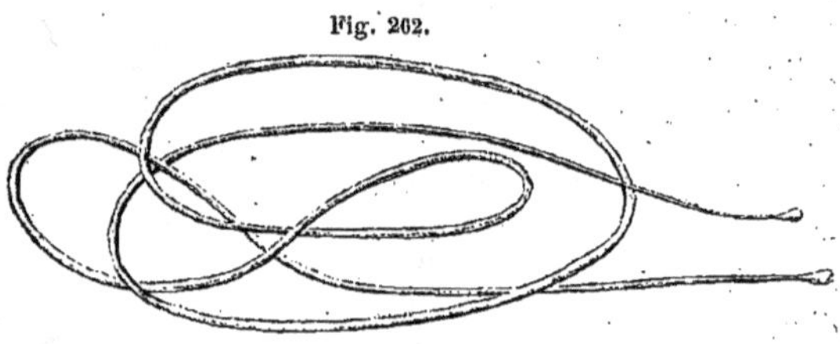

Filament squelettique d'*Hircinia variabilis* (d'ap. Schulze).

Euricinia (Lendenfeld), *Hircinella* (Lendenfeld), *Dysidicinia* (Lendenfeld), *Psammocinia* (Lendenfeld), *Polyfibrospongia* (Bowerbank) n'ont que la valeur de sous-genres.

Sarcomus (Fol) est un genre à situation douteuse, à mésoderme conjonctif très dense et presque incorruptible quoique friable, à canaux disposés comme chez *Hircinia*, mais sans filaments, à squelette plutôt semblable à ceux de *Spongelia* et d'*Aplysina*. Il mériterait peut-être de former une famille (15cm; Nice, 10 à 30 mètres).

3e FAM. : Spongelinæ [*Spongelidæ* (Vosmär)].

Spongelia (Nardo) (fig. 263 et 264) est de forme variable, encroûtant ou ramifié, avec les états intermédiaires massif ou lobé. Il est très fragile, au point de se rompre aisément sous son propre poids quand on le sort de l'eau. Sa surface est hé-

Fig. 263.

Corbeilles ciliées de *Spongelia avara* (d'ap. Schulze).

Fig. 264.

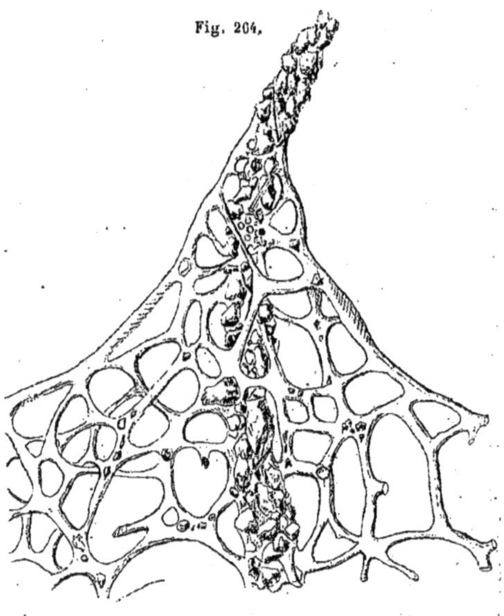

Squelette de *Spongelia elastica* var. *massa* (d'ap. Schulze).

rissée de conuli comme chez *Euspongia* et présente un petit nombre d'oscules disséminés. De la cavité sous-dermique partent des canaux inhalants ramifiés assez étroits, tandis que les exhalants plus larges aboutissent dans la profondeur de l'Éponge à de vastes lacunes d'où partent des canaux osculaires qui montent vers les oscules. Le squelette est formé de fibres délicates, principales et connectives, formant un réseau. Les principales et même certaines des connectives sont bourrées de grains de sable régulièrement triés. Le caractère essentiel réside dans la forme des corbeilles (fig. 263) qui, au lieu d'être petites, sphériques, comme dans les genres précédents de Monocératides, sont grandes, ovales, toujours dépourvues de canaux prosodal ou aphodal, percées d'un nombre assez grand (10 à 20) de pores prosopylaires et s'ouvrent directement dans les canaux exhalants par un large apopyle, à peu près comme chez *Aplysilla*. Le mésoderne est clair, non granuleux (5 à 30cm; Médit., Adriat., Mer rouge, Manche, Atl., Pacif., Zanzibar, Brésil; 0 à 700 mètres).

Chez *Sp. herbacea* (Keller), Keller [89] a constaté l'existence de fibres squelettiques semblables à celles d'*Hircinia*.

Cette famille se caractérise, par opposition à celle des *Spongillinæ*, par ses corbeilles grandes [*Macrocameræ*] et son mésoderme clair, non granuleux; elle est alliée, parmi les Monaxonides, aux *Heterorrhaphinæ* et comprend aussi les suivants :

Psammopemma (Marshall), dépourvu presque de spongine et n'ayant plus que les grains de sable orientés, gros, tantôt libres, tantôt contenus dans une mince gaine de spongine (Australie et mers voisines);

Heteronema (Keller), remarquable par la fragilité de son écorce et la délicatesse de ses parties profondes, dues à l'absence de spongine autour des files de grains de sable qui forment ses fibres (Mer rouge);

Haastia (Lendenfeld) s'en distingue par ses fibres revêtues d'une couche dense de corpuscules siliceux (Nouvelle-Zélande);

Psammaplysilla (Keller) (Mer rouge) semble prendre place ici, ainsi que le genre fossile *Biopalla* (Wallace) (Carb.).

Les Spongelinæ précédentes sont considérées comme formant une sous-famille [*Spongelinæ* (Lendenfeld)].

Nous considérons comme douteuse la place faite ici par son auteur à *Velinea* (Vosmär), car cette Éponge n'a pas de sable dans ses fibres (Méd.).

Fig 265.

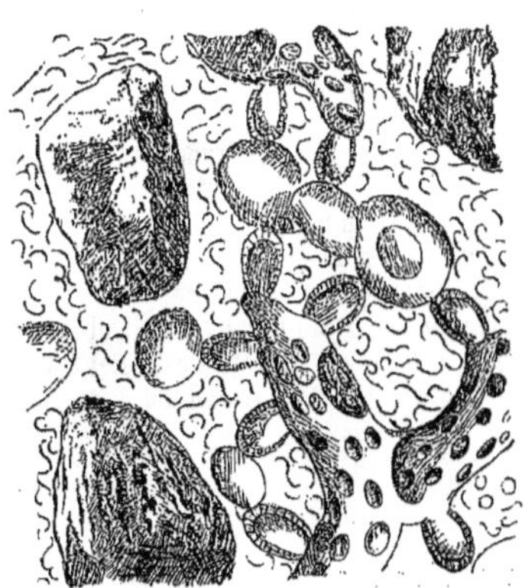

Coupe de *Phoriospongia reticulum* (d'ap. Lendenfeld).

Phoriospongia (Marshall) (fig. 265) est une Éponge de forme irrégulière dont le squelette est formé de gros grains de sable partiellement réunis par une mince enveloppe de spongine, mais il possède en outre de vrais spicules siliceux qui sont des microsclères en forme de sigmas ou de bâtonnets. Par ce caractère, *Phoriospongia* rattache les Éponges cornées Monocératides aux siliceuses Monaxonides (Mers australiennes).

Ce genre forme avec le suivant une sous-famille [*Phoriospongiinæ* (Lendenfeld)] placée parfois avec les *Heterorrhaphinæ* dans les Monaxonides :

Stylotrichophora (Dendy), qui a pour squelette principal un réseau de fibres cornées dont le centre est formé par une file de particules étrangères; il y a en outre des mégasclères monactinaux (styles) et des microsclères filiformes (rhaphides) (Australie).

4° FAM. : *Auleninæ* [*Aulenidæ* (Lendenfeld)].

Aulena (Lendenfeld) (fig. 266) est une grosse Éponge massive ou ramifiée, formée de lamelles dressées et très onduleuses qui se soudent les unes aux autres aux points où elles se touchent, de manière à réduire les cavités vestibulaires qui les séparent à un système de lacunes réticulées qui offre grossièrement l'aspect d'un gâteau d'abeilles. Le trait caractéristique de la structure réside dans le squelette, dont les fibres de la couche superficielle, disposées tangentiellement, sont hérissées de spicules droits implantés par un bout dans la spongine de la fibre, tandis que l'autre bout, pointu, est dirigé obliquement en dehors. Par ces spicules, cette Éponge forme aussi le passage aux Monaxonides. Les fibres profondes sont simplement arénacées (jusqu'à 50cm; Australie; du voisinage de la surface à une trentaine de mètres).

Fig. 266.

Portion du squelette d'*Aulena laxa* var. *digitata* (d'ap. Lendenfeld).

Ce genre, que divers spongologues placent dans les monaxonides à côté de *Myxilla*, est le chef de la famille contenant aussi le genre

Hyattella (Lendenfeld) qui s'en distingue par l'absence de spicules sur ses fibres d'ailleurs peu chargées de grains de sable (Méditerranée, Atlantique européen et américain, Mer rouge, Australie, Océan indien).

Psammoclema (Marshall) prend place ici avec doute.

Aphrodite (Lendenfeld) (Australie) est voisin. Il devrait être débaptisé, son nom appartenant antérieurement à un Annélide.

APPENDICE

ABYSSOSPONGES. — *ABYSSOSPONGEA*

[*Deep sea Keratosa* (Häckel); — *Protospongiæ ammoconidæ* (Häckel) + *Metaspongiæ maltospongiæ* (Häckel)]

Nous plaçons ici, en appendice, un certain nombre d'êtres dont la nature reste problématique malgré l'opinion d'Häckel [89] qui les considère sans hésitation comme des Éponges dérivant les unes des Calcaires homocœlides, les autres des Monocératides, et profondément modifiées par leur habitation à une grande profondeur et par la présence d'un *pseudosquelette* emprunté à des corps étrangers, coquilles de Radiolaires, Foraminifères, etc., ou à un Hydraire symbiotique.

Disons d'abord comment sont les choses dans un cas bien complet; nous examinerons ensuite les interprétations qui en ont été données.

Fig. 267.

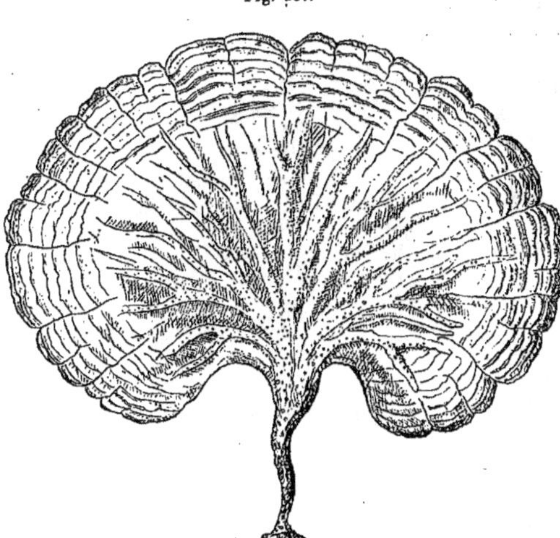

Psammophyllum flustraceum (d'ap. Häckel).

L'objet, ramené par la drague du Challenger d'une profondeur énorme, variant de 2 000 à 3 000 brasses, se présente sous l'aspect d'une feuille assez régulière (fig. 267), prolongée en un pédoncule par lequel il était sans doute fixé. Si l'on enlevait les parties molles qui la revêtent, on verrait que cette feuille est essentiellement formée par un réseau serré de tubes anastomosés de 1/10 de mm. environ (fig. 268 et 269). Sur ce réseau se dressent, de distance en distance, de courts pédoncules surmontés d'un renflement de 1mm environ, qui est incontestablement un petit polype d'Hydraire (fig. 268, *h.*). Certains de ces renflements, un peu plus gros, sont des gonophores avec les œufs parfaitement reconnaissables. L'ensemble est donc, sans aucun doute, une colonie d'Hydraires constitué, non pas par la partie ramifiée arborescente (hydrocaule), mais par la partie radiculaire réticulée (hydrorhise) sur laquelle se dressent des hydranthes et des gonophores portés sur de courts pédoncules non ramifiés. D'ailleurs, on a pu l'assimiler généralement à un Hydraire connu (*Eudendrium* ? ou autre).

Fig. 268.

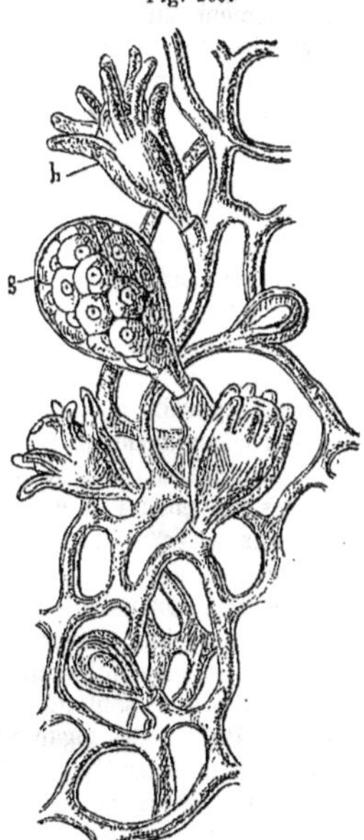

Stannophyllum globigerum recouvrant l'Hydraire *Stylactella spongicola* (d'ap. Häckel).
g., gonophore de *Stylactella*, **h.**, hydranthe.

Histologiquement, les tubes de l'Hydraire se montrent formés d'une cuticule à l'intérieur de laquelle est une substance noirâtre rappelant le *phæodium* de certains Radiolaires, mais où Häckel aurait reconnu un épithélium.

Dans les mailles de ce réseau d'hydrorhize (fig. 269, *hz.*) se voient de fines fibres mesurant environ 1 centième de millimètre et rappelant celles des Éponges cornées. Tantôt elles sont isolées et indépendantes, tantôt elles se groupent ou forment un réseau (*s.*). On rencontre parfois à leur intérieur, mais toujours d'une façon irrégulière, des particules calcaires provenant de débris plus ou moins entiers de coquilles de Foraminifères ou de Radiolaires (*r.*) qui joueraient là le rôle des grains de sable dans les fibres des Éponges cornées.

Tout cet ensemble est noyé dans une abondante substance anhiste, qu'Häckel appelle la *maltha*, dans laquelle sont engluées des particules solides étrangères, formées surtout de coquilles de Foraminifères et de Radiolaires, et contenant aussi des spicules d'Éponges siliceuses. Ces particules sont si abondantes qu'elles forment, en volume, près des 3/4 de la substance totale, et en poids les 9/10es.

Fig. 269.

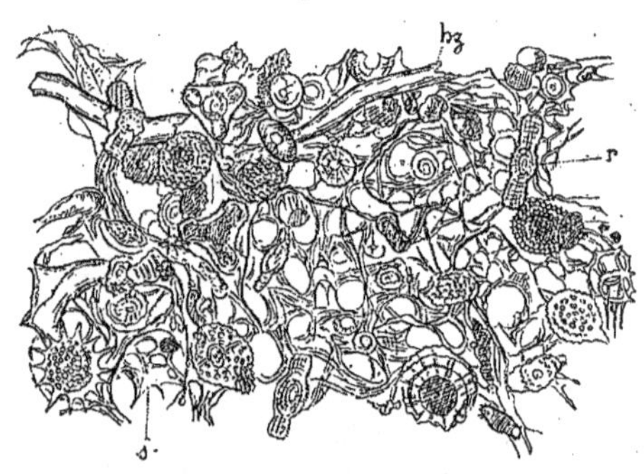

Coupe à travers *Stannophyllum zonarium* (d'ap. Häckel).

hz., hydrorhize; **r.**, squelettes de Radiolaires; **s.**, *Stannophyllum.*

Cette maltha ne serait pas compacte, elle serait creusée de cavités irrégulières communiquant avec le dehors par des orifices; enfin, elle contiendrait des éléments cellulaires, les uns conjonctifs, étoilés, les autres ayant l'aspect d'amœbocytes et d'œufs.

Tels sont les faits.

Häckel fait de ces êtres des Éponges cornées dont le squelette, partiellement suppléé par celui de l'Hydraire et par l'ensemble des particules étrangères (*xenophia*), serait réduit au minime réseau de fibrilles cornées ci-dessus décrit et qui même manque souvent. Les cavités intérieures et leurs orifices constitueraient un système de canaux inhalants et exhalants avec pores et oscules. Quant aux épithéliums de l'épiderme et du revêtement des canaux, et aux choanocytes des corbeilles, ils auraient complètement disparu par suite de mauvais état de conservation.

Il nous semble, ainsi qu'à d'autres, Lendenfeld, Pearcey, F. E. Schulze (communication verbale), qu'il ne faut accueillir ces conclusions qu'avec beaucoup de réserves. La symbiose avec un Hydraire et la réduction du squelette corné seraient très admissibles; mais comment admettre, comme le fait remarquer Pearcey [93], que tous les épithéliums et tous les éléments des corbeilles aient disparu quand les cellules de l'Hydraire et de ses gonophores se montrent visibles. Cependant, la constatation des fibres de Spongine, des canaux inhalants et exhalants, des pores et des oscules, des cellules étoilées et amœboïdes et des œufs serait une preuve suffisante si elle avait été dûment vérifiée. Häckel a même figuré des corbeilles (sans les choanocytes, cependant). Mais n'est-on pas quelque peu autorisé à se méfier des descriptions et des dessins d'un naturaliste chez lequel l'ardeur de l'imagination n'est pas toujours tempérée par une prudence suffisante?

Les êtres qui sont ici décrits sont peut-être des Éponges; mais ils peuvent aussi n'être que des Rhizopodes gigantesques ou coloniaux, et il faut attendre de nouvelles informations pour se prononcer (*).

Häckel les divise en deux ordres : l'un [*Malthospongiæ* ou *Domatocœla* (Voir page 65)], à corbeilles distinctes des canaux, avec un système aquifère plus ou moins semblable à celui des *Spongelinæ* auxquels il se rattache, est divisé par lui en trois familles :

La première est une famille ancienne, celle des Spongelinæ [*Spongelidæ*] à laquelle il ajoute deux genres nouveaux dont la structure correspond à celle de l'exemple décrit ci-dessus :

(*) Häckel reconnait lui-même une *ressemblance frappante* entre ses *Ammoconidæ* (Voir plus loin) et les Rhizopodes de la tribu des *Astrorhizina* (Voy. tome I, page 128 et suivantes), entre son *Ammolynthus* et *Rhabdammina*, entre son *Ammoselenia* et *Rhizammina* et entre son *Ammoconia* et *Sagenella*; mais il maintient cependant leur nature spongiaire.

Psammophyllum (Häckel) (fig. 267) de forme folliacée et

Cerelasma (Häckel) (fig. 270) de forme massive, réticulée.

La seconde famille [*Stannomidæ*] est nouvelle et se distingue de la première par l'absence de particules étrangères et la disposition non réticulée des fibres de spongine; elle comprend trois genres :

Stannophyllum (Häckel) (fig. 268 et 269), en forme de feuille pédonculée, étalée en éventail,

Stannarium (Häckel), en forme de feuille se détachant latéralement d'une partie centrale,

Stannoma (Häckel), arborescent, à branches libres ou anastomosées.

La troisième famille, empruntée aussi aux classifications antérieures [*Psamminidæ* (Lendenfeld)], est caractérisée par l'absence de fibres de Spongine et comprend un seul genre nouveau :

Psammina (Häckel) (fig. 271), en forme de disque, fixé par une face, avec les pores à la face libre et les oscules sur le bord latéral du disque, auquel il ajoute deux genres anciens qu'il fait entrer dans ce nouveau groupement :

Fig. 270.

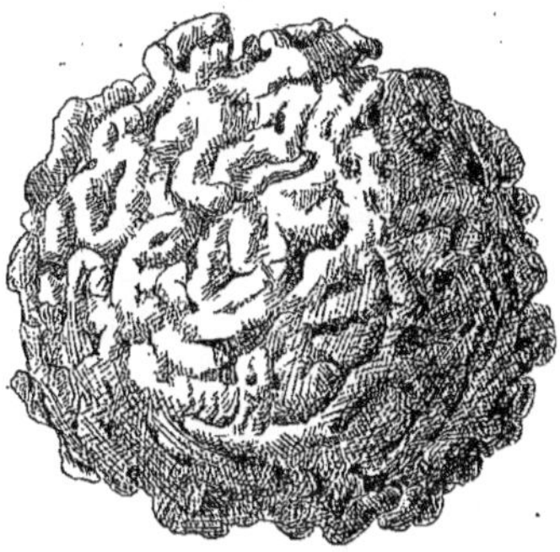

Cerelasma gyrosphæra (d'ap. Häckel).

Holopsamma (Carter) (fig. 272), de forme massive, lobée, avec les oscules au sommet de lobes plus ou moins saillants, et

Psammopemma (Marshall) de forme analogue, mais sans oscules.

Häckel ne dit pas si le genre *Holopsamma* doit, à son avis, entraîner avec lui dans les *Psamminidæ* le genre

Fig. 271.

Psammina plakina (d'ap. Häckel). a, vu de face; b, vu de profil.

Fig. 272.

Holopsamma argillaceum (d'ap. Häckel).

Sarcocornea (Carter) qui n'en diffère que par l'abondance de sa spongine de nature cornée (Australie).

Le second ordre [*Ammoconidæ* ou *Cannocœla* (Häckel)] comprend une seule famille, d'ailleurs nouvelle [*Ammoconidæ* (même nom que celui de l'ordre)] et contient trois genres dont la structure est fort différente de celle des formes du premier ordre et se rapproche de celle des *Ascon*.

L'Éponge a la forme de tubes dont la paroi est percée de pores et dont la cavité est tapissée tout entière par les choanocytes (non vus) jusqu'à l'orifice qui est l'oscule; il n'y a pas de squelette de spongine. Ce seraient donc des Calcaires homocœles ayant subi les modifications caractéristiques des Abyssosponges, consistant dans la disparition du squelette propre remplacé par les débris étrangers (*xenophia*).

Ces trois genres sont :

Ammolynthus (Häckel) ayant la forme typique de l'*Olynthus*,

Ammoselenia (Häckel) en forme d'arbuscule avec un oscule au sommet de chaque branche et

Ammoconia (Häckel) formé d'un réseau de tubes percés de pores, sans oscules.

Nous terminons cette étude des Spongiaires par une liste de genres, en partie empruntée à Vosmär [87] dont on ne peut préciser la place parmi les Spongiaires, ni même, pour quelques-uns (marqués dans ce cas d'un ?) dire si ce sont vraiment des Éponges. Ce sont des genres, la plupart anciens, insuffisamment décrits, parfois même connus seulement par leurs spicules. Les genres fossiles sont marqués d'un f.

Acalle (Gray),
Acamas (Duchassaing et Michelotti),
Acarnia (Gray),
Achinoe (Gray),
Acicularia (d'Archiac) f. (?),
Adelphocœlia (Etallon), f.,
Adrasta (Wyv. Thomson),
Adyctia (Valenciennes),
Ægophymia (Pomel), f.,
Alcyonolithes (Blumenbach), f.,
Amorphocœlia (Etallon), f.;
Amphitrema (Wright),
Amphoridium (Häckel),
Amphorula (Häckel),
Anthaspidella (Ulrich), f., (?)
Anthelia (Lamark) (?),
Antrispongia (Quenstedt), f.,
Archæocliona (Czerniavsky),
Archæospongia (Billings, f. (?),
Arthrocypellia (Pomel), f.,
Artynella (Häckel),
Artynes (Gray),
Artynium (Häckel),
Assula (Ehrenberg),
Astrostoma (Gray),
Atysite (Toulousan et Negrel),
Auliskia (Bowerbank),
Aulospongus (Norman),
Badinskia (Pomel), f.,
Batospongia (Ulrich), f.,
Beatricea (Billings), f.,
Belemnospongia (Ulrich), f.,
Bonneyia (Sollas), f.,
Brachiolites (T. Smith), f.,
Callistes (O. Schmidt),
Calymna (Pomel), f.,
Camaraphysema (Ryder),
Camerocœlia (Étallon), f.,
Caulospongia (Kent),
Cavispongia (Quenstedt), f.,
Cavolinia (Nardo),
Cephalocœlia (Étallon), f.,
Ceratodendron (Marshall) (Éponge cornée d'ap. M.),
Chlamys (Young et Young), f.,
Chondrospongia (Bronn),
Cisseis (Guppy) f.,
Clathroscula (Merechkovsky),
Cnemaulax (Pomel), f.,
Cnemicœlia (Étallon), f.,
Cnemiseudea (Fromentel), f.,
Cœlosphæra (Wyv. Thomson),
Cœnostoma (Häckel),
Cœnostomella (Häckel),
Cœnostomus (Häckel),
Coscinospongia (Valenciennes), f.,
Crateripora (Ulrich), f.,
Cribrocœlia (Étallon), f.,
Cribroscyphia (d'Orbigny), f.,
Cribrospongia (d'Orbigny), f.,
Cyamon (Gray)
Cyathiscus (Häckel),
Cyclospongia (Miller), f.,
Cylindrospongia (Römer), f.,
Deanea (Bowerbank),
Desmatocium (Gabb), f.,
Dictyopora (Hagenov),
Didymosphæra (Linck),
Dolispongia (Quenstedt), f.,
Dyssycoonella (Häckel),
Dyssycum (Häckel),
Dyssycus (Häckel),
Echinospongia (Gray),
Ellipsactinia (Steinmann),
Eriska (Risso) (?),
Euinospongia (Stoppani), f.,
Eunapius (Gray),
Euryades (Duchassaing et Michelotti),
Eurypon (Gray),
Fistula (Oken) (?),
Fistularia (Bowerbank),
Fungispongia (Ringueberg), f. (?),
Geelongia (Carter),
Glenodictyum (Matyasovsky), f.,
Goniocœlia (Étallon), f.,
Goniospongia (d'Orbigny), f.,
Gorgonida (Nardo) (?),
Gyrispongia (Quenstedt), f.,
Haliclona (Grant),
Halispongia (de Blainville),
Heliocrinites (Leuchtenberg) (?)
Heliocrinus (Eichwald), f. (?),
Hellispongia (d'Orbigny), f.,
Hylospongia (Sollas), f.,
Hystrispongia (Miller), f.,
Inflatella (O. Schmidt),
Ischadia (Pomel), f.,
Kallispongia (Wright);
Labyrintholites (Sinzof), f.,
Laocœtis (Pomel), f.,
Leptomitus (Walcott), f.,
Leucometra (Häckel),
Litamena (Nardo),
Lithospongia (Duchassaing et Michelotti),
Lithospongites (Carter),
Madrespongia (Quenstedt), f.
Mæandroptychium (Sinzof), f.,
Mæandrospongia (Römer), f.
Mantellia (Parkinson), f.,
Mantellites (Parkinson), f.,
Mauricea (Carter),
Medon (Duchassaing et Michelotti),
Metania (Gray),
Microspongia (Miller et Dyer),
Myrmekioderma (Ehlers),
Niphates (Duchassaing et Michelotti),
Ojeda (Duchassaing et Michelotti), pris par Gray pour un Alcyonnaire, serait d'après Kölliker, dans une lettre Verrill, une Éponge (zool. Rec. 1869, p. 658)

Oncostamnia (Pomel), f.,
Pachæna (Sollas), f.,
Pachychalinopsis (O. Schmidt),
Parafieldingia (Vaillant),
Pellinula (Czerniavsky),
Perispongia (d'Orbigny), f.,
Pharetronema (Sollas), f.,
Plectospyris (Sollas), f.,
Polycantha (Sollas), f.,
Polyrhizophora (Linck),
Polyscyphia (Sinzof), f.,
Polyurella (Gray),
Pomatospongia (Pavesi),
Protetraclis (Steinmann), f.,
Pseudaxinella (O. Schmidt),
Ramispongia (Klemm), f.,
Raspaigella (O. Schmidt),
Retia (Sollas), f.,
Reticulites (Eichwald), f. (?),
Rhabdospongia (Sollas), f.,
Rhizogonina (Pomel), f.,
Rhopalocconus (Sollas), f.,
Sarcomella (O. Schmidt) (?),
Schweigger (Nardo),
Siderospongia (Trautschold), f.,
Siphonochalinopsis (O. Schmid)
Solina (Gray),
Somatispongia (Bowerbank),
Sophax (Gray),
Spirolophia (Pomel),
Spongiarum (Murchison), f.,
Spongillopsis (Geinitz), f.
Spongoconia (Pomel), f.,
Spuma (Miklucho-Maclay),
Strephochetus (Seely), f. (?),
Sycarium (Häckel),
Sycocystis (Häckel),

Sycodendrum (Häckel),
Sycolepsis (Häckel),
Syconella (Häckel),
Syphonites (Parkinson), f.
Taseoconia (Pomel), f.,
Technitella (Norman) (?),
Tedaniella (Gerniavsky),
Thamnonema (Sollas), f.,
Thecospongia (Etallon),
Tongus (Güettard),
Trachyura (Walcott), f.,
Tragium (Oken),
Trefortia (Deszœ),
Trichogypsia (Carter),
Triphyllactis (Sollas), f.,
Tubispongia (Quenstedt), f.
Tubulospongia (Courtillier), f.,
Tulipa (Webster), f. (?),
Urania (Weinland) (?),
Ventale (Oken) (?),
Verrucoscyphia (Fromentel), f.,
Xylospongia (Gray).

POSITION DES ÉPONGES

DANS LE RÈGNE ANIMAL

Ce n'est que vers le milieu de ce siècle que la nature animale des Éponges a été reconnue par Dujardin en 1841; et c'est tout d'abord des Protozoaires qu'elles ont été rapprochées. Dujardin en 1841, Lieberkühn en 1856, les considéraient comme des colonies d'Infusoires, Carter en 1848 et Perty en 1852, comme des colonies de Rhizopodes : mais ce n'étaient là que des opinions quelque peu intuitives, fondées sur un vague sentiment des affinités. La découverte des choanocytes par J. Clark, en 1867, vint donner une base plus solide à une opinion un peu différente, d'après laquelle les Éponges ne seraient que des colonies de ces Flagellés à collerette que S. Kent avait étudiés et désignés sous le nom de Choano-flagellés. Cette opinion fut admise par Carter qui donna en 1872 le nom de *Spongozoon* au choanocyte considéré comme l'individu élémentaire qui *construit* l'Éponge (¹). Kent adopta aussi ces vues, dès leur origine, et, dans son grand *Manual of the Infusoria* de 1881, il cherche à démontrer que les Éponges sont des Protozoaires et représentent la plus haute expression du type de ce groupe. La découverte du *Proterospongia*, Choano-flagellé colonial, apportait à cette vue un important appui. Mais cette opinion, après avoir fait beaucoup de bruit, a été, à juste titre, abandonnée. Les Éponges diffèrent, en effet, des Protozoaires par un caractère dont la négation est la caractéristique essentielle des Protozoaires. Non seulement elles sont pluricellulaires, comme certains Protozoaires, mais leurs cellules sont disposées en *feuillets*, typiquement emboîtés les uns dans les autres, chez la larve et chez l'adulte, ce qui n'arrive jamais chez ceux-ci. En outre, elles ont des œufs et des spermatozoïdes, de véritables organes et tissus formés de cellules différenciées dans des sens différents, une phase larvaire et une évolution embryogénique, etc., etc. En somme, il est impossible de réunir les Spongiaires aux Protozoaires, car, dans ce cas, ceux-ci cessent d'exister, puisqu'ils perdent de ce fait les éléments essentiels de leur caractéristique.

(¹) Il admettait en outre une correspondance, qui nous semble bien singulière aujourd'hui où ces êtres sont mieux connus, entre les corbeilles et le sac respiratoire des Ascidies.

Parmi les Métazoaires, c'est évidemment des Cœlentérés que les Éponges se rapprochent le plus. Leuckart, le premier, en 1854, montra les traits de ressemblance, mais c'est Häckel surtout qui, en 1870, développa ces vues et arriva à la conclusion que les Éponges sont voisines des Coralliaires : leur oscule représente la bouche de ceux-ci et leur atrium est une cavité gastrique; celles qui ont plusieurs oscules sont des formes coloniales correspondant aux Coralliaires coloniaux et comprenant autant d'individus que d'oscules. Un ancêtre commun, le *Protascus*, a donné naissance à deux rameaux divergeants : le *Prosycum*, ancêtre des Éponges, et le *Procorallium*, ancêtre des Cœlentérés; la présence de cnidoblastes chez celui-ci et leur absence chez celui-là constituent la principale différence entre eux, les pores inhalants des Éponges ayant leur homologue dans les pores cutanés des Coralliaires (¹).

Cette vue où les homologies reposent sur une schématisation excessive et inexacte, a été abandonnée par Häckel lui-même qui, ultérieurement, en 1872, reconnut la non-homologie des pores des Éponges avec ces prétendus pores cutanés des Cœlentérés et admit que les Spongiaires s'opposent par ce caractère et par l'absence de cnidoblastes à tous les autres Cœlentérés (²).

Häckel abandonna aussi la comparaison avec le Coralliaire pour affirmer celle de l'Éponge monosculaire avec la Méduse, puis celle des corbeilles, considérées comme individus élémentaires de la colonie, avec un polype de Cœlentéré. Mais, dans tous les cas, les Spongiaires forment pour lui, dans les Cœlentérés, un groupe de même valeur que l'ensemble des autres classes de cet embranchement.

C'est ainsi que l'on considère les choses le plus souvent, opposant dans les Cœlentérés, les Porifères pourvus de pores inhalants et dépourvus de cnidoblastes, aux Cnidaires pourvus de cnidoblastes et dépourvus de pores servant à l'entrée de l'eau dans la cavité gastrique (³).

Mais, même réduite à ces termes, l'admission des Porifères dans les Cœlentérés est sujette à de graves objections. La première est que la base même de la comparaison est sapée par l'embryogénie. Häckel croyait, en effet, que la gastrula des Éponges se fixait par le pôle aboral : or on sait aujourd'hui qu'elle se fixe par le blastopore. Dès lors, l'assimilation

(¹) On a démontré que ces prétendus pores n'étaient, chez le Corail, que les orifices de siphonozoïdes (Voir la 2ᵉ partie de ce tome).

(²) Eimer, en 1872, avait cru découvrir des nématoblastes chez les Éponges, mais ces éléments ne s'y trouvaient qu'à titre de corps étrangers, provenant d'un Hydraire fixé dans ses canaux, décrit plus tard par F. E. Schulze qui rectifia l'erreur d'Eimer, sous le nom de *Spongicola fistularis*.

(³) Claus, Lang, R. Hertwig, Neumayr, dans leurs traités classiques, Chun [91] les placent dans les Cœlentérés; Lacaze-Duthiers, dans ses leçons à la Sorbonne et dans divers articles, Hatschek, Perrier, Parker et Haswell, dans leurs traités, les en séparent; Rolleston et Jackson sont dans le doute. Thiele [92] a émis l'idée que les Éponges sont des descendants dégénérés de Cténophores très primitifs et que les formes les plus simples des Éponges, au lieu d'être les plus primitives, sont au contraire dégénérées.

de la bouche à l'oscule est réduite à néant. Celle des canaux de l'Éponge avec les diverticules gastriques du Cœlentéré était déjà bien hasardée, en sorte que la ressemblance se trouve bien faible en présence de la grosse différence constituée par les pores inhalants, les cnidoblastes et le mésoderme.

Néanmoins, comme la valeur de ces caractères est affaire d'appréciation; comme nous n'avons aucun critérium certain pour juger de leur importance, pour savoir si elle est ou non plus ou moins grande que celle des caractères qui distinguent les classes des Cœlentérés; comme nous n'avons aucune mesure absolue de la valeur des caractères de classe comparée à celle des caractères d'embranchements, la question de la place des Éponges dans la classification risquerait de rester éternellement discutée, les partisans des opinions inverses tombant d'accord sur la nature des caractères distinctifs, mais gardant chacun leur avis relativement au degré de leur importance. Heureusement qu'il existe un autre caractère sur la valeur duquel, à notre avis, la discussion n'est pas possible et qui tranche définitivement la question dans le sens d'une séparation absolue des Spongiaires et des Cœlentérés : ce caractère, c'est le renversement du sens de l'invagination normale sur lequel nous avons précédemment (p. 61 à 64) donné toutes les explications nécessaires (¹). Qu'il y ait ou non une gastrula typique, que la chose ait lieu avant ou après la fixation, le fait général et essentiel c'est que, chez les Éponges, le feuillet qui, chez la larve, représente incontestablement l'ectoderme des autres Métazoaires passe à l'intérieur et forme les corbeilles, tandis que l'endo-

(¹) Maas [93] le premier a conclu des faits découverts par Delage [90, 91, 92] et par lui-même [92, 93] qu'il y a là un caractère suffisant pour séparer complètement les Spongiaires des Cœlentérés; Minchin [97], dans un travail critique auquel nous avons emprunté un certain nombre des indications rappelées ici, tend aussi à accepter cette opinion; enfin Delage [98] qui, dans ses premiers travaux, retenu par l'exception présentée à cette époque par les *Ascetta*, penchait vers l'idée d'une indétermination des feuillets, à la suite du travail de Minchin [96] sur ces Éponges, a, dans deux communications à l'Académie des sciences (98), interprété les faits conformément à la manière dont ils sont exposés au cours de ce volume. Tout récemment, Maas [98] vient de faire disparaître la dernière exception qui eût pu être opposée par les adversaires de cette idée, en montrant que les *Oscarella* présentent le même renversement du sens habituel de l'invagination que les autres Éponges.

Cette année même, au congrès international de zoologie de Cambridge en 1898, dont les comptes rendus paraissent au moment où nous corrigeons ces lignes, une séance générale a été consacrée à la discussion de cette importante question. Y. Delage, ouvrant la discussion, a soutenu l'opinion exposée dans ce traité; Minchin a admis aussi que les Spongiaires formaient un phylum indépendant et émis l'idée qu'elles doivent descendre directement des Choano-flagellés; Häckel a, sans nouveaux arguments, reproduit son idée qu'elles constituent un groupe de Cœlentérés s'opposant à tous les autres réunis sous le nom de Cnidaires; Vosmär, tout en confessant l'impossibilité d'être affirmatif, a déclaré qu'elles forment, ou un phylum distinct à la fois des Protozoaires et des Métazoaires, ou un embranchement des Métazoaires de valeur égale aux Cœlentérés ou aux Echinodermes; Saville Kent a réédité l'opinion qui les fait dériver des Choano-flagellés auxquels, sans le dire expressément, il semble vouloir encore les rattacher; enfin F. E. Schulze, déclare la question encore insoluble et propose de laisser provisoirement les Spongiaires à côté des Cnidaires dans les Cœlentérés.

derme passe au dehors et forme l'épiderme. Il en résulte que, chez l'Éponge adulte, les rapports généraux des feuillets sont renversés comparativement à leur situation, non seulement chez les Cœlentérés, mais chez tous les Métazoaires.

C'est en raison de ces faits que Delage [98] a proposé de caractériser les Porifères par les noms d'*Enantiozoa* et d'*Enantioderma*.

S'il est permis de conclure du développement ontogénétique à l'évolution phylogénétique, il faut reconnaître :

1° Que les Éponges commencent à se développer comme les Métazoaires jusqu'au stade blastula;

2° Que, par suite, on a des raisons d'admettre qu'elles se sont séparées du tronc des Métazoaires, et sont par conséquent des Métazoaires;

3° Qu'elles prennent dès le stade gastrula un cours de développement tout à fait inconciliable avec celui des Cœlentérés et des autres Métazoaires;

4° Que, par suite, elles ont dû se séparer du tronc des Métazoaires à un stade très précoce de leur évolution phylogénétique pour former un embranchement à part.

Mais dans quelle mesure l'ontogenèse, surtout dans ces stades si jeunes, nous retrace-t-elle les voies suivies par la phylogenèse?

C'est ce que nous ne savons point!

C'est ce que nous ne saurons peut-être jamais!

Pour ce qui concerne les relations phylogénétiques des Éponges entre elles, nous reproduisons ci-dessous les arbres généalogiques proposés par Schulze et par Lendenfeld, bien que ce dernier surtout ne représente nullement ni les idées courantes ni les nôtres sur la phylogénie de ces animaux.

Fig. 273

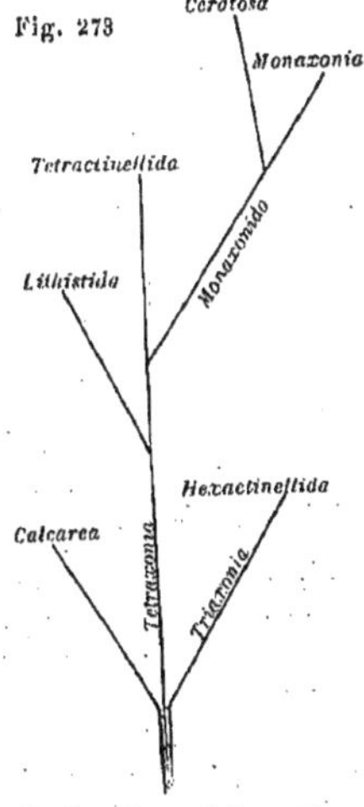

Généalogie des Spongiaires (d'ap. Schulze).

Fig. 274.

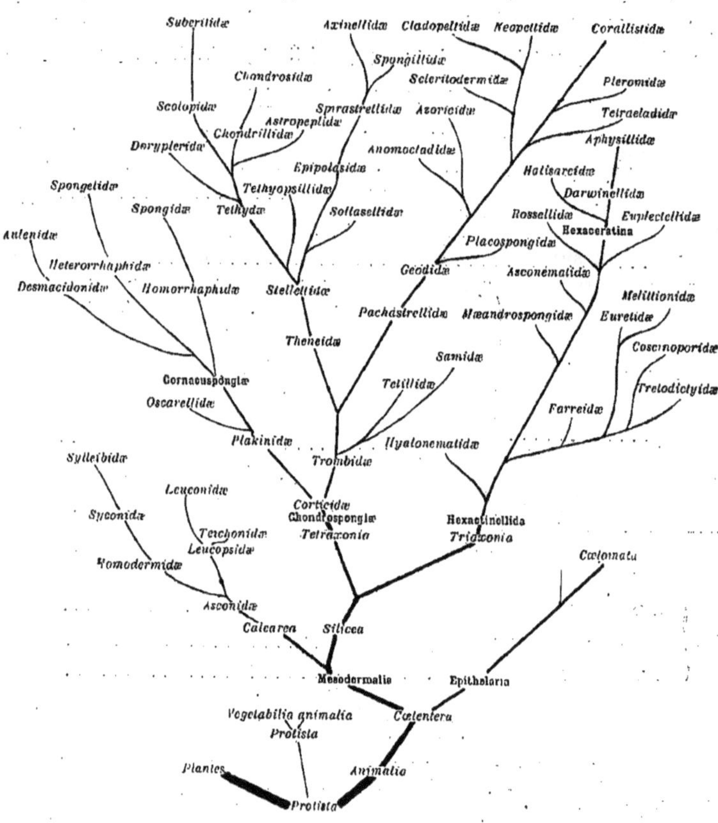

Arbre généalogigue des Spongiaires (im. Lendenfeld).

Tableaux synoptiques de la classification des Mésozoaires et des Spongiaires.

Rappelons pour l'intelligence de ces tableaux que :

La désinence : *ia*	indique les classes;	La désinence : *ina*	indique les tribus;
— *iæ*	— — sous-classes;	— *inæ*	— — familles;
— *ida*	— — ordres;	— *ca, cæ,* etc.	— — groupes hors cadre.
— *idæ*	— — sous-ordres;		

Les nombres entre parenthèses renvoient aux pages où il est question des groupes correspondants.

MÉSOZOAIRES

N'ayant sous l'ectoderme formant l'épiderme qu'une seule sorte de tissus de constitution variable.

1. *MESOCŒLIA*. N'ayant sous l'épiderme qu'une cavité digestive non tapissée par un épithélium spécial et limitée seulement par cet épiderme (2). *Salinella.*

2. *MESENCHYMIA*. Ayant sous l'épiderme un parenchyme digestif, mais pas de cavité digestive (9) . . . . *Trichoplax. Treptoplax.*

3. *MESOGONIA*. Ayant sous l'épiderme une ou plusieurs cellules sexuelles et pas de cavité digestive 14 . . . .
   - 1. *DICYEMIÆ*. Corps non divisé en anneaux transversaux, contenant sous l'épiderme, chez la femelle, une seule grande cellule reproductrice, chez le mâle un testicule pluricellulaire (9) . . . .
     - 1. *DICYEMIDA*. Epiderme cilié chez l'adulte; une coiffe céphalique; des gibbosités latér. (24) — *Dicyema. Dicyemennea.*
     - 2. *HETEROCYEMIDA*. Pas de cils chez l'adulte, ni de coiffe; des appendices terminaux (25) . . — *Conocyema. Microcyema.*
   - 2. *ORTHONECTIÆ*. Corps divisé en segments transversaux, contenant sous l'épiderme une masse cellulaire formée des cellules reproductrices (26) . . . — *Phopalura.*

4. *MESOGASTRIA*. Ayant sous l'épiderme un sac digestif constitué comme la cavité gastrique d'un *gastrula*, séparée du premier par une cavité cœlomique, mais sans aucun tissu interméd. (35) — *Pemmatodiscus.*

APPENDICE
   1. Les gastréades agglutinantes (*Physemaria Cementaria* (38) . . . . *Prophysema. Cæmentascus.*
   2. Urnes et Coupes ciliées de Siponculides (40) . . . . *Gravelia. Kunstleria.*
   3. Le *Siedleckia nematoides* (45) . . . . *Siedleckia.*

SPONGIAIRES

Pas de nématoblastes; pas de bouche; des pores inhalants; un atrium cloacal avec un oscule (simple ou multiple); un mésoderme; endoderme de la larve formant l'épiderme de l'adulte et ectoderme de la larve tapissant les cavités gastriques de l'adulte.

1. *CALCARIA*. Spicules calcaires; choanocytes de grande taille (66) . .
   - 1. *HOMOCŒLIDA*. Cavité atriale tapissée de choanocytes (68) . . . . — *Leucosolenia. Ascetta. Ascyssa. Homoderma.*
   - 2. *HETEROCŒLIDA*. Cavité atriale tapissée de pinacocytes, les choanocytes s'étant retirés dans des diverticules radiaires ou dans des corbeilles (73). . . . . — *Sycon. Grantia. Ute. Barroisia. Leucilla. Leucandra. Eilhardia. Endea. Petrostoma.*

2. INCALCARIA. Squelette formé de spicules siliceux ou de fibres de spongine ou nul; choanocytes de petite taille (83).

- **1. TRIAXONIÆ.** Corbeilles grandes, allongées. Squelette formé de spicules triaxiaux, ou nul. (115)
  - **1. HEXACTINELLIDA.** Squelette formé de spicules (117)
    - **1. LISSACIDÆ.** Spicules indépendants pendant la croissance (123) — *Euplectella. Askonema. Rossella. Lophocalyx. Hyalonema. Semperella.*
    - **2. DICTYONIDÆ.** Spicules soudés pendant la croissance en un grillage rigide (130) — *Farrea. Aphrocallistes. Hexactinella. Dactylocalyx. Ventriculites. Cœloptychium.*
  - **2. HEXACERATIDA.** Squelette formé de fibres, ou nul (137) — *Darwinella. Aplysilla. Halisarca.*
- **2. DEMOSPONGIÆ.** Corbeilles petites; squelette formé de spicules à un ou quatre axes; ou nul (144).
  - **1. TETRACTINELLIDA.** Squelette formé de mégasclères tétraxiaux, rarement réduit à des microsclères, ou nul (146)
    - **1. CHORISTIDÆ.** Squelette souple, sans desmes engrenés (147)
      - **1. SIGMATOPHORINA.** Des mégasclères, microsclères en sigmaspires ou nuls (147) — *Tetilla. Cinachyra.*
      - **2. ASTROPHORINA.** Des mégasclères, microsclères en asters (149) — *Thenea. Stelletta. Disyringa. Geodia. Pachymatisma.*
      - **3. MICROSCLEROPHORINA.** Pas de mégasclères (154) — *Plakina. Oscarella. Chondrosia.*
    - **2. LITHISTIDÆ.** Squelette rigide formé de desmes engrenés (161)
      - **1. TRIÆNINA.** Ectosome contenant des triænes. (162) — *Theonella. Desmanthus. Siphonia. Corallistes. Pleroma.*
      - **2. RHABDOSINA.** Ectosome à microstrongyles libres ou dans les desmes (165) — *Neopelta.*
      - **3. ANOPLINA.** Ectosome sans spicules (165) — *Azorica. Vetulina.*
  - **2. MONAXONIDA.** Squelette formé de mégasclères à un seul axe (166)
    - **1. HADROMERIDÆ.** Ordin[t] un cortex et les mégasclères en faisceaux radiaires; microsclères en asters ou nuls, jamais en sigmas ou en spires (166)
      - **1. ACICULINA.** Mégasclères diactinaux (168) — *Tethya. Hemiasterella. Stylocordyla.*
      - **2. CLAVULINA.** Mégasclères monactinaux (169) — *Spirastrella. Suberites. Polymastia. Cliona.*
    - **2. HALICHONDRIDÆ.** Ordinairement pas de cortex; mégasclères formés surtout d'oxes disposés en réseau (175) — *Spongilla. Chalina. Reniera. Halichondria. Tedania. Esperella. Cladorhiza. Myxilla. Clathria. Axinella.*
  - **3. MONOCERATIDA.** Squelette formé de fibres de spongine avec ou sans microsclères (187) — *Euspongia. Hippospongia. Aplysina. Druinella. Stelospongia. Hircinia. Spongelia. Phoriospongia. Aulena.*

Appendice :

ABYSSOSPONGEA. (Ne sont très probablement pas des Éponges) (197).

- [Ordre des *Domatocœla*] (199) — *Psammophyllum. Stannophyllum.*
- [Ordre des *Cannocœla*] (200) — *Ammolynthus. Ammoconia.*

INDEX BIBLIOGRAPHIQUE

MÉSOZOAIRES. — *MESOZOA*

THIELE (J.). — Die primitivsten Metazoen. (Sitzungsber. u. Abhandl. d. Gesellsch. Isis in Dresden, vol. 3, p. 54-57) 1892

MESOCŒLIA

APATHY. — Kritische Bemerkungen über das Frenzel'sche Mesozoon *Salinella*. (Biol. Centralbl., vol. 12, p. 108-123) 1892

DELAGE (Y.). — La conception polyzoïque des êtres. (Rev. scient., sér. 4, vol. 5, p. 641-653, 13 fig.) 1896

FRENZEL (J.). — Untersuchungen über die mikroskopische Fauna Argentiniens. — *Salinella salve* (*n. g., n. sp.*), ein vielzelliges infusorienartiges Thier (*Mesozoon*). (Arch. f. Naturg., 28e année, sér. 1, vol. 1, p. 66-97, pl. 7) 1892

HERBST (C.). — Experimentelle Untersuchungen, etc., 2e partie. (Mittheil. d. Zool. Stat. Neapel, vol. 1, p. 136-220) 1894

MESENCHYMIA

GRAFF (L. von). — Die Organisation der *Turbellaria acœla*. (Leipzig, 4°, p. 51, 52) 1891

MONTICELLI (F. S.). — *Adelotacta zoologica*. (Mittheil. d. Zool. Stat. Neapel, vol. 12, p. 432-463, pl. 19-20; p. 444-463 et pl. 20. (*Treptoplax*) 1896

NOLL (F. C.). — Ueber das Leben niederer Seethiere. (Ber. d. Senckenberg. Gesellsch. Frankfurt, p. 85-87) 1890

SCHULZE (F. E.). — *Trichoplax adhærens* (*n. g., n. sp.*). (Zool. Anz., vol. 6, p. 92-97). 1883

—— Ueber *Trichoplax adhærens*. (Abh. d. Akad. Berlin, 23 p., 1 pl.) 1891

MESOGONIA

DICYEMIÆ

BENEDEN (E. van). — Recherches sur les Dicyémides, survivants actuels d'un embranchement des Mésozoaires. (Bull. Acad. roy. de Belgique, sér. 2, vol. 41, p. 1160-1205, vol. 42, p. 35-97, 3 pl.) 1876

—— Contribution à l'histoire des Dicyémides. (Arch. biol., vol. 3, p. 197-228, pl. 7-8). 1882

ERDL. — Ueber die beweglichen Fäden in den Venen-Anhängen der Cephalopoden. (Arch. f. Naturgesch., vol. 9, p. 162-167, pl. 8) 1843

KEPPEN (N. A.). — Nablioudenia nad razmnogeniem Ditziemid. (8°, 112 p., 5 pl., Odessa). 1892

WAGENER (G. R.). — Ueber *Dicyema* Köll. (Arch. f. Anat., Phys. und wiss. Medicin, p. 344-364, pl. 11-14) 1857

WHITMAN (C. O.). — A contribution to the embryology, life-history and classification of the Dicyemids. (Mittheil. d. Zool. Stat. Neapel, vol. 4, p. 1-89, pl. 1-5) 1883

ORTHONECTIÆ

CAULLERY (M.) et MESNIL (F.). — Sur trois Orthonectides nouveaux parasites des Annélides et l'embryogénie de l'un d'eux *Stœchartrum Giardi, n. g. n. sp.* (C. R. ac. sc. Paris, vol. 128, p. 457-460) 1899

—— Sur l'embryogénie des Orthonectides et en particulier du *Stœchartrum Giardi*, Caull. et Mesn. (C. R. ac. sc. Paris, vol. 128, p. 516-519) 1899

GIARD (A.). — Les Orthonectides, nouvelle classe des phylum des Vers. (Journ. anat. et physiol., vol. 15, p. 449-464, pl. 34-36)........ 1879
JULIN (Ch.), — Contribution à l'histoire des Mésozoaires. Recherches sur l'organisation et le développement embryonnaire des Orthonectides. (Arch. biol., vol. 3, p. 1-54, pl. 1-3)........ 1882
KÖHLER (R.). — Contribution à l'histoire naturelle des Orthonectides. (C. R. Acad. Sc. Paris, vol. 53, p. 609)........ 1886
METCHNIKOV (E.). — Untersuchungen über Orthonectiden. (Zeitschr. f. wiss. Zool., vol. 35, p. 282-303, pl. 15)........ 1881

MESOGASTRIA

MONTICELLI (F. S.). — *Adelotacta zoologica*. (Mittheil. d. Zool. Stat. Neapel, vol. 12, p. 432-463, pl. 19-20; p. 432-444 et pl. 19)........ 1896

GASTRÆADÆ (Gastréades agglutinantes).

HÄCKEL (E.). — Die Physemarien (*Haliphysema* und *Gastrophysema*), Gastræaden der Gegenwart. (Jenaische Zeitschr., vol. 11, p. 1-54, pl. 1-6)........ 1876
—— Neue Gastræaden der Tiefsee mit Cement-Skelett. (Jenaische Zeitschr. f. Naturw., vol. 17, p. 84-89)........ 1884

POMPHOLYXIA et *KUNSTLERIA*

(Parasites problématiques des Siponculides).

BALBIANI. — Évolution des microorganismes animaux et végétaux (parasites). (Journal de micrographie, vol. 11, p. 508)........ 1887
BRANDT. — Anatomisch-histologische Untersuchungen über den *Sipunculus nudus* L. p. 1-46, pl. 1-2. (Mém. Ac. St-Pétersb., sér. 7, vol. 16, n° 8)........ 1871
BÜTSCHLI (O.). — Protozoa. (Bronn's Thier-Reich, vol. 1, p. 1680)........ 1880-1882
CUÉNOT. — Étude sur le sang, son rôle et sa formation dans la série animale. (Arch. zool. exp., sér. 2, vol. 8, p. 597-605)........ 1889
FABRE-DOMERGUE. — Sur l'Infusoire parasite de la cavité générale du *Sipunculus nudus* (*Pompholyxia Sipunculi n. g., n. sp.*). (Ass. fr. Av. sc., Congrès de Nancy, 2e partie)........ 1886
JOURDAIN. — Recherches sur l'Anatomie des Siponcles. (C. R. Ac. sc. Paris, vol. 60)... 1865
—— Sur quelques points de l'Anatomie des Siponcles. (*Ibid.*, vol. 64)........ 1867
KEFERSTEIN et EHLERS. — Untersuchungen über die Anatomie des *Sipunculus nudus* (Zool. Beitr., p. 282-286, Leipzig)........ 1861
—— Beiträge zur anatomischen und systematischen Kenntniss der Sipunculiden. (Zeitschr. f. wiss. Zool., vol. 15, p. 404-445)........ 1865
KROHN. — Ueber die Larve des *Sipunculus nudus* nebst Bemerkungen über die Sexualverhältnisse der Sipunculiden. (Müller's Archiv, vol. 18, p. 369)........ 1851
KUNSTLER (J.). — La génitogastrula. (Journ. microgr., vol. 7, p. 28-35)........ 1887
KUNSTLER (J.) et GRUVEL (A.). — Recherches sur l'évolution des Urnes. (C. R. ac. sc. Paris, vol. 124, p. 309-312)........ 1897
—— Sur le développement d'éléments particuliers de la cavité générale des Siponcles. (Soc. des sc. physiques et nat. de Bordeaux, séance du 4 mars)........ 1897
—— Nouvelles observations sur quelques stades de l'évolution des Urnes. (*Ibid.*)..... 1898
—— Recherches sur les Coupes ciliées du *Phymosoma*. (Soc. des sc. phys. et nat., Bordeaux)........ 1898
—— Contribution à l'étude d'éléments spéciaux de la cavité générale du Phymosome. (C. R. ac. sc. Paris, vol. 128, p. 519-521)........ 1899
LANKESTER (E. Ray). — Zoological Observations made at Naples in the winter of 1871-1872. (Ann. Mag. Nat. Hist., sér. 4, vol. 11, p. 80)........ 1873
QUATREFAGES. — Histoire naturelle des Annelés. (Vol. 2, p. 574)........ 1865
SELENKA (E.), MAN (J.-G. de) et BÜLOW (C.). — Die Sipunculiden. Eine systematische Monographie. (C. SEMPER's Reisen im Archipel der Philippinen, 2e part., vol. 4, p. I-XXXII et 57-111, pl. 8-14, Wiesbaden)........ 1883-1884
VIGNAL. — Sur les éléments de la cavité générale des Siponcles (*Sipunculus nudus*). (Ass. fr. Av. sc., Congrès de Nancy, 2e partie, p. 593)........ 1886
VOGT et YUNG. — Traité d'Anatomie comparée. (Vol. 1, p. 387-388)........ 1888
WAGNER. — Sur les Infusoires de la cavité générale du corps des Géphyriens (*Sipunculus nudus* et *Phascolosoma*). [En Russe.] (Rev. sc. nat. St-Pétersb., n° 1)..... 1890

SIEDLECKIA NEMATOIDES

CAULLERY et MESNIL. — Sur un Sporozoaire aberrant *Siedleckia n. g.* (C. R. Soc. biol. Ac. 50, p. 1093-1095) 1898

LABBÉ (A.). — Sur les affinités des *Siedleckia* (Caullery et Mesnil). (Bull. Soc. zool. France, juin) 1899

SPONGIAIRES. — *PORIFERA* (1)

Consulter les traités classiques de CLAUS, VOGT et YUNG, LANG (traduction française par Curtel), E. PERRIER, BALFOUR, KORSCHELT et HEIDER, ZITTEL, etc., etc., et en outre :

BALFOUR (F. M.). — On the morphology and systematic position of the *Spongida*. (Quart. Journ. of Micr. Sc., vol. 19, p. 103-109) 1879

BARROIS (C.). — Mémoire sur l'embryologie de quelques Éponges de la Manche. (Ann. sc. nat., sér. 6, vol. 3, art. n° 11, p. 84, pl. 12-16) 1876

BIDDER (G. P.). — Note on excretion in Sponges. (Proc. Roy. Soc. London, vol. 51, p. 474-484, 4 fig.) 1892

—— On the flask-shaped ectoderm and spongoblasts in one of the *Keratosa*. (*Ibid.* vol. 52, p. 135-139, 3 fig.) 1892

—— The collar-cells of *Heterocœla*. (Quart. Journ. of Micr. Sc., vol. 38, p. 9-43, pl. 2). 1895

—— Note on projects for the improvement of Sponge-fisheries. (Journ. marine biol. Ass., n. s., vol. 4, p. 195-202) 1896

—— The skeleton and classification of calcareous Sponges. (Proc. roy. soc. London, vol. 64, p. 61-76, 10 fig.) 1898

BOWERBANK (J. S.). — On the Anatomy and Physiology of the *Spongiadæ* :

I. (Phil. Trans., vol. 148, p. 279, pl. 23-24) 1858

I. (Suppl. Part, *ibid.*, vol. 152, p. 830) 1862

II. (*Ibid.*, vol. 152, p. 747, pl. 27-35) 1862

III. (*Ibid.*, vol. 152, p. 1087, pl. 72-74) 1862

—— A Monograph of the British *Spongiadæ*. (4 vol. in-8°, London Ray Soc.). 1864, 1866, 1874, 1882

—— A Monograph of the siliceo-fibrous Sponges. (Proc. Zool. Soc. London, p. 66, 323). 1869

—— Id. (*Ibid.*, p. 272, 503, 558) 1875

—— Id. (*Ibid.*, p. 535) 1876

CARTER (H. J.). — Proposed name for the Sponge animal, viz. *Spongozoon*; also on the origin of thread-cells in the *Spongiadæ*. (Ann. Mag. Nat. Hist., sér. 4, vol. 10, p. 45-51) 1872

—— On *Halisarca lobularis* Schmidt, of the south coast of Devon, with observations on the relationship of the Sponges to the Ascidians. (*Ibid.*, vol. 13, p. 433-440). 1874

—— Notes introductory to the study and classification of the *Spongida*. (Ann. and Mag. of nat. Hist., sér. 4, vol. 16, p. 1-40, 126-145, 177-200, pl. 3) 1875

—— Contributions to our knowledge of the *Spongida*. (*Ibid.*, sér. 5, vol. 3, p. 284-304, et 343-360, pl. 25-29) 1879

—— *Id.* II. *Ceratina*. (*Ibid.*, vol. 8, p. 101-120, pl. 9). — III. *Carnosa*. (*Ibid.*, p. 241-259). *Addendum* (*Ibid.*, p. 450) 1881

CELESIA (P.). — Della *Suberites domuncula* e della sua simbiosi coi Paguri. (Atti Soc. ligustica Sc. nat. e geogr., vol. 4, 64 p., 4 pl.) 1893

CHUN (C.). — Sind die Schwämme Cœlenteraten? (Bronn's Thierreich, 2 vol. — II. Cœlenterata, p. 86-96) 1891

CLARK (H. J.). — On the *Spongiæ ciliatæ* as *Infusoria flagellata* or observations on *Leucosolenia botryoides*. (Mem. Boston Soc., vol. 1, p. 305-340, pl. 9-10 1867

et : Ann. and. Mag. of Nat. Hist., vol. 1, p. 133, 188, 250, pl. 5-7) 1868

DELAGE (Y.). — Sur le développement des Éponges siliceuses et l'homologation des feuillets chez les Spongiaires. (C. R. Ac. Sc. Paris, vol. 110, p. 654-657) 1890

—— Sur le développement des Éponges (*Spongilla fluviatilis*). (*Ibid.*, vol. 113, p. 267-269) 1891

(1) Pour ne pas trop allonger cette bibliographie, les travaux de Systématique n'ont pas été mentionnés, sauf toutefois ceux d'importance capitale.

DELAGE (Y.) — Embryogénie des Eponges. Développement post-larvaire des Éponges siliceuses et fibreuses marines et d'eau douce. (Arch. de zool. exp., sér. 2, vol. 10, p. 345-498, pl. 14-21)... 1892

—— Sur la place des Spongiaires dans la classification. (C. R. Ac. Sc. Paris, vol. 136, p. 545-548)... 1898

—— Les larves des Spongiaires et l'homologation des feuillets. (*Ibid.*, p. 767-769).... 1898

—— Structure, mode de vie et développement des Éponges. (Rev. gén. sc. pures et appliq. vol. 9, p. 733-749, 36 fig.)... 1898

DELAGE (Y.), MINCHIN (A.), VOSMÄR (G. C. J.), KENT (Sav.), SCHULZE (F. E.). — On the position of Sponges in the Animal Kingdom. A discussion at the 4th internat. Congress of Zool. (Proceed. of the Congress, p. 57-68, Cambridge)... 1898

DENDY (A.). — The new System of *Chalinæ* with some brief observations upon zoological nomenclature. (Ann. Mag. Nat. Hist. sér. 5, vol. 20, p. 326-337)... 1887

—— On the pseudogastrula Stage in the Development of Calcareous Sponges. (Proc. Roy. Soc. Victoria, p. 93-101, pl. 1[a])... 1890

—— *Studies on the comparative anatomy of Sponges :*

I. On the Genera *Ridleia, n. g.*, and *Quasilina*, Norman. (Quart. Journ. of Micr. Sc., vol. 28, p. 513-529, pl. 42)... 1888

II. On the Anatomy and Histology of *Stelospongus flabelliformis*, Carter; with notes on the development. (*Ibid.*, vol. 29, p. 325-358, pl. 30-33).. 1888

III. On the Anatomy of *Grantia labyrinthica*, Carter, and the so called family *Teichonidæ*. (*Ibid.*, n. s., vol. 32, p. 1-41, pl. 1-4)... 1891

IV. On the flagellated chambers and ova of *Halichondria panicea* (*Ibid.*, vol. 32, p. 41-49, pl. 6-9)... 1891

V. Observations on the structure and classification of the *Calcarea heterocœla*. (*Ibid.*, vol. 35, p. 159-257, pl. 10-14)... 1893

VI. On the Anatomy and Relationships of *Lelapia australis*, a living representative of the fossil Pharetrones. (*Ibid.*, p. 127-143, pl. 13)... 1894

—— A monograph of the Victorian Sponges :

I. The organisation and classification of the *Calcarea Homocœla*, with descriptions of the Victorian species. (Trans. R. Soc. Victoria, vol. 3, p. 1-81, pl. 1-11)... 1891

(Analyse par G. BIDDER. Quart. Journ. of Micr. Sc., vol. 32, p. 625-632)... 1891

—— Synopsis of the Australian *Calcarea heterocœla*, with a proposed classification of the group and description of some new genera and species. (Proc. Roy. Soc. Victoria, n. s., vol. 5, p. 69-116)... 1892

DEZSÖ (B.). — Die Histologie und Sprossen-Entwickelung der Tethyen. (Arch. f. mikr. Anat., vol. 16, p. 626-651, pl. 30-33)... 1879

—— Fortsetzung der Untersuchungen über *Tethya lyncurium*. (*Ibid.*, vol. 17, p. 151-164, pl. 12)... 1879

DÖDERLEIN (L.). — Ueber die *Lithonina*, eine neue Gruppe von Kalkschwämmen. (Zool. Jahrb., vol. 10, p. 16-32, pl. 2-6)... 1897

DREYER (F.). — Die Principien der Gerüstbildung bei Rhizopoden, Spongien und Echinodermen. (Jenaische Zeitschr. f. Naturw., vol. 26, p. 204-468, pl. 15-29)... 1892

DUJARDIN (F.). — Observations sur les Éponges et en particulier sur la *Spongilla* ou Éponge d'eau douce. (Ann. Sc. nat., 2e série, vol. 10, p. 5-13, pl. 1)... 1838

—— Histoire naturelle des Zoophytes-Infusoires. (In-8, Paris, avec atlas)... 1841

EBNER (R. von). — Ueber den feineren Bau der Skelett-Theile der Kalkschwämme, nebst Bemerkungen über Kalkskelette überhaupt. (Sitzungsber. d. Akad. d. Wiss. Wien, vol. 95, p. 55-149, pl. 1-4)... 1887

EIMER (F.). — Ueber Nesselzellen und Samenfäden. (Arch. f. mikr. Anat., vol. 8, p. 281, fig. 1-5)... 1872

FIEDLER (K. A.). — Ueber Ei- und Samenbildung bei *Spongilla fluviatilis*. (Zeitschr. f. wiss. Zool., vol. 47, p. 85-128, pl. 11-12)... 1888

FOL (H.). — Sur l'anatomie des Éponges cornées du genre *Hircinia* et sur un genre nouveau (C. R. Ac. Sc. Paris, vol. 110, p. 1209-1211)... 1890

FOWLER (G.). — The Anatomy of *Madreporaria*. (Quart. Journ. of Micr. Sc., vol. 30, p. 405-421, pl. 28)... 1890

GANIN (M. S.). — Materiali k' poznaniiou stroeniia i rasvitiia goubok. K' 7 tablitsami. Varchava. (Matériaux pour la connaissance de la structure et du développement des Éponges, illustré de 7 planches. Varsovie, IV-88 p.)... 1879

GODEFROY (J.). — L'industrie et le commerce des Éponges. (Rev. gén. sc. pures et appliquées, vol. 9, p. 776-783, 4 fig.)........ 1898

GÖTTE (A.). — Abhandlungen zur Entwickelungsgeschichte der Thiere :
III. Untersuchungen zur Entwickelung von *Spongilla fluviatilis*. (In-4°, Hambourg et Leipzig)........ 1888

GRANT (R. E.). — Tabular view of the primary divisions of the animal kingdom. (8°, Londres)........ 1861

GRAY (J. E.). — Notes on the arrangement of Sponges, with the descriptions of some new genera. (Proc. Zool. Soc. London, p. 492-558, pl. 27-28)........ 1867

—— Observations on Sponges and on their arrangement and nomenclature. (Ann. and Mag. of Nat. Hist., 4e série, vol. 1, p. 161-173)........ 1868

—— Notes on the classification of Sponges. (*Ibid.*, sér. 4, vol. 9, p. 442-461)........ 1872

—— On the arrangement of Sponges. (*Ibid.*, sér. 4, vol. 13, p. 284-290)........ 1874

HÄCKEL (E.). — Ueber den Organismus der Schwämme. (Jenaische Zeitschr. f. Naturw., vol. 5, p. 207-235)........ 1870

—— On the organisation of Sponges and their relationship to the Corals. (Ann. and Mag. of Nat. Hist., sér. 4, vol. 5, p. 1-13 et 107-120)........ 1870

—— Die Kalkschwämme. (In-4°, 2 vol. texte, 1 vol. Atlas, Berlin)........ 1872
I. Biologie der Kalkschwämme, 484 p........
II. System der Kalkschwämme, 418 p........
III. Atlas de 60 pl........

—— Die Gastræa-Theorie. (Jenaische Zeitschr. f. Naturw., vol. 8, p. 1, pl. 1)........ 1874

—— Deep Sea Keratosa. (Challenger's Reports, vol. 32, 92 p., 8 pl.)........ 1889

HEIDER (K.). — Zur Metamorphose der *Oscarella lobularis* O. Schm. (Arb. d. Zool. Inst. Wien, vol. 6, p. 175-236, pl. 19-21)........ 1886

HINDE (G. F.). — Catalogue of the fossil Sponges of the British Museum. (In-4°, Londres). 1883

—— Monograph of the British fossil Sponges. (Palæontogr. Soc.)...... 1877, 1878, 1893

IJIMA (J.). — Revision of Hexactinellids with discoctasters, with descriptions of five new species (Annotationes zoologicæ japonenses, vol. 1, part. 1 et 2, p. 43-59). 1897

—— The genera and species of *Rossellidæ* (*Ibid.*, vol. 2, part. 2, p. 41-55)........ 1898

KELLER (O.). — Untersuchungen über die Anatomie und Entwickelungsgeschichte einiger Spongien des Mittelmeeres. (In-4°, Bâle, 39 p., 2 pl.)........ 1876

—— Studien über Organisation und Entwickelung der Chalineen. (Zeitschr. f. wiss. Zool., vol. 33, p. 317-350, pl. 18-20)........ 1879

KENT (W. S.). — Häckel on the Relationship of the Sponges to the Corals. (Ann. and Mag. of Nat. Hist., 4e série, vol. 5, p. 204-218)........ 1870

—— Professor Häckel and Mr. E. Ray Lankester on the Affinities of Sponges. (*Ibid.*, vol. 6, p. 250-251)........ 1870

—— A Manuel of the Infusoria. (Londres, 2 vol., 51 pl.)........ 1880-81

LACAZE-DUTHIERS (H. de). — Sur la nature des Éponges. (Arch. de zool. exp., 1re série, vol. 1, p. 65-67)........ 1872

LAMARCK (J.-B.). — Histoire des animaux sans vertèbres, vol. 2. (In-8°, Paris)........ 1816
(2e édition par Deshayes et Milne-Edwards, vol. 2, in-8°, Paris)........ 1836

LANKESTER (E. Ray). — Professor Häckel and Mr. Kent on the zoological affinities of the Sponges. (Ann. and Mag. of Nat. Hist., 4e série, vol. 6, p. 86-92)........ 1870

LENDENFELD (R. von). — A monograph of the Australian Sponges. (Proc. Linn. Soc. of N. S. Wales) :
I. Introduction (vol. 9, p. 121-154)........ 1884
II. Morphology and Physiology (vol. 9, p. 310-346)........ 1884
III. The *Calcispongiæ* (vol. 9, p. 1083-1150)........ 1884
IV. The *Myxospongiæ* (vol. 10, p. 3-22)........ 1885
V. The *Aulemina* (vol. 10, p. 283-325 et Add., p. 475-476)........ 1885
VI. The genus *Euspongia* (vol. 10, p. 481-553)........ 1885
(2e Add., vol. 10, p. 845-850)........ 1886

—— The *Homocœla* of Australia and the new family of *Homodermidæ*. (*Ibid.*, vol. 9, p. 896-907)........ 1885

—— The histology and nervous system of the Calcareous Sponges. (Proc. Linn. Soc. of N. S. Wales, vol. 9, p. 978-983)........ 1885

—— Descriptive catalogue of the Sponges of the Australian Museum Sidney. (London, in-4°, 260 p., 12 pl.)........ 1888

—— A monograph of the horny Sponges. (In-4°, vol. 4, 936 p., 17 fig., 4 pl., London).. 1889

LENDENFELD (R. von). — Experimentelle Untersuchungen über die Physiologie der Spongien. (Zeitschr. f. wiss. Zool., vol. 48, p. 406-700, pl. 26-40)............. 1889
—— Das System der Spongien. (Abh. d. Senckenb. Naturf.-Gesellsch., vol. 16, p. 361-439, pl. 5)............. 1890
—— Die Gattung *Stelletta*, unter Mitwirkung von F. E. SCHULZE bearbeitet. (Abh. d. k. preuss. Akad. Berlin, 75 p., 10 pl.)............. 1889
—— Experimentelle Untersuchungen über die Physiologie der Spongien. (Biol. Centralbl., vol. 10, p. 71-110)............. 1890
—— Die Spongien der Adria. — I. Die Kalkschwämme. (Zeitschr. f. wiss. Zool., vol. 53, p. 185-321 et 361-433)............. 1891
—— Die Clavulina der Adria. (Act. Ac. German., vol. 69, p. 1-251, pl. 1-12)......... 1896
—— Der Thierstamm der Spongien. (Zool. Gart. vol. 38, p. 6-13, 44-51, 71-80, 36 fig.) 1897
LETELLIER (A.). — Une action purement mécanique suffit aux Cliones pour creuser leurs galeries dans les valves des Huîtres. (C. R. Ac. Sc. Paris, vol. 118, p. 986-989). 1894
LIEBERKÜHN (N.). — Beiträge zur Entwickelungsgeschichte der Spongien. (Müller's Arch., p. 1, 399-414, 496, pl. 1, 15, 18)............. 1856
—— Beiträge zur Anatomie der Spongien. (*Ibid.*, p. 376-403, pl. 15)............. 1857
—— Neue Beiträge zur Anatomie der Spongien. (*Ibid.*, p. 354, pl. 9-11)............. 1859
—— Beiträge zur Anatomie der Kalkspongien. (*Ibid.*, p. 732-748, pl. 19)............. 1865
LOISEL (G.). — Contribution à l'histo-physiologie des Éponges. — I. Les fibres des *Reniera*. — II. Action des substances colorantes sur les Éponges vivantes. (Journ. Anat. Physiol., vol. 34, p. 1-43 et 187-234, pl. 1 et 5)............. 1898
MAAS (O.). — Zur Metamorphose der Spongillalarve. (Zool. Anz., vol. 12, p. 483-487).. 1889
—— Ueber die Entwickelung des Süsswasserschwammes. (Zeitschr. f. wiss. Zool., vol. 50, p. 527-544, pl. 22 et 23)............. 1890
—— Die Metamorphose von *Esperia Lorenzi*, nebst Beobachtungen an anderen Schwammlarven. (Mittheil. d. Zool. Stat. Neapel, vol. 10, p. 408-440, pl. 27-28)............. 1892
—— Die Auffassung des Spongienkörpers und einige neuere Arbeiten über Schwämme. (Biol. Centralbl., vol. 12, p. 566-572)............. 1892
—— Die Embryonal-Entwickelung und Metamorphose der Cornacuspongien. (Zool. Jahrb., vol. 7, Abth. f. Anat., p. 331-448, pl. 19-23)............. 1893
—— Ueber die erste Differenzierung von Generations- und Somazellen bei den Spongien. (Verhandl. d. deutsch. Zool. Gesellsch., p. 27-35, 6 fig.)............. 1893
—— Erledigte und strittige Fragen der Schwamm-Entwicklung. (Biol. Centralbl., vol. 16, p. 231-239)............. 1896
—— Die Keimblätter der Spongien und die Metamorphose von *Oscarella* (*Halisarca*). (Zeitschr. f. wiss. Zool., vol. 63, p. 665-679, pl. 41)............. 1898
—— Die Ausbildung des Canalsystems und des Kalkskeletts bei jungen Syconen. (Verh. d. deutsch. zool. Ges. 1898, p. 132-140, 3 fig.)............. 1898
MARSHALL (W.). — Untersuchungen über Hexactinelliden. (Zeitschr. f. wiss. Zool., vol. 25, Suppl., p. 142, pl. 11-17)............. 1875
—— Untersuchungen über Dysideen und Phoriospongien. (*Ibid.*, vol. 35, p. 88, pl. 6-8). 1880
—— Ontogenie von *Reniera filigrana* O. Schmidt. (*Ibid.*, vol. 37, p. 221-247, pl. 13-14). 1882
—— Bemerkungen über die Cœlenteraten-Natur der Spongien. (Jenaische Zeitschr. f. Naturw., vol. 18, p. 868-880)............. 1885
MEREJKOVSKY (C. de). — Études sur les Éponges de la Mer blanche. (Mém. Acad. Sc. Saint-Pétersbourg, sér. 7, vol. 26, n° 7, pl. 1-3)............. 1879
—— Reproduction des Éponges par bourgeonnement extérieur. (Arch. de zool. exp., vol. 8, p. 417, pl. 31)............. 1880
METCHNIKOV (E.). — Zur Entwickelungsgeschichte der Kalkschwämme. (Zeitschr. f. wiss. Zool., vol. 24, p. 1-15, pl. 1)............. 1874
—— Beiträge zur Morphologie der Spongien. (*Ibid.*, vol. 27, p. 275-286)............. 1876
—— Spongiologische Studien. (*Ibid.*, vol. 32, p. 349-388, pl. 20-23)............. 1879
MIKLUCHO-MACLAY (N.). — Beiträge zur Kenntniss der Spongien. I. (Jenaische Zeitschr., vol. 4, p. 221-240, pl. 4-5)............. 1868
MINCHIN (E. A.). — The Oscula and Anatomy of *Leucosolenia clathrus*. (Quart. Journ. of Micr. Sc., n. s., vol. 33, p. 477-495, pl. 29)............. 1892
—— Note on the Larva and the Postlarval Development of *Leucosolenia variabilis*, H. Sp., with Remarks on the Development of other *Asconidæ*. (Proc. Roy. Soc. London, vol. 60, p. 43-52, 7 fig.)............. 1896
—— The Position of Sponges in the Animal Kingdom. (Science Progr., N. S., vol. 1, p. 426-460)............. 1897

MINCHIN (E. A.) — Materials for a monograph of the Ascons :
1. On the origin and growth of the triradiate and quadriradiate spicules in the family *Clathrinidæ*. (Quart. Journ. of Micr. Sc., vol. 40, p. 469-587, pl. 38-42)........ 1898
NARDO (G. D.). — Classification der Schwämme. (Isis, p. 519)........ 1833
—— *Id.* (*Ibid.*, p. 714)........ 1834
NÖLDEKE (B.). — Die Metamorphose des Süsswasserschwammes. (Zool. Jahrb., vol. 8, Abth. f. Anat. u. Ontog. d. Thiere, p. 153-189, pl. 8-9)........ 1894
POLÉJAEV (N.). — Report on the *Calcarea*. (The Voyage of H. M. S. Challenger. Zoology, vol. 8, 76 p., 9 pl.)........ 1883
—— Report on the *Keratosa*. (*Ibid.*, vol. 11, 88 p., 10 pl.)........ 1884
RAUFF (H.). — *Palæospongiologia*. (*Palæontographica*, vol. 40, cah. 1-2, p. 1-120).... 1893
RIDLEY et DENDY (A.). — Report on the *Monaxonida*. (The voyage of H. M. S. Challenger, Zoology, vol. 20, LXVIII-275 p., 51 pl., 1 carte)........ 1887
SCHMIDT (O.). — Die Spongien des adriatischen Meeres. (Leipzig, 88 p. 7 pl.)........ 1862
(1er Suppl. 1864, 2e Suppl. 1866.)
—— Die Spongien der Küste von Algier, mit Nachträgen zu den Spongien des Adriatischen Meeres. (Leipzig, 44 p. 5 pl.)........ 1868
—— Das natürliche System der Spongien. (Mittheil. d. naturw. Vereins Steiermark, vol. 2, p. 261)........ 1869
—— Zur Orientirung über die Entwickelung der Schwämme. (Zeitschr. f. wiss. Zool., vol. 25, Suppl., p. 127-142, pl. 8-10)........ 1875
—— Das Larvenstadium von *Ascetta primordialis* und *A. clathra*. (Arch. f. mikr. Anat., vol. 14, p. 249-264, pl. 15-16)........ 1877
—— Grundzüge einer Spongien-Fauna des Atlantischen Gebietes. (Leipzig)........ 1870
—— Die Spongien des Meerbusens von Mexico, gr. 4°, 32 p., pl. 1-4........ 1879
—— *Id.* (Fortsetzung) (Zool. Anz. p. 379-380)........ 1880
—— *Id.* (und des Caraibischen Meeres) Schluss. folio, 90 p., 15 pl........ 1880
SCHULZE (F. E.). — *Spongicola fistularis*, ein in Spongien wohnendes Hydrozoon. (Arch. f. mikr. Anat., vol. 13, p. 795-817, pl. 45-47)........ 1877
(Résumé dans Arch. d. zool. exp., 1re série, vol. 7, p. 9-12)........ 1878
—— Ueber den Bau und die Entwickelung von *Sycandra raphanus* (Häckel). (Zeitschr. f. wiss. Zool., vol. 25, Suppl., p. 247-280, pl. 18-21)........ 1875
—— Zur Entwickelungsgeschichte von *Sycandra* (*Ibid.*, vol. 27, p. 486)........ 1879
—— Untersuchungen über den Bau und die Entwickelung der Spongien :
II. Die Gattung *Halisarca*. (*Ibid.*, vol. 28, p. 1-48, pl. 1-5)........ 1877
III. Die Familie der *Chondrosidæ*. (*Ibid.*, vol. 29, p. 87-122, pl. 8-9).... 1877
IV. Die Familie der *Aplysinidæ*. (*Ibid.*, vol. 30, p. 379-420, pl. 21-24)... 1878
V. Die Metamorphose von *Sycandra raphanus*. (*Ibid.*, vol. 31, p. 262-295, pl. 18-19)........ 1878
VI. Die Gattung *Spongelia*. (*Ibid.*, vol. 32, p. 117-157, pl. 5-8)........ 1878
VII. Die Familie der *Spongidæ*. (*Ibid.*, vol. 32, p. 593-660, pl. 34-38).... 1879
VIII. Die Gattung *Hircinia* (Nardo) und *Oligoceras* (*n. g.*). (*Ibid.*, vol. 33, p. 1-38, pl. 1-4)........ 1879
IX. Die Plakiniden. (*Ibid.*, vol. 34, p. 407-451, pl. 20-22)........ 1880
X. *Corticum candelabrum*. (*Ibid.*, vol. 35, p. 410-430, pl. 22)........ 1881
—— Ueber das Verhältniss der Spongien zu den Choanoflagellaten. (Sitzungsber. d. Akad. Berlin, vol. 1, p. 179-191)........ 1885
—— Report on the *Hexactinellida*. (Challenger's Reports, Zoology, vol. 21, 514 p., 18 fig., 54 pl.)........ 1887
—— Ueber die Ableitung der Hexactinelliden-Nadeln von regulären Hexactinen. (Sitz. d. Akad. d. Wiss. Berlin, p. 991-997, 1 fig.)........ 1893
—— Ueber diplodale Spongienkammern. (Sitzungsber. d. preuss. Akad. d. Wiss. Berlin, p. 891-897, pl. 5)........ 1896
—— Ueber einige Symmetrieverhältnisse bei Hexactinelliden-Nadeln. (Verhandl. d. deutsch. zool. Gesellsch., p. 35-37)........ 1897
—— Revision des Systems der Hyalonematiden. (Sitz. d. Akad. d. Wiss. Berlin, p. 541-589)........ 1893
—— Hexactinelliden des Indischen Oceans :
I. Die Hyalonematiden. (Abh. d. preuss. Akad. d. Wiss., 60 p., 9 pl.)... 1894
II. Die *Hexasterophora*. (*Ibid.*, 92 p., 8 pl.)........ 1895

SCHULZE (F. E.). — Revision des Systems der Asconematiden und Rossellіden. (Sitz. d. Ak. d. Wiss. Berlin, p. 520-558). 1897
SCHULZE (F. E.) et LENDENFELD (R. von). — Ueber die Bezeichnung der Spongien-Nadeln. (Abh. preuss. Akad. d. Wiss. Berlin, p. 1-35, nombr. fig. dans le texte). 1889
—— Zur Histologie der Hexactinelliden. (Sitz. Acad. Wiss. Berlin, p. 198-209, 3 fig.). 1899
SOLLAS (W. J.). — Sponges (Encycl. Brit., 9e édit., in-4°, 17 p., 26 fig.). 1891
—— The Sponge fauna of Norway. (Ann. and Mag. of Nat. Hist., sér. 5, p. 130-144, pl. 6-7; p. 241-259, pl. 10-12; p. 396-409, pl. 17). 1880
—— *Id.* (*Ibid.*, sér. 5, vol. 9, p. 141-165, pl. 6-7; p. 426-453, pl. 17). 1882
—— On the physical characters of calcareous and siliceous Sponge-spicules and other structures. (Sc. Proc. R. Dublin Soc., n. s., vol. 4, p. 374-392, pl. 15). 1885
—— Report on the Tetractinellida. (The Zoology of the Voyage of H. M. S. Challenger, vol. 25, CLXVI-458 p., 44 pl., 1 carte). 1888
THIELE (J.). — Die Stammesverwandtschaft der Mollusken. Ein Beitrag zur Phylogenie der Thiere. (Jenaische Zeitschr. f. Naturw., vol. 25, p. 480-543). 1891
TOPSENT (E.). — Contribution à l'étude des Clionides. (Thèse de Paris 1888, et Arch. d. zool. exp., 2e série, Vbis Suppl., 4e Mémoire, 165 p., 7 pl.). 1887
—— Note sur les gemmules de quelques Silicisponges marines. (C. R. Ac. sc. Paris, v. 106, p. 1298-1300. 1888
—— Deuxième contribution à l'étude des Clionides. (Arch. zool. expér., 2e série, vol. 9, p. 555-592, pl. 22). 1891
—— Exposé des principes actuels de la classification des Spongiaires. (Revue biol. Nord-France, vol. 4, 32 p., pl. 11-12). 1891-92
—— Notes histologiques au sujet de *Leucosolenia coriacea* (Bull. Soc. zool. France, vol. 17, p. 125-129). 1892
—— Une réforme dans la classification des *Halichondrina*. (Mém. Soc. zool. de France, vol. 7, p. 5-26). 1894
—— Étude monographique des Spongiaires de France :
I. *Tetractinellida*. (Arch. de zool. exp., 3e série, vol. 2, p. 259-400, pl. 11-16). 1894
II. *Carnosa* (*Ibid.*, vol. 3, p. 493-590, pl. 21-23). 1895
—— Introduction à l'étude monographique des Monaxonides de France. Classification des *Hadromerina*. (*Ibid.*, vol. 6, p. 91-113). 1898
—— Éponges nouvelles des Açores. (Mém. de la Soc. zool. de France, vol. 11, p. 225-255). 1898
VASSEUR (G.). — Reproduction asexuelle de la *Leucosolenia botryoides*. (Arch. de zool. exp., vol. 8, p. 59, 2 fig.). 1880
VIERZEJSKI — Le développement des gemmules des Éponges d'eau douce d'Europe. (Arch. slaves de biologie 1886, T. 1, p. 26 à 45, fig. 25). 1886
VOSMÄR (G. C. J.). Klassen und Ordnungen der Spongien. (Bronns Thierreich, vol. 2, XII-499 p., 34 pl., 12 fig.). 1887
VOSMÄR (G. C. J.) et PEKELHARING (C. A.). — On Sollas's membrane in Sponges. (Tijdschr. Ned. Dierk. Vereen, 2e série, vol. 4, p. 38-56, pl. 2). 1893
WELTNER (W.). — Beiträge zur Kenntniss der Spongien. (Diss. inaug., in-8°, 62 p., 3 pl., Freiburg). 1882
—— Bemerkungen über den Bau und die Entwickelung der *Gemmula* der Spongilliden. (Biol. Centralbl., vol. 13, p. 119-126). 1893
—— Der Bau des Süsswasserschwammes. (Blätter für Aquarien- und Terrarienfreunde, vol. 7, p. 277-285., 7 fig.). 1896
—— Spongillidenstudien :
III. Katalog und Verbreitung der bekannten Süsswasserschwämme. (Arch. f. Naturg., année 1895, vol. 1, p. 114-144). 1895
WILSON (H. V.). — Observations on the gemmule and egg development of marine Sponges. (Journ. of Morph., vol. 9, p. 277-406, pl. 14-25). 1894
ZITTEL (C.). — Studien über fossile Spongien, vol. 1-3. (Abh. d. bayer. Akad., math.-phys. Cl., XIII). 1877

TABLE DES MOTS TECHNIQUES

ET INDICATIONS DIVERSES

LISTE DES HÔTES DES PARASITES

INDEX GÉNÉRIQUE

DES

MÉSOZOAIRES

CONTENANT LES PRINCIPAUX SYNONYMES

Les noms de groupes sont en gros caractères, les noms de genres en petits caractères, les synonymes entre parenthèses.

INDEX GÉNÉRIQUE

DES

SPONGIAIRES

CONTENANT LES PRINCIPAUX SYNONYMES

Les noms de groupes sont en gros caractères, les noms de genres en petits caractères, les synonymes entre parenthèses.

A

(Aaptos, Gray) = Tuberella
(Abila, Gray) = *p. p.* Raspailia, (?) Gellius
(Abyssocératines) 65
Abyssospongea 197
Abyssosponges 197
Acalcaires 83
Acalle 201
Acamas 201
(Acanothya, Pomel) = Camerospongia
(Acanthascinæ) 127
Acanthascus 126
Acanthella 186 = (Pandaros)
Acanthinella 130
Acanthodictya 129
Acanthop[h]ora 126
Acanthoraphis 187
Acanthosaccus 126
(Acanthospongia, Yung) = Hyalostelia
Acarnia 201
Acarnus 185
Acervochalina 180
(Acestra, Römer) = Pyritonema
Acheliderma 185
(Achilleum, Goldfuss) = divers Spongiaires des fam. des Pharetroninæ et des Lithistinæ, et même des Milléporides
Achinoe 201
Acicularia 201
(Aciculidæ) 168
Aciculina 168
Aciculites 165
Actinodictya 129
(Actinofungia, Fromentel) = probablt Stromatoporien décrit comme Éponge fossile
(Actinospongia, d'Orbigny) = Blastinia
Adelopia 164
(Adelotrétidés) 164
Adelphocœlia 201
(Adocia, Gray) = Reniera
Adrasta 201 [préoccupé
(Adrastea) = Adrasta, changé comme
(Adrastus) = Adrasta, changé comme
Adreus 186 [préoccupé
Adyctia 201
(Ægagropila) = var. orth. pour Ægogropila
(Ægogropila, Gray) = ? Esperella
Ægophymia 201
Agelas 185 = (Chalinopsis, Ectyon, Oroidea)
(Agilardiella, Marshall) = Disyringa
(Alcyoncellum, Quoy et Gaimard) = Euplectella
(Alcyonites, Schlotheim) = Astylospongia
Alcyonolithes 201
(Alebion, Gray) = Iophon
Alectona 175
(Alemo, Wright) = Tethya
Algol 151
Allomera 164
Amblysiphonella 79
Ammoconia 199, 200
Ammoconidæ 65, 197, 199, 200
Ammolynthus 199, 200
Ammoselenia 199, 200
(Amniscos, Gray) = Tethya
Amorphilla 186
(Amorphina, O. Schmidt) = Halichondria
Amorphinopsis 186
Amorphocœlia 201
(Amorphofungia, Fromentel) = *p. p.* Bolidium [spongia, *p. p.* Brachiospongia
(Amorphospongia, d'Orbigny) = *p. p.* Colo-
(Amorphozoum, Ward) = ? Brachiospongia
Amphiastrella 183
Amphibleptula 165
(Amphidiscophora) 122, 123
(Amphidiscus, Ehrenberg) = nom obsol. d'Éponge caract. par une forme spiculaire
Amphilectus 183 = Scopalina, Tereus
Amphimedon 187
Amphispongia 130
Amphithelion 164 = (*p. p.* Cladostelgis, *p. p.* Pleurostelgis, *p. p.* Stelgis)

(*) C'est un genre proposé par Lendenfeld antérieurement à la révision générale des genres publiée par lui-même en 1890. Le fait qu'il n'en parle plus dans cette revision, indique qu'il abandonne ce genre; mais comme il n'en a pas précisé lui-même la synonymie, celle-ci reste un peu indécise. Même observation pour tous les genres où se retrouve cet astérisque de renvoi.

(*) Voir la note de la page 225.
(**) Écrit par erreur Ceraospongia à la page 187.

(*) Voir plus loin la note relative au genre *Tetranthella*.

(*) Voir la note de la page 225.

(Grayella, Carter) = ? Histoderma
(Guancha, Häckel) = Leucosolenia
Guettardia 134 = (Guettardoscyphia)
(Guettardoscyphia, Fromentel) = Guettar-[dia
Guitarra 183
(Gumminæ) 64, 155
(Gymnomyrmecium, Pomel) = ? Myrme-[cium
(Gymnorea, Pomel = Peronidella
Gyrispongia 201

H

Haastia 196
Habrodictyon 124 = p. p. Corbitella, Hetero-[tella
(Habrodictyum) = var. orth. pour Habro-[dictyon
Hadromeridæ 166
Hadroméridés 166
(Hadromerina) 166
*(Hagenowia, Étallon) = Galeries creusées dans des coquilles de *Belemnitella* du Crétacé, soit par une Éponge perforante, [soit par quelque autre animal
(Haguenowia) = orth. inex. pour Hagenowia
Halichondria 181 = (Amorphina, p. p. Halina)
Halichondridæ 166, 175
Halichondridés 175
(Halichondrina) 65, 166, 175
Haliclona 201
Halicnemia 186 = (Laothoe, Nænia)
Halicometes 173
(Halina, Grant) = p. p. Halichondria
Halisarca 143
(Halisarcidæ) 143
Halisarcinæ 143
Halispongia 201
Hallirhoa 163
(Hallisidia, Pomel) = Corynella
Halme 193 = (Aphroditella, ? Halmopsis)
(Halminæ) 193 [voisin (*)
(Halmopsis, Lendenfeld) = Halme ou g.
(Halopsammina, Carter) = Psammapemma
Hamacantha 183
Hamigera 185
(Hamispongia) 64
Haplistion 187
(Haplosceridæ 175
(Hastatus, Vosmär) = p. p. Myxilla
Heliocrinites 201
Heliocrinus 201
Hellispongia 201
(Helmintholitus, Linné) = Formes inférieures fossiles diverses dont quelques-unes peuvent être des Éponges
Hemiasterella 169 = (Epallax)
(Hemiastrella) = erreur orth. du Zool. [Rec. 79 pour Hemiasterella
(Hemicœlis, Pomel) = p. p. Craticularia, [Ventriculites
(Hemispongia, d'Orbigny) = ? Verrucocœ-[lia
Hertwigia 124
(Heteractinellidæ) 130
(Hétérocèles) 73
Hétérocélides 73
(Heterocœla) 65, 73
Heterocœlida 67, 68, 73
Heteromeyena 179
Heteronema 196
Heteropegma 78
(Heteropegmidæ) 67
(Heteropenia, Pomel) = ? Pharetrospongia
(Heterophlyctia, Pomel) = ? Pharetrospon-[gia
Heterophymia 163
(Heteropia, Carter) = Leucandra, Grantes-[sa
(Heteropidæ) 67
(Heterorrhaphidæ) 181
Heterorrhaphinæ 181
(Heterosclera) 166
(Heterosmila, Pomel) = Thalaminia
Heterospongia 81
Heterostinia 164
(Heterotella, Gray) = Habrodictyon
Heteroxya 169
Hexaceratida 116, 137
Hexacératides 137
(Hexaceratina) 65, 137
Hexactinella 134 = (Tretodictyum)
Hexactinellida 65, 116, 117
(Hexactinellidæ) 114
Hexactinellides 65, 114, 117
Hexadella 144
(Hexasterophora) 122, 123
Higginsia 186 = (Ceratopsis, Dendropsis)
Himatella 81
Hindia 163 = (p. p. Calamopora, p. p. Sphæ-[rolithes)
Hippalimus 81
Hippospongia 190
Hircinella 195
Hircinia 194 = (Aphrotriche, Chalinocinia, Filifera, Hircinissa, Hircinopsis, Nodosina, Sarcotragus, Stematumenia, ? Styphlos, [Stylolophus
(Hircinissa, Lendenfeld) = Hircinia
(Hircinopsis, Lendenfeld) = Hircinia
Histiodia 164
Histoderma 183 = (Orella, ? Grayella, Side-[roderma)
(Histodia) = erreur orth. pour Histiodia
Holascus 124
Holasterella 130
(Holcosinion, Pomel) = Ventriculites

(*) Voir la note de la page 225.

I

J

K

L

M

(*) Voir la note de la page 225.

N

(*) Ecrit par erreur Mallospongiæ à la page 197.
(**) Voir la note de la page 225.

(*) Voir la note de la page 225.

S

(*) Voir la note de la page 225.

(*) Ecrit par erreur Sillicea à la page 83.
(**) Voir la note de la page 225.

(*) Voir la note de la page 225.

T

(*) Voir la note de la page 225.

ADDENDA ET CORRIGENDA

Page 65, ligne 11, au lieu de : *Tétractinellides*, lire : *Hexactinellides*
— 83, — 4, — SILLICEA, lire SILICEA.
— 134, après *Conis* (Lonsdale), ajouter : (Crétacé).
— 141, — *Korotnevia* (Poléjaev), ajouter : (Océan arctique, Mer blanche).
— 169, au lieu de : *Anisoxia* (Topsent), lire : *Topsentia* (C. Berg) (1).
— 187, ligne 17, au lieu de : *CERAOSPONGIA*, lire *CERAOSPONGIÆ*.
— 197, — 5, en remontant, au lieu de : *MALTOSPONGIÆ*, lire : *MALTHOSPONGIÆ*.

Au moment où ce volume est déjà imprimé, nous recevons (2 juillet) une lettre où le Dr O. MAAS, de Munich, nous fait part d'une intéressante découverte qu'il vient de faire, relativement à la fécondation chez *Sycon raphanus*. On sait que la fécondation n'avait encore été observée chez aucune Éponge, pas plus que la maturation des produits sexuels. Nous donnons ici, d'après les indications mêmes de l'auteur, un court résumé de son mémoire qui paraîtra prochainement, illustré de 12 figures, dans l'*Anatomischer Anzeiger* de cette année.

La chromatine de l'ovule, dispersée dans le nucléus pendant la période d'accroissement, se condense pendant la maturation et se dispose en chromosomes. — Il se forme deux globules polaires. La pénétration du spermatozoïde a lieu avant le second globule et en un point indépendant de celui où se forment les globules. — Les pronucléus se dilatent beaucoup, marchent l'un vers l'autre et se rencontrent au milieu de l'axe longitudinal de l'œuf. Après leur réunion, se forme le premier fuseau, dont la plaque équatoriale montre les chromosomes paternels et maternels non fusionnés. Ce fuseau s'oriente suivant l'axe longitudinal de l'œuf, ce qui montre que sa position dépend de la répartition de la masse du cytoplasme dans l'œuf et nullement de la voie suivie par le spermatozoïde ou par le pronucléus mâle, laquelle n'a rien de fixe. — Toutes les divisions de la segmentation sont mitosiques.

(1) Le Dr Carlos BERG (*Substitución de nombres genéricos, III* : in *Comunicaciones del Museo nacional de Buenos-Aires*, p. 77, 24 mai 1899) propose, lorsque notre volume est déjà imprimé, de substituer *Topsentia* à *Anisoxyia* (Topsent), ce dernier nom ayant été employé en 1856 par MULSANT pour un Coléoptère.

(*) J. THIELE vient tout récemment [99] de proposer de remplacer au contraire *Tetranthella* (Lendenfeld) par *Crambe* (Vosmär) et de le placer à côté d'*Ophlitaspongia* dans les *Ectyoninæ*. (V. p. 185.)
(**) Voir la note de la page 225.

U

V

W

X

Y

Z

Paris. — Imprimerie Paul Schmidt, 20, rue du Dragon.

PARIS. — IMPRIMERIE LEVÉ, RUE CASSETTE, 17.

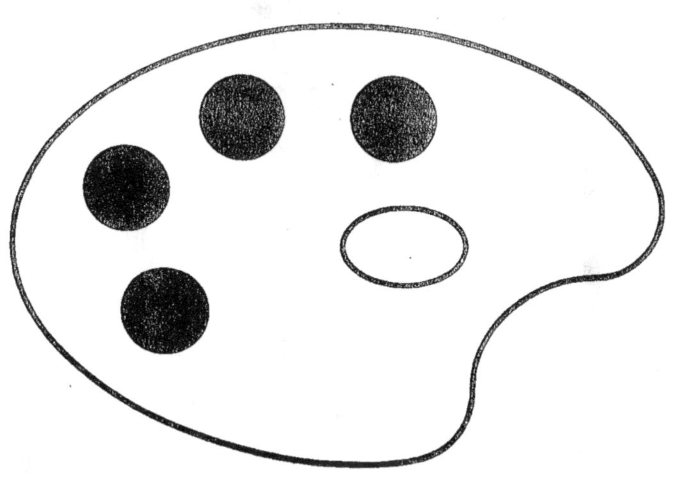

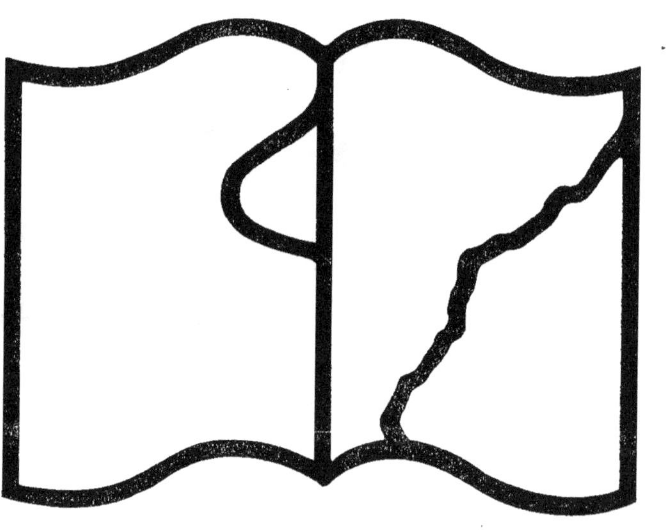

Texte détérioré — reliure défectueuse

NF Z 43-120-11

A
B

www.ingramcontent.com/pod-product-compliance
Lightning Source LLC
Chambersburg PA
CBHW030332220326
41518CB00047B/1397

* 9 7 8 2 0 1 3 6 1 2 8 2 1 *